高等教育"十三五"规划教材

电工电子技术

主　编　穆丽娟　　任晓霞
副主编　程　晟　　姚志广　　王颜辉

中国矿业大学出版社

<h2 style="text-align:center">内 容 简 介</h2>

本书共包括 4 个模块,第 1 模块为电路基础理论,第 2 模块为电机与控制系统,第 3 模块为模拟电子技术,第 4 模块为数字电子技术。

本书以应用型本科的人才培养方案为定位,以培养工程技术应用型人才为目标,以知识、能力、素质全面协调发展的教育理念和以能力培养为核心的教学观念为先导,理论与实践互通并重,致力培养学生实践能力和创新精神,特别适用于应用型本科院校非电类专业的学生学习。

图书在版编目(CIP)数据

电工电子技术 / 穆丽娟,任晓霞主编. —徐州 :中国
矿业大学出版社,2017.8

ISBN 978 - 7 - 5646 - 3550 - 3

Ⅰ. ①电… Ⅱ. ①穆… ②任… Ⅲ. ①电工技术②电子
技术Ⅳ. ①TM②TN

中国版本图书馆 CIP 数据核字(2017)第 128586 号

书　　名	电工电子技术
主　　编	穆丽娟　　任晓霞
责任编辑	仓小金
出版发行	中国矿业大学出版社有限责任公司
	(江苏省徐州市解放南路　邮编221008)
营销热线	(0516)83885307　83884995
出版服务	(0516)83885767　83884920
网　　址	http://www.cumtp.com　E-mail:cumtpvip@cumtp.com
印　　刷	江苏淮阴新华印刷厂
开　　本	787×1092　1/16　**印张** 23　**字数** 574 千字
版次印次	2018 年 8 月第 1 版　2018 年 8 月第 1 次印刷
定　　价	39.00 元

(图书出现印装质量问题,本社负责调换)

前　言

　　"电工电子技术"是高等院校非电类专业本科学生的一门重要的专业基础课程,其目的是培养学生掌握和运用电工技术、电子技术的基本理论、基本知识和基本技能。要求学生在完成本课程后,具备一定的分析和处理电工、电子和控制等相关技术的能力并了解这些技术的最新发展和应用。

　　本书是"高等教育'十三五'规划教材",是依据教育部颁布的高等工科院校"电工电子技术"基本要求,根据近年来应用型本科的教学实际情况和教学实践经验编写而成的。本书以应用型本科的人才培养方案为定位,以培养工程技术应用型人才为目标,以知识、能力、素质全面协调发展的教育理念和以能力培养为核心的教学观念为先导,理论与实践互通并重,致力培养学生实践能力和创新精神,特别适用于应用型本科院校非电类专业的学生学习。

　　在内容的编写上,本书的编写特点是:第一,教材结构采用多层次、模块化体系,各模块间既相互独立、又相互联系。内容环环相扣,层层深入,可以根据专业层次和课程学时的不同选择不同的模块。每个模块的内容又分为基本内容和加深内容,适用于不同的课程层次。第二,突出基础性,突出基本概念、基本理论、基本原理和基本分析方法,着重定性分析,简化复杂的定量分析。第三,体现先进性,将成熟的新技术纳入教材,侧重工程技术专业应用性知识,在内容选择上体现经典与现代的完美结合。第四,强调应用性,每章例题习题都尽量贴近实际应用,并注意各部分知识的综合应用。

　　本书共包括4个模块,第1模块为电路基础理论,由穆丽娟与程晟编写;第2模块为电机与控制系统,由程晟编写;第3模块为模拟电子技术,由王颜辉与姚志广编写;第4模块为数字电子技术,由任晓霞编写。全书由穆丽娟教授统稿。教师可以根据不同的专业和学时,选择不同的模块进行教授。

　　在本书的编写过程中,作者参考了大量的优秀教材,收益匪浅,同时中国矿业大学出版社的有关编辑及工作人员为此书出版也付出了积极的努力,在此一并致以诚挚的谢意。

　　由于编者能力有限,本书有些内容的处理难免不够妥善。希望读者,特别是使用本书的教师和同学们积极提出批评和改进意见,以便今后修订提高。

编者

2018 年 4 月

目　　录

第一模块　　电路分析基础

第二模块 电机与控制系统

第三模块 模拟电子技术

第一模块

电路分析基础

第 1 章　电路的基本定律与分析方法

学习目标

(1) 了解电路的作用与组成部分;理解电路元件、电路模型的意义;理解电压、电流参考方向的概念;掌握电路中电位的计算;会判断电源和负载,并理解电阻、电感、电容三种元件的伏安关系。

(2) 掌握基尔霍夫定律,会用支路电流法求解简单的电路。

(3) 理解电压源、电流源概念,了解电压源、电流源的连接方法,并掌握其等效变换法。

(4) 掌握电阻串联、并联电路的特点及分压分流公式,会计算串、并联电路中的电压、电流和等效电阻;能求解一些简单的混联电路。

(5) 会用叠加定理、戴维南定理求解复杂电路中的电压、电流、功率等电量。

电路是电工技术的主要研究对象,电路理论是学习电工技术和电子技术的基础。本章主要讨论电路的基本知识、基本定理、基本定律以及应用这些定理、定律分析计算直流电路的方法。这些方法不仅适用于直流电路的分析计算,原则上也适用于其他电路。所以,本章是学习电工电子技术的重要基础。

1.1　电路的基本概念

1.1.1　电路的组成及作用

电路是电流通过的路径,是各种电气设备或元件按一定方式连接起来组成的总体,电路可以分为三大部分:① 提供电能(或信号)的部分,称为电源,例如蓄电池、发电机和信号源等;② 吸收或转换电能的部分,称为负载,例如电动机、照明灯和电炉等;③ 连接和控制这两部分的称为中间环节,最简单的中间环节可以仅由两根导线组成,而复杂的中间环节可以是一个庞大的控制系统。

从电源看,电源本身的电流通路称为内电路,电源以外的电流通路称为外电路。当电路中的电流是不随时间变化的直流电流时,称该电路为直流电路;当电路中的电流是随时间变化的交流电流时,称该电路为交流电路。依照国家标准,直流电路的物理量用大写的字母表示,电压、电流、电动势分别表示为:U、I、E;交流电路的物理量用小写的字母表示,电压、电流、电动势分别表示为:u、i、e。

电路的作用可分为两类:一是传输和转换电能。典型的例子是电力系统,发电厂的发电机将热能或原子能等转换成电能,通过变压器、输电线等输送给各用电单位,各用电单位又把电能转换成光能、机械能、热能等。显然,该种电路的作用是实现能量的传输和转换,如图1-1所示。电路的另一作用是进行信号的传递和处理。如扩音机电路,话筒将声音信号转化为相应的电信号,然后通过放大器电路对信号进行传递和处理并送到扬声器,还原为放大的原始信号,如图1-2所示。

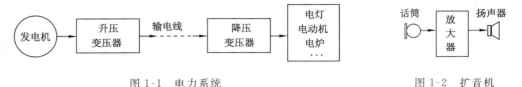

图 1-1 电力系统　　　　　　　　　　　　　　图 1-2 扩音机

1.1.2 电流和电压的参考方向

电流、电压和电动势是电路中的基本物理量,它们的实际方向在物理学中已做过明确的规定,即电路中电流的实际方向是指正电荷运动的方向;电路中两点间电压的实际方向,是从高电位指向低电位,即为电位降低的方向;电动势的实际方向,是从低电位指向高电位即为电位升高的方向。

但在复杂电路的分析中,某一段电路的电压、电流、电动势的实际方向往往很难事先判断出来,有时它们的方向还在不断地改变。为了分析电路的方便,需要引入一个参考方向(假定正方向)。参考方向是任意假定的。电压、电流、电动势的参考方向可用箭头、"＋"、"－"号来表示,如图1-3所示。

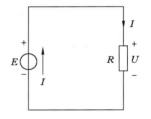

图 1-3　电路中电流、电压和电动势的参考方向的表示

当参考方向选定以后,根据参考方向分析计算电流、电压和电动势时,若所得结果为正,则说明该物理量的实际方向与参考方向相同;若所得结果为负,则说明该物理量的实际方向与参考方向相反。若事先没有标出参考方向,则所得结果的正、负没有任何意义,即只有在选定了参考方向之后,电压、电流、电动势的正、负才有意义。所以,在分析电路之前,一定要先确定物理量的参考方向。

若一个元件或一段电路上的电压和电流的参考方向选得一致,则称为关联参考方向,如图1-4(a)中的 U 和 I。反之,若一个元件或一段电路上的电压和电流的参考方向选得不一致,则称为非关联参考方向,如图1-4(b)中的 U 和 I。

当选取关联参考方向时,只需标出一种参考方向即可。在分析计算电路时,一般都采用关联参考方向。除特别说明外,本书中电路图上所标的电流、电压和电动势的方向都是关联参考方向。

1.1.3 电路的功率

在物理学中,一个元件上的电功率等于该元件两端的电压和通过其电流的乘积,即

$$P = UI \tag{1-1}$$

若电压、电流都是瞬时变量(随时间变化),则瞬时功率为

$$p = ui$$

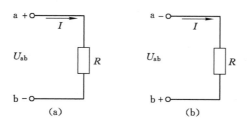

图 1-4　参考方向的表示方法
(a) U、I 关联;(b) U、I 不关联

若元件上的电压与电流实际方向一致,则该元件吸收功率,是负载;若元件上的电压与电流实际方向相反,则该元件发出功率,是电源。取 U,I 为关联参考方向时,若 $P=UI>0$,则该元件吸收功率;若 $P=UI<0$,则该元件发出功率。

【例 1-1】　在图 1-5 中,五个元件代表电源或负载。电流和电压的参考方向,如图中所示,通过实验测量得知 $I_1=-4$ A、$I_2=6$ A、$I_3=10$ A、$U_1=140$ V、$U_2=-90$ V、$U_3=60$ V、$U_4=-80$ V、$U_5=30$ V。

(1)试标出各电流的实际方向和各电压的实际极性;

(2)判断哪些元件是电源,哪些是负载。

解:　(1)各电流的实际方向和各电压的实际极性见图 1-6。

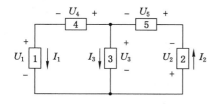

图 1-5　例 1-1

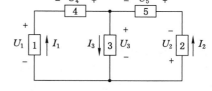

图 1-6　各电流的实际方向和各电压的实际极性图

(2)根据电压与电流的实际方向可判断元件是电源还是负载。

电源:电压与电流的实际方向相反,电流从"+"端流出,发出功率;

负载:电压与电流的实际方向相同,电流从"+"端流入,取用功率。

根据以上原则和图 1-6 中电压与电流的实际方向,可判断出图中:元件 1、2 是电源,元件 3、4、5 是负载。

1.1.4　电源的工作状态

电源在不同的工作条件下,会处于不同的状态,具有不同的特点。现在以直流电路为例,分别讨论电源的三种工作状态。

1. 有载工作状态

当电源与负载接通时,电路中有电流流动,此时电源发出功率,负载消耗功率。电路的此种状态称为通路,电源的此种状态称为有载状态,如图 1-7 所示,E 为电源电动势,R_0 为电源内阻,R_L 为负载电阻。开关 S 闭合,接通电源和负载,负载两端的电压即电源端电压为 U,电路中的电流为

$$I=\frac{E}{R_0+R_L}\tag{1-2}$$

则

$$U = E - IR_0 \tag{1-3}$$

上式说明了电源端电压 U 和输出电流 I 的关系，称为电源的外特性，如图 1-8 所示。

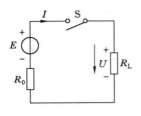

图 1-7　通路图

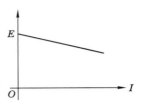

图 1-8　电源的外特性

由此可看出，由于电源内阻的存在，当负载电流增大时，电源端电压下降，因为此时内阻上的压降增加。这就是为什么在用电高峰期，会出现电压不足的原因。但通常电源内阻很小，所以当正常工作时，电流变动引起的电压降很小。

电源产生的功率为电动势与电流的乘积，电路中消耗功率为电源内阻和负载消耗功率之和（忽略连接导线产生的功率损耗），其两者应平衡，即电路产生的总功率等于电路消耗的总功率。

$$EI = I^2 R_0 + UI \tag{1-4}$$

即

$$\left.\begin{array}{l} UI = EI - I^2 R_0 \\ P = P_E - \Delta P \end{array}\right\} \tag{1-5}$$

该公式称为功率平衡式。

【例 1-2】 验证例 1-1 中图 1-5 电源发出的功率和负载取用的功率是否平衡。

解： 图 1-5 中，各元件的参考方向选择一致，可计算出各元件的功率为：

$P_1 = U_1 I_1 = 140 \times (-4) = -560$（W）　　负值，电源，发出功率；

$P_2 = U_2 I_2 = -90 \times 6 = -540$（W）　　负值，电源，发出功率；

$P_3 = U_3 I_3 = 60 \times 10 = 600$（W）　　正值，负载，吸收功率；

$P_4 = U_4 I_1 = -80 \times (-4) = 320$（W）　　正值，负载，吸收功率；

$P_5 = U_5 I_2 = 30 \times 6 = 180$（W）　　正值，负载，吸收功率。

电路中的总功率：

$$P = P_1 + P_2 + P_3 + P_4 + P_5 = -560 - 540 + 600 + 320 + 180 = 0 （\text{W}）$$

由上例可见，电路中电源发出的功率等于负载消耗的功率，功率是平衡的。

不管是电源还是负载，各种电气设备在工作时，其电压、电流和功率都有一定的限制和规定值。这些限制和规定值是用来表示它们的正常工作条件和工作能力的，称为电气设备的额定值。生产厂家为了使产品能在给定的工作条件下正常工作，需要给出额定值。额定值一般在电气设备的铭牌上标出，或写在其他说明中，使用时必须考虑这些额定数据。若负载的实际电压、电流值高于额定值，则可造成负载的损坏或降低其使用寿命；若负载的实际电压、电流值低于额定值，则不能发挥其正常的效能，有的也会造成损坏或降低其使用寿命。由于外界因素的影响，允许负载的实际电压、电流值与额定值有一定的误差，如由于电源电压的波动，允许负载电压在其 ±5% 的范围内变化。对于负载来说，正常工作时实际值与额定值非常接近,而对于电源来说,其额定电压是一定的,额定功率只代表它的容量。实际工作时,其输出功率的大小取决于负载的大小,即负载需要多少功率和电流,电源就提供多少。当电路中负载吸收功率小于电源额定功率时,称电源为轻载工作;当负载吸收功率等于电源额定功率时,称电源为满载工作;当负载吸收功率大于电源额定功率时,称电源为超载工作,超载工作是不允许的。

【例 1-3】　一只 110 V 8 W 的指示灯,现在要接在 380 V 的电源上,问要串联多大阻值的电阻? 该电阻应选用多大瓦数的?

解：　电路中电流

$$I = \frac{P}{U} = \frac{8}{110} = 0.073 \text{（A）}$$

需串联电阻

$$R_0 = \frac{U_0}{I} = \frac{380 - 110}{0.073} = 3\ 698.6 \text{（Ω）}$$

需要的瓦数

$$P_0 = I^2 R_0 = 0.073^2 \times 3\ 698.6 = 19.7 \text{（W）}$$

所以电阻应选用 3.7 kΩ、20 W 的。

2. 开路

若开关断开,则电源处于开路状态,如图 1-9 所示。开路的特点,如图 1-10 所示,开路时的电流为零,电阻为无穷大,开路电压为电源的空载电压 U_0,等于电源电动势,即

$$\left. \begin{array}{l} I = 0 \\ U = U_0 = E \\ P = 0 \end{array} \right\} \tag{1-6}$$

3. 短路

某一部分的电路两端用电阻可以忽略不计的导线或开关连接起来,使得该部分电路中的电流不经过电阻,全部通过导线或开关,则这部分电路所处的状态称为短路,如图 1-11 所示。因为电路中只有很小的电源内阻,所以,短路电流 I_S 很大。短路时,电源所产生的能量全部被内阻消耗,超过额定电流若干倍的短路电流可以使供电系统中的设备烧毁或引起火灾。电源短路通常是一种严重的事故,应尽量预防。通常在电路中接入熔断器等短路保护装置,以便在发生短路故障时,能迅速将电源与短路部分断开。

短路的特点,如图 1-12 所示,短路线上的电压为零,电动势全部加在电源内阻上。

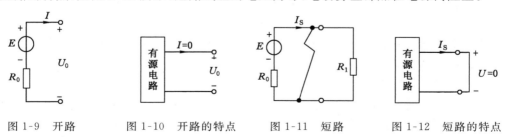

图 1-9　开路　　　图 1-10　开路的特点　　　图 1-11　短路　　　图 1-12　短路的特点

1.1.5　电路模型及理想电路元件

实际电路都是由许多实际电路元件或器件构成的复杂电路,为了便于对实际电路进行

分析研究,在一定条件下突出实际元件的主要电磁性质,忽略其次要因素,这样就建立了实际元件的理想电路元件模型。由理想电路元件构成的电路就是实际电路的电路模型。理想电路元件主要有:理想电压源元件、理想电流源元件、电阻元件、电感元件和电容元件等,如图 1-13 所示。

下面分别讨论各理想电路元件的电压、电流关系(简称伏安特性)及它们的能量消耗及储放。

1. 理想电压源

理想电压源是两端电压与通过它的电流大小无关的理想元件。也可以说,凡是两端电压可以按照某种规律变化而与其电流无关的电源,就称为理想电压源。通过理想电压源的电流的大小取决于外接电路。若理想电压源的电压大小恒等于常数,则可称为恒压源,直流理想电压源属于这种情况。伏安特性,如图 1-14 所示,即

$$\left. \begin{array}{l} U = E \\ I = \dfrac{E}{R_{\mathrm{L}}} \end{array} \right\} \qquad (1\text{-}7)$$

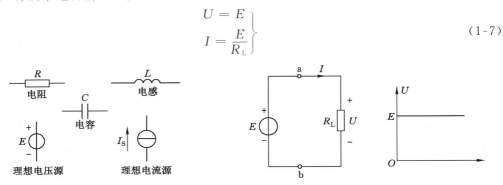

图 1-13　各理想电路元件的电路模型　　　　图 1-14　理想电压源的伏安特性

因为理想电压源的电压与外电路无关,所以与理想电压源并联的电路(器件),其两端电压等于理想电压源的电压。

2. 理想电流源

若通过元件的电流与其两端电压的大小无关,这样的理想元件称为理想电流源。也可以说,凡是通过电流可以按照某种规律变化而与其两端电压无关的电源,就称为理想电流源。理想电流源两端电压的大小取决于外接电路。若理想电流源的电流大小恒等于常数,则可称为恒流源,直流理想电流源属于这种情况。伏安特性,如图 1-15 所示,即

$$\left. \begin{array}{l} I = I_{\mathrm{s}} \\ U = I_{\mathrm{s}} R_{\mathrm{L}} \end{array} \right\} \qquad (1\text{-}8)$$

因为理想电流源的电流与外电路无关,所以与理想电流源串联的电路(器件),其电流等于理想电流源的电流。

3. 电阻元件

电阻是由消耗电能的物理过程抽象出来的理想电路元件。凡是将电能不可逆转地转换成其他形式能量的物理过程都可用电阻元件来表示。电阻用符号 R 表示。

电阻元件有线性电阻和非线性电阻之分,这里只讨论线性电阻。线性电阻的阻值 R 是一个常数。在线性电阻中,不管通过它的电流是按何种规律变化,在任一瞬间其两端的电压与通过它的电流的关系总是满足欧姆定律,即

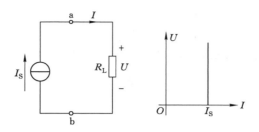

图 1-15　理想电流源的伏安特性

$$u = iR \qquad (1-9)$$

根据欧姆定律,可以得出线性电阻元件的伏安特性是一条直线,如图 1-16 所示。

电流通过电阻元件时要产生热效应,即在电阻元件里会发生电能转换为热能的过程。而热能向周围扩散后,不可能再直接回到电源重新转换为电能。可见,电阻元件中的能量转换过程是不可逆的。因而电阻元件是一种耗能元件,电阻吸收的功率为

$$P = UI = I^2R = \frac{U^2}{R} \qquad (1-10)$$

其耗能可用下式计算

$$W = \int_0^t ui\,\mathrm{d}t \qquad (1-11)$$

电阻的单位是欧姆(Ω),对于大电阻则常用千欧(kΩ)或兆欧(MΩ)做单位。

4. 电感元件

电感是由磁能储存的物理过程抽象出来的理想电路元件,即凡是磁场储能的物理过程都可以用电感元件来表示。线圈是典型的电感元件。当忽略线圈的电阻时,可以认为它是一个理想的电感元件。电感用符号 L 表示,如图 1-17 所示。

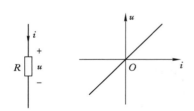

图 1-16　电阻元件的伏安特性

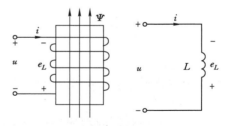

图 1-17　电感线圈

当电流 i 通过线圈时,线圈中就会有磁通 ϕ,若线圈匝数为 N,则磁链为 $\varPsi = N\phi$。磁链 $\varPsi$ 与电流 i 的比值称为线圈的电感。

$$L = \frac{\varPsi}{i} = \frac{N\phi}{i} \qquad (1-12)$$

电感是表征线圈产生磁通能力的物理量。

若为空心线圈,空气的磁导率是常数,则当线圈做好后,其电感量也就确定了,即 i 与 ϕ 的关系为线性,L 称为线性电感。本书中除特别指明之外,讨论的均是线性电感。电感的单位是亨利(H)。

电感反映了电能转换为磁能,即电流建立磁场的物理本质。磁通 ϕ 与电流 i 之间的方

向符合右手螺旋定律,如图 1-17 所示。

当线圈中的电流发生变化时,它产生的磁通也变化,根据电磁感应定律,在线圈两端将有感应电动势产生。规定感应电动势的方向与电流的方向一致,则

$$e_L = -\frac{\mathrm{d}N\phi}{\mathrm{d}t} = -N\frac{\mathrm{d}\phi}{\mathrm{d}t} \tag{1-13}$$

因为 $Li = N\phi$,所以

$$e_L = -\frac{\mathrm{d}Li}{\mathrm{d}t} = -L\frac{\mathrm{d}i}{\mathrm{d}t} \tag{1-14}$$

根据图 1-17 规定的电压方向(与电流方向一致),则电感元件的伏安关系为

$$u = -e_L = -L\frac{\mathrm{d}i}{\mathrm{d}t} \tag{1-15}$$

$$i = \frac{1}{L}\int_{-\infty}^{t} u\mathrm{d}t = i_0 + \frac{1}{L}\int_{0}^{t} u\mathrm{d}t \tag{1-16}$$

其中,i_0 为 $t=0$ 时电感元件中的电流,称为电流的初始值。若 $i_0 = 0$,则

$$i = \frac{1}{L}\int_{0}^{t} u\mathrm{d}t$$

式(1-14)说明电感元件两端的电压与通过它的电流的变化率成正比。只有当电流变化时,电感元件两端才有电压。若电感元件中通过的电流是直流,因为 $\frac{\mathrm{d}i}{\mathrm{d}t} = 0$,则电感元件两端的电压一定是零,即电感元件对直流可视为短路。

电感元件是一种储能元件。当通过电感的电流增大时,电感将电能变为磁能储存在磁场中;当通过电感的电流减小时,电感将储存的磁能变为电能释放给电源。因此当通过电感的电流发生变化时,电感只进行电能与磁能的转换,电感本身不消耗能量。电感在任一时间内的储能可用下式计算

$$W_L = \int_{0}^{t} ui\,\mathrm{d}t = \int_{0}^{i} Li\,\mathrm{d}i = \frac{1}{2}Li^2$$

即

$$W_L = \frac{1}{2}Li^2 \tag{1-17}$$

当单个电感不能满足要求时,可把几个电感串联或并联使用。

5. 电容元件

电容是由电场储能的物理过程抽象出来的理想电路元件。凡是电场储能的物理过程都可以用电容元件来表示。一个电容器,当忽略它的电阻和电感时,可以认为它是一个理想的电容元件。电容元件的符号及规定的电压、电流的方向,如图 1-18 所示。

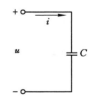

图 1-18 电容元件电路

在电容元件两端,即两极板之间加上电压 u,电容即被充电,建立电场。设极板上所带的电荷为 q,则电容的定义为

$$C = \frac{q}{u} \tag{1-18}$$

C 为元件的电容,是一个与电容器本身有关,与电容器两端的电压、电流无关的常数,在国际单位制中,其单位为法拉(F)。微法(μF)、皮法(pF)、纳法(nF)也作为电容的单位。

$$1\mathrm{F} = 10^{6}\mu\mathrm{F} = 10^{12}pF$$

当电容元件上的电压 u 增大时,极板上的电荷 q 增加,称为电容充电;当电压减小时,极板上的电荷 q 减少,称为电容放电。根据电流的定义

$$i = \frac{\mathrm{d}q}{\mathrm{d}t}$$

得到电容上电压与电流的关系为

$$i = C\frac{\mathrm{d}u}{\mathrm{d}t} \tag{1-19}$$

$$u = \frac{1}{C}\int_{-\infty}^{t} i\mathrm{d}t = u_0 + \frac{1}{C}\int_{0}^{t} i\mathrm{d}t \tag{1-20}$$

其中 u_0 是 $t=0$ 时,电容上的初始电压。若 $u_0=0$,则

$$u = \frac{1}{C}\int_{0}^{t} i\mathrm{d}t$$

电容元件的电流与其两端电压的变化率成正比,只有电压变化时才有电流通过。若电容两端的电压是直流时,因为 $\frac{\mathrm{d}u}{\mathrm{d}t}=0$,所以 $i=0$,即电容对直流可视为开路。

电容也是一种储能元件。当其两端电压增大时,电容将电能储存在电场中;当电压减小时,电容将储存的能量释放给电源。电容通过其两端电压的变化,进行能量的转换。电容本身不消耗能量,电容元件在任一瞬间的储能可用下式计算

$$W_C = \int_{0}^{t} ui\,\mathrm{d}t = \int_{0}^{u} Cu\,\mathrm{d}u = \frac{1}{2}Cu^2$$

即

$$W_C = \frac{1}{2}Cu^2 \tag{1-21}$$

1.2 电路的基本定律

分析与计算电路的基本定律有欧姆定律和基尔霍夫定律。

1.2.1 欧姆定律

欧姆定律反映了线性电阻元件上电压与电流的关系。当电阻上电压与电流的参考方向一致时,表示为

$$u = iR \tag{1-22}$$

1.2.2 基尔霍夫定律

1. 几个相关的电路名词

基尔霍夫定律主要处理复杂电路中各个支路的电流以及各个部分电压之间的关系。

(1) 支路:电路中通过同一个电流的每一个分支。如图 1-19 中有三条支路,分别是 BAF、BCD 和 BE。支路 BAF、BCD 中含有电源,称为含源支路;支路 BE 中不含电源,称为无源支路。

(2) 结点:电路中三条或三条以上支路的连接

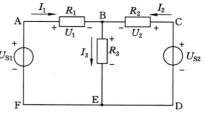

图 1-19 复杂电路

点。如图 1-19 中 B,E 为两个结点。

（3）回路：电路中的任一闭合路径。如图 1-19 中有三个回路,分别是 ABEFA、BCDEB、ABCDEFA。

（4）网孔：内部不含支路的回路。如图 1-19 中 ABEFA 和 BCDEB 都是网孔,而 ABC-DEFA 则不是网孔。

2. 基尔霍夫电流定律(KCL)

基尔霍夫电流定律指出：任一时刻,流入电路中任一结点的电流之和等于流出该结点的电流之和。基尔霍夫电流定律简称 KCL,反映了结点处各支路电流之间的关系。

在图 1-19 所示电路中,对于结点 B 可以写为

$$I_1 + I_2 = I_3$$

或改写为

$$I_1 + I_2 - I_3 = 0$$

即

$$\sum I = 0 \tag{1-23}$$

由此,基尔霍夫电流定律也可表述为：任一时刻,流入电路中任一结点电流的代数和恒等于零。

基尔霍夫电流定律不仅适用于结点,也可应用到包含几个结点的闭合面(也称广义结点)。如图 1-20 所示的电路中,可以把三角形 ABC 看作广义的结点,用 KCL 可列出

$$I_A + I_B + I_C = 0$$

即

$$\sum I = 0 \tag{1-24}$$

可见,在任一时刻,流过任一闭合面电流的代数和恒等于零。

【例 1-4】 求解图 1-21 电路中的电流 i_1 和 i_2。

解： 将 R_1、R_2、R_3 及相连的三个结点看成一个广义结点,根据 KCL 有：

$$i_2 = 6 - 3 - 4 = -1（A）$$

对 A 点,根据 KCL 有

$$i_1 = 2 - (-10) - (-1) = 13（A）$$

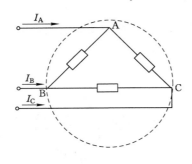

图 1-20　KCL 的推广

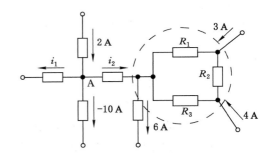

图 1-21　例 1-4 图

3. 基尔霍夫电压定律(KVL)

基尔霍夫电压定律指出：在任何时刻,沿电路中任一闭合回路,各段电压的代数和恒等于零。基尔霍夫电压定律简称 KVL,其一般表达式为

$$\sum U = 0 \qquad\qquad (1\text{-}25)$$

用公式(1-25)列电压方程时,首先假定回路的绕行方向,然后选择各部分电压的参考方向,凡参考方向与回路绕行方向一致者,该电压取正号;凡参考方向与回路绕行方向相反者,该电压取负号。

在图 1-19 中,对于回路 ABCDEFA,若按顺时针绕行方向,根据 KVL 可得

$$U_1 - U_2 + U_{S2} - U_{S1} = 0$$

根据欧姆定律,上式还可表示为

$$I_1 R_1 - I_2 R_2 + U_{S2} - U_{S1} = 0$$

即

$$\sum IR = \sum U_S \qquad\qquad (1\text{-}26)$$

式(1-25)表示,沿回路绕行方向,各电阻电压降的代数和等于各电源电动势升的代数和。

基尔霍夫电压定律不仅应用于回路,也可推广应用于一段不闭合电路。如图 1-22 所示电路中,A、B 两端未闭合,若设 A、B 两点之间的电压为 U_{AB},按逆时针绕行方向可得

$$U_{AB} - U_S - U_R = 0$$

则

$$U_{AB} = U_S + RI$$

上式表明,开口电路两端的电压等于该两端点之间各段电压降之和。

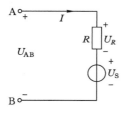

图 1-22　KVL 的推广

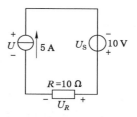

图 1-23　例 1-5 图

【例 1-5】　求解图 1-23 所示电路中 10 Ω 电阻及电流源的端电压。

解:按图示方向得

$$U_R = 5 \times 10 = 50 \ (\text{V})$$

按顺时针绕行方向,根据 KVL 得

$$-U_S + U_R - U = 0$$

$$U = -U_S + U_R = -10 + 50 = 40 \ (\text{V})$$

【例 1-6】　在图 1-24 中,已知 $R_1 = 4$ Ω,$R_2 = 6$ Ω,$U_{S1} = 10$ V,$U_{S2} = 20$ V,试求 U_{AC}。

解:由 KVL 得

$$IR_1 + U_{S2} + IR_2 - U_{S1} = 0$$

$$I = \frac{U_{S1} - U_{S2}}{R_1 + R_2} = \frac{-10}{10} = -1 \ (\text{A})$$

由 KVL 得

$$U_{AC} = IR_1 + U_{S2} = -4 + 20 = 16 \ (\text{V})$$

或

$$U_{AC} = U_{S1} - IR_2 = 10 - (-6) = 16 \text{（V）}$$

由本例可见,电路中某段电压和路径无关。因此,计算时应尽量选择较短的路径。

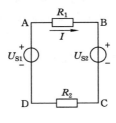

图 1-24　例 1-6 图

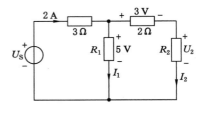

图 1-25　例 1-7 图

【例 1-7】　求图 1-25 所示电路中的 U_2、I_2、R_1、R_2 及 U_S。

解:

$$I_2 = \frac{3}{2} = 1.5 \text{（A）}$$

由 KVL 可得

$$U_2 - 5 + 3 = 0$$
$$U_2 = 2 \text{（V）}$$
$$R_2 = \frac{U_2}{I_2} = \frac{2}{1.5} = 1.33 \text{（Ω）}$$

由 KCL 可得

$$I_1 + I_2 = 2 \text{（A）}$$
$$I_1 = 2 - 1.5 = 0.5 \text{（A）}$$
$$R_1 = \frac{5}{0.5} = 10 \text{（Ω）}$$

对于左边的网孔,由 KVL 可得

$$3 \times 2 + 5 - U_S = 0$$
$$U_S = 11 \text{（V）}$$

1.3　电路的分析方法

电路分析通常是已知电路的结构和参数,求解电路中的基本物理量。掌握了电路的基本概念和基本定律之后,再结合物理课中所学过的串、并联电阻的计算方法,以及串联分压、并联分流就可以分析一些比较简单的电路了。但对于一些较为复杂的电路,还应该根据电路的结构和特点,归纳出分析和计算的简便方法。下面介绍几种常用的分析方法。

1.3.1　电路的串联、并联与混联分析方法

1. 电阻的串联分析方法

在电路中,若干个电阻元件依次相连,这种连接方式称为串联。图 1-26(a)给出了三个电阻的串联电路。

电阻串联时有以下几个特点:

① 通过各电阻的电流相等;

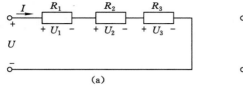

图 1-26　电阻的串联

(a) 电阻的串联；(b) 等效电路

② 总电压等于各电阻上电压之和，即

$$U = U_1 + U_2 + U_3$$

③ 等效电阻（总电阻）等于各电阻之和，即

$$R = R_1 + R_2 + R_3 \qquad (1\text{-}27)$$

所谓等效电阻是指如果用一个电阻 R 代替串联的所有电阻接到同一电源上，电路中的电流是相同的。

④ 分压系数

在直流电路中，常用电阻的串联来达到分压的目的。各串联电阻两端的电压与总电压间的关系为

$$
\begin{cases}
U_1 = R_1 I = \dfrac{R_1}{R} U \\[2mm]
U_2 = R_2 I = \dfrac{R_2}{R} U \\[2mm]
U_3 = R_3 I = \dfrac{R_3}{R} U
\end{cases}
\qquad (1\text{-}28)
$$

式中 $\dfrac{R_1}{R}$、$\dfrac{R_2}{R}$、$\dfrac{R_3}{R}$ 称为分压系数，由分压系数可直接求得各串联电阻两端的电压。

由式(1-27)还可知

$$U_1 : U_2 : U_3 = R_1 : R_2 : R_3$$

即电阻串联时，各电阻两端的电压与电阻的大小成正比。

⑤ 各电阻消耗的功率与电阻成正比，即

$$P_1 : P_2 : P_3 = R_1 : R_2 : R_3$$

1.3.2　支路电流法

支路电流法是最基本的分析方法。它是以支路电流为求解对象，应用基尔霍夫电流定律和基尔霍夫电压定律分别对结点和回路列出所需要的方程组，然后再解出各未知的支路电流。

支路电流法求解电路的步骤为：

① 标出支路电流参考方向和回路绕行方向；

② 根据 KCL 列写结点的电流方程式；

③ 根据 KVL 列写回路的电压方程式；

④ 解方程组，求取未知量。

【例 1-8】　如图 1-27 所示为两台发电机并联运行共同向负载 R_L 供电。已知 $E_1 = 130$

V，$E_2 = 117$ V，$R_1 = 1$ Ω，$R_2 = 0.6$ Ω，$R_L = 24$ Ω，求各支路的电流及发电机两端的电压。

解： ① 假设各支路电流参考方向如图 1-27 所示，回路绕行方向均为顺时针方向。

② 列写 KCL 方程：

结点 A：$\qquad\qquad\qquad I_1\,I_2 = I$

③ 列写 KVL 方程：

ABCDA 回路：$\qquad\qquad E_1 - E_2 = R_1 I_1 - R_2 I_2$

AEFBA 回路：$\qquad\qquad E_2 = R_2 I_2\, R_L I$

其基尔霍夫定律方程组为

$$\begin{cases} I_1 + I_2 = I \\ E_1 - E_2 = R_1 I_1 - R_2 I_2 \\ E_2 = R_2 I_2 + R_L I \end{cases}$$

将数据代入各式后得

$$\begin{cases} I_1 + I_2 = I \\ 130 - 117 = I_1 - 0.6 I_2 \\ 117 = 0.6 I_2 + 24 I \end{cases}$$

解此联立方程得

$$I_1 = 10 \text{ A} \qquad I_2 = -5 \text{ A} \qquad I = 5 \text{ A}$$

电机两端电压 U 为

$$U = R_L I = 24 \times 5 = 120 \text{（V）}$$

2. 电阻的并联分析方法

在电路中，若干个电阻一端连在一起，另一端也连在一起，使电阻所承受的电压相同，这种连接方式称为电阻的并联。图 1-28(a)所示为三个电阻的并联电路。

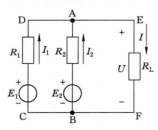

图 1-27　例 1-8 图

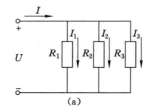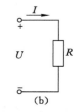

图 1-28　电路的并联

（a）电阻的并联；（b）等效电路

电路并联时有以下几个特点：

① 各并联电阻两端的电压相等；

② 总电流等于各电阻支路的电流之和，即

$$I = I_1 + I_2 + I_3$$

③ 等效电阻 R 的倒数等于各并联电阻倒数之和，即

$$\frac{1}{R} = \frac{1}{R_1} + \frac{1}{R_2} + \frac{1}{R_3}$$

上式也可写成

$$G = G_1 + G_2 + G_3 \tag{1-29}$$

式(1-29)表明,并联电路的电导等于各支路电导之和。

对于只有两个电阻 R_1 及 R_2 并联,其等效电阻为

$$R = \frac{R_1 R_2}{R_1 + R_2}$$

④ 分流系数

在电路中,常用电阻的并联起到分流的作用。各并联电阻支路的电流与总电流的关系为

$$
\begin{cases}
I_1 = G_1 U = \dfrac{G_1}{G} I \\[2mm]
I_2 = G_2 U = \dfrac{G_2}{G} I \\[2mm]
I_3 = G_3 U = \dfrac{G_3}{G} I
\end{cases}
\tag{1-30}
$$

式中 $\dfrac{G_1}{G}$、$\dfrac{G_2}{G}$、$\dfrac{G_3}{G}$ 称为分流系数,由分流系数可直接求得各并联电阻支路的电流。

由式(1-30)还可知

$$I_1 : I_2 : I_3 = G_1 : G_2 : G_3$$

即电阻并联时,各电阻支路的电流与电导的大小成正比。也就是说电阻越大,分流作用就越小。

当两个电阻并联时

$$I_1 = \frac{R_2}{R_1 + R_2} I$$

$$I_2 = \frac{R_1}{R_1 + R_2} I$$

⑤ 各电阻消耗的功率与电导成正比,即

$$P_1 : P_2 : P_3 = G_1 : G_2 : G_3$$

3. 电阻的混联分析方法

实际应用中经常会遇到既有电阻串联又有电阻并联的电路,称为电阻的混联电路,如图 1-29 所示。

求解电阻的混联电路时,首先应从电路结构分析,根据电阻串并联的特征,分清哪些电阻是串联的,哪些电阻是并联的,然后应用欧姆定律、分压和分流的关系求解。

由图 1-29 可知,R_3 与 R_4 串联,然后与 R_2 并联,再与 R_1 串联,即

等效电阻 $\qquad\qquad R = R_1 + R_2 / / (R_3 + R_4)$

符号"//"表示并联。

则

$$I = I_1 = \frac{U}{R}$$

$$I_2 = \frac{R_3 + R_4}{R_2 / / (R_3 + R_4)} I$$

$$I_3 = \frac{R_2}{R_2 /\!/ (R_3 + R_4)} I$$

各电阻两端的电压的计算读者自行完成。

1.3.3 线性电路的分析方法及应用

由线性元件组成的电路称为线性电路。下面介绍两种适用于线性电路的基本定理。

1. 戴维南定理

戴维南定理指出:任何一个线性有源二端网络,对外电路来说,总可以用一个电压源与电阻的串联模型来替代。电压源的电压等于该有源二端网络的开路电压 U_{oc},其电阻则等于该有源二端网络中所有电压源短路、电流源开路后的等效电阻 R_{eq}。

戴维南定理可用图 1-30 所示框图表示。图中电压源串联电阻支路称戴维南等效电路,所串联电阻则称为戴维南等效内阻,也称输出电阻。

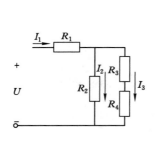

图 1-29   电阻的混联

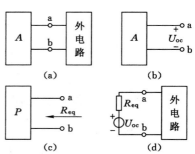

图 1-30   戴维南定理

[应用一]:将复杂的有源二端网络化为最简形式

【例 1-9】   用戴维南定理化简图 1-31(a)所示电路。

解:(1) 求开路端电压 U_{oc}

在图 1-31(a)所示电路中

$$(3+6)I + 9 - 18 = 0$$

$$I = 1 \ (A)$$

$$U_{oc} = U_{ab} = 6I \times 9 = 6 \times 1 + 9 = 15 \ (V)$$

或

$$U_{oc} = U_{ab} = -3I + 18 = -3 \times 1 + 18 = 15 \ (V)$$

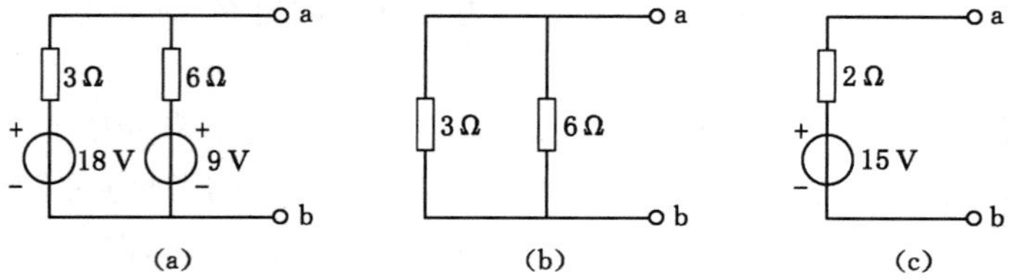

图 1-31   例 1-9 图

(2) 求等效电阻 R_{eq}

将电路中的电压源短路,得无源二端网络,如图 1-31(b)所示。可得

$$R_{eq} = R_{ab} = \frac{3 \times 6}{3+6} = 2 \ (\Omega)$$

（3）作等效电压源模型

作图时，应注意使等效电源电压的极性与原二端网络开路端电压的极性一致，电路如图 1-31（c）所示。

［应用二］:计算电路中某一支路的电压或电流

当计算复杂电路中某一支路的电压或电流时，采用戴维南定理比较方便。

【例 1-10】　用戴维南定理计算图 1-32（a）所示电路中电阻 R_L 上的电流。

解:　（1）把电路分为待求支路和有源二端网络两个部分。移开待求支路，得有源二端网络，如图 1-32（b）所示。

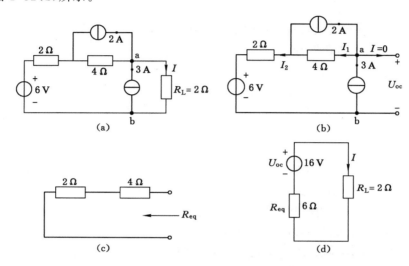

图 1-32　例 1-10 图

（2）求有源二端网络的开路端电压 U_{oc}。因为此时 $I=0$，由图 1-32（b）可得
$$U_{oc}=1\times 4+3\times 2+6=16\ (\text{V})$$

（3）求等效电阻 R_{eq}

将有源二端网络中的电压源短路、电流源开路，可得无源二端网络，如图 1-32（c）所示，则
$$R_{eq}=2+4=6\ (\Omega)$$

（4）画出等效电压源模型，接上待求支路，电路如图 1-32（d）所示。所求电流为
$$I=\frac{U_{oc}}{R_{eq}+R_L}=\frac{16}{6+2}=2\ (\text{A})$$

［应用三］:分析负载获得最大功率的条件

【例 1-11】　试求上题中负载电阻 R_L 的功率。若 R_L 为可调电阻，问 R_L 为何值时获得的功率最大？其最大功率是多少？由此总结出负载获得最大功率的条件。

解:（1）利用例 1-10 的计算结果可得：
$$P_L=I^2 R_L=2^2\times 2=8\ (\text{W})$$

（2）若负载 R_L 是可变电阻，由图 1-32（d），可得
$$I=\frac{U_{oc}}{R_{eq}+R_L}$$

则 R_L 从网络中所获得的功率为

$$P_L = \left(\frac{U_{oc}}{R_{eq}+R_L}\right)^2 R_L$$

上式说明：负载从电源中获得的功率取决于负载本身，当负载开路（无穷大电阻）或短路（零电阻）时，功率皆为零。当负载电阻在 0 到 ∞ 之间变化时可获得最大功率。这个功率最大值 P_{max} 应发生在下列的条件时

$$R_L = R_{eq} = 6\ \Omega$$

$$P_L = \left(\frac{U_{oc}}{2R_{eq}}\right)^2 R_L = \frac{U_{oc}^2}{4R_{eq}} = \frac{16^2}{4\times 6} = 10.7\ (W)$$

综上所述，负载获得最大功率的条件是负载电阻等于等效电源的内阻，即 $R_L = R_{eq}$。电路的这种工作状态称为电阻匹配。

3. 叠加定理

叠加定理指出：在线性电路中，若有几个电源共同作用时，任何一条支路的电流（或电压）等于各个电源单独作用时在该支路中所产生的电流（或电压）的代数和。

使用叠加定理时应注意以下几点：

① 叠加定理只适用于线性电路。

② 所谓某个电源单独作用其他电源不作用是指：不作用的电压源用短路线代替，不作用的电流源用开路代替，但要保留其内阻。

③ 将各个电源单独作用所产生的电流（或电压）叠加时，必须注意参考方向。当分量的参考方向和总量的参考方向一致时，该分量取正，反之则取负。

④ 在线性电路中，叠加定理只能用来计算电路中的电压和电流，不能用来计算功率。这是因为功率与电压、电流之间不存在线性关系。

叠加定理可以直接用来计算复杂电路，其优点是可以把一个复杂电路分解为几个简单电路分别进行计算，避免了求解联立方程。然而当电路中的电源数目较多时，计算量则太大。因此，叠加定理一般不直接用作解题方法。学习叠加定理的目的是为了掌握线性电路的基本性质和分析方法。例如，在对非正弦周期电路、线性电路的过渡过程、线性条件下的晶体管放大电路的分析以及集成运算放大器的应用中，都要用到叠加定理。

【例 1-12】 电路如图 1-33(a)所示，已知 $U_{S1} = 24$ V，$I_{S2} = 1.5$ A，$R_1 = 200\ \Omega$，$R_2 = 100\ \Omega$。应用叠加定理计算各支路电流。

解： 图示电路中只有两个电源，故采用叠加定理计算比较方便。

当电压源单独作用时，电流源不作用，以开路替代，电路如图 1-33(b)所示。

则

$$I'_1 = I'_2 = \frac{U_{S1}}{R_1 + R_2} = \frac{24}{200+100} = 0.08\ (A)$$

当电流源单独作用时，电压源不作用，以短路线替代，如图 1-33(c)所示。

则

$$I'' = -\frac{R_2}{R_1 + R_2} I_{S2} = -\frac{100}{200+100}\times 1.5 = -0.5\ (A)$$

$$I''_2 = \frac{R_1}{R_1 + R_2} I_{S2} = \frac{200}{200+100}\times 1.5 = 1\ (A)$$

$$I_1 = I'_1 + I''_1 = 0.08 - 0.5 = -0.42 \text{（A）}$$
$$I_2 = I'_2 + I''_2 = 0.08 + 1 = 1.08 \text{（A）}$$

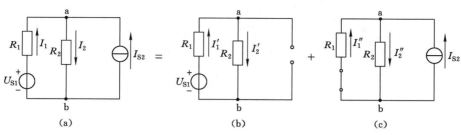

图 1-33　例 1-12 图

1.4　应用实例——欧姆定律和基尔霍夫定律 在电工测量中的应用

在电工测量仪表中，直流电桥是测量电阻的仪器，它测量精确度很高，是一种常用的精密电阻测量仪器。

直流电桥按电路结构可分为单臂电桥（亦称惠斯登电桥）和双臂电桥（亦称凯尔文电桥）。单臂电桥适用于测量高值电阻（几欧以上），双臂电桥适用于测量低值电阻（1 Ω 以下）。下面以单臂电桥为例介绍其工作原理。

1. 单臂电桥基本电路

单臂电桥基本原理如图 1-34 所示。

电路由电源 E、开关 SB、测量电桥和检流计 G 组成，其作用：

（1）电源 E：为电桥提供测量电源；

（2）开关 SB：电源开关；

（3）测量电桥：由 R_1、R_2、R_P、R_X 组成；

（4）检流计 G：指示电桥的平衡。

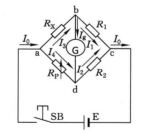

图 1-34　直流单臂电桥基本原理图

2. 单臂电桥工作原理

在测量桥路中 R_X 为被测电阻，R_1、R_2 为比率臂，R_P 为比较臂，测量时，连接好 R_X，打开电源开关 SB，这时检流计指示一般不为零，仔细调整 R_P 使检流计指示为零，使电桥处于平衡状态，此时 $I_g = 0$。

$I_0 = I_1 + I_2$，同时 $I_0 = I_3 + I_4$　　　　　　（基尔霍夫第一定律）

又由于 $I_g = 0$，所以 $I_1 = I_3$、$I_2 = I_4$　　　　（基尔霍夫第一定律）

电阻 R_X 上的电压 $U_{ab} = I_3 R_X$　　　　　　　　（欧姆定律）

电阻 R_P 上的电压 $U_{ad} = I_4 R_P$　　　　　　　　（欧姆定律）

电阻 R_1 上的电压 $U_{bc} = I_1 R_1$　　　　　　　　（欧姆定律）

电阻 R_2 上的电压 $U_{dc} = I_2 R_2$　　　　　　　　（欧姆定律）

$U_{ad}=0$ 且 $U_{ab}=U_{ad}$、$U_{bc}=U_{dc}$　　　　　　（基尔霍夫第二定律）

即

$$U_{ab}=I_3R_X=U_{ad}=I_4R_P$$
$$U_{bc}=I_1R_1=U_{dc}=I_2R_2$$

所以有

$$\frac{R_X}{R_1}=\frac{R_P}{R_2}$$

因为　　　　　　　　　　　$I_1=I_3 \qquad I_2=I_4$

所以有

$$\frac{R_X}{R_1}=\frac{R_P}{R_2}$$

$$R_X=\frac{R_1}{R_2}R_P=KR_P$$

式中 $K=R_1/R_2$。所以只要的值知道 R_P 的值,R_X 的值即可求出。因为 R_P 是一个可以调整且它的转轴上有刻度,R_P 的值在刻度上可以直接读出,读出 R_P 的值乘上 K 值就是 R_X。

实际直流单臂电桥电原理图如图 1-35 所示。

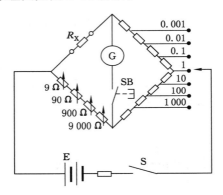

图 1-35　实际直流单臂电桥原理图

习　　题

1-1　在图 1-36 中,负载增加是指(　　)。

　　A. 电源端电压 U 增高　　　　　　　　B. 负载电流 I 增大

　　C. 负载电阻 R 增大

1-2　在图 1-37 所示的部分电路中,a,b 两端的电压 U_{ab} 为(　　)。

　　A. -40 V　　　　　　B. -25 V　　　　　C. 40 V

1-3　在图 1-38 中,B 点的电位 V_B 为(　　)。

　　A. 4 V　　　　　　　　B. -1 V　　　　　　C. 1 V

1-4　用结点电压法计算图 1-39 中的结点电压 U_{AO} 为(　　)。

　　A. 4 V　　　　　　　　B. 2 V　　　　　　　C. 1 V

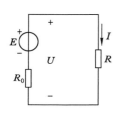

图 1-36　题 1-1 图

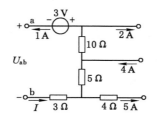

图 1-37　题 1-2 图

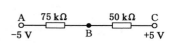

图 1-38　题 1-3 图

1-5　用叠加定理计算图 1-40 中的电流 I 为（　　）。

A. 20A　　　　　　　B. 10 A　　　　　　C. -10 A

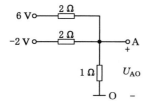

图 1-39　题 1-4 图

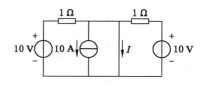

图 1-40　题 1-5 图

1-6　将图 1-41 所示电路化为电流源模型,其电流 I_s 和电阻 R 为（　　）。

A. 1 A,1 Ω　　　　　B. 1 A,2 Ω　　　　　C. 2 A,1Ω

1-7　将图 1-42 所示电路化为电压源模型,其电压 U_s 和电阻 R 为（　　）。

A. 4 V,2 Ω　　　　　B. 2 V,1 Ω　　　　　C. 2 V,3 Ω

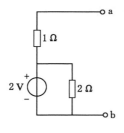

图 1-41　题 1-6 图

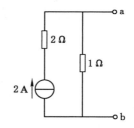

图 1-42　题 1-7 图

1-8　图 1-43 所示电路中,已知 $I_1=0.01\ \mu A, I_2=0.3\ \mu A, I_5=9.61\ \mu A$,求电流 I_3, I_4 和 I_6。

1-9　图 1-44 所示电路中,已知 $I_1=0.3$ A,$I_2=0.5$ A,$I_3=1$ A,求电流 I_4。

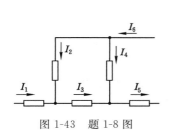

图 1-43　题 1-8 图

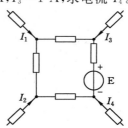

图 1-44　题 1-9 图

1-10 试求图 1-45 所示电路中的 I_2，I_3，U_4。

1-11 求图 1-46 所示电路中 A、B、C 各点电位及电阻 R 值。

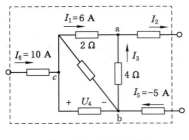

图 1-45 题 1-10 图

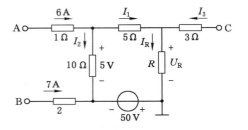

图 1-46 题 1-11 图

1-12 求图 1-47 所示电路中 A 点电位。

1-13 计算图 1-48 所示电阻电路的 I_5 大小。

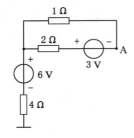

图 1-47 题 1-12 图

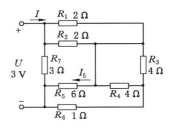

图 1-48 题 1-13 图

1-14 试求如图 1-49 所示电路中 A 点和 B 点的电位。如将 A、B 两点直接连接或外接一电阻，对电路工作有何影响？

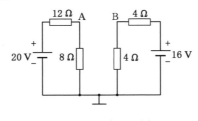

图 1-49 题 1-14 图

1-15 将图 1-50 所示的各电路变换成电压源等效电路。

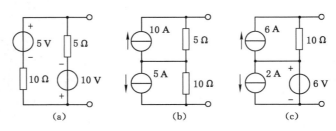

(a) (b) (c)

图 1-50 题 1-15 图

1-16　将如图 1-51 所示各电路变换成电流源等效电路。

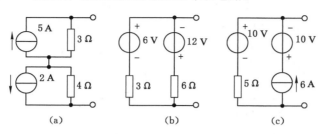

(a)　　　　　　(b)　　　　　　(c)

图 1-51　题 1-16 图

1-17　在图 1-52 的两个电路中,要在的 12 V 直流电源上使 6 V、50 mA 的电灯正常发光,应该采用哪一个连接电阻?

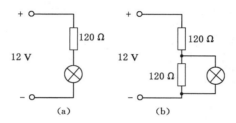

(a)　　　　(b)

图 1-52　题 1-17 图

1-18　图 1-53 是电源有载工作的电路。电源的电动势 $E=220$ V,内阻 $R_0=0.2$ Ω;负载电阻 $R_1=10$ Ω,$R_2=6.67$ Ω;线路电阻 $R_l=0.1$ Ω。试求负载电阻 R_2 并联前后:(1) 电路中电流 I;(2) 电源端电压 U_1 和负载端电压 U_2;(3) 负载功率 P。当负载增大时,总的负载电阻、线路中电流、负载功率、电源端的电压是如何变化的?

1-19　电路如图 1-54 所示,试利用等效化简法求:(1) 电流 I_1,I_2,I_3 和 I_4;(2) 3 Ω 电阻消耗的功率 $P_{3Ω}$;(3) 4 V 电压源发出的功率 P_{4V}。

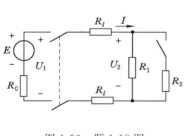

图 1-53　题 1-18 图

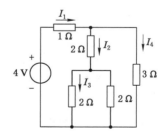

图 1-54　题 1-19 图

1-20　电路如图 1-55(a)、(b)所示,试用网孔电流法求:(1) 网孔电流 I_a,I_b;(2) 支路电流 I_1,I_3。

1-21　电路如图 1-56 所示,试用网孔电流法求:(1) 网孔电流 I_a,I_b;(2) 2 Ω 电阻消耗的功率 $P_{2Ω}$。

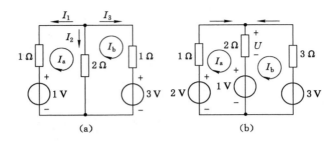

图 1-55　题 1-20 图

1-22　计算图 1-57 所示电路中的电流 I_3。

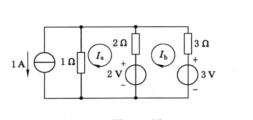

图 1-56　题 1-21 图

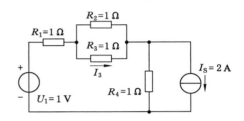

图 1-57　题 1-22 图

1-23　电路如图 1-58 所示,试用结点分析法求:(1) 结点电压 U_A,U_B;(2) 电压 U_{AB};
(3) 1 A,3A 电流源发出的功率 P_{1A},P_{3A},各电阻消耗的功率,并说明功率平衡关系。

1-24　电路如图 1-59 所示,试用结点分析法求:(1) 结点电压 U_A,U_B;(2) 电流 I。

1-25　电路如图 1-60 所示,试用结点分析法求:(1) 结点电压 U_A,U_B;(2) 电压 U_{AB};
(3) 电流 I。

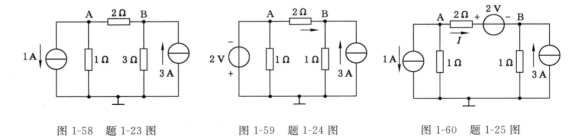

图 1-58　题 1-23 图　　　　　图 1-59　题 1-24 图　　　　　图 1-60　题 1-25 图

1-26　用叠加原理计算图 1-61 所示各支路的电流。

1-27　在图 1-62 所示电路中,求(1) 当将开关 Q 合在 a 点时,求电流 I_1,I_2 和 I_3;
(2) 当将开关 Q 合在 b 点时,利用(1)的结果,用叠加原理计算电流 I_1,I_2 和 I_3。

1-28　应用叠加原理计算图 1-63 所示电路中各支路的电流和各元件(电源和电阻)两
端的电压,并说明功率平衡关系。

1-29　利用戴维南定理求图 1-64(a)、(b)电路所示二端网络的等效电路。

1-30　电路如图 1-65 所示,利用戴维南定理求 40 Ω 电阻中的电流 I。

1-31　在图 1-66 所示电路中,N 为有源二端网络,当开关 Q 断开时,电流表读数为 $I=$

1.8 A,当开关 Q 闭合时,电流表读数为 1 A。试求有源二端网络的等值电压源参数。

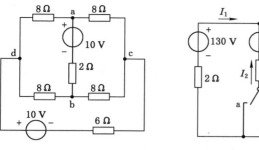

图 1-61　题 1-26 图

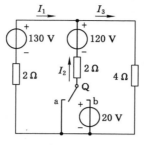

图 1-62　题 1-27 图

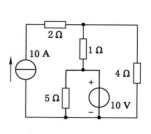

图 1-63　题 1-28 图

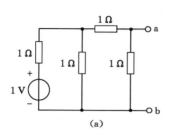

图 1-64　题 1-29 图

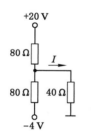

图 1-65　题 1-30 图

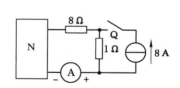

图 1-66　题 1-31 图

1-32　电路如图 1-67 所示。

(1) 试求电流 I;

(2) 若将 ab 短接线改为 10 Ω 电阻,则求该电流 I。

1-33　在图 1-68 中,已知 $E_1 = 15$ V,$E_2 = 13$ V,$E_3 = 4$ V,$R_5 = 10$ Ω,$R_1 = R_2 = 1$ Ω,$R_3 = R_4 = 1$ Ω,求:(1) 当开关 Q 断开时,试求电阻 R_5 上的电压 U_5 和电流 I_5;(2) 当开关 Q 闭合后,试用戴维南定理计算 I_5。

1-34　计算图 1-69 所示电路的诺顿等效电路。

1-35　电路如图 1-70 所示,试利用诺顿定理求:(1) 电压 U;(2) 1 A 电流源所发出的功率 P_{1A}。

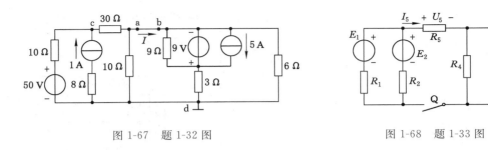

图 1-67　题 1-32 图　　　　　　　　　图 1-68　题 1-33 图

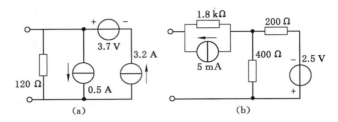

图 1-69　题 1-34 图

1-36　在图 1-71 中求:(1) 试求电流 I;(2) 计算理想电压源和理想电流源的功率,并说明是取用的还是发出的功率。

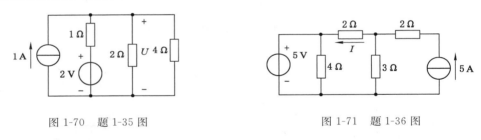

图 1-70　题 1-35 图　　　　　　　　　图 1-71　题 1-36 图

1-37　计算图 1-72 所示电路中电阻 R_L 上的电流 I_L:(1) 用戴维南定理;(2) 用诺顿定理。

1-38　试求图 1-73 所示电路中的电流 I。

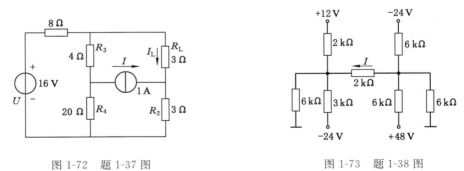

图 1-72　题 1-37 图　　　　　　　　　图 1-73　题 1-38 图

1-39　在图 1-74 中,$R_1 = R_2 = R_3 = R_4 = 300\ \Omega$,$R_5 = 600\ \Omega$,试求开关 S 断开时和闭合时 a 和 b 之间的等效电阻。

1-40　在图 1-75 的各段电路中，已知 $U_{ab}=10\text{ V}$，$E=5\text{ V}$，$R=5\ \Omega$，试求 I 的表达式及其数值。

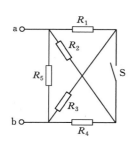

图 1-74　题 1-39 图

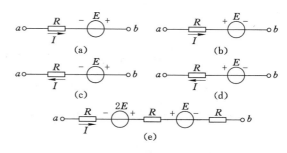

图 1-75　题 1-40 图

1-41　试用电压源与电流源等效变换的方法计算图 1-76 中 2 Ω 电阻中的电流 I。

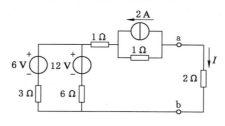

图 1-76　题 1-41 图

1-42　用戴维南定理和诺顿定理分别计算图 1-77 所示桥式电路中电阻 R_1 上的电流。

1-43　电路如图 1-78 所示，试计算电阻 R_L 上的电流 I_L：(1) 用戴维南定理；(2) 用诺顿定理。

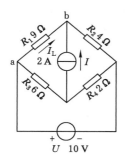

图 1-77　题 1-42 图

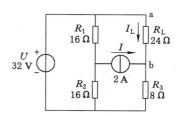

图 1-78　题 1-43 图

第 2 章　正弦交流电路

正弦交流电简称交流电,是目前供电和用电的主要形式。交流电在工农业生产以及日常生活中得到了最为广泛的应用,不仅因为正弦交流电容易产生、传输经济、便于使用,而且电子技术中的一些非正弦周期信号也是通过将其分解为恒定分量和一系列不同频率的正弦量来进行分析的。

本章主要讨论正弦交流电路的基本概念,各元件上的电压、电流和功率的基本关系、基本规律及简单正弦交流电路的分析方法,最后简要地介绍一下非正弦周期信号的电路。对本章基本概念、基本理论和基本分析方法应很好地掌握应用,为后面学习打下理论基础。

2.1　正弦交流电的基本概念

正弦电压、电动势和电流等物理量统称为交流电的正弦量,随时间按正弦规律做周期性变化,波形如图 2-1(a)所示。

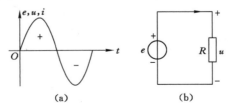

(a)　　　　　　　　　　(b)

图 2-1　正弦交流电

正弦量的正方向指正半周的方向,如图 2-1(b)所示。

正弦量随时间变化的规律,可以用时间 t 的正弦函数来表示,以电流为例,其数学表达

式为

$$i = I_m \sin(\omega t + \varphi) \tag{2-1}$$

称为电流的瞬时表达式。

2.1.1　正弦量的三要素

式(2-1)中的 I_m 称为正弦电流的最大值，ω 称为正弦量的角频率，φ 称为正弦量的初相位。它们是确定一个正弦量的三个要素，分别用来表示正弦量的大小、变化的快慢及初始值。

1. 周期与频率

正弦量变化一次所需的时间称为周期，用 T 表示，单位是秒(s)；每秒变化的次数称为频率，用 f 表示，单位是赫兹(Hz)。周期和频率互为倒数，即

$$T = \frac{1}{f} \tag{2-2}$$

通常，我国电力系统供电频率为 50 Hz，称为工频。在其他不同的技术领域使用各种不同的频率。千赫(kHz)和兆赫(MHz)是在高频下常用的频率单位。

$$1\ kHz = 10^3\ Hz$$

$$1\ MHz = 10^6\ Hz$$

正弦量表达式中的 ω 是角频率，即正弦量每秒钟变化的弧度，单位是弧度/秒(rad/s)。因为正弦量一周期经历了 2π 弧度，所以其角频率为

$$\omega = 2\pi f = \frac{2\pi}{T} \tag{2-3}$$

ω, T, f 都是反映正弦量变化快慢的量。

【例 2-1】　已知正弦交流电的 $f = 50$ Hz，试求其 T 和 ω。

解：
$$T = \frac{1}{f} = \frac{1}{50} = 0.02\ (s)$$
$$\omega = 2\pi f = 2 \times 3.14 \times 50 = 314\ (rad/s)$$

2. 幅值(最大值)与有效值

正弦量任一瞬间的值称为瞬时值，用小写字母表示，如 i、u、e 分别表示电流、电压和电动势的瞬时值。瞬时值中最大的值是幅值或称为最大值，用 I_m、U_m、E_m 表示。

通常所说的电压高低和电流大小是交流电表中测得的电压和电流的数值，该数值是有效值。有效值是从周期量做功和直流量做功等效的观点定义的，即一个交流电流 i 通过一个电阻时，在一个周期内产生的热量，与一个直流电流 i 在同样的时间，通过这个电阻时产生的热量相等，则称直流电流的数值是交流电流的有效值，即

$$I^2 RT = \int_0^T i^2 R \mathrm{d}t$$

由此，可得周期电流的有效值

$$I = \sqrt{\frac{1}{T} \int_0^T i^2 \mathrm{d}t} \tag{2-4}$$

由上式可看出，周期量的有效值等于它的瞬时值的平方在一个周期内的平均值再取平方根。因此，有效值又称方均根值。该定义同样适用于非正弦周期量。

当周期电流为正弦量 $i = I_m \sin \omega t$ 时，则

$$I = \sqrt{\frac{1}{T} \int_0^T I_{\mathrm{m}}^2 \sin^2 \omega t \, \mathrm{d}t} = \frac{I_{\mathrm{m}}}{\sqrt{2}}$$

对于正弦电压和电动势,也有类似的结论

$$U = \frac{U_{\mathrm{m}}}{\sqrt{2}}$$

$$E = \frac{E_{\mathrm{m}}}{\sqrt{2}}$$

可见,对于正弦量,最大值是有效值的 $\sqrt{2}$ 倍。有效值用大写字母表示,即 I、U、E 分别表示电流、电压、电动势的有效值。通常所说的交流电压为 220 V,指的是有效值,其最大值应为 311 V。

【例 2-2】 已知 $u = U_{\mathrm{m}} \sin \omega t$,$U_{\mathrm{m}} = 310$ V,$f = 50$ Hz,试求有效值 U 和 $t = \frac{1}{10}$ s 时的瞬时值。

解:
$$U = \frac{U_{\mathrm{m}}}{\sqrt{2}} = \frac{310}{\sqrt{2}} = 220 \ （V）$$

$$u = U_{\mathrm{m}} \sin 2\pi f t = 310 \sin \frac{100\pi}{10} = 0 \ （V）$$

3. 初相位

通常,正弦量是连续变化的,没有确定的起点和终点。但为了便于说明问题,选择一个计算时间的起点是非常必要的。若规定正弦量由负变正的零点为变化起点,$t = 0$ 的时刻为时间起点,则任意瞬间的角度 $(\omega t + \varphi)$ 称为正弦量的相位角,简称相位。$t = 0$ 时的相位叫作初相位或初相角,记做 φ。初相位是变化起点和时间起点之间的角度。当变化起点在时间起点的左边,则 φ 为正,如图 2-2 中的 i 曲线,其 $\varphi_i = 60°$;当变化起点在时间起点的右边,则 φ 为负,如图 2-2 中的 u 曲线,其 $\varphi_u = -30°$;当变化起点和时间起点重合,则 φ 为零。一般选择 $|\varphi| \leqslant \pi$。初相位决定了 $t = 0$ 时正弦量的大小和正负。通常称初相位为零的正弦量为参考正弦量。

两个同频率正弦量的相位之差,称为相位差,用 φ 表示,显然

$$\varphi = \varphi_1 - \varphi_2 \tag{2-5}$$

如图 2-2 中的 i,u,其 $\varphi = 90°$。

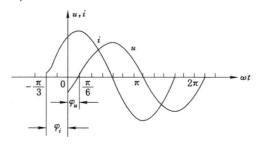

图 2-2 正弦量的初相位

相位差用来描述两个同频率正弦量的超前、滞后关系,即谁先到达最大值,谁后到达最大值,相差多少角度。

如上所述,$\varphi = \varphi_i - \varphi_u = 90°$,称 i 超前于 u $90°$,或 u 滞后于 i $90°$。

对于两同频率正弦量 i_1,i_2,若

* $\varphi = \varphi_1 - \varphi_2 > 0$,称 i_1 超前于 i_2 或 i_2 滞后于 i_1,如图 2-3(a)所示。
* $\varphi = \varphi_1 - \varphi_2 = 0$,称 i_1 与 i_2 同相位,如图 2-3(b)所示。
* $\varphi = \varphi_1 - \varphi_2 = \pm 180°$,称 i_1 与 i_2 反相位,如图 2-3(c)所示。

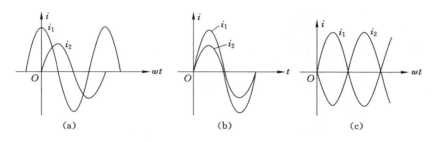

图 2-3　正弦量的相位差

2.1.2　正弦量的相量表示法

当正弦量的三要素确定以后,正弦量就唯一确定了。正弦量可以通过瞬时值表达式(三角函数式)和波形图来描述,这两种表示正弦量的方法比较直观。但是,当对正弦交流电路进行分析时,会遇到一系列频率相同的正弦量的计算问题,而用上述的三角函数表达式和波形图进行计算是很复杂的。为了简化交流电路的计算,有效的方法是用相量表示正弦量,而这种相量表示法的基础是复数。下面对复数进行介绍。

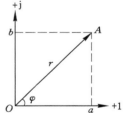

图 2-4　复平面的矢量

1. 复数及其运算

在数学中已经知道,复数 A 可以用复平面上的一个有向线段来表示,如图 2-4 所示。其长度 r 称为模,与横轴的夹角 φ 称为辐角。A 在实轴上的投影为 a,在虚轴上的投影为 b。A 可表示为

$$A = r \angle \varphi \qquad (极坐标式)$$

$$A = r e^{j\varphi} \qquad (指数式)$$

$$A = a + jb \qquad (代数式)$$

$$A = r\cos\varphi + jr\sin\varphi \qquad (三角函数式)$$

以上为复数的几种表达形式。利用以下关系式

$$r = \sqrt{a^2 + b^2} \;;\varphi = \arctan\frac{b}{a} \qquad (2-6)$$

$$a = r\cos\varphi\;;b = r\sin\varphi \qquad (2-7)$$

几种形式之间可进行互换。其中,j 是虚数的单位(数学中用 i 表示,而电工技术中 i 已用来表示电流,故用 j 表示)。

进行复数的四则运算时,一般加、减运算用复数的代数式,其实部与实部相加(减),虚部与虚部相加(减);乘、除运算用复数的极坐标式,两复数相乘,模相乘,辐角相加;两复数相

除,模相除,辐角相减。

由于

$$j = 1\angle 90°$$

$$\frac{1}{j} = -j = 1\angle -90°$$

$$j^2 = -1$$

所以当一个复数乘上 j 时,模不变,辐角增大 90°;当一个复数除以 j 时,模不变,辐角减小 90°。

2. 正弦量的相量表示法

因为频率、有效值和初相位三个要素可以确定一个正弦量,而在一个线性正弦交流电路中,只要电源的频率是单一的,则电路中所有电流、电压的频率都与电源频率相同。这样,就可把频率这个要素作为已知量处理,所以只需根据有效值和初相位两个要素就可确定一个正弦量。若用复数的模表示正弦量的大小(有效值),用复数的辐角表示正弦量的初相位,则这一个复数就可用来表示一个正弦量。表示正弦量的复数称为相量。

相量用在大写字母上面打"·"的方式表示,如 $\dot{U}, \dot{I}, \dot{E}$。其相应的复数式称为正弦量的相量式,在复平面上画出的相量的图形称为相量图。画相量图时,可以省去实轴、虚轴,如

$$i_1 = 6\sqrt{2}\sin(\omega t + 60°) \ A$$

$$i_2 = 8\sqrt{2}\sin(\omega t - 30°) \ A$$

其相量式为

$$\dot{I}_1 = 6\angle 60° \ A$$

$$\dot{I}_2 = 8\angle -30° \ A$$

其相量图如图 2-5 所示。

需要注意的是,一个复数只能用来表示一个正弦量,不等于正弦量,所以复数与正弦量之间不能划等号。下面的写法是错误的:

$$u = 220\sqrt{2}\sin(\omega t + 60°) = 220\angle 60° \ V$$

把正弦量表示成相量的真正原因在于简化正弦交流电路的计算。因为几个同频率正弦量经加、减后仍为同频率正弦量。所以,几个同频率正弦量的和(差)的相量等于它们的相量和(差)。因此,在正弦交流电路中,相量是满足基尔霍夫定律的。

若将正弦量表示成相量图进行计算时,几个同频率正弦量的和与差,可通过在相量图上求相量和、相量差的方式得到该正弦量的有效值和初相位。

【例 2-3】 已知 $u_1(t) = 80\sin(\omega t + 30°)V$,$u_2(t) = 120\sin(\omega t - 60°)V$,求 $u = u_1 + u_2$,并绘出它们的相量图。

解:

$$\dot{U}_1 = 40\sqrt{2}\angle 30° = 40\sqrt{2}\left(\frac{\sqrt{3}}{2} + j\frac{1}{2}\right) = 20\sqrt{2}(\sqrt{3} + j) \ (V)$$

$$\dot{U}_2 = 60\sqrt{2}\left(\frac{1}{2} - j\frac{\sqrt{3}}{2}\right) = 30\sqrt{2}(1 - j\sqrt{3}) \ (V)$$

$$\dot{U} = \dot{U}_1 + \dot{U}_2 = 20\sqrt{2}(\sqrt{3} + j) + 30\sqrt{2}(1 - j\sqrt{3}) \ (V)$$

$$=\left[(20\sqrt{6}+30\sqrt{2})+j(20\sqrt{2}-30\sqrt{6})\right](V)$$

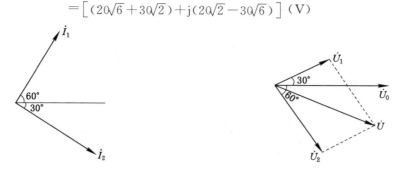

图 2-5　正弦电流的相量图　　　　　　　图 2-6　例 2-3 相量图

[注意]

① 只有同频率正弦量才能用相量表示,一起参与运算。

② 正弦交流电路中,只有瞬时值、相量满足 KCL 和 KVL,最大值、有效值并不满足 KCL 和 KVL。所以,在正弦交流电路图中标注正弦量时,只能使用瞬时值(u,i,e)和相量($\dot{U},\dot{I},\dot{E}$)。

2.2　单一参数的正弦交流电路

用来表示电路元件基本性质的物理量称为电路参数。电阻、电感、电容是交流电路的三个基本参数,仅具有一种电路参数的电路称为单一参数电路。只有掌握单一参数电路的基本规律,才能对复杂交流电路进行研究分析。

2.2.1　电阻元件的正弦交流电路

1. 电压和电流的关系

在图 2-7(a)所示电路中,设

$$i = I_{\mathrm{m}}\sin \omega t$$

根据电阻元件的电压电流关系 $u=iR$,得

$$u = RI_{\mathrm{m}}\sin \omega t = U_{\mathrm{m}}\sin \omega t \tag{2-8}$$

由此可见,电阻元件的电压与电流为同频率正弦量。

(1)电压与电流的相位关系

因为 u,i 初相位相等,所以电阻元件上电压电流同相位,波形图如图 2-7(b)所示。

(2)电压与电流的大小关系

$$U = IR, U_{\mathrm{m}} = I_{\mathrm{m}}R \tag{2-9}$$

即电阻元件上正弦量的有效值和最大值都满足欧姆定律。

(3)电压与电流的相量关系

电阻元件上正弦电压与电流的相量图如图 2-7(c)所示,其相量式为

$$\dot{I} = 1\angle 0°$$

$$\dot{U} = U\angle 0° = RI\angle 0°$$

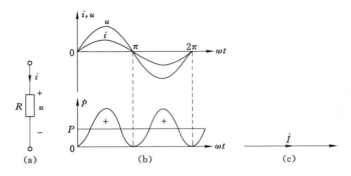

图 2-7　理想电阻元件的正弦交流电路

所以

$$\dot{U} = R\dot{I} \tag{2-10}$$

即电阻元件上正弦电压与电流的相量关系亦满足欧姆定律。

2. 功率

（1）瞬时功率

任何元件上的瞬时功率都可表示为瞬时电压和瞬时电流的乘积，即

$$p = ui \tag{2-11}$$

电阻元件的瞬时功率为

$$p = ui = U_{\mathrm{m}} \sin \omega t \, I_{\mathrm{m}} \sin \omega t = U_{\mathrm{m}} I_{\mathrm{m}} \sin^2 \omega t$$

$$= \frac{U_{\mathrm{m}} I_{\mathrm{m}}}{2}(1 - \cos 2\omega t) = UI - UI \cos 2\omega t$$

瞬时功率的波形图如图 2-7(b)所示，它包含一个恒定分量和一个两倍于电源频率的周期量。在任意时刻，瞬时功率都大于等于零，这表示电阻始终消耗电能。

（2）平均功率

平均功率是电路在一个周期内消耗电能的平均速率，即瞬时功率在一个周期内的平均值，用大写字母 P 表示。电阻元件上的平均功率为

$$P = \frac{1}{T}\int_0^T p \, \mathrm{d}t = \frac{1}{T}\int_0^T (UI - UI \cos 2\omega t) \, \mathrm{d}t = UI \tag{2-12}$$

电阻上的平均功率是电阻元件上电压与电流有效值的乘积。根据电阻元件上电压和电流有效值的关系，也可表示为

$$P = I^2 R = \frac{U^2}{R}$$

平均功率也称有功功率。有功功率的单位为瓦（W）或千瓦（kW）。

【例 2-4】　把一个 100 Ω 的电阻元件接到频率为 50 Hz、电压有效值为 10 V 的正弦电源上，问电流是多少？保持电压值不变，而电源频率改变为 5 000 Hz，这时电流将为多少？

解：　因为电阻与频率无关，所以电压的有效值保持不变，电流的有效值相等，即

$$I = \frac{U}{R} = \frac{10}{100} = 0.1 \, (\mathrm{A}) = 100 \, (\mathrm{mA})$$

2.2.2　电感元件的正弦交流电路

1. 电压和电流的关系

在图 2-8(a)所示电路中,设

$$i = I_{\mathrm{m}} \sin \omega t$$

根据电感元件上的电压电流关系 $u = L \dfrac{\mathrm{d}i}{\mathrm{d}t}$ 得

$$u = L \frac{\mathrm{d}(I_{\mathrm{m}} \sin \omega t)}{\mathrm{d}t} = \omega L I_{\mathrm{m}} \cos \omega t = \omega L I_{\mathrm{m}} \sin(\omega t + 90°)$$

即
$$u = \omega L I_{\mathrm{m}} \sin(\omega t + 90°) = U_{\mathrm{m}} \sin(\omega t + 90°) \tag{2-13}$$

由此可见,电感元件上的电压和电流为同频率正弦量。

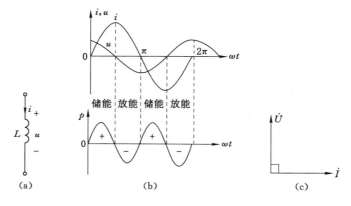

图 2-8　理想电感元件的正弦交流电路

(1) 电压和电流的相位关系

由上述可知,电流的初相位为 $0°$,电压的初相位为 $90°$。所以,电感元件上的电压超前于电流 $90°$,或称电流滞后于电压 $90°$。电压与电流的波形图如图 2-8(b)所示。

(2) 电压和电流的大小关系

$$\frac{U_{\mathrm{m}}}{I_{\mathrm{m}}} = \frac{U}{I} = \omega L = X_L \tag{2-14}$$

其中

$$X_L = \omega L = 2\pi f L \tag{2-15}$$

电感上交流电压的有效值(幅值)与电流的有效值(幅值)之比为 X_L 称为感抗,单位为欧姆(Ω)或千欧($k\Omega$),与频率成正比。它和电阻一样,具有阻碍电流通过的能力。频率越高,感抗越大,频率越低,感抗越小,可见,电感元件具有阻高频电流、通低频电流的作用。在直流电路中 $X_L = 0$,即电感对直流视为短路。

(3) 电压和电流的相量关系

电感元件上正弦电压与电流的相量图如图 2-8(c)所示,其相量式为

$$\dot{U} = U\angle 90° = \omega L I \angle 90° = X_L I \angle(0° + 90°)$$

因为

$$\dot{I} = I \angle 0°$$

所以

$$\frac{\dot{U}}{\dot{I}} = jX_L = j\omega L$$

即

$$\dot{U} = jX_L\dot{I} \tag{2-16}$$

2. 功率

（1）瞬时功率

电感中的瞬时功率可表示为

$$p = ui = U_m\sin(\omega t + 90°)I_m\sin\omega t = U_mI_m\frac{\sin 2\omega t}{2}$$

即

$$p = UI\sin 2\omega t \tag{2-17}$$

瞬时功率的曲线如图 2-8(b)所示，它是一个两倍于电源频率的正弦量。当 $p>0$ 时，电感处于受电状态，从电源取用能量转化为磁能储存在磁场中；当 $p<0$ 时，电感处于供电状态，将磁场中储存的能量释放给电源。当电流按正弦规律变化时，电感以两倍于电源频率的速度与电源不断地进行能量的交换。

（2）平均功率

$$P = \frac{1}{T}\int_0^T UI\sin 2\omega t\,dt = 0 \tag{2-18}$$

即有功功率为零，这说明电感是一储能元件。理想电感元件在正弦电源的作用下，虽有电压、电流，但没有能量的消耗，只是与电源不断地进行能量交换。

（3）无功功率

瞬时功率的幅值反映了能量交换规模的大小，由式(2-18)可知，从数值上看，它正是元件上电压电流有效值的乘积。由于这部分功率没有被消耗掉，故称为无功功率。通常用无功功率 Q 来衡量这种能量互换的规模的大小。电感元件的无功功率为

$$Q_L = UI = X_LI^2 = \frac{U^2}{X_L} \tag{2-19}$$

无功功率的单位用乏(var)或千乏(kvar)表示。

【例 2-5】 若将 $L=20$ mH 的电感元件，接在 $U_L=110$ V 的正弦电源上，则通过的电流是 1 mA，求：

（1）电感元件的感抗及电源的频率；

（2）若把该元件接在直流 110 V 电源上，会出现什么现象？

解：

（1）　　　　　　　　$X_L = \frac{U_L}{I_L} = \frac{110}{1\times10^{-3}}$ （Ω）$= 110$ （kΩ）

电源频率　　　　$f = \frac{X_L}{2\pi L} = \frac{110\times10^3}{2\pi\times20\times10^{-3}} = 8.76\times10^5$ （Hz）

（2）在直流电路中，$X_L=0$，电流很大，电感元件可能烧坏。

2.2.3　电容元件的正弦交流电路

1. 电压和电流的关系

在图 2-9(a)所示电路中,设 $u = U_\mathrm{m} \sin \omega t$,又根据电容元件上的电压电流关系 $i = C \dfrac{\mathrm{d}u}{\mathrm{d}t}$,得

$$i = C \frac{\mathrm{d}(U_\mathrm{m} \sin \omega t)}{\mathrm{d}t} = \omega C U_\mathrm{m} \cos \omega t = \omega C U_\mathrm{m} \sin(\omega t + 90°)$$

则

$$i = \omega C U_\mathrm{m} \sin(\omega t + 90°) \tag{2-20}$$

由此可见,电容元件上的电压和电流也为同频率正弦量。

(1) 电压和电流的相位关系

由上述可知,电压的初相位为 $0°$,电流的初相位为 $90°$。所以,电容元件上电流超前于电压 $90°$,或称电压滞后于电流 $90°$。电压与电流的波形图如图 2-9(b)所示。

(2) 电压和电流的大小关系

$$\frac{U_\mathrm{m}}{I_\mathrm{m}} = \frac{U}{I} = \frac{1}{\omega C} = X_C \tag{2-21}$$

$$X_C = \frac{1}{\omega C} = \frac{1}{2\pi f C} \tag{2-22}$$

其中,X_C 称为容抗,单位为欧姆(Ω)或千欧($\mathrm{k}\Omega$),与频率的倒数成正比。它和电阻一样,具有阻碍电流通过的能力,且频率越高,容抗越小;频率越低,容抗越大。可见,电容元件具有阻低频电流、通高频电流的作用。在直流电路中,$X_C \to \infty$,即电容元件对直流视为开路。

(3) 电压和电流的相量关系

电容元件上电压与电流的相量图,如图 2-9(c)所示。因为

$$\dot{U} = U \angle 0°, \dot{I} = I \angle 90° = \omega C U \angle (0° + 90°) = \mathrm{j}\omega C \dot{U}$$

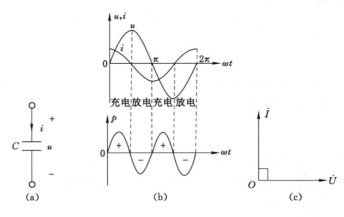

图 2-9　理想电容元件的正弦交流电路

所以

$$\dot{U} = \frac{1}{\mathrm{j}\omega C} \dot{I} = -\mathrm{j} X_C \dot{I} \tag{2-23}$$

即
$$\frac{\dot{U}}{\dot{I}} = -jX_C \qquad (2\text{-}24)$$

2. 功率

（1）瞬时功率

电容元件的瞬时功率可表示为

$$p = ui = I_m\sin(\omega t + 90°)U_m\sin \omega t = U_m I_m \frac{\sin 2\omega t}{2}$$

即
$$p = UI\sin 2\omega t \qquad (2\text{-}25)$$

瞬时功率的曲线如图 2-9（b）所示，同电感元件一样，它也是一个两倍于电源频率的正弦量。当 $p > 0$ 时，电容充电，电容从电源取用电能并把它储存在电场中；当 $p < 0$ 时，电容放电，电容将电场中储存的能量释放给电源。当电容上的电压按正弦规律变化时，电容以两倍于电源频率的速度与电源不断地进行能量交换。

（2）平均功率

$$P = \frac{1}{T}\int_0^T UI\sin 2\omega t\, dt = 0$$

即有功功率为零，这说明电容元件是储能元件。在正弦交流电源的作用下，虽有电压和电流，但没有能量的消耗，只存在电容元件和电源之间的能量交换。

（3）无功功率

与电感元件相同，电容元件瞬时功率的幅值反映了能量交换规模的大小，从数值上看，它也是电容元件上电压电流有效值的乘积，其无功功率用 Q_C 表示。为了与电感元件的无功功率比较，设

$$i = I_m\sin \omega t$$

为参考正弦量，则

$$u = U_m\sin(\omega t - 90°)$$

于是得瞬时功率

$$p = ui = -UI\sin 2\omega t \qquad (2\text{-}26)$$

与式（2-18）相比，可得电感和电容上的瞬时功率反相位，即电感与电容取用电能的时刻相差 180°。若设 Q_L 为正，则 Q_C 为负，所以

$$Q_C = -UI = -X_C I^2 = -\frac{U^2}{X_C} \qquad (2\text{-}27)$$

计量单位同样用乏（var）或千乏（kvar）。

电感元件和电容元件虽不消耗能量，但要与电源进行能量的交换，对电源来说也是一种负担。

【例 2-6】 设加在一个电容器上的电压 $u(t) = 6\sqrt{2}\sin(1\,000t - 60°)V$，其电容 C 为 $10\ \mu F$，求：

（1）流过电容的电流 $i(t)$ 并画出电压、电流的相量图。

（2）若接在直流 6 V 的电源上，则电流为多少？

解：（1）
$$\dot{U}=6\angle-60°\text{（V）}$$

$$X_C=\frac{1}{\omega C}=\frac{1}{1\,000\times10\times10^{-6}}=100\text{（Ω）}$$

$$\dot{I}_C=\frac{\dot{U}_C}{-\mathrm{j}X_C}=\frac{6\angle-60°}{-\mathrm{j}100}=0.06\angle(-60°+90°)=0.06\angle30°\text{（A）}$$

电容电流：$i(t)=0.06\sqrt{2}\sin(1\,000t+30°)$（A）

电容电压、电流的相量图如图 2-10 所示。

（2）若接在直流 6 V 电源上，$X_C\rightarrow\infty$，$I=0$。

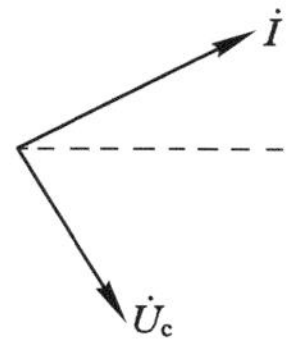

图 2-10　电压、电流的相量图

2.3　简单正弦交流电路的分析

前面讨论了单一参数正弦交流电路中的电流、电压及功率的关系，在实际电路中，几种参数往往可能同时存在。一般情况下，由 R,L,C 构成的正弦交流电路各元件的连接关系可能是串联的，可能是并联的，也可能既串联又并联。对于这样一般形式的正弦交流电路，如果电路中各电源的频率是相同的，这时电路中各支路电压、电流是与电源同频率的正弦量。因此，对于这种电路的分析一般采用相量分析法，即集中讨论电压和电流的相位、大小关系以及分析计算电路的功率问题。

2.3.1　基尔霍夫定律的相量形式

同分析直流电路一样，分析交流电路的基本依据依然是基尔霍夫定律。如前所述，正弦交流电路中只有瞬时值和相量形式满足 KCL 和 KVL。因为，只有瞬时值和相量形式既能反映电流、电压的大小关系，又能反映电流、电压的相位关系。对正弦交流电路的任一结点满足 KCL，即

$$\sum\dot{I}=0 \tag{2-28}$$

对正弦交流电路的任一回路，满足 KVL，即

$$\sum\dot{U}=0 \tag{2-29}$$

有效值和最大值只能反映正弦量的大小关系，故不满足基尔霍夫定律。

1. 串联电路

在图 2-11(a)所示 RLC 串联电路中，设

$$i=I_\mathrm{m}\sin\omega t$$

根据图示的参考方向，瞬时值形式的 KVL 方程为

$$u=u_R+u_L+u_C=RI_\mathrm{m}\sin\omega t+\omega LI_\mathrm{m}\sin(\omega t+90°)+\frac{1}{\omega C}\sin(\omega t-90°) \tag{2-30}$$

其相量 KVL 方程为

$$\dot{U}=\dot{U}_R+\dot{U}_L+\dot{U}_C=R\dot{I}+\mathrm{j}X_L\dot{I}-\mathrm{j}X_C\dot{I} \tag{2-31}$$

因为串联电路中各元件流过的是同一电流，所以画相量图时通常以电流为参考相量（与横轴平行的相量）做相量图，各相量间的关系如图 2-11(b)所示。$\dot{U}_R,\dot{U}_L,\dot{U}_C$ 合成相量的长度是 u 的有效值，合成相量与横轴的夹角是 u 的初相位。

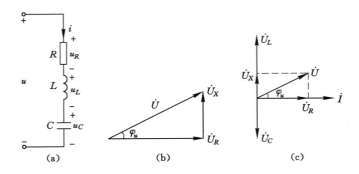

图 2-11　RLC 串联电路各相量间的关系

由相量图可知，$\dot{U}_R$、$\dot{U}_X$（即 $\dot{U}_L+\dot{U}_C$）及 $\dot{U}$ 构成了一个直角三角形，如图 2-11（c）所示。u 的有效值

$$U=\sqrt{U_R^2+U_X^2}=\sqrt{U_R^2+(U_L-U_C)^2}=\sqrt{(IR)^2+I^2(X_L-X_C)^2}$$

即
$$U=I\sqrt{R^2+(X_L-X_C)^2} \tag{2-32}$$

u 的初相位

$$\varphi_u=\arctan\frac{U_X}{U_R}=\arctan\frac{I(X_L-X_C)}{IR}=\arctan\frac{X_L-X_C}{R} \tag{2-33}$$

所以电路的总电压

$$\dot{U}=U\angle\varphi_u=I\sqrt{R^2+(X_L-X_C)^2}\angle\arctan\frac{X_L-X_C}{R}$$

【例 2-7】　某 RLC 串联电路中，$R=3\ \Omega$，$X_L=3\ \Omega$，$X_C=7\ \Omega$，正弦电压 $U=100$ V，试求电路的复阻抗，电路中的电流和各元件上的电压，并做出相量图。

解：　复阻抗：$Z=R+j(X_L-X_C)=3+j(3-7)=3-j4=5\angle-53.1°(\Omega)$

设 $\dot{U}=100\angle0°$ V

则
$$\dot{I}=\frac{\dot{U}}{Z}=\frac{100\angle0°}{5\angle-53.1°}=20\angle53.1°\ (A)$$

$$\dot{U}_R=R\dot{I}=3\times20\angle53.1°=60\angle53.1°\ (V)$$

$$\dot{U}_L=jX_L\dot{I}=j3\times20\angle53.1°=60\angle143.1°\ (V)$$

$$\dot{U}_C=-jX_C\dot{I}=-j7\times20\angle53.1°=140\angle-36.9°\ (V)$$

相量图如图 2-12 所示。

下面我们讨论电路参数对电路性质的影响。

根据电路参数可得出 RLC 串联电路的性质：

(1) 当 $X_L>X_C$ 时，$\varphi=\arctan\dfrac{X_L-X_C}{R}>0$，即电压超前电流

φ 角，电路呈感性；

(2) 当 $X_L<X_C$ 时，$\varphi<0$，即电压滞后电流 φ 角，电路呈容性；

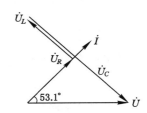

图 2-12　例 2-7 电压、电流相量图

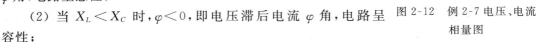

（3）当 $X_L = X_C$ 时，$\varphi = 0$，即电压与电流同相位，电路呈阻性。

三种情况的相量图如图 2-13 所示。

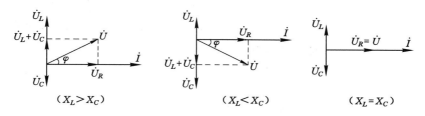

图 2-13　RLC 串联电路相量图

由上面分析可知：$-90° < \varphi < 90°$，当电源频率不变时，改变电路参数 L 或 C 可以改变电路的性质；若电路参数不变，也可以改变电源频率达到改变电路的性质。

2. 并联电路

在图 2-14(a)所示的 RLC 并联电路中，设

$$u = U_m \sin \omega t$$

根据图示的参考方向，瞬时值形式的 KCL 方程为

$$i = i_R + i_L + i_C$$
$$= \frac{U_m}{R} \sin \omega t + \frac{U_m}{\omega L} \sin(\omega t - 90°) + U_m \omega C \sin(\omega t + 90°) \tag{2-34}$$

其相量 KCL 方程为

$$\dot{I} = \dot{I}_R + \dot{I}_L + \dot{I}_C = \frac{\dot{U}}{R} + \frac{\dot{U}}{\mathrm{j}X_L} + \frac{\dot{U}}{-\mathrm{j}X_C} \tag{2-35}$$

因为并联电路中各支路承受的是同一电压，所以画相量图时通常以电压为参考相量（与横轴平行的相量）做相量图，各相量间的关系如图 2-14(b)所示。$\dot{I}_R, \dot{I}_L, \dot{I}_C$ 合成相量的长度是 i 的有效值，合成相量与横轴的夹角是 i 的初相位。

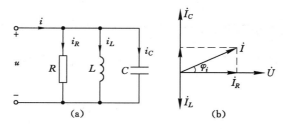

图 2-14　RLC 并联电路及其相量图

i 的有效值

$$I = \sqrt{I_R^2 + (I_C - I_L)^2} = \sqrt{\left(\frac{U}{R}\right)^2 + \left(\frac{U}{X_C} - \frac{U}{X_L}\right)^2} \tag{2-36}$$

i 的初相位

$$\varphi_i = \arctan \frac{I_C - I_L}{I_R} \tag{2-37}$$

所以,电路总电流

$$\dot{I} = \sqrt{\left(\frac{U}{R}\right)^2 + \left(\frac{U}{X_C} - \frac{U}{X_L}\right)^2} \angle \arctan \frac{I_C - I_L}{I_R}$$

【例 2-8】 某 RLC 并联电路,已知 $R=50 \ \Omega, L=2 \ \text{mH}, C=10 \ \mu\text{F}, \omega=5 \ 000 \ \text{rad/s}$,端口电压为 $10 \ \text{V}$,试求各分支电流和总电流。

解: 设 $\dot{U} = 10 \angle 0° \ (\text{V})$

则

$$\dot{I}_R = \frac{\dot{U}}{R} = \frac{10 \angle 0°}{50} = 0.2 \angle 0° (\text{A})$$

$$\dot{I}_L = \frac{\dot{U}}{jX_L} = \frac{\dot{U}}{j\omega L} = \frac{10 \angle 0°}{j5 \ 000 \times 2 \times 10^{-3}} = -j \ (\text{A})$$

$$\dot{I}_C = \frac{\dot{U}}{-jX_C} = \frac{\dot{U}}{-j\frac{1}{\omega C}} = j\omega C U = j5 \ 000 \times 10 \times 10^{-6} \times 10 \angle 0° = 0.05j \ (\text{A})$$

$$\dot{I} = \dot{I}_R + \dot{I}_L + \dot{I}_C = 0.2 - j0.95 \ (\text{A})$$

2.3.2 正弦交流电路的阻抗

1. 阻抗

在正弦交流电路中,电压相量与电流相量的比值,称为阻抗,用 Z 表示,即

$$Z = \frac{\dot{U}}{\dot{I}} = \frac{U}{I} \angle (\varphi_u - \varphi_i) = |Z| \angle \varphi \qquad (2-38)$$

其中,$|Z|$ 称为阻抗值,反映了电压和电流的大小关系,其大小是电压与电流有效值的比值,即

$$|Z| = \frac{U}{I} \qquad (2-39)$$

φ 称为阻抗角,反映了电压与电流的相位关系,阻抗角是电压超前于电流的角度,即

$$\varphi = \varphi_u - \varphi_i \qquad (2-40)$$

阻抗值与阻抗角的大小取决于电路的参数。在图 2-11 所示的 RLC 串联电路中,有

$$Z = R + j(X_L - X_C) = \sqrt{R^2 + (X_L - X_C)^2} \angle \arctan \frac{X_L - X_C}{R}$$

则阻抗值为

$$|Z| = \frac{U}{I} = \sqrt{R^2 + (X_L - X_C)^2}$$

阻抗角为

$$\varphi = \arctan \frac{X_L - X_C}{R}$$

根据电路参数,阻抗角可正可负。当 φ 为正值时,说明电压超前于电流 φ 角,电路呈感性;当 φ 为负值时,说明电压滞后于电流 φ 角,电路呈容性;当 $\varphi=0$ 时,说明电压电流同相位,电路呈阻性。由此可见,根据阻抗角的正负,就可以判断电路的性质。

阻抗的阻抗值也是一个三角形，如图 2-15 所示，称为阻抗三角形。显然，RLC 串联电路中的阻抗三角形与电压三角形相似。

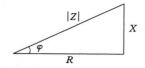

图 2-15　阻抗三角形

2. 阻抗的串联和并联

在正弦交流电路中，阻抗的连接形式是多种多样的。同直流电路中的一个无源电阻网络可以用一个电阻等效一样，一个 RLC 构成的无源网络也可以用一个阻抗等效。

（1）阻抗的串联

图 2-16(a)所示是两个阻抗串联的电路。根据欧姆定律和基尔霍夫定律的相量形式，得

$$\dot{U} = \dot{U}_1 + \dot{U}_2 = \dot{I}Z_1 + \dot{I}Z_2 = \dot{I}(Z_1 + Z_2)$$

所以

$$Z = \frac{\dot{U}}{\dot{I}} = Z_1 + Z_2 \tag{2-41}$$

由此可见，两个串联的阻抗可用一个等效阻抗来代替，如图 2-16(b)所示。该等效阻抗等于串联的各阻抗之和。一般情况下，几个阻抗串联时，其等效阻抗可用下式表示。

$$Z = \sum Z_K = \sum R_K + \sum jX_K$$

$$= \sqrt{\left(\sum R_K\right)^2 + \left(\sum X_K\right)^2} \angle \arctan \frac{\sum X_K}{\sum R_K} = |Z| \angle \varphi \tag{2-42}$$

即

$$|Z| = \sqrt{\left(\sum R_K\right)^2 + \left(\sum X_K\right)^2} \tag{2-43}$$

$$\varphi = \arctan \frac{\sum X_K}{\sum R_K} \tag{2-44}$$

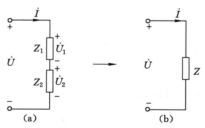

图 2-16　串联电路的阻抗

在上面各式的 $\sum X_K$ 中，感抗 X_L 取正号，容抗 X_C 取负号。一定要注意，等效阻抗是复数，要用复数运算法则。根据上面的方法计算出等效阻抗后，其电压电流的关系可很方便地得到：

$$\dot{U} = \dot{I}Z \text{ 或 } \dot{I} = \frac{\dot{U}}{Z}$$

一般　　　　　　　　　　　　$U \neq U_1 + U_2$

即 $\qquad I\,|\,Z\,|\neq I\,|\,Z_1\,|+I\,|\,Z_2\,|$

所以 $\qquad |\,Z\,|\neq|\,Z_1\,|+|\,Z_2\,|$

【例 2-9】 已知某网络 N 的端电压与电流波形如图 2-17(a)、(b)所示,试画出网络 N 的一种串联等值电路,并求出等值电路各元件的参数。设电源频率 $f=50$ Hz。

解: 按照波形图可写出 u、i 的瞬间表达式

$$i=0.5\sqrt{2}\sin(\omega t+30^\circ)\,(\text{A})$$

$$u=220\sqrt{2}\sin(\omega t-15^\circ)\,(\text{V})$$

相量形式为 $\qquad \dot{I}=0.5\angle 30^\circ\,(\text{A})$

$$\dot{U}=200\angle -15^\circ\,(\text{V})$$

$$Z=\frac{\dot{U}}{\dot{I}}=\frac{220\angle -15^\circ}{0.5\angle 30^\circ}=311-\text{j}311\,(\Omega)$$

其等值参数为 $R=311\,\Omega$,$X_C=311\,\Omega$,$C=\dfrac{1}{2\pi f X_C}=10.2\,\mu\text{F}$。

网络 N 的一种等值电路,如图 2-17(c)所示。

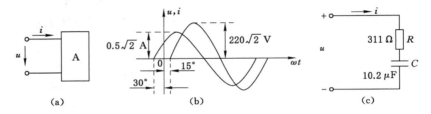

图 2-17 例 2-9 电路图及波形图

(a) 二端网络 N;(b) 电压、电流波形图;(c)串联等值电路

(2) 阻抗的并联

图 2-18(a)所示的是两个阻抗并联组成的电路,根据基尔霍夫电流定律有

$$\dot{I}=\dot{I}_1+\dot{I}_2=\frac{\dot{U}}{Z_1}+\frac{\dot{U}}{Z_2}=\dot{U}\left(\frac{1}{Z_1}+\frac{1}{Z_2}\right)=\frac{\dot{U}}{\dfrac{Z_1Z_2}{Z_1+Z_2}}=\frac{\dot{U}}{Z}$$

两个并联的阻抗可用一个等效阻抗代替,如图 2-18(b)所示。其等效阻抗为

$$Z=\frac{Z_1Z_2}{Z_1+Z_2} \qquad\qquad (2\text{-}45)$$

由以上分析可知,阻抗的串、并联法则与电阻的串、并联法则在形式上完全一样,只不过这里是复数运算。同时,根据所求的正弦交流电路的等效阻抗,可以很方便地画出该电路的串联等值电路。若等效阻抗的虚部为正,该等值电路可视为电阻元件和电感元件的串联;若等效阻抗的虚部为负,该等值电路可视为电阻元件和电容元件的串联;若等效阻抗的虚部为零,该等值电路可视为由电阻元件构成。

在正弦交流电路中,若将电路中已知的正弦量用相量表示,电路中的参数用阻抗表示,则可以应用之前学过的各种方法列方程求解,但所有的方程都为相量方程,所有的运算都为复数运算。

【例 2-10】 已知一个并联电路,如图 2-18(a)所示,其电阻为 $R=16\ \Omega$,电感为 $40\ \text{mH}$, $\omega=314\ \text{rad/s}$,求等效串联电路的参数。

解： 根据公式(2-45)得:

$$Z=\frac{Z_1 Z_2}{Z_1+Z_2}=\frac{16\times\text{j}(314\times40\times10^{-3})}{16+\text{j}(314\times40\times10^{-3})}=6.06+\text{j}7.76\ (\Omega)$$

即

$$R'=6.06\ \Omega,X_L'=7.76\ \Omega$$

则

$$L'=\frac{X'}{\omega}=\frac{7.76}{314}=0.025\ (\text{H})$$

即可等效成电阻为 $6.06\ \Omega$ 与电感为 $0.025\ \text{H}$ 相串联的电路,如图 2-18(b)所示。

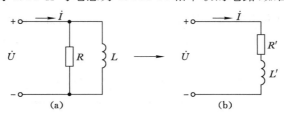

图 2-18　例 2-10 电路

(a) 并联电路；(b) 等效串联电路

2.3.3　正弦交流电路的功率

1. 瞬时功率

在正弦交流电路中,由于有电感和电容的存在,一般情况是电压 u 和电流 i 两正弦量的频率相同,但两者有一定的相位差。设如图 2-19(a)所示的无源二端网络的电流和电压分别为

$$u=U_{\text{m}}\sin(\omega t+\varphi)$$

$$i=I_{\text{m}}\sin\omega t$$

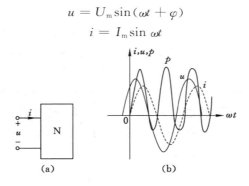

图 2-19　正弦交流电路的电流、电压及瞬时功率波形

则该电路的瞬时功率为

$$p=ui=U_{\text{m}}\sin(\omega t+\varphi)I_{\text{m}}\sin\omega t=UI\cos\varphi-UI\cos(2\omega t+\varphi) \tag{2-46}$$

瞬时功率的波形如图 2-19(b)所示。可以看出,瞬时功率有正有负,正表示网络从电源吸收功率,负表示网络向电源反馈(发出)功率。这是因为电路中含有耗能元件电阻,电阻从电源吸收功率；同时,电路中又含有储能元件电感和电容,而电感和电容元件与电源交换功率。所以,一般情况下,功率波形的正、负面积不相等,负载吸收功率的时间总是大于释放功

率的时间,说明电路在消耗功率,这是由于电路中存在电阻的缘故。

2. 有功功率、无功功率和视在功率

正弦电路的有功功率即为平均功率,且

$$P = \frac{1}{T} \int_0^T ui \, dt = \frac{1}{T} \int_0^T [UI \cos \varphi - UI \cos(2\omega t + \varphi)] dt = UI \cos \varphi \qquad (2\text{-}47)$$

式(2-47)说明交流电路中有功功率的大小不仅取决于电压电流有效值的乘积,而且与它们的相位差(阻抗角)有关。对于 RLC 电路,因为有电阻元件存在,所以电路中总是有功率损耗。电路中的有功功率即为电阻上消耗的功率。式中的 $\cos \varphi$ 称为功率因数,$\cos \varphi$ 的大小与元件参数有关。

电路中的电感元件和电容元件有能量储放,与电源之间要交换能量,所以电路中也存在无功功率。将式(2-47)中 $UI \cos(2\omega t + \varphi)$ 分解为 $UI \cos \varphi \cos 2\omega t - UI \sin \varphi \sin 2\omega t$,则式(2-47)可写成

$$\begin{aligned} P &= UI \cos \varphi - (UI \cos \varphi \cos 2\omega t - UI \sin \varphi \sin 2\omega t) \\ &= UI \cos \varphi(1 - \cos 2\omega t) + UI \sin \varphi \sin 2\omega t \\ &= P(1 - \cos 2\omega t) + Q \sin 2\omega t \end{aligned}$$

式中
$$Q = UI \sin \varphi \qquad (2\text{-}48)$$

Q 反映了电路中储能元件与电源进行能量交换规模的大小。当 $\varphi > 0$(感性电路)时,$Q > 0$;当 $\varphi < 0$(容性电路)时 $Q < 0$,所以,无功功率的正负与电路的性质有关。因为电感元件的电压超前于电流 $90°$,电容元件的电压滞后于电流 $90°$,所以感性无功功率与容性无功功率可以相互补偿,即

$$Q = Q_L - Q_C$$

正弦交流电压的有效值 U 和电流的有效值 I 的乘积称为视在功率,即

$$S = UI \qquad (2\text{-}49)$$

交流电气设备是按照规定的额定电压 U_N 和额定电流 I_N 来设计和使用的。对电源设备来讲,S_N 又称额定容量,简称容量。它表明电源设备可以提供的最大有功功率。

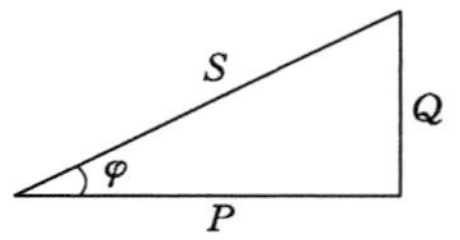

视在功率的单位是伏安(V·A)或千伏安(kV·A)。有功功率、无功功率和视在功率三者之间也是一个三角形的关系,且与前述的电压三角形和阻抗三角形相似,如图2-20所示。则可得 P,Q,S 三者的关系为

图 2-20 功率三角形

$$S = \sqrt{P^2 + Q^2} \qquad (2\text{-}50)$$

$$P = S \cos \varphi \qquad (2\text{-}51)$$

$$\cos \varphi = \frac{P}{S} \qquad (2\text{-}52)$$

对于正弦交流电路来说,电路中总的有功功率是电路各部分的有功功率的代数和,总的无功功率是电路各部分的无功功率的代数和,但在一般情况下,总的视在功率不是电路各部分的视在功率之代数和。

3. 功率因数的提高

如前所述,在正弦交流电路中,有功功率与视在功率的比值称为功率因数。

$$\frac{P}{S} = \cos\varphi \tag{2-53}$$

功率因数是正弦交流电路中一个很重要的物理量。

功率因数低会带来两方面的不良影响：

① $\cos\varphi$ 低，线路损耗大。

因为 $I = \dfrac{P}{U\cos\varphi}$，设线路电阻 r 线路损耗为 $I^2 r$，则当输电线路的电压和传输的有功功率一定时，输电线上的电流与功率因数成反比。功率因数越小，输电线上的电流越大，线路损耗亦越大。

② $\cos\varphi$ 低，电源的利用率低。

因为电源的容量 S_N 是一定的，由 $P = UI\cos\varphi$ 可知，电源能够输出的有功功率与功率因数成正比。当负载的 $\cos\varphi = 0.5$ 时，电源的利用率只有 50%。

由此可见，功率因数的提高有着非常重要的经济意义。

实际电路中，功率因数不高的主要原因是工业上大都是感性负载，如三相异步电动机，满载时功率因数约为 $0.7\sim0.8$，轻载时只有 $0.4\sim0.5$，空载时甚至只有 0.2。

按照供、用电规则，高压供电的工业、企业单位平均功率因数不得低于 0.95，其他单位不得低于 0.9。因此，功率因数的提高是一个必须要解决的问题。这里说的提高功率因数，是提高线路的功率因数，而不是提高某一负载的功率因数。应注意的是，功率因数的提高必须在保证负载正常工作的前提下实现。

既要提高线路的功率因数，又要保证感性负载正常工作，常用的方法是在感性负载两端并联电容。电路图和相量图如图 2-21 所示。

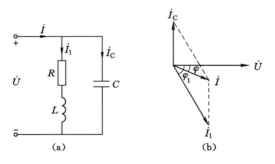

图 2-21　感性负载并联电容提高功率因数

由相量图可知，并联电容以前，线路的阻抗角为负载的阻抗角 φ_1，线路的功率因数为负载的功率因数 $\cos\varphi_1$（较低），线路的电流为负载的电流 I_1（较大）；并联电容以后，因电容上的电流超前电压 $90°$，故抵消掉了部分感性负载电流的无功分量，使得线路的电流 I 减小，线路的阻抗角 φ 减小，线路的功率因数 $\cos\varphi$ 得以提高。

设负载的电压、阻抗角、有功功率分别为 U_1、φ_1、P，它们也是并联电容前线路的电压、阻抗角和有功功率。并联电容后，线路的电压、阻抗角、有功功率分别为 U、φ、P（由于电容不产生有功功率，所以并联电容前后 P 不变）。据相量图得

$$I_C = I_1\sin\varphi_1 - I\sin\varphi = \frac{P}{U\cos\varphi_1}\cdot\sin\varphi_1 - \frac{P}{U\cos\varphi}\cdot\sin\varphi = U\omega C$$

$$C = \frac{P}{\omega U^2}(\tan\varphi_1 - \tan\varphi) \tag{2-54}$$

这就是把功率因数由 $\cos\varphi_1$ 提高到 $\cos\varphi$ 所需并联电容容量的计算公式。

由上述分析可见，并联电容器后，改变的只是线路的功率因数、电流和无功功率，而负载的工作状况及电路的有功功率没有发生变化。

【例 2-11】 一只 40 W 日光灯，整流器电感为 1.85 H，接到 50 Hz、220 V 的交流电源上。已知功率因数为 $\dot{Z} = R + j\omega L$，求灯管的电流和电阻。要使 $\cos\varphi = 0.9$，应并联多大电容？

解： (1) 设 $\dot{Z} = R + j\omega L$，电源电压 $\dot{U} = 220\angle 0° \text{ V}$。

灯管中的电流为：

$$\dot{I} = \frac{\dot{U}}{\dot{Z}} = \frac{220\angle 0°}{R + j1.85\omega} = \frac{220}{\sqrt{R^2 + (1.85\omega)^2}}\angle -\arctan\frac{1.85\omega}{R} \text{ (A)}$$

所以，灯管两端电压相量超前电流相量角度为 $\arctan\dfrac{1.85\omega}{R}$，即功率因数角为 $\arctan\dfrac{1.85\omega}{R}$。

已知功率因数为 0.6，所以 $\cos\left(\arctan\dfrac{1.85\omega}{R}\right) = 0.6$

把 $\omega = 2\pi f = 2 \times 3.14 \times 50$ 代入上式，解得

$$R = 435.7 \text{ } (\Omega)$$

把电阻值代入上式，可解得

$$I = 0.303 \text{ (A)}$$

(2)

$$C = \frac{p}{\omega U^2}(\tan\varphi_1 - \tan\varphi)$$

$$= \frac{40}{100 \times 3.14 \times 220^2}\left[\tan(\arccos 0.6) - \tan(\arccos 0.9)\right]$$

$$= \frac{40}{100 \times 3.14 \times 220^2}\left[\frac{4}{3} - \frac{\sqrt{19}}{9}\right]$$

$$= 2.24 \times 10^{-6} \text{ (F)}$$

2.4 电路的谐振

在含有 R, L, C 元件的交流电路中，因感抗和容抗都是频率的函数，所以当改变电感元件和电容元件的参数或电源的频率时，感抗和容抗就会发生变化，引起电压与电流之间的相位差的变化。当电路的电压与电流同相位，即电路呈电阻性时，称电路的这种状态为谐振。

2.4.1 串联谐振

在 RLC 串联的电路中发生的谐振，称为串联谐振。在图 2-22(a)所示的串联电路中，其阻抗

$$Z = R + \mathrm{j}(X_L - X_C) = \sqrt{R^2 + (X_L - X_C)^2} \angle \arctan \frac{X_L - X_C}{R}$$

若感抗和容抗相等,即

$$X_L = X_C$$

则

$$\varphi = \arctan \frac{X_L - X_C}{R} = 0°$$

即电源电压 $\dot{U}$ 与电路中的 $\dot{I}$ 同相位,电路中发生谐振。

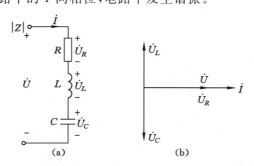

图 2-22　串联电路的谐振

由此可得出谐振条件

$$\omega_0 L = \frac{1}{\omega_0 C} \tag{2-55}$$

$$\omega_0 = \frac{1}{\sqrt{LC}} \tag{2-56}$$

谐振频率为

$$f_0 = \frac{1}{2\pi \sqrt{LC}} \tag{2-57}$$

即当电源频率与电路参数 L 和 C 之间的关系满足以上关系时,电路发生谐振。

由上式可知,谐振频率完全是由电路本身的参数决定的,是电路本身的固有性质。每一个 RLC 串联的电路都对应一个谐振频率。当电源的频率一定时,改变电路的参数 L 或 C 可以使电路发生谐振;当电路参数一定时,改变电源频率,也可使电路发生谐振。

串联谐振具有以下特征:

① 电路的阻抗角 $\varphi = 0$,电压与电流同相位,电路呈电阻性。

相量图如图 2-22(b)所示。电源只给电阻提供能量,电感和电容的能量交换在它们两者之间进行。

② 电路中的阻抗值最小。电源电压 U 一定时,电流 I 最大,因为

$$|Z| = \sqrt{R^2 + (X_L - X_C)^2} = R$$

$$I_0 = \frac{U}{R} \tag{2-58}$$

阻抗和电流随频率变化的曲线如图 2-23 所示。

I_0 为谐振电流的有效值。当电源电压 U 一定时,I_0 的大小只取决于 R。R 越小,I_0 越大,若 $R \to 0$,则 $I_0 \to \infty$。

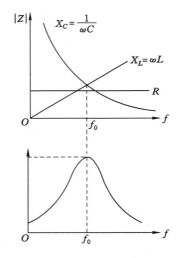

图 2-23　阻抗和电流随频率变化的曲线

③ 串联谐振时,将在电感元件和电容元件上产生高电压。

因为谐振时,电感元件和电容元件上电压大小相等,方向相反,相互抵消,则电阻元件上的电压即为电源电压 U。

$$U_L = U_C = I_0 X_L = I_0 X_C \tag{2-59}$$

$$U = U_R = I_0 R \tag{2-60}$$

若 $X_L = X_C \gg R$,则 $U_L = U_C \gg U$。当电压过高时,将有可能击穿线圈和电容,产生事故。所以,在电力系统中,应尽量避免串联谐振。但在无线电工程中,则常常利用串联谐振这个特点,在某个频率上获得高电压。

由于串联谐振能在电感和电容上产生高于电源许多倍的电压,故串联谐振亦称为电压谐振。

【例 2-12】　有一 RLC 串联电路,它在电源频率 $f = 500$ Hz 时发生谐振。谐振时电流 I 为 0.2 A,容抗 X_C 为 314 Ω,并测得电容电压 U_C 为电源电压 U 的 20 倍。试求该电路的电阻 R 和电感 L。

解:　当发生谐振时,$X_L = X_C R = \dfrac{U}{I}$

$$X_L = \omega L = 2\pi f L,\ X_C = \frac{1}{\omega C} = \frac{1}{2\pi f C} = 314\ (\Omega)$$

$$\therefore 2\pi f L = 314\ (\Omega)$$

解得
$$L = 0.1\ (\text{H})$$

设 $\dot{U} = U\angle 0°$ V 为参考相量

$$\dot{I} = \frac{\dot{U}}{R} = \frac{U\angle 0°}{R} = 0.2\angle 0°\ (\text{A})$$

由已知条件得

$$\left. \begin{array}{l} U_C = 20U \\ U_C = X_C I \end{array} \right\} \Rightarrow X_C I = 20U$$

$$314 \times 0.2 = 20U$$

解得：
$$U = 3.14 \ (\text{V})$$

$$R = \frac{U}{I} = \frac{3.14}{0.2} = 15.7 \ (\Omega)$$

串联谐振在无线电工程中通常用来选择频率,如收音机里的调谐电路,如图 2-24 所示。天线线圈接收到空间电磁场中各种频率的信号,LC 回路中感应出频率不同的电动势 $e_1, e_2,$ $e_2 \cdots$ 改变 C,将所需信号频率调到串联谐振,这时 LC 电路中该频率的电流最大,电容上该频率的电压也最高,该频率的信号就被选择出来了。选择出的信号被放大处理后,推动喇叭发出声音。

这里有一个频率选择性的问题,频率选择性的好坏用品质因数 Q 来衡量。

$$Q = \frac{U_L}{U} = \frac{\omega L I_0}{R I_0} = \frac{\omega_0 L}{R} \tag{2-61}$$

当品质因数 Q 值越大时,如图 2-25 所示的谐振曲线越尖锐,频率选择性能越好。

2.4.2　并联谐振

图 2-26 是一个电容 C 与一个线圈并联的电路,R 表示线圈的电阻,L 表示线圈的电感。该电路谐振时,其电流、电压同相位,即阻抗角为零。可以通过阻抗推导其谐振条件。

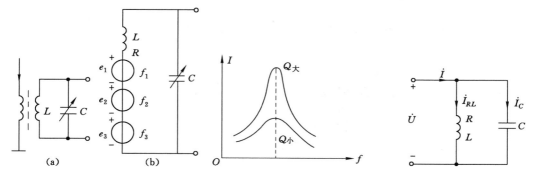

图 2-24　收音机的调谐电路　　图 2-25　Q 与谐振曲线的关系　　图 2-26　线圈与电容并联的电路

该电路的等效阻抗为

$$Z = \frac{(R + \mathrm{j}\omega L) \cdot \dfrac{1}{\mathrm{j}\omega C}}{R + \mathrm{j}\omega L - \dfrac{1}{\mathrm{j}\omega C}} = \frac{R + \mathrm{j}\omega L}{\mathrm{j}\omega R C - \omega^2 L C + 1}$$

通常线圈的电阻很小,所以谐振时一般满足 $\omega_0 L \gg R_0$ 上式可写成

$$Z \approx \frac{\mathrm{j}\omega L}{\mathrm{j}\omega R C - \omega^2 L C + 1} = \frac{1}{\dfrac{RC}{L} + \mathrm{j}\omega C + \dfrac{1}{\mathrm{j}\omega L}} = \frac{1}{\dfrac{RC}{L} + \mathrm{j}\left(\omega C - \dfrac{1}{\omega L}\right)}$$

若阻抗角为零,则有
$$\omega C = \frac{1}{\omega L}$$

可以得出谐振条件或谐振频率为

$$\omega_0 = \frac{1}{\sqrt{LC}} \tag{2-62}$$

$$f_0 = \frac{1}{2\pi\sqrt{LC}} \tag{2-63}$$

当电源频率与电路参数 L 和 C 之间的关系满足上式时,电路发生并联谐振。可见,调节 L、C 或 f 都能使电路发生并联谐振。

并联谐振具有以下特征:

① 电路的阻抗角 $\varphi=0$,电压与电流同相位,电路呈电阻性。

相量图如图 2-27 所示。因为线圈中电阻很小,所以 $\dot{I}$ 与 $\dot{U}$ 的相位差接近 $90°$。

② 电路中的阻抗值最大(阻抗的分母值最小,阻抗值最大)。电源电压 U 一定时,电流 I 最小。

$$Z = \frac{L}{RC}$$

$$I = \frac{U}{|Z|} = \frac{U}{\dfrac{L}{RC}} \tag{2-64}$$

③ 并联谐振时,电感支路和电容支路上的电流可能远远大于电路中的总电流,如图 2-27 相量图所示。所以,并联谐振也称电流谐振。

谐振时的大电流可能会给电气设备造成损坏,所以,在电力系统中,应尽量避免并联谐振。但也可以利用这个特点进行频率选择。

频率选择性能的好坏也用品质因数 Q 来表示。

$$Q = \frac{I_C}{I} \approx \frac{1}{\omega_0 RC} = \frac{\omega_0 L}{R} \tag{2-65}$$

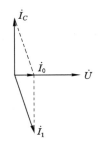

图 2-27 并联谐振的相量图

在电子技术中,串、并联谐振有着广泛的应用。

2.5 应用实例——频率对电阻影响的分析

当直流电通过导线截面时,导线中电流是均匀分布的。但当通过交流电流,特别是高频电流时,电流的分布就不再是均匀的,而是越接近导线表面处电流密度越大,越靠近中心电流密度越小,这种现象称为趋肤效应。

趋肤效应实际上是涡流的体现,涡流是电磁感应的一种体现方式。以截面为圆形的长直导线为例,其磁场分布如图 2-28 所示。

根据安培环路定理,磁场强度 H 沿闭合回路的线积分等于闭合回路包含的电流的代数和,与闭合回路之外的电流无关。均匀材质的导体中,磁感应强度 B 与磁场强度成正比,选闭合回路为图中所述的各条磁力线,可知,越靠近导体中心,磁力线包围的电流越小,在导体轴线上,磁感应强度为零。

实际上,趋肤效应是涡流效应的结果,如图 2-29 所示。电流 I 流过导体,在 I 的垂直平面形成交变磁场,交变磁场在导体内部产生感应电动势,感应电动势在导体内部形成涡流电流 i,涡流 i 的方向在导体内部总与电流 I 的变化趋势相反,阻碍 I 变化,涡流 i 的方向在导体表面总与 I 的变化趋势相同,加强 I 变化。在导体内部,等效电阻变大,而导体表面的等效电阻变小,交变电流趋于在导体表面流动,形成趋肤效应。

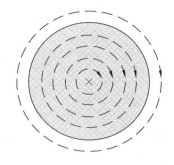

图 2-28　截面为圆形的长直导线内部磁场分布图

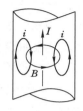

图 2-29　涡流与趋肤效应

趋肤效应相当于导线被利用的截面积缩小了,电阻增大。这种现象随频率的增高更为显著,因此导线对直流的电阻(称为欧姆电阻)与对交流电阻(称为有效电阻)的数值是有所差别的。

对于工频交流电,趋肤效应并不显著,一般可以忽略不计。但在高频电路中趋肤效应非常明显,电流集中分布在导线表面,导线中心部分几乎没有电流,这种情况下导线的交流电阻远大于直流电阻。因此,通常用于高频电流的导线做成管形,有时将多股互相绝缘的导线紧密地绞合在一起制成编织线使用。

趋肤效应增加了导线的电阻,不利于传输高频信号,但在一些工程中却得到了应用,如用高频加热进行金属表面硬化的热处理等。

习　　题

2-1　已知某负载的电压 u 和电流 i 分别为 $u=-100\sin 314t$ V 和 $i=10\cos 314t$ A,则该负载为(　　)的。

　　A. 电阻性　　　　　　　　B. 电感性　　　　　　　　C. 电容性

2-2　$\dot{U}=(\angle 30°+\angle -30°+2\sqrt{3}\angle 180°)V$,则总电压 $\dot{U}$ 的三角函数式为(　　)。

　　A. $u=\sqrt{3}\sin(\omega t+\pi)$　　　B. $u=\sqrt{3}\sqrt{2}\sin\omega t$　　　C. $u=-\sqrt{6}\sin\omega t$

2-3　在电容元件的交流电路中,已知 $u=\sqrt{2}U\sin\omega t$,则(　　)。

　　A. $\dot{I}=\dfrac{\dot{U}}{j\omega C}$　　　　　　B. $\dot{I}=j\omega C U$　　　　　　C. $\dot{I}=j\dfrac{\dot{U}}{\omega C}$

2-4　有一电感元件,$X_L=5$ Ω,其上电压 $u=10\sin(\omega t+60°)$ V,则通过的电流 i 的相量为(　　)。

　　A. $\dot{I}=\sqrt{2}\angle -30°$ A　　B. $\dot{I}=50\angle 60°$ A　　　C. $\dot{I}=2\sqrt{2}\angle 150°$ A

2-5　在 RLC 串联电路,已知 $R=X_L=X_C=5$ Ω,$\dot{I}=1\angle 0°$ A,则电路的端电压 $\dot{U}$ 等于(　　)。

　　A. $5\angle 0°$ V　　　　　　B. $15\angle 0°$ V　　　　　　C. $1\angle 0°×(5+j10)$ V

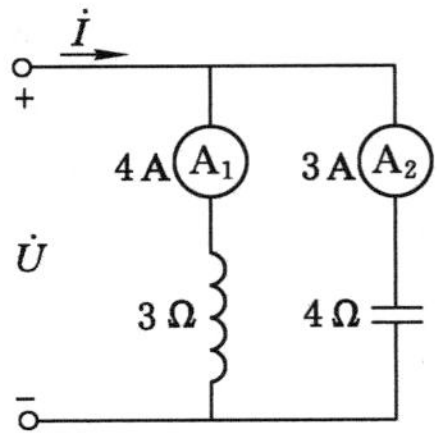

2-6 在图 2-30 中，$I=$（　　），$Z=$（　　）。

　　A. 1 A　　　　　　　　B. 7 A

　　C. $j(3-4)$ Ω　　　　D. $12\angle 90°$ Ω

图 2-30　题 2-6 图

2-7 在 RLC 串联谐振电路中，增大电阻 R，将使（　　）。

　　A. 谐振频率降低

　　B. 电流谐振曲线变平坦

　　C. 电流谐振曲线变尖锐

2-8 在 RL 与 C 并联的谐振电路中，增大电阻 R，将使（　　）。

　　A. 谐振频率升高

　　B. 阻抗谐振曲线变平坦

　　C. 阻抗谐振曲线变尖锐

2-9 试计算下列正弦量的周期、频率和初相。

　　（1）$i_1(t)=5\sin(314t+30°)$ A

　　（2）$i_2(t)=8\cos(\pi t+60°)$ A

2-10 试计算下列各正弦量间的相位差。

　　（1）$i_1(t)=5\sin(\omega t+30°)$ A

　　　　$i_2(t)=4\sin(\omega t-30°)$ A

　　（2）$u_1(t)=5\cos(20t+15°)$ V

　　　　$u_2(t)=8\sin(10t-30°)$ V

　　（3）$u(t)=30\sin(\omega t+45°)$ V

　　　　$i(t)=40\sin(\omega t-30°)$ A

2-11 已知正弦量 $\dot{U}=220e^{j30°}$ 和 $\dot{I}=-4-j3$ A，试分别用三角函数式、正弦波形及相量图表示它们。

2-12 写出下列正弦量的相量表示式

　　（1）$i=5\sqrt{2}\cos\omega t$ A

　　（2）$u=125\sqrt{2}\cos(314t-45°)$ V

　　（3）$i=-10\sin(5t-60°)$ A

2-13 已知 $u_1(t)=80\sin(\omega t+30°)$ V，$u_2(t)=120\sin(\omega t-60°)$ V，求 $u=u_1+u_2$，绘出它们的相量图。

2-14 已知某电感元件的自感为 10 mH，加在元件上的电压为 10 V，初相为30°，角频率是 10^6 rad/s。试求元件中的电流，写出其瞬时值三角函数表达式，并画出相量图。

2-15 已知某电容元件的电容为 0.05 μF，加在元件上的电压为 10 V，初相为30°，角频率是 10^6 rad/s。试求元件中的电流，写出其瞬时值三角函数表达式，并画出相量图。

2-16 在图 2-31 所示电路中，试求电流表读数。已知 $i_1(t)=5\sqrt{2}\sin(\omega t+15°)$ A，$i_2(t)=12\sqrt{2}\sin(\omega t-75°)$ A。

2-17 无源二端网络如图 2-32 所示，输入电压和电流为 $u(t)=50\sin\omega t$ V，$i(t)=10\sin(\omega t+45°)$ A，求此网络的有功功率、无功功率和功率因数。

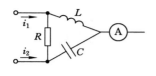
　　　　图 2-31　题 2-16 图

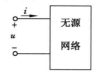
　　　图 2-32　题 2-17 图

2-18　图 2-33 所示电路中,除 A_0 和 V_0 外,其余电流表和电压表的读数(正弦量的有效值)在图上已标出,试求电流表 A_0 和电压表 V_0 的读数。

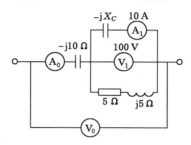

图 2-33　题 2-18 图

2-19　有一 JZ7 型中间继电器,其线圈数据为 380 V、50 Hz,线圈电阻为 2 kΩ,线圈电感为 43.3 H,试求线圈电流及功率因数。

2-20　图 2-34 所示电路中,电压表的读数为 50 V,求 Z 的性质及参数 R,X。已知 $u(t)=100\sqrt{2}\sin(\omega t+45°)\ \text{V}$,$i(t)=2\sqrt{2}\sin \omega t\ \text{A}$。

2-21　求图 2-35(a)、图 2-35(b)两电路中的电流 $\dot{I}$。

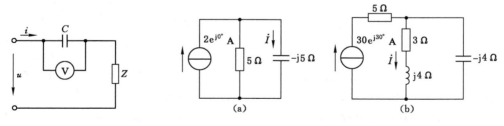

图 2-34　题 2-20 图　　　　　　　　图 2-35　题 2-21 图

2-22　已知一 RLC 串联电路 $R=10\ \Omega$,$L=0.01\ \text{H}$,$C=1\ \mu\text{F}$,求谐振角频率和电路的品质因数。

2-23　已知 RLC 串联谐振电路中,$R=10\ \Omega$,$L=100\ \mu\text{H}$,$C=100\ \text{pF}$,电源电压 $U=1\ \text{V}$,求谐振角频率 ω_0,谐振时电流 I_0 和电压 U_{L0},U_{C0}。

2-24　某串联谐振电路,已知谐振频率为 475 kHz,通频带的上、下限频率分别为 478 kHz 和 472 kHz,电路的电感 $L=500\ \mu\text{H}$,试求品质因数 Q 和电容 C。

2-25　有一 RLC 串联电路,它在电源频率 $f=500\ \text{Hz}$ 时发生谐振。谐振时电流 I 为 0.2 A,容抗 X_C 为 314 Ω,并测得电容电压 U_C 为电源电压 U 的 20 倍。试求该电路的电阻 R 和电感 L。

2-26 有一 RLC 串联电路,接于频率可调的电源上,电源电压保持在 10 V,当频率增加时,电流从 10 mA(500 Hz)增加到最大值 60 mA(1 000 Hz)。试求:(1)电阻 R,电感 L 和电容 C 的值;(2)在谐振时电容器两端的电压 U_C;(3)谐振时磁场中和电场中所储存的最大能量。

2-27 试分别用叠加原理和戴维南定理求图 2-36 所示电路中的电流 $\dot{I}$。

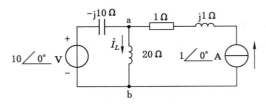

图 2-36 题 2-27 图

2-28 在图 2-37 中,电流表 A_1 和 A_2 的读数分别为 $I_1=3$ A,$I_2=4$ A。(1)设 $Z_1=R$,$Z_2=-jX_C$,则电流表 A_0 的读数应为多少?(2)设 $Z_1=R$,问 Z_2 为何种参数才能使电流表 A_0 的读数最大?此读数应为多少?(3)设 $Z_1=-jX_L$,问 Z_2 为何种参数才能使电流表 A_0 的读数最小?此读数应为多少?

2-29 在图 2-38 中,$I_1=10$ A,$I_2=10\sqrt{2}$ A,$U=200$ V,$R=5$ Ω,$R_2=X_L$,试求 I,X_C,X_L 及 R_2。

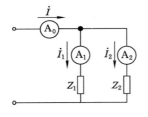

图 2-37 题 2-28 图

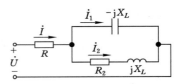

图 2-38 题 2-29 图

2-30 一个线圈接在 $U=120$ V 的直流电源上,$I=20$ A;若接在 $f=50$ Hz、$U=220$ V 的交流电源上,则 $I=28.2$ A。试求线圈的电阻 R 和电感 L。

2-31 有一 RC 串联电路,电源电压为 u,电阻和电容上的电压分别为 u_R 和 u_C,已知电路阻抗为 2 000 Ω,频率为 1 000 Hz,并设 u 与 u_C 之间的相位差为30°,试求 R 和 C,并说明在相位上 u_C 比 u 超前还是滞后。

2-32 图 2-39 是一移相电路。已知 $R=100$ Ω,输入信号频率为 500 Hz。如果输出电压 u_2 与输入电压 u_1 间的相位差为 45°,试求电容值。

2-33 在图 2-40 所示的电路中,已知 $U_{ab}=U_{bc}$,$R=10$ Ω,$X_C=\dfrac{1}{\omega C}=10$ Ω,$Z_{ab}=R'+jX_L$。试求 $\dot{U}$ 和 $\dot{I}$ 同相时 Z_{ab} 等于多少?

2-34 在图 2-41 中,已知 $u=220\sqrt{2}\sin 314t$ V,$i_1=22\sin(314t-45°)$ A,$i_2=11\sqrt{2}\sin(314t+90°)$ A,试求各仪表读数及电路参数 R,L 和 C。

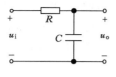

图 2-39　题 2-32 图

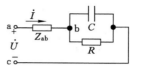

图 2-40　题 2-33 图

2-35　有一 RLC 串联电路，$R=500\ \Omega$，$L=60\ \text{mH}$，$C=0.053\ \mu\text{F}$。试计算电路的谐振频率、通频带宽度 $\Delta f=f_2-f_1$ 以及谐振时的阻抗。

2-36　在图 2-42 的电路中，$R_1=5\ \Omega$。今调节电容 C 值使电流 I 为最小，并测得：$I_1=10\ \text{A}$，$I_2=6\ \text{A}$，$U_Z=113\ \text{V}$，电路总功率 $P=1\,140\ \text{W}$。求阻抗 Z。

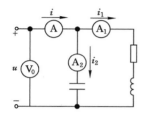

图 2-41　题 2-34 图

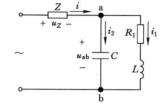

图 2-42　题 2-36 图

2-37　某电感线圈用万用表测得电阻 $R=11\ \Omega$，将其接到 220 V 工频电源上，测得 $\cos\varphi=0.5$。若要把功率因数提高到 $\cos\varphi=0.8$，试求：

（1）应并联多大电容？

（2）电路总电流及消耗的有功功率 P 各为多少？

2-38　某用户等值电阻 $R=10\ \Omega$，感抗 $X_L=10.2\ \Omega$，额定电压 220 V，配电所至用户的输电线电阻 $r_0=0.5\ \Omega$，感抗 $X_{L0}=1\ \Omega$，电路如图 2-43 所示。试问：

（1）在保证用户电压为额定值，配电所电源电压应为多少？线路损失功率 ΔP_1 等于多少？

（2）若用户拟将功率因数 $\cos\varphi$ 提高到 0.98，应并联多大电容器？配电所电源电压应为多少？线路损失功率 ΔP_2 为多少？

（3）并联电容后用户一年为配电所节约电能多少度？（以每年 365 d，每天用电 8 h 计算）用户用电量有无变化？

2-39　电路如图 2-44 所示，已知 $R=R_1=R_2=10\ \Omega$，$L=31.8\ \text{mH}$，$C=318\ \mu\text{F}$，$f=50\ \text{Hz}$，$U=10\ \text{V}$，试求并联支路端电压 U_{ab} 及电路的 P，Q，S 及 $\cos\varphi$。

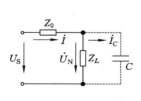

图 2-43　题 2-38 图

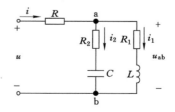

图 2-44　题 2-39 图

2-40 有 40 W 的日光灯一个,使用时灯管与整流器(可近似地把整流器看作纯电感)串联在电压为 220 V、频率为 50 Hz 的电源上。已知灯管工作时属于纯电阻负载,灯管两端的电压等于 110 V,试求整流器的感抗与电感。这时电路的功率因数等于多少? 若将功率因数提高到 0.8,问应并联多大电容。

2-41 有一电动机,其输入功率为 1.21 kW,接在 220 V 的交流电源上,通入电动机的电流为 11 A,试计算电动机的功率因数。如果要把电路的功率因数提高到 0.91,应该和电动机并联多大电容的电容器? 并联电容器后,电动机的功率因数、电动机中的电流、线路电流及电路的有功功率和无功功率有无改变?($f = 50$ Hz)

第 3 章 三相交流电路

学习目标

(1) 掌握三相四线制电路中电源及三相负载的正确连接方式。

(2) 掌握三相电路的星形和三角形连接,以及对称三相电路中线电压(线电流)与相电压(相电流)之间的关系。

(3) 了解中线的作用,掌握对称三相交流电路电压、电流和功率的计算。

(4) 了解工厂供电与安全用电。

在现代电力系统中,绝大多数采用三相制系统供电。因为三相制系统在发电、输电和用电等方面都具有明显的优点。三相交流发电机比同功率的单相交流发电机体积小、成本低,在距离相同、电压相同、输送功率相同的情况下,三相输电比单相输电节省材料;在工矿企业中,三相交流电动机是主要的用电负载;许多需要大功率直流电源的用户,通常利用三相整流来获得波形平滑的直流电压。因此,大量的实际问题归结于三相交流电路的分析与计算。本章主要介绍三相电路的特点,着重讨论负载在三相电路中的连接使用问题。

3.1 三相电源

三相交流电是三相交流发电机产生的,三相交流发电机的原理图如图 3-1 所示。转子是一对特殊形状的磁极,选择合适的极面形状和励磁绕组的布置情况,可使空气隙中的磁感应强度按正弦规律分布。在电机的定子槽中,对称放置了三个完全相同的绕组。通常把三个绕组的首端依次标记为 A、B、C,尾端标记为 X、Y、Z,分别称为 A 相、B 相、C 相,每相绕组的首端(或末端)之间彼此相隔 120°。当转子在原动机的拖动下按顺时针方向匀速旋转时,每相绕组依次切割磁感线,发电机的三个电枢绕组产生正弦交流电动势 e_A、e_B、e_C。三个电动势的特点是幅值相等、频率相同、相位上彼此相差 120°,这样的三个电动势被称为对称三相电动势。

三相电动势的参考方向均由末端指向首端,如图 3-2 所示。因为三相电动势是按正弦规律变化的,以 A 相为参考,则有

$$\left.\begin{array}{l} e_A = E_m \sin \omega t \\ e_B = E_m \sin(\omega t - 120°) \\ e_C = E_m \sin(\omega t + 120°) \end{array}\right\} \tag{3-1}$$

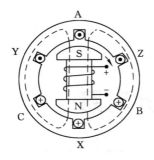

图 3-1　三相发电机原理

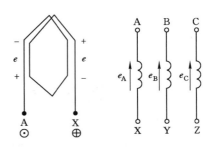

图 3-2　电枢绕组及电动势

也可用相量式表示

$$\left.\begin{aligned} \dot{E}_A &= E\angle 0° \\ \dot{E}_B &= E\angle -120° \\ \dot{E}_C &= E\angle 120° \end{aligned}\right\} \tag{3-2}$$

相量图和波形图如图 3-3 所示。

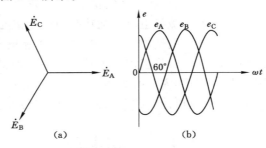

图 3-3　三相电动势的相量图和波形图

　　三相电动势组成的三相电源向负载提供正弦交流电。三相正弦交流电依次到达正幅值的顺序,称为相序。上述三相电源出现最大值的顺序是 A 相、B 相、C 相,所以相序是 A→B→C。

　　由式(3-1)和式(3-2)以及图 3-3 很容易得出,三相对称电动势的瞬时值之和及相量和均为零,即

$$e_A + e_B + e_C = 0$$

$$\dot{E}_A + \dot{E}_B + \dot{E}_C = 0$$

　　发电机三相绕组的接法通常采用星形接法,如图 3-4 所示。三相绕组的末端连在一起,其连接点称为中点,用 N 表示,若中点接地,则称为零点。由中点引出的导线称为中线或零线;由各绕组的首端 A,B,C 引出的导线称为相线或端线,俗称火线。

　　三相电源中的三条火线与中线间的电压称为相电压,其有效值用 U_A、U_B、U_C 表示,一般用 U_P 表示;而任意两火线间的电压称为线电压,其有效值用 U_{AB}、U_{BC}、U_{CA} 表示,一般用 U_L 表示。相电压的参考方向选定为从火线指向中线。

　　三相电源的相电压近似等于三相电动势(忽略内阻抗压降),所以相电压也是对称的。

以 A 相电压为参考相量,则有

$$\left.\begin{array}{l} \dot{U}_{A} = U_{P}\angle 0^{\circ} \\[4pt] \dot{U}_{B} = U_{P}\angle -120^{\circ} \\[4pt] \dot{U}_{C} = U_{P}\angle 120^{\circ} \end{array}\right\} \qquad (3\text{-}3)$$

三相电源星形接法时,相、线电压显然是不相等的,其关系为

$$\left.\begin{array}{l} \dot{U}_{AB} = \dot{U}_{A} - \dot{U}_{B} \\[4pt] \dot{U}_{BC} = \dot{U}_{B} - \dot{U}_{C} \\[4pt] \dot{U}_{CA} = \dot{U}_{C} - \dot{U}_{A} \end{array}\right\} \qquad (3\text{-}4)$$

由图 3-5 可得

$$\left.\begin{array}{l} \dot{U}_{AB} = \sqrt{3}\,U_{P}\angle 30^{\circ} = \sqrt{3}\,\dot{U}_{A}\angle 30^{\circ} \\[4pt] \dot{U}_{BC} = \sqrt{3}\,U_{P}\angle -90^{\circ} = \sqrt{3}\,\dot{U}_{B}\angle 30^{\circ} \\[4pt] \dot{U}_{CA} = \sqrt{3}\,U_{P}\angle 150^{\circ} = \sqrt{3}\,\dot{U}_{C}\angle 30^{\circ} \end{array}\right\} \qquad (3\text{-}5)$$

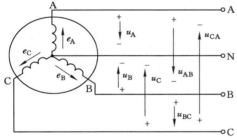

图 3-4　三相电源的星形连接　　　　图 3-5　三相电源星形连接电压相量图

可见,线电压大小是相电压的 $\sqrt{3}$ 倍,相位超前于相应的相电压 30°,即 $\dot{U}_{AB}$ 超前于 $\dot{U}_{A}$,$\dot{U}_{BC}$ 超前于 $\dot{U}_{B}$,$\dot{U}_{CA}$ 超前于 $\dot{U}_{C}$。相、线电压都是对称的。

星形连接的三相电源,可引出四根导线,称为三相四线制电源,能为负载提供两种电压。在低压配电系统中,相电压通常为 220 V,线电压通常为 380 V。

采用星形连接而不引出中线,称为三相三线制电源,只能提供一种线电压。

3.2　三相电路中负载的连接

由三相电源供电的电路称为三相电路,三相电路中的负载一般可以分为两类。

一类是对称负载,如三相交流电动机的特征是每相负载的阻抗相等(阻抗值相等,阻抗角相等),即

$$Z_{A} = Z_{B} = Z_{C} = |Z|\angle\varphi \qquad (3\text{-}6)$$

另一类是非对称负载,如电灯、家用电器等,它们只需单相电源供电即可工作,但为了使

三相电源供电均衡,将它们大致平均分配到三相电源的三个相上。这类负载各相的阻抗一般不可能相等。

三相电路中的负载可以连接成星形或三角形。不论采用哪种连接形式,其每相负载首、末端之间的电压称为负载的相电压;两相负载首端之间的电压,称为负载的线电压。通过每一相负载的电流称为负载的相电流,记做 I_P;流过每根火线的电流称为线电流,记做 I_L。

3.2.1 负载星形连接的三相电路

将负载 Z_A、Z_B、Z_C 的一端连在一起并与电源的中点连接,各相负载的另一端与相应的电源火线连接,如图 3-6 所示。这种连接方式为负载星形连接的三相四线制电路。

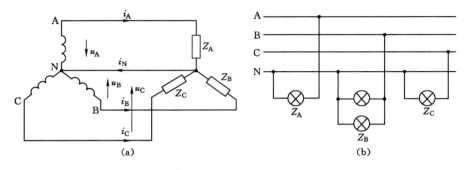

图 3-6 负载星形连接的三相四线制电路

采用此种连接形式,不论负载对称与否,其相电压总是对称的。因为负载相、线电压等于电源的相、线电压,而负载相电流等于相应的线电流,即

$$I_L = I_P \tag{3-7}$$

流过中线的电流称为中线电流,记做 I_N。采用此种接法时,每相电流为

$$\left. \begin{aligned} \dot{I}_A &= \frac{\dot{U}_A}{Z_A} \\ \dot{I}_B &= \frac{\dot{U}_B}{Z_B} \\ \dot{I}_C &= \frac{\dot{U}_C}{Z_C} \end{aligned} \right\} \tag{3-8}$$

中线电流为
$$\dot{I}_N = \dot{I}_A + \dot{I}_B + \dot{I}_C \tag{3-9}$$

若为对称负载,则相、线电流显然对称,中线电流为零。此时中线就不再起作用了,可以省去。图 3-6 所示的电路就变成了图 3-7 所示的三相三线制电路。

由于负载对称,三相三线制电路的相电压依然对称,各量的计算方法同上。采用对称负载时,由于相、线电流对称,只需计算一相,推出另外两相即可。

应该注意的是,若负载不对称,中线绝对不能去掉。否则,负载上的相电压将会出现不对称现象,有的相高于额定电压,有的相低于额定电压,负载不能正常工作,这是绝对不允许的。所以,星形连接的不对称负载,必须采用三相四线制电路。而且为了防止中线突然断开,在中线里不准安装开关和熔断器。

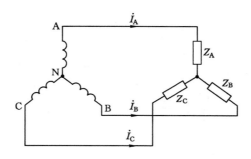

图 3-7　负载星形连接的三相三线制电路

【例 3-1】　某对称三相电路图 3-8 所示,负载为 Y 形连接,三相三线制,其电源线电压为 380 V,每相负载阻抗 $Z=8+j6\ \Omega$,忽略输电线路阻抗。求负载每相电流,画出负载电压和电流相量图。

解:　已知 $U_L=380$ V,负载为 Y 形连接,其电源无论是 Y 形还是△形连接,都可用等效的 Y 形连接的三相电源进行分析。

电源相电压:
$$U_P=\frac{380}{\sqrt{3}}=220\ (V)$$

设
$$\dot U_A=220\angle0°\ (V)$$

则
$$\dot I_A=\frac{\dot U_A}{Z}=\frac{220\angle0°}{8+j6}=22\angle-36.9°\ (A)$$

根据对称性可得:
$$\dot I_B=22\angle(-36.9°-120°)=22\angle-156.9°\ (A)$$
$$\dot I_C=22\angle(-36.9°+120°)=22\angle83.1°\ (A)$$

相量图如图 3-9 所示。

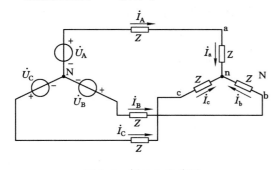

图 3-8　例 3-1 电路图

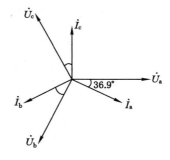

图 3-9　例 3-1 相量图

3.2.2　负载三角形连接的三相电路

负载依次连接在电源的两根火线之间,称为负载的三角形连接,如图 3-10 所示。每相负载的阻抗分别用 Z_{AB}、Z_{BC}、Z_{CA} 表示。电压和电流的参考方向如图 3-10 所示。

因为各相负载都直接连接在电源的两根火线之间,所以负载的相电压就是电源的线电压。无论负载对称与否,其相电压总是对称的,即

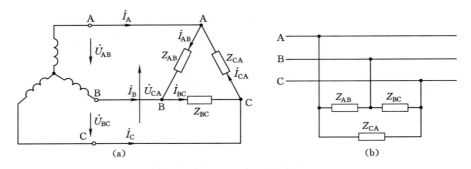

图 3-10 负载三角形连接的三相电路

$$U_{AB} = U_{BC} = U_{CA} = U_L = U_P \tag{3-10}$$

负载的相电流 $I_P(I_{AB}, I_{BC}, I_{CA})$ 与线电流 $I_L(I_A, I_B, I_C)$ 显然不同。由电路的基本定律可以得出

$$\left.\begin{aligned} \dot{I}_{AB} &= \frac{\dot{U}_{AB}}{Z_{AB}} \\[2mm] \dot{I}_{BC} &= \frac{\dot{U}_{BC}}{Z_{BC}} \\[2mm] \dot{I}_{CA} &= \frac{\dot{U}_{CA}}{Z_{CA}} \end{aligned}\right\} \tag{3-11}$$

$$\left.\begin{aligned} \dot{I}_A &= \dot{I}_{AB} - \dot{I}_{CA} \\ \dot{I}_B &= \dot{I}_{BC} - \dot{I}_{AB} \\ \dot{I}_C &= \dot{I}_{CA} - \dot{I}_{BC} \end{aligned}\right\} \tag{3-12}$$

若为对称负载,则相、线电流对称。设负载的阻抗角为 φ 得到图 3-11 所示的相量图,从该图中很容易得出

$$\begin{aligned} I_A &= \sqrt{3}\,I_{AB} & \dot{I}_A \text{ 滞后于 } \dot{I}_{AB}30° \\ I_B &= \sqrt{3}\,I_{BC} & \dot{I}_B \text{ 滞后于 } \dot{I}_{BC}30° \\ I_C &= \sqrt{3}\,I_{CA} & \dot{I}_C \text{ 滞后于 } \dot{I}_{CA}30° \end{aligned}$$

由上可得,线电流的大小是相电流的 $\sqrt{3}$ 倍,即

$$I_L = \sqrt{3}\,I_P \tag{3-13}$$

线电流在相位上滞后于相应的相电流 30°。计算时,只需计算一相,其他两相推出即可。

当不对称负载做三角形连接时,需要根据式(3-11)和式(3-12)分别计算各相、线电流。

【例 3-2】 已知负载△连接的对称三相电路,电源为 Y 形连接,其相电压为 110 V,负载每相阻抗 $Z = 4 + j3$ Ω。求负载的线电流。

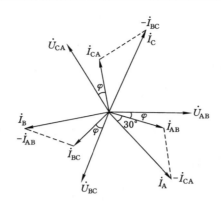

图 3-11　对称负载三角形连接时的电流相量图

解：　电源线电压

$$U_\mathrm{L} = \sqrt{3}\, U_\mathrm{P} = \sqrt{3} \times 110 = 190 \text{（V）}$$

设

$$\dot{U}_\mathrm{AB} = 190\angle 0^\circ \text{（V）}$$

则相电流

$$\dot{I}_\mathrm{AB} = \frac{\dot{U}_\mathrm{AB}}{Z} = \frac{190\angle 0^\circ}{4+\mathrm{j}3} = 38\angle -36.9^\circ \text{（A）}$$

根据对称性得

$$\dot{I}_\mathrm{BC} = 38\angle -156.9^\circ \text{（A）}$$

$$\dot{I}_\mathrm{CA} = 38\angle 83.1^\circ \text{（A）}$$

线电流

$$\dot{I}_\mathrm{A} = \sqrt{3}\, \dot{I}_\mathrm{AB}\angle -30^\circ = 66\angle -66.9^\circ \text{（A）}$$

$$\dot{I}_\mathrm{B} = 66\angle 173.1^\circ \text{（A）}$$

$$\dot{I}_\mathrm{C} = 66\angle 53.1^\circ \text{（A）}$$

负载三角形连接的电路，还可以利用阻抗的 Y-△ 等效变换将负载变换为星形连接，再按 Y-Y 连接的电路进行计算。

3.3　三相电路的功率

3.3.1　三相功率的计算

三相电路的功率与单相电路一样，分为有功功率、无功功率和视在功率。三相有功功率等于各相有功功率之和。

对于不对称负载，需要分别计算各相的电压、电流、功率因数，方可得出总的有功功率。

负载星形连接时，有

$$P = P_\mathrm{A} + P_\mathrm{B} + P_\mathrm{C} = U_\mathrm{A} I_\mathrm{A}\cos\varphi_\mathrm{A} + U_\mathrm{B} I_\mathrm{B}\cos\varphi_\mathrm{B} + U_\mathrm{C} I_\mathrm{C}\cos\varphi_\mathrm{C}$$

负载三角形连接时，有

$$P = P_\mathrm{AB} + P_\mathrm{BC} + P_\mathrm{CA} = U_\mathrm{AB} I_\mathrm{AB}\cos\varphi_\mathrm{AB} + U_\mathrm{BC} I_\mathrm{BC}\cos\varphi_\mathrm{BC} + U_\mathrm{CA} I_\mathrm{CA}\cos\varphi_\mathrm{CA}$$

对于对称负载，每相的有功功率相同，即

$$P_\mathrm{P} = U_\mathrm{P} I_\mathrm{P}\cos\varphi \tag{3-14}$$

三相总功率为

$$P = 3P_\mathrm{P} = 3U_\mathrm{P}I_\mathrm{P}\cos\varphi \tag{3-15}$$

当对称负载为星形连接时，因为

$$U_\mathrm{P} = \frac{U_\mathrm{L}}{\sqrt{3}}, I_\mathrm{P} = I_\mathrm{L}$$

所以 $\qquad P = 3\dfrac{U_\mathrm{L}}{\sqrt{3}}I_\mathrm{L}\cos\varphi = \sqrt{3}U_\mathrm{L}\cos\varphi = \sqrt{3}U_\mathrm{L}I_\mathrm{L}\cos\varphi$

当对称负载为三角形连接时，因为

$$U_\mathrm{P} = U_\mathrm{L}, I_\mathrm{P} = \frac{I_\mathrm{L}}{\sqrt{3}}$$

所以 $\qquad P = 3\dfrac{U_\mathrm{L}}{\sqrt{3}}I_\mathrm{L}\cos\varphi = \sqrt{3}U_\mathrm{L}\cos\varphi = \sqrt{3}U_\mathrm{L}I_\mathrm{L}\cos\varphi$

由此可得，无论对称负载是星形连接还是三角形连接，都有

$$P = \sqrt{3}U_\mathrm{L}I_\mathrm{L}\cos\varphi \tag{3-16}$$

同理，可得出三相无功功率和三相视在功率的计算公式为

$$Q = \sqrt{3}U_\mathrm{L}I_\mathrm{L}\sin\varphi \tag{3-17}$$

$$S = \sqrt{3}U_\mathrm{L}I_\mathrm{L} \tag{3-18}$$

式(3-16)、式(3-17)和式(3-18)是计算三相对称电路功率的常用公式。但使用时应注意：式中的 U_L、I_L 是线电压、线电流，而 φ 则是每相负载的阻抗角，即相电压与相电流的相位差。

3.3.2　三相功率的测量

三相四线制对称负载常采用的功率测量方法是一表法，将测得一相的功率乘以 3 即为三相总功率。使用一表法测量三相功率时，功率表的电流线圈通过的是负载的相电流，电压线圈加的是负载的相电压如图 3-12 所示。

三相四线制不对称负载常采用三表法测量功率，即将分别测得的各相负载功率相加即为总功率。使用三表法测量时，每次功率表的电流线圈通过的是其中一个相电流，电压线圈加的是该负载的相电压，如图 3-13 所示。

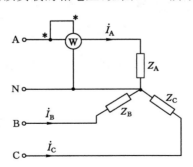

图 3-12　一表法测量三相功率

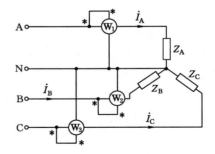

图 3-13　三表法测量三相功率

对于三相三线制电路，不论负载对称与否，也不管电路的连接形式是星形还是三角形，

都可采用两表法测量功率。每次测量时,功率表的电流线圈通过的是线电流,电压线圈加的是线电压,如图 3-14 所示,两次读数相加,即为三相总功率。要注意的是,用两表法测量功率时,单独一个功率表的读数是没有意义的。

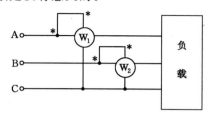

图 3-14 两表法测量三相功率

下面以星形接法的三相三线制电路为例证明两表法的正确性,如图 3-15(a) 所示,其三相瞬时功率为

$$p = u_A i_A + u_B i_B + u_C i_C$$

因为 $\qquad\qquad i_A + i_B + i_C = 0$

得 $\qquad\qquad i_C = -(i_A + i_B)$

所以 $\quad p = u_A i_A + u_B i_B + u_C(-i_A - i_B) = u_A i_A + u_B i_B - u_C i_A - u_C i_B$

$$= i_A(u_A - u_C) + i_B(u_B - u_C) = i_A u_{AC} + i_B u_{BC} = p_1 + p_2$$

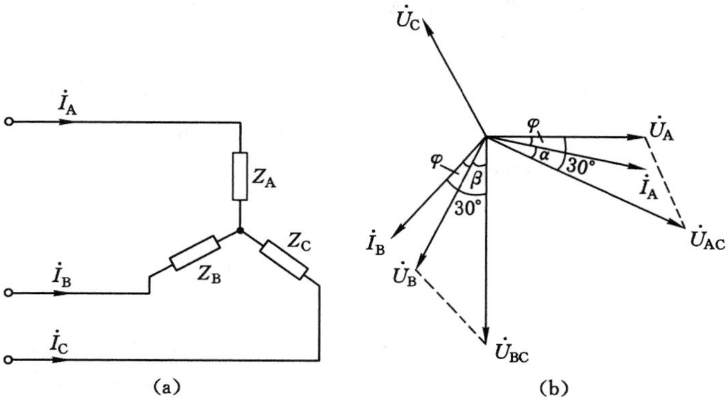

图 3-15 星形连接的三相三线制电路

应用两表法测量三相总功率时,应注意功率表的电流线圈可以分别串联在任意两火线之间,而两个电压线圈的一端都应接在未串联电流线圈的一根火线上。

在图 3-14 中,第一个功率表 W_1 的读数为

$$P_1 = \frac{1}{T} \int_0^T u_{AC} i_A \mathrm{d}t = U_{AC} I_A \cos \alpha \tag{3-19}$$

式中,α 为 u_{AC} 和 i_A 之间的相位差。而第二个功率表 W_2 的读数为

$$P_2 = \frac{1}{T} \int_0^T u_{BC} i_B \mathrm{d}t = U_{BC} I_B \cos \beta \tag{3-20}$$

式中,β 为 u_{BC} 和 i_B 之间的相位差。

两功率表的读数之和为

$$P = P_1 + P_2 = U_{AC}I_A\cos\alpha + U_{BC}I_B\cos\beta \tag{3-21}$$

当负载对称时，由图 3-15(b) 的相量图可知，两功率表的读数分别为

$$P_1 = U_{AC}I_A\cos\alpha = U_L I_L\cos(30°-\varphi)$$

$$P_2 = U_{BC}I_B\cos\beta = U_L I_L\cos(30°+\varphi)$$

因此，两表读数之和为三相总功率，如下

$$P = P_1 + P_2 = U_L I_L\cos(30°-\varphi) + U_L I_L\cos(30°+\varphi) = \sqrt{3}U_L I_L\cos\varphi \tag{3-22}$$

3.4 安全用电技术

3.4.1 安全用电常识

1. 安全电流与电压

通过人体的电流达到 5 mA 时，人就会有所感觉，达到几十毫安时就能使人失去知觉乃至死亡。当然，触电的后果还与触电持续的时间有关，触电时间越长就越危险。通过人体的电流一般不能超 10 mA。人体电阻在极不利情况下约为 1 000 Ω，若不慎接触了 220 V 的市电，则人体中将会通过 220 mA 的电流，这是非常危险的。

为了减少触电危险，规定工作人员经常接触的电气设备，如行灯、机床照明灯等，一般使用 36 V 以下的安全电压。在特别潮湿的场所，应采用 12 V 以下的电压。

2. 几种触电情况

图 3-16 示出了三种触电情况，其中以图 3-16(a) 所示的两相触电最为危险，因为人体同时接触两根火线，承受的是线电压；图 3-16(b) 所示的是电源中线接地时的单相触电情况，这时，人体承受的是相电压，仍然非常危险；图 3-16(c) 所示的是电源中线不接地的情况，因火线与大地间分布电容的存在，使电流形成了回路，也是很危险的。

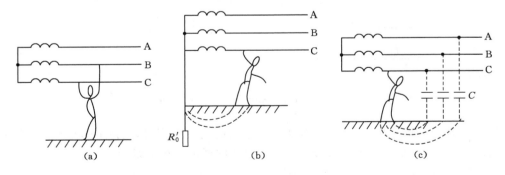

图 3-16　三种触电情况

3.4.2 防触电的安全技术

1. 接零保护

把电气设备的外壳与电源的零线连接起来，称为接零保护。此法适用于低压供电系统中，变压器中性点接地的情况。图 3-17 所示为三相交流电动机的接零保护。有了接零保护，当电动机某相绕组碰壳时，电流便会从接零保护线流向零线，使熔断器熔断并切断电源，从而避免了人身触电危险。

2. 接地保护

把电气设备的金属外壳与接地线连接起来,称为接地保护。此法适用于三相电源的中性点不接地的情况。图 3-18 所示为三相交流电动机的接地保护。

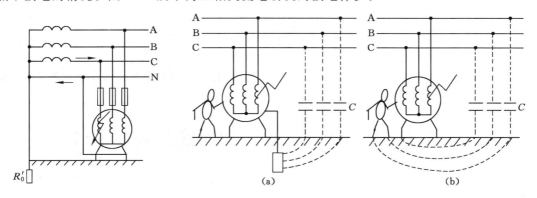

图 3-17 三相交流电动机的接零保护 　　图 3-18 三相交流电动机的接地保护

由于每相火线与地之间分布电容的存在,当电动机某相绕组碰壳时,将出现通过电容的电流。但因人体电阻比接地电阻(约为 4 Ω)大得多,所以几乎没有电流通过人体,人身就没有危险。但若机壳不接地,则碰壳的一相和人体及分布电容形成回路,人体中将有较大的电流通过,人就有触电的危险。

3. 三孔插座和三极插头

单相电气设备使用三孔插座插头,能够保证人身安全。图 3-19 示出了正确的接线方法。由此可以看出,外壳 2 与保护零线 1 是相连的,人体不会有触电的危险。

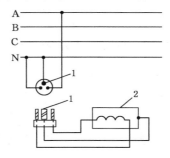

图 3-19 三相插座和三级插座的接地

3.4.3 静电防护和电气防火、防爆常识

1. 静电防护

首先应设法不产生静电。为此,可在材料选择、工艺设计等方面采取措施。其次是产生了静电,应设法使静电的积累不超过安全限度。其方法有泄漏法、中和法等。前者接地,可增加绝缘表面的湿度、涂导电涂剂等,使积累的静电荷尽快泄漏掉;后者使用感电中和器、高压中和器等,可使积累的静电荷被中和掉。

2. 电气防火、防爆

引起电气火灾和爆炸的原因是电气设备过热产生电火花、电弧。为此,不要使电气设备长期超载运行。要保持必要的防火间距及良好的通风,要有良好的过热、过电流保护装置。在易爆的场地,如矿井、化学车间等,要采用防爆电器。

出现了电气火灾怎么办?

(1) 首先切断电源。注意拉闸时应使用绝缘工具。

(2) 来不及切断电源或在不准断电时,可采用不导电的灭火剂带电灭火。若用普通水枪灭火,应穿上绝缘套靴。

最后,还应强调,在安装和使用电气设备时,事先应详细阅读有关说明书,按照操作规程操作。

3.5　应用实例——三相四线制应用电路

三组电灯负载接到电压为 380 V 的三相四线制的电路中,各相阻抗均为电阻,$R_U = R_V = 22\ \Omega, R_W = 44\ \Omega, Z_1 = 0, Z_N = 0$ 试求:

(1) 各相电流和中线电流;

(2) 当中线因故障断开时,负载各相电压。

解: (1) 由于三相四线制接线,不计中线阻抗时,负载相电压有效值

$$U_P = \frac{U_L}{\sqrt{3}} = \frac{380}{\sqrt{3}} = 220\ (V)$$

对称各相电流有效值为

$$I_U = I_V = \frac{U_P}{R_U} = \frac{220}{22} = 10\ (A)$$

$$I_W = \frac{U_P}{R_W} = \frac{220}{44} = 5\ (A)$$

各相电流与对应的相电压同相位,利用相量图分析方法可求出中线电流为

$$\dot{I}_N = \dot{I}_U + \dot{I}_V + \dot{I}_W$$
$$= 10\angle 0° + 10\angle -120° + 5\angle 120°$$
$$= 5\angle -60°\ (A)$$

(2) 中线断开时,负载相电压不对称,需分别计算,先计算出 $\dot{U}_{N'N}$

$$\dot{U}_{N'N} = \frac{\dfrac{\dot{U}_U}{R_U} + \dfrac{\dot{U}_V}{R_V} + \dfrac{\dot{U}_W}{R_W}}{\dfrac{1}{R_U} + \dfrac{1}{R_V} + \dfrac{1}{R_W}}$$

$$= \frac{\dfrac{220\angle 0°}{22} + \dfrac{220\angle -120°}{22} + \dfrac{220\angle 120°}{44}}{\dfrac{1}{22} + \dfrac{1}{22} + \dfrac{1}{44}}$$

$$= 44\angle -60°\ (V)$$

$$\dot{U}_{UN'} = \dot{U}_U - \dot{U}_{N'N} = 220\angle 0° - 44\angle -60° = 203.57\angle 10.7°\ (V)$$

$$\dot{U}_{VN'} = \dot{U}_V - \dot{U}_{N'N} = 220\angle -120° - 44\angle -60° = 203.57\angle -131°\ (V)$$

$$\dot{U}_{\mathrm{WN'}} = \dot{U}_{\mathrm{W}} - \dot{U}_{\mathrm{N'N}} = 220\angle 120° - 44\angle -60° = 263.88\angle 120°\ (\mathrm{V})$$

很明显,三相负载电压不对称,相负载阻抗高的电压就高,相负载阻抗小的电压就低,造成相电压不平衡,负载不能正常运行。

习　题

3-1　在图 3-20 中所示的三相四线制照明电路中,各项负载电阻不等。如果中性线在"×"处断开,后果是(　　)。

　　A. 各相电路中电流不变

　　B. 各相电灯中电流均为零

　　C. 各相电灯上电压将重新分配,高于或低于额定值,因此有的不能正常发光,有可能烧坏灯丝

3-2　在图 3-20 示中,若中性线未断开,测得 $I_1 = 2$ A,$I_2 = 4$ A,$I_3 = 4$ A,则中性线中电流为(　　)。

　　A. 10 A　　　　　　　　B. 6 A　　　　　　　　C. 2 A

3-3　在上题中,中性线未断开,L_1 相电灯均未点亮,并设 L_1 相电压为 $220\angle 0°$ V,则中性线电流 $\dot{I}_{\mathrm{N}}$ 为(　　)。

　　A. 0　　　　　　　　　B. $-4\angle 0°$　　　　　　　C. $8\angle 0°$

3-4　在图 3-21 所示三相电路中,有两组三相对称负载,均为电阻。若电压表读数为 380 V,则电流表读数为(　　)。

　　A. 76 A　　　　　　　　B. 22 A　　　　　　　　C. 44 A

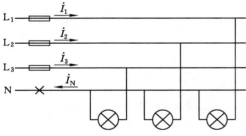

图 3-20　题 3-1、3-2、3-3 图

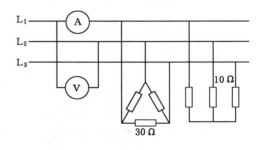

图 3-21　题 3-4 图

3-5　对称三相电路的有功功率 $P = \sqrt{3}U_{\mathrm{L}}I_{\mathrm{L}}\cos\varphi$,其中 φ 角(　　)。

　　A. 线电压与相电压之间的相位差

　　B. 相电压与相电流之间的相位差

　　C. 线电流与相电流之间的相位差

3-6　已知三相电源 $u_{\mathrm{U}} = 220\sqrt{2}\sin(\omega t - 12°)$ V,$u_{\mathrm{V}} = 220\sqrt{2}\sin(\omega t - 132°)$ V,$u_{\mathrm{W}} = 220\sqrt{2}\sin(\omega t + 108°)$ V,则当 $t = 5$ s 时,三相电源电压之和 $u_{\mathrm{U}} + u_{\mathrm{V}} + u_{\mathrm{W}}$ 为(　　)。

　　A. 220 V　　　　　　　B. 0 V　　　　　　　C. $220\sqrt{2}$ V

3-7　某三相发电机绕组连接成三角形时,$U_{\mathrm{N}} = 6.3$ V,若将它连接成 Y 形,则相电压为

（　　）。

　　　　A. 6.3 kV　　　　　　　B. 10.9 kV　　　　　　C. 3.64 kV

　　3-8　某三相发电机绕组连接成 Y 形时线电压为 380 V,若将它连接成三角形,则线电压为（　　）。

　　　　A. 380V　　　　　　　　B. 660 V　　　　　　　C. 220 V

　　3-9　某三相对称电路的相电压 $u_U=\sqrt{2}U_1\sin(314t+60°)$ V,相电流 $i_U=\sqrt{2}I_1\sin(314t+60°)$ A,则该三相电路的无功功率 Q 为（　　）。

　　　　A. $3U_1I_1\cos 60°$ var　　B. 0　　　　　　　　C. $3U_1I_1\sin 60°$ var

　　3-10　三相对称交流电路的瞬时功率为（　　）。

　　　　A. 是一个随时间变化的量　　　　　　　　　　B. 0

　　　　C. 是一个常值,其值恰好等于有功功率 P

　　3-11　一对称三相负载接入三相交流电源后,其线电流等于相电流,则此三相负载是（　　）连接法。

　　　　A. Y 形　　　　　　　　B. Yn 形或 Y 形　　　C. △ 形

　　3-12　一对称三相负载接入三相交流电源后,其相电压等于线电压,则此三相负载是（　　）连接法。

　　　　A. Y 形　　　　　　　　B. Yn 形　　　　　　　C. △ 形

　　3-13　在电源对称的三相四线制电路中,若 Yn 连接的三相负载不对称,则该负载各相电压（　　）。

　　　　A. 不对称　　　　　　　B. 对称　　　　　　　C. 不一定对称

　　3-14　三相对称电路是指（　　）。

　　　　A. 电源对称的电路　　　B. 负载对称的电路　　C. A 和 B

　　3-15　三相四线制电路,已知 $\dot{I}_U=10\angle 20°$ A,$\dot{I}_V=10\angle -100°$ A,$\dot{I}_W=10\angle 140°$ A,则中性线电流 $\dot{I}_N$ 为（　　）。

　　　　A. 10 A　　　　　　　　B. 5 A　　　　　　　　C. 0

　　3-16　对称三相负载功率因数角 φ 是（　　）。

　　　　A. 线电压与线电流相位差角　　　　　　B. 相电压与相电流相位差角

　　　　C. 线电压与相电流相位差角　　　　　　C. 相电压与线电流相位差角

　　3-17　有三个电源分别为 $\dot{U}_{S1}=220\angle 10°$ V,$\dot{U}_{S2}=220\angle -110°$ V,$\dot{U}_{S3}=220\angle 130°$ V,内电阻均为 $r_0=1$ Ω,若将它们首尾相接构成 △ 形,则回路中电流为（　　）。

　　　　A. 220 A　　　　　　　B. 660 A　　　　　　　C. 0 A　　　　　　D. ∞

　　3-18　某三相对称负载,每相阻抗 $Z=8+j6$ Ω。试求在下列情况下,负载的线电流和有功功率:

　　　　(1) 负载作△连接,接在线电压 $U_L=220$ V 电源上;

　　　　(2) 负载作 Y 连接,接在线电压 $U_L=380$ V 电源上。

　　从本题可得到什么结论? 它与 $P_\triangle=3P_Y$ 有矛盾吗?

　　3-19　额定电压为 220 V 的三个相同的单相负载,其复阻抗都是 $Z=8+j6$ Ω,接到 220/380 V 的三相四线制电网上。试求:

（1）负载应如何接入电源,画出电路图;

（2）求各相电流;

（3）作电压、电流相量图;

（4）若因事故中线断开,各相负载还能否正常工作?

3-20　作三角形连接的对称三相负载,每相复阻抗为 $Z = 200 + j150\ \Omega$,接到线电压为 380 V 的电源上,试求各相电流和线电流,并画出相量图。

3-21　对称三相电源线电压 $u_{AB} = \sqrt{2}\,380\sin(\omega t + 30°)$ V,接星形连接的三相对称负载,其每相阻抗 $Z = 11 + j14\ \Omega$,端线阻抗 $Z_1 = (0.2 + j0.1)\ \Omega$,中线阻抗 $Z_N = 0.2 + j0.1\ \Omega$。试求负载相电流及相电压,并画出相量图。

3-22　三相负载,每相负载的电阻为 6 Ω,感抗为 8 Ω,接在 380 V 的三相对称电源上。求

（1）负载星形连接时,各相的相电压、相电流和各相线的线电流;

（2）负载三角形连接时,各相的相电压、相电流和各相线的线电流。

3-23　当使用工业三相电炉时,常常采取改变电阻丝的接法来调节加热温度,今有一台三相电阻炉,每相电阻为 8.68 Ω,计算:

（1）线电压为 380 V 时,电阻炉为 Y 形连接的功率是多少?

（2）线电压为 220 V 时,电阻炉为 △ 形连接的功率是多少?

3-24　三相对称负载接到线电压为 220 V 的三相电源上,消耗的电功率为 5.5 kW,测得线电流为 20.8 A,求负载的功率因数。

3-25　有一三相三线制供电线路,线电压为 380 V,接入星形接线的三相电阻负载,每相电阻值皆为 1 000 Ω。计算:

（1）正常情况下,负载的相电压、线电压、相电流、线电流;

（2）如 A 相断线,B、C 两相的相电压有何变化?

（3）如 A 相对中性点短路,B、C 两相的电压有何变化?

3-26　图 3-22 所示电路,$Z_1 = (10\sqrt{3} + j10)\ \Omega$,$Z_2 = (10\sqrt{3} - j30)\ \Omega$,线电压 $U_1 = 380$ V。试求:线路中电流 $\dot{I}_A, \dot{I}_B, \dot{I}_C$。

3-27　图 3-23 所示对称三相电路,已知 $\dot{U}_A = 220$ V,$Z = (3 + j4)\ \Omega$。求负载每相电压、电流及线电流的相量值。

3-28　某对称星形负载与对称三相电源相连接,已知线电流 $\dot{I}_A = 5\angle 10°$ A,线电压 $\dot{U}_{AB} = 380\angle 75°$ V。试求此负载每相阻抗。

3-29　某对称三角形连接的负载与对称电源相连接,已知此负载每相复阻抗为 $(9 - j6)$ Ω,线路复阻抗为 j2 Ω,电源线电压为 238 V。试求负载的相电流。

3-30　在图 3-24 所示的电路中,三相四线制电源电压为 380/220 V,接有对称星形连接的白炽灯负载,其总功率为 180 W,此外,在 C 相上接有额定电压为 220 V、功率为 40 W,功率因数 $\cos\varphi = 0.5$ 的日光灯一支。试求 $\dot{I}_A, \dot{I}_B, \dot{I}_C$ 及 $\dot{I}_N$,设 $\dot{U}_A = 220\angle 0°$ V。

3-31　在图 3-25 中,电源线电压为 380 V。（1）如果图中各相负载的阻抗模都等于 10 Ω,是否可以说负载是对称的?（2）试求各相电流,并用电压与电流的相量图计算中性线电

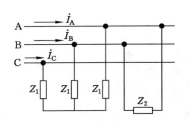

图 3-22　题 3-26 图

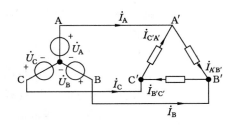

图 3-23　题 3-27 图

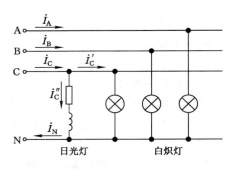

图 3-24　题 3-30 图

流。如果中性线电流的参考方向选定的同电路图上所示的方向相反,则结果有何不同?(3)试求三相平均功率 P。

3-32　在图 3-26 中,对称负载连成三角形,已知电源线电压为 220 V,电流表读数为 17.3 A,三相功率 $P=4.5$ W,试求:(1)每相负载的电阻和感抗;(2)当 AB 相断开时,图中各电流表的读数和总功率 P;(3)当 A 线断开时,图中各电流表的读数和总功率 P。

3-33　已知在图 3-27 所示电路中,负载阻抗 $z_A=z_B=z_C=22$ Ω,而 $Z_A=R_A=22$ Ω, $Z_B=(11\sqrt{3}+j11)$ Ω,$Z_C=(11-j11\sqrt{3})$ Ω。电源线电压为 380 V,试求:

(1)说明负载是否对称;

(2)计算各相电流及中线电流,画相量图;

(3)计算三相功率 P,Q,S。

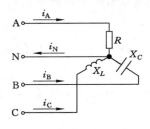

图 3-25　题 3-31 图

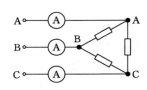

图 3-26　题 3-32 图

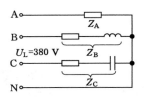

图 3-27　题 3-33 图

第 4 章　电路的暂态分析

前面讨论过的电路,不论是直流电路还是交流电路,都是工作在稳定的状态。即在直流电路中,电压和电流等物理量都是不随时间变化的;在正弦交流电路中,电压、电流都是时间的正弦函数。电路的这些状态称为稳定状态,简称稳态。但实际上电路在接通、断开或电路的电源、参数、结构等发生变化时,电路的状态就可能会从一种稳定状态向另一种稳定状态变化,这个变化的过程是一个暂时的、不稳定的状态,称为暂态。暂态过程虽然短暂,但在很多情况下都是不容忽视的。本章主要分析 RC、RL 一阶线性电路在恒定激励下的暂态过程。

4.1　暂态过程及换路定则

4.1.1　电路的暂态过程

1. 暂态过程

电路从一种稳定状态转换到另一种稳定状态往往不是瞬间完成的,而是需要一个过渡的过程,电路的这个过程称为过渡过程,亦称暂态过程。

尽管过渡过程的时间一般很短暂,但在某些情况下,其影响却是不可忽视的,在电工和电子技术中还常常利用过渡过程的特性解决一些技术问题。比如,用电容充、放电的过程,实现电子式时间继电器的延时等。另一方面,也要注意到过渡过程中可能会产生的过电压和过电流,避免电路中的电器遭到损坏。

2. 产生暂态过程的条件

电路产生过渡过程必须具备一定的条件。

(1) 电路有换路存在

电路的接通、断开、短路、电源或电路参数的改变等所有电路状态的改变,统称为换路。

(2) 电路中存在储能元件(电感 L 或电容 C)

因为当电路中存在储能元件电感 L 或电容 C 时,电感和电容上会有一定的储能。由于能量是不能突变的,所以能量的储存和释放需要一定的时间。电容上的储能为 $W_C = \frac{1}{2}Cu_C^2$,能量不能突变,则电容上电压 u_C 就不能突变;电感上的储能为 $W_L = \frac{1}{2}Li_L^2$,能量不能突变,则电感上电流 i_L 也不能突变。电容上的电压和电感中的电流从一个稳定数值变化到另一个稳定数值时,就需要一个过渡过程。

电容上电压和电感上电流不能突变也可以从另一个角度来解释。因为

$$i_C = C\frac{\mathrm{d}u_C}{\mathrm{d}t}$$

$$u_L = L\frac{\mathrm{d}i_L}{\mathrm{d}t}$$

若电容上电压和电感中的电流能够突变,则电容中的电流和电感上的电压为无穷大,而无穷大的电压和电流是不存在的。

产生过渡过程的电路一定满足上述条件,但并不是上述条件存在,就一定会产生过渡过程。若换路前后的两稳定状态相同,就不会有过渡过程产生。

4.1.2　换路定则

综上所述,电容上的电压和电感中的电流在任何时候都不能突变,它们是时间的连续函数。在换路前后的瞬间,电容上的电压和电感中的电流应分别相等,不产生突变,这就是换路定则。设 $t=0$ 时换路,$t=0_-$ 表示换路前的瞬间,$t=0_+$ 表示换路后的瞬间,换路定则可表示为

$$\left.\begin{array}{l} u_C(0_+) = u_C(0_-) \\ i_L(0_+) = i_L(0_-) \end{array}\right\} \tag{4-1}$$

利用换路定则可确定换路后的瞬间电路中电压、电流的数值。

4.1.3　初始电压、电流的确定

$t=0_+$ 时,电路中的各电压、电流值称为暂态过程的初始值。确定初始值是暂态分析中首先要解决的问题。步骤如下:

① 求出换路前的瞬间电路中电容上的电压和电感上的电流的数值,即 $u_C(0_-)$ 和 $i_L(0_-)$(若换路前电路处于稳定状态,则 C 视为开路,L 视为短路)。

② 根据换路定则,确定电容上初始电压和电感上初始电流。

$$u_C(0_+) = u_C(0_-)$$

$$i_L(0_+) = i_L(0_-)$$

③ 画出 $t=0_+$ 时刻的等效电路。即在换路后的电路中,将电容元件作为恒压源处理,数值和方向由 $u_C(0_+)$ 确定;将电感元件作为恒流源处理,其数值和方向由 $i_L(0_+)$ 确定。利用该等效电路求出其他各量的初始值。

【**例 4-1**】　图 4-1 所示电路已处于稳定状态,$t=0$ 时开关闭合,求电流 i_C、i 和电压 u_L 的初始值。

解:

$t=0_-$ 时

$$i(0_-) = i_L(0_-) = \frac{E}{R_1 + R_3}$$

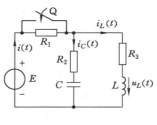

图 4-1　例 4-1

$$u_C(0_-) = \frac{R_3}{R_1 + R_3}E$$

$t = 0_+$ 时

$$i_L(0_+) = i_L(0_-) = \frac{E}{R_1 + R_3}$$

$$u_C(0_+) = u_C(0_-) = \frac{R_3}{R_1 + R_3}E$$

$$i_C(0_+) = \frac{E - u_C(0_+)}{R_2} = \frac{R_1}{R_2(R_1 + R_3)}E$$

$$i(0_+) = i_C(0_+) + i_L(0_+) = \frac{R_1 + R_2}{R_2(R_1 + R_3)}E$$

$$u_L(0_+) = E - i_L(0_+)R_3 = \frac{R_1}{R_1 + R_3}E$$

4.2　RC 电路的暂态过程

　　分析电路的暂态过程就是根据激励(电压源电压或电流源电流)求电路的响应(电压值和电流值)。暂态过程最基本的分析方法是经典法,即根据电路的基本定律列出以时间为自变量的微分方程,然后,利用已知的初始条件求解。如果电路的过渡过程可以用一阶微分方程来描述的,称为一阶电路;需用二阶微分方程来描述的,称为二阶电路。

　　本节用经典法讨论一阶 RC 电路的暂态过程。

4.2.1　RC 电路的零输入响应

　　所谓零输入响应,是指换路后的电路中无激励,即输入信号为零时,仅由储能元件所储存的能量产生的响应,如图 4-2 所示。

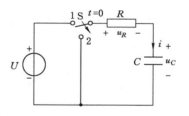

图 4-2　RC 电路的零输入响应

　　换路前,开关 S 合在 1 上,电容元件已充电,电路处于稳态。$t = 0$ 时,将开关由 1 合到 2,产生换路,于是,电容元件开始放电。零输入响应是电容放电过程中电路的响应。

　　首先求得电容上电压的初始值为

$$u_C(0_+) = u_C(0_-) = U$$

列 KVL 方程　　　　　　　　　　$iR + u_C = 0$

因为　　　　　　　　　　　　$i = i_C = C\dfrac{\mathrm{d}u_C}{\mathrm{d}t}$

代入上式并整理　　　　　　　$RC\dfrac{\mathrm{d}u_C}{\mathrm{d}t} + u_C = 0$　　　　　　　　　　　　(4-2)

　　这是一个一阶常系数线性齐次微分方程,该方程的通解为

$$u_C(t) = Ae^{Pt}$$

其中,A 是积分常数 C。将上式代入式(4-2),整理得该微分方程的特征方程

$$RCP + 1 = 0$$

其根为
$$P = -\frac{1}{RC}$$

于是,式(4-2)的通解为
$$u_C(t) = A e^{-\frac{t}{RC}} \qquad (4-3)$$

代入初始条件,即
$$u_C(0_+) = U \ 得 \ A = U$$

该微分方程的解为
$$u_C(t) = U e^{-\frac{t}{RC}} \qquad (4-4)$$

式(4-4)说明,电容上的电压随时间按指数规律变化,其曲线如图 4-3(a)所示。即电容上的电压 u_C 由初始值 U 按指数规律变化到新的稳态值 0,变化的速度取决于 RC。令
$$\tau = RC \qquad (4-5)$$

将 τ 定义为时间常数。当电阻的单位用 Ω、电容的单位用 F 时,τ 的单位是 s。

τ 的大小决定了过渡过程的快慢,即暂态过程的长短。τ 越大,变化的速度越慢,暂态过程越长;τ 越小,变化的速度越快,暂态过程越短。当电压一定时,C 越大,储存的电荷越多,R 越大,放电电流越小,这都促使放电变慢。所以,改变 R 或 C 的数值,都可以改变时间常数的大小,即改变电容放电的速度。

当经过了一个 τ 后,u_C 下降了变化总量的 63.2%,即 $t = \tau$ 时,$u_C(\tau) = U e^{-1} = 0.368U$。可见,时间常数 τ 等于电容上的电压衰减到初始值的 36.8% 时所需的时间。理论上,当 t 趋近于 ∞ 时,电路才达到新的稳定状态,而实际上,经过 5τ 后,就可以认为过渡过程结束,电路已达到新的稳定状态了。

同样可求得图 4-2 所示电路中电阻上电压和电容上电流的变化规律,如下
$$u_R = -u_C = -U e^{-\frac{t}{RC}} \qquad (4-6)$$
$$i_C = \frac{u_R}{R} = -\frac{U}{R} e^{-\frac{t}{RC}} \qquad (4-7)$$

u_R 和 i_C 变化曲线如图 4-3(b)所示。

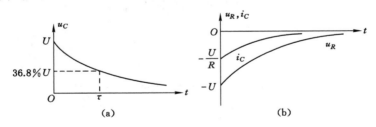

图 4-3 零输入响应曲线

【例 4-2】 在图 4-4 中电路已稳定,已知 $E = 100$ V,$R = 10$ kΩ,$C = 4$ μF,求开关换接后 100 ms 时的电容电压和放电电流。

解: 开关换接前
$$u_C(0_-) = E = 100 \ (\text{V})$$

开关换接后
$$u_C(0_+) = u_C(0_-) = 100 \ (\text{V})$$

时间常数
$$\tau = RC = 10 \times 10^3 \times 4 \times 10^{-6} = 4 \times 10^{-2} \ (\text{s})$$

电容电压的零输入响应为
$$u_C(t) = E e^{-\frac{t}{\tau}} = 100 e^{-25t} \ (\text{V})$$
$$i(t) = -C \frac{\mathrm{d}u_C(t)}{\mathrm{d}t} = 0.01 e^{-25t} \ (\text{A})$$

换接后 100 ms 时

$$u_C = 100 e^{-2.5} (\text{V})$$

$$i = 0.01 e^{-2.5} (\text{A})$$

4.2.2 *RC* 电路的零状态响应

电容元件在换路前未储电能,即初始电压为零。$t=0$ 时,开关闭合,由电源激励所产生的电路的响应称为零状态响应。电路如图 4-5 所示。

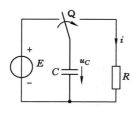

图 4-4 例 4-2

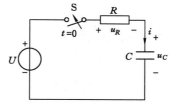

图 4-5 *RC* 电路的零状态响应

换路前开关 S 断开,电容元件未充电,电路处于稳态。$t=0$ 时将开关闭合,发生换路。于是,电容元件开始充电。*RC* 电路的零状态响应是电容由初始无储能开始的充电过程中电路的响应。

因换路前电容未储能,所以电容上电压的初始值为

$$u_C(0_+) = u_C(0_-) = 0$$

列 KVL 方程 $\qquad\qquad iR + u_C = U$

因为 $\qquad\qquad i = i_C = C \dfrac{\mathrm{d}u_C}{\mathrm{d}t}$

代入上式整理,得 $\qquad\qquad RC \dfrac{\mathrm{d}u_C}{\mathrm{d}t} + u_C = U \qquad\qquad (4\text{-}8)$

这是一个一阶常系数线性非齐次微分方程,它的通解是由特解 u'_C 和补函数 u''_C 两部分构成的,即 $\qquad\qquad u_C = u'_C + u''_C$

特解与输入 U 有相同的形式,即

$$u'_C = U$$

u'_C 也就是 $t \to \infty$ 的稳态值。

补函数是对应的齐次微分方程的通解,与式(4-3)完全一样。

$$u''_C = A e^{-\frac{t}{RC}}$$

因此,式(4-8)的通解为

$$u_C = U + A e^{-\frac{t}{RC}} \qquad\qquad (4\text{-}9)$$

其中,A 是积分常数。代入初始条件 $\quad u_C(0_+) = 0$

得 $\qquad\qquad A = -U$

将 A 代入式(4-9),可得该微分方程的解为

$$u_C(t) = U - U e^{-\frac{t}{RC}} = U(1 - e^{-\frac{t}{RC}}) \qquad\qquad (4\text{-}10)$$

由此可得,电容上的电压仍随时间按指数规律变化。变化的起点是初始值 0,变化的终

点是稳态值 U,变化的速度仍取决于时间常数 τ。曲线如图 4-6(a)所示。

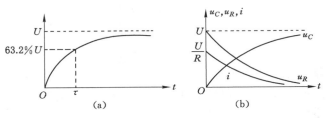

图 4-6 零状态响应的曲线

暂态过程中电容元件的电压包含两个分量:一个是 U,即到达稳态时的电压,称为稳态分量;另一个是仅存于暂态过程中的 $-U\mathrm{e}^{-\frac{t}{RC}}$,称为暂态分量,其存在时间长短取决于时间常数 τ。经过一个时间常数后,电容上的电压充到了 63.2%U,变化了待变化总量的 63.2%。

根据电容元件上电压、电流的关系和电路的基本定律,可求得电路中电容元件的电流和电阻元件两端的电压为

$$u_R = U - u_C = U\mathrm{e}^{-\frac{t}{RC}} \tag{4-11}$$

$$i = \frac{u_R}{R} = \frac{U}{R}\mathrm{e}^{-\frac{t}{RC}} \tag{4-12}$$

它们的变化曲线如图 4-6(b)所示。

由 RC 电路的零输入和零状态响应的分析可见,当电路发生过渡过程时,不仅电容上的电压有过渡过程产生,电容中的电流及电阻上的电压也都存在过渡过程,并且具有相同的时间常数和变化规律。这说明,电路中各电量的过渡过程同时发生,也同时结束。

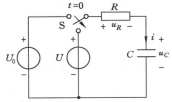

图 4-7 RC 电路的全响应

4.2.3 RC 电路的全响应

所谓全响应,是指电源激励和电容元件的初始电压均不为零时的响应。对应着电容从一种储能状态转换到另一种储能状态的过程,如图 4-7 所示。

电容上电压的初始值为

$$u_C(0_+) = u_C(0_-) = U_0$$

换路后的微分方程同零状态响应,即

$$RC\frac{\mathrm{d}u_C}{\mathrm{d}t} + u_C = 0 \tag{4-13}$$

其通解与式(4-9)相同,代入初始条件,得

$$u_C = U + (U_0 - U)\mathrm{e}^{-\frac{t}{RC}} = U_0\mathrm{e}^{-\frac{t}{RC}} + U(1 - \mathrm{e}^{-\frac{t}{RC}}) \tag{4-14}$$

$$\underset{\text{分量}}{\text{稳态}} \quad \underset{\text{分量}}{\text{暂态}} \qquad \underset{\text{响应}}{\text{零输入}} \quad \underset{\text{响应}}{\text{零状态}}$$

显然,结果为零输入和零状态响应的叠加。

电容上的电压仍随时间按指数规律变化,变化的起点是初始值 U_0,变化的终点是稳态值 U,变化速度仍取决于时间常数 τ。

以上所分析的电路都是只含一个电源、一个电容的简单电路。分析复杂的电路的暂态过程时,可应用戴维南定理将除电容 C 外的部分电路等效为一个电压源,再用经典法进行分析。

4.3　*RL* 电路的暂态过程

电机、电磁铁、电磁继电器等电磁元器件都可等效为 RL 的串联电路。因电感是储能元件,所以,上述电磁元件在换路时也可能会产生暂态过程。

4.3.1　*RL* 电路的零输入响应

在图 4-8 所示的 RL 电路中,换路前开关 S 合在 1 端,电路已处于稳态。$t=0$ 时将开关 S 由 1 合到 2,产生换路。换路后,电路的外部激励为零,在电感的内部储能的作用下,电路产生零输入响应。

首先求得电感中电流的初始值

$$i_L(0_+) = \frac{U}{R} = I_0$$

然后,列换路后电路的 KVL 方程

$$Ri_L + L\frac{\mathrm{d}i_L}{\mathrm{d}t} = 0 \tag{4-15}$$

此方程与 RC 电路的零输入响应的微分方程形式相同,参照式(4-2)的解法及结果,可得

$$i_L = A\mathrm{e}^{-\frac{R}{L}t}$$

代入初始条件,即 $i_L(0_+) = I_0$,则 $A = I_0$。

所以,该方程的解为

$$i_L = I_0\mathrm{e}^{-\frac{R}{L}t} \tag{4-16}$$

由此可得,电感上电流的衰减规律与电容上电压的衰减规律是相同的,都是随时间按指数规律变化的,曲线如图 4-9 所示。由初始值 I_0 按指数规律变化到新的稳态值 0,变化的速度取决于时间常数 τ。由式(4-16)可知,RL 电路的时间常数

$$\tau = \frac{L}{R} \tag{4-17}$$

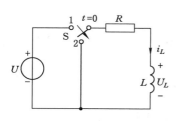

图 4-8　*RL* 电路的零输入响应

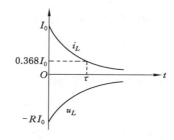

图 4-9　*RL* 电路的零输入响应曲线

当电阻的单位用 Ω,电感的单位用 H 时,τ 的单位是 s。τ 的大小决定了过渡过程的快

慢，即暂态过程的长短。τ 越大，i_L 和 u_L 衰减得越慢，暂态过程越长。当经过了一个 τ 后，i_L 下降了变化总量的 63.2%，即

$$i_L(\tau) = 0.368 I_0$$

理论上，当 t 趋近于 ∞ 时，电路才达到新的稳定状态，而实际上，经过 5τ 后，就可以认为过渡过程结束，电路已达到新的稳定状态了。

同样可求得图 4-8 所示电路中电感上电压的变化规律为

$$u_L = L \frac{\mathrm{d}i}{\mathrm{d}t} = -RI_0 \mathrm{e}^{-\frac{R}{L}t} \tag{4-18}$$

i_L，u_L 随时间变化的曲线如图 4-9 所示。

RL 串联电路实为线圈的电路模型，在图 4-8 中，若用开关将线圈从电源断开，由于这时电流变化率 $\frac{\mathrm{d}i}{\mathrm{d}t}$ 很大，将在线圈两端产生非常大的感应电动势，这个感应电动势可能将开关两触点间的空气击穿，而造成电弧以延续电流的流动，这种状况可能会造成设备的损坏和人员的伤害。所以，在将线圈从电源断开的同时，必须将其短路或接入一个低值泄放电阻。此泄放电阻的数值不宜过大，否则，在换路的瞬间将在线圈两端感应出过高电压。如果在线圈两端原来接着电压表（其内阻很大），在开关断开前必须先将其去掉，以免引起过电压而损坏电表。

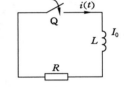

图 4-10　例 4-4 图

【例 4-4】 如图 4-10 所示 RL 电路中，已知 $R = 200\ \Omega$，$L = 0.25$ H，电流初始值为 I_0，$t = 0$ 时开关闭合，经过多少时间电流 $i(t)$ 为其初始值的一半？

解： 开关闭合后 $\quad i_L(0_+) = i_L(0_-) = I_0$

时间常数 $\qquad\qquad \tau = \frac{L}{R} = \frac{0.25}{200} = 1.25 \times 10^{-3}\ (\mathrm{s})$

所以 $\qquad\qquad\qquad i_L(t) = I_0 \mathrm{e}^{-\frac{t}{\tau}}$

设经过时间 t 时电流为初始值的一半，则

$$i_L(t) = I_0 \mathrm{e}^{-\frac{t}{\tau}} = \frac{1}{2} I_0$$

解得

$$t = \frac{5\ln 5}{4} \approx 2\ (\mathrm{ms})$$

4.3.2　RL 电路的零状态响应

电路如图 4-11 所示。换路前，电感未储能，所以初始值为

$$i_L(0_+) = i_L(0_-) = 0$$

换路后，列 KVL 方程，得

$$Ri_L + L \frac{\mathrm{d}i_L}{\mathrm{d}t} = U \tag{4-19}$$

该微分方程的通解有两部分：特解 i'_L 和补函数 i''_L。特解 i'_L 就是稳态分量，显然 $i'_L = \frac{U}{R}$；补函数 $i''_L = A\mathrm{e}^{-\frac{R}{L}t}$ 是相应齐次微分方程的解。因此，式（4-19）的通解为

$$i_L(t) = i'_L + i''_L = \frac{U}{R} + A\mathrm{e}^{-\frac{R}{L}t}$$

代入初始条件,计算积分常数

$$\frac{U}{R} + A = 0$$

得

$$A = -\frac{U}{R}$$

因此

$$i_L = \frac{U}{R} - \frac{U}{R}\mathrm{e}^{-\frac{R}{L}t} = \frac{U}{R}(1 - \mathrm{e}^{-\frac{R}{L}t}) \qquad (4\text{-}20)$$

i_L 也是由稳态分量和暂态分量叠加而成,其变化的速度仍取决于时间常数 $\tau = \dfrac{L}{R}$,变化曲线如图 4-12(a)所示。

根据式(4-20)和电路的基本定律,可求得电路中 $t \geqslant 0$ 时,电感元件和电阻元件两端的电压为

$$u_R = Ri = U(1 - \mathrm{e}^{-\frac{R}{L}t}) \qquad (4\text{-}21)$$

$$u_L = L\frac{\mathrm{d}i}{\mathrm{d}t} = U\mathrm{e}^{-\frac{t}{\tau}} \qquad (4\text{-}22)$$

其响应曲线如图 4-12(b)所示。

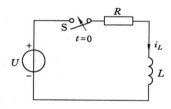 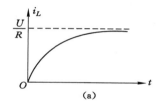 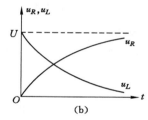

图 4-11　RL 电路的零状态响应　　　　图 4-12　RL 电路的零状态响应曲线

4.3.3　RL 电路的全响应

在图 4-13 所示的电路中,电源电压为 U,开关闭合时,与图 4-11 一样是 RL 串联电路。换路前,电路已处于稳态,电感上电流的初始值为

$$i_L(0_+) = i_L(0_-) = \frac{U}{R_1 + R_2} = I_0$$

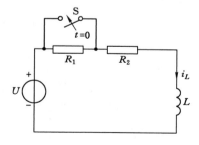

图 4-13　RL 电路的全响应

换路后的微分方程同零状态响应,即

$$L\frac{\mathrm{d}i_L}{\mathrm{d}t} + i_L R_2 = U$$

其通解也与零状态响应相同，即 $i_L(t) = \dfrac{U}{R_2} + Ae^{-\frac{t}{\tau}}$。但因初始条件不同，$i_L(0_+) = I_0$，积分常数 A 也不同，即

$$A = I_0 - \frac{U}{R_2}$$

所以

$$i_L(t) = \frac{U}{R_2} + \left(I_0 - \frac{U}{R_2}\right)e^{-\frac{t}{\tau}} \tag{4-23}$$

显然，结果为零输入和零状态响应的叠加。

与 RC 电路一样，分析一些复杂的 RL 电路的暂态过程时，可应用戴维南定理将除电感 L 以外的部分电路等效为一个含有内阻的电压源，再用经典法进行分析。

4.4 一阶线性电路暂态分析的三要素法

对于只含一个储能元件或可等效为只含一个储能元件的电路，当电路中元件参数为常数时，列出的微分方程是一阶常系数线性微分方程，这种电路称为一阶线性电路。它包含 RC 电路和 RL 电路。

通过前面的分析可知，对一阶线性电路而言，只要电路中电压或电流的初始值、稳态值和时间常数确定了，电路的暂态响应也就确定了。暂态过程中电压和电流都是按指数规律变化的，在它的初始值、稳态值及时间常数这三个要素确定后，就能立即写出相应的解析表达式。

一阶线性电路的响应是稳态分量（包括零值）和暂态分量两部分的叠加。如写成一般表达式，则为

$$f(t) = f'(t) + f''(t) = f(\infty) + Ae^{-\frac{t}{\tau}}$$

式中，$f(t)$ 是电流或电压，$f(\infty)$ 是稳态分量，$Ae^{-\frac{t}{\tau}}$ 是暂态分量。若初始值为 $f(0_+)$，则得 $A = f(0_+) - f(\infty)$，于是，可写出分析一阶线性电路暂态过程中任意变量的一般公式为

$$f(t) = f(\infty) + [f(0_+) - f(\infty)]e^{-\frac{t}{\tau}} \tag{4-24}$$

利用 $f(0_+)$，$f(\infty)$ 和 τ 这三个要素求解一阶电路的暂态响应的方法就叫作暂态分析的三要素法。求解步骤如下：

① 计算初始值 $f(0_+)$。$f(0_+)$ 是 $t=0_+$ 时的电压、电流值，是暂态过程变化的初始值。计算方法参见例 4-1 节中所述。

② 计算稳态值 $f(\infty)$。$f(\infty)$ 是 $t=\infty$ 时电路处于新的稳定状态时的电压、电流值，是暂态过程变化的最终值。计算方法为：画出换路后电路达到稳态时的等效电路（电容元件视为开路，电感元件视为短路），计算各电压、电流值，该值即为所求量的稳态值 $f(\infty)$。

③ 计算时间常数 τ。对 RC 电路而言，有

$$\tau = R_0 C \tag{4-25}$$

式中，R_0 是换路后的电路中从电容元件两端看进去的除源二端网络（将理想电压源短路，理想电流源开路）的等效电阻。

对于 RL 电路，有

$$\tau = \frac{L}{R_0} \tag{4-26}$$

式中，R_0 是换路后的电路中从电感元件两端看进去的除源二端网络（将理想电压源短路，理想电流源开路）的等效电阻。

④ 将上述三要素代入式(4-24)即可求得电路的响应。

【例 4-5】 在图 4-14(a)的电路中，u 为一阶跃电压，如图 4-15(b)所示，设 $u_C(0_-) = 1\ \text{V}$，试求 i_3 和 u_C。

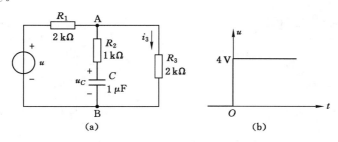

图 4-14 例 4-5 电路图

解： 当 $t = 0_+$ 时

$$u_C(0_-) = u_C(0_+) = 1\ (\text{V})$$

用结点电压法求 u_{AB}，易得 $i_3(0_+)$ 为

$$i_3(0_+) = \frac{u_{AB}}{R_3} = \frac{\dfrac{u}{R_1} + \dfrac{u_C(0_+)}{R_2}}{\dfrac{1}{R_1} + \dfrac{1}{R_2} + \dfrac{1}{R_3}} \times \frac{1}{R_3} = \frac{\dfrac{4}{2} + \dfrac{1}{1}}{\dfrac{1}{2} + \dfrac{1}{1} + \dfrac{1}{2}} \times \frac{1}{2 \times 10^3} = 0.75\ (\text{mA})$$

时间常数

$$\tau = (R_2 + R_1 // R_3)C = (1 \times 10^3 + 1 \times 10^3) \times 1 \times 10^{-6} = 2 \times 10^{-3}\ (\text{s})$$

$$u_C(\infty) = \frac{R_3}{R_1 + R_3}u = \frac{2}{2+2} \times 4 = 2\ (\text{V})$$

$$i_3(\infty) = \frac{u}{R_1 + R_3} = \frac{4}{2 \times 10^3 + 2 \times 10^3} = 1\ (\text{mA})$$

根据三要素法可求

$$u_C(t) = u_C(\infty) + [u_C(0_+) - u_C(\infty)]\mathrm{e}^{-\frac{t}{\tau}}$$
$$= 2 + (1-2)\mathrm{e}^{-500t} = 2 - \mathrm{e}^{-500t}\ (\text{V})$$

$$i_3(t) = i_3(\infty) + [i_3(0_+) - i_3(\infty)]\mathrm{e}^{-\frac{t}{\tau}}$$
$$= 1 + (0.75 - 1)\mathrm{e}^{-500t} = 1 - 0.25\mathrm{e}^{-500t}\ (\text{mA})$$

习　　题

4-1 在直流稳态时，电容元件上（　　）。

A. 无电压，有电流　　　　B. 有电压，无电流　　　　C. 有电压，有电流

4-2 在直流稳态时，电感元件上（　　）。

A. 有电流，有电压　　　　B. 有电流，无电压　　　　C. 无电流，有电压

4-3 在图 4-15 中，开关 S 闭合前电路已处于稳态，试问闭合开关瞬间，初始值 $i_L(0_+)$

和 $i(0_+)$ 分别为(　　)。

  A. 3 A 1.5 A   B. 3 A 3 A   C. 0 A 1.5 A

4-4 在图 4-16 中,开关 S 闭合前电路已处于稳态,试问开关闭合的瞬间,电流初始值 $i(0_+)$ 为(　　)。

  A. 0.8 A   B. 1 A   C. 0 A

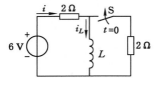
                   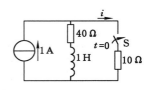

图 4-15 题 4-3 图   图 4-16 题 4-4 图

4-5 在图 4-17 中,开关 S 闭合前电容器和电感元件均未储能,试问闭合开关瞬间发生跃变的是(　　)。

  A. i 和 i_1 B. i 和 i_3 C. i_2 和 u_C

4-6 在图 4-18 所示电路中,在开关 S 闭合前电路已处于稳态。当开关闭合后,(　　)。

  A. i_1 不变,i_2 增长为 i_1,i_3 衰减为零

  B. i_1,i_2,i_3 均不变

  C. i_1 增长,i_2 增长,i_3 不变

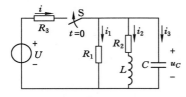
                   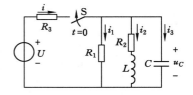

图 4-17 题 4-5 图   图 4-18 题 4-6 图

4-7 图 4-19 所示电路已在稳定状态下断开开关 S,则该电路(　　)。

  A. 因为有储能元件 L,要产生过渡过程

  B. 因为电路有储能元件且发生换路,要产生过渡过程

  C. 因为换路时元件 L 的电流储能不发生变化,不产生过渡过程

4-8 图 4-20 所示电路在达到稳态后移动 R_1 上的滑动的触点,该电路将产生过渡过程。这是因为(　　)。

  A. 电路发生换路

  B. 换路使 C 的电压稳态值发生变化

  C. 电路中有储能元件发生换路

4-9 图 4-21 所示电路在稳定状态下闭合开关 S,该电路(　　)。

  A. 不产生过渡过程,因为换路未引起 L 的电流发生变化

  B. 要产生过渡过程,因为电路发生换路

  C. 要发生过渡过程,因为电路有储能元件且发生换路

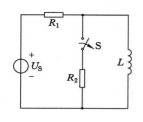

图 4-19　题 4-7 图

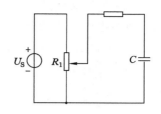

图 4-20　题 4-8 图

4-10　在开关 S 闭合瞬间,图 4-22 所示电路中的 i_R、i_L、i_C 和 i 这四个量中,不发生跃变的量是(　　)。

A. i_L 和 i_C　　　　　　　B. i_L 和 i　　　　　　　C. i_R 和 i_L

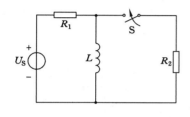

图 4-21　题 4-9 图

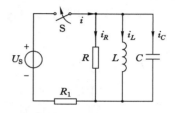

图 4-22　题 4-10 图

4-11　图 4-23 所示电路在开关 S 断开前已达到稳定状态。若在 $t=0$ 瞬间将开关 S 断开,则 $i_1(0_+)$ 为(　　)。

A. 2 A　　　　　　　　B. 0 A　　　　　　　　C. -2 A

4-12　在图 4-24 所示电路中,开关 S 在 $t=0$ 瞬间闭合,则 $i_3(0_+)$ 为(　　)。

A. 0.1 A　　　　　　　B. 0.05 A　　　　　　C. 0 A

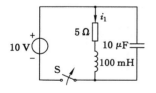

图 4-23　题 4-11 图

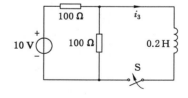

图 4-24　题 4-12 图

4-13　图 4-25 所示电路在换路前处于稳态。在 $t=0$ 瞬间将开关 S 闭合,则 $u_C(0_+)$ 为(　　)。

A. -6 V　　　　　　　B. 6 V　　　　　　　C. 0 V

4-14　RC 串联电路与电压为 8 V 的恒压源于 $t=0$ 瞬间接通,如图 4-26(a)所示,且知 $u_C(0)=0$ V,当电容器的电容值分别为 10 μF、50 μF、30 μF、20 μF 时得到的四根 $u_R(t)$ 曲线如图 4-26(b)所示。其中 20 μF 电容所对应的 $u_R(t)$ 曲线是(　　)。

4-15　在换路瞬间,下列说法正确的是(　　)。

A. 电感电流不能跃变

B. 电感电压必然跃变

C. 电容电流必然跃变

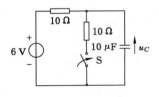

图 4-25　题 4-13 图

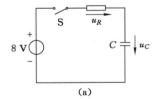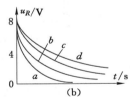

图 4-26　题 4-14 图

4-16　在图 4-27 所示电路中,已知 $E=2$ V、$R=10$ Ω、$U_C(0_-)=0$、$i_L(0_-)=0$,开关 $t=0$时闭合,试求换路后电流 i、i_L、i_C 及电压 u_C 的初始值和稳态值。

4-17　图 4-28 所示电路已处于稳定状态,$t=0$ 时开关闭合,求电流 i_C、i 和电压 u_L 的初始值。

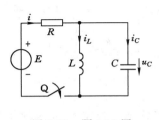

图 4-27　题 4-16 图

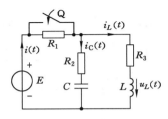

图 4-28　题 4-17 图

4-18　图 4-29 所示各电路在换路前都处于稳态,试求换路后电流 i 的初始值 $i(0_+)$ 和稳态值 $i(\infty)$。

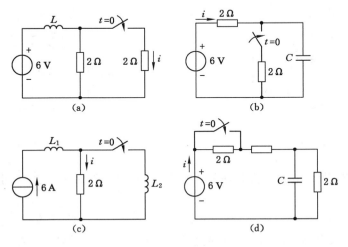

图 4-29　题 4-18 图

4-19　在图 4-30 中电路原已稳定,已知 $E=80$ V,$R=20$ kΩ,$C=10$ μF,求开关换接后 200 ms 时的电容电压和放电电流。

4-20　电路如图 4-31 所示,在开关 Q 闭合前电路已处于稳态,求开关闭合后的电压 u_C。

4-21　图 4-32 所示电路已稳定,求开关闭合后电容两端电压 $u_C(t)$ 和流经开关的电流 $i(t)$。

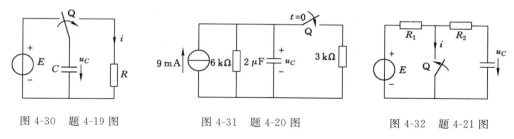

图 4-30　题 4-19 图　　　　　图 4-31　题 4-20 图　　　　　图 4-32　题 4-21 图

4-22　在图 4-33(a)的电路中,u 为一阶跃电压[如图 4-33 (b)所示],试求 i_3 和 u_C。设 $u_C(0_-)=1$ V。

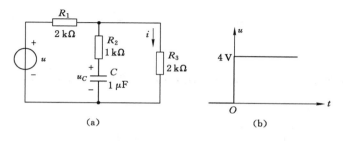

图 4-33　题 4-22 图

4-23　图 4-34 中电路已稳定,已知 $E=30$ V,$R_1=10$ Ω,$R_2=2R_1$,$C_1=2$ μF ,$C_2=C_1/2$,求开关断开后流经电源支路的电流 $i(t)$。

4-24　图 4-35 所示电路已稳定,在开关断开后 0.2 s 时,电容电压 8 V,试求电容 C 值应为多少?

图 4-34　题 4-23 图　　　　　　　　图 4-35　题 4-24 图

4-25　图 4-36 所示 RL 电路中,已知 $R=200$ Ω,$L=0.25$ H,电流初始值为 I_0,$t=0$ 时开关闭合,经过多少时间电流 $i(t)$ 为其初始值的一半?

4-26　图 4-37 所示电路原已稳定,在 $t=0$ 时先断开开关 Q_1 使电容充电,到 $t=0.1$ s 时再闭合 Q_2,试求 $u_C(t)$ 和 $i_C(t)$,并画出它们随时间变化的曲线。

4-27　在图 4-38 中,开关 Q 先合在位置 1,电路处于稳定状态。$t=0$ 时,将开关从位置 1 合到位置 2,试求 $t=\tau$ 时 u_C 之值。在 $t=\tau$ 时,又将开关合到位置 1,试求 $t=2\times10^{-2}$ s 时

u_C 值。此时再将开关合到 2，做出 u_C 的变化曲线。充电电路和放电电路的时间常数是否相等？

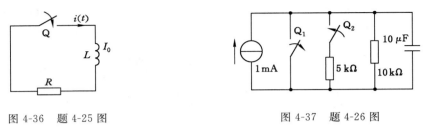

图 4-36　题 4-25 图　　　　　　　　　　图 4-37　题 4-26 图

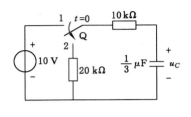

图 4-38　题 4-27 图

4-28　电路如图 4-39(a)所示，输入电压 u 如图 4-39(b)所示，设 $u_C(0_-)=0$。试求 u_{ab}，并画出其波形。

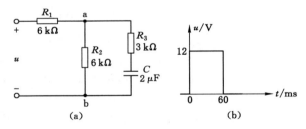

图 4-39　题 4-28 图

4-29　图 4-40 所示电路已稳定，$t=0$ 时开关闭合，求 i 及 u_L。

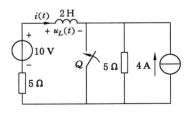

图 4-40　题 4-29 图

4-30　电路如图 4-41 所示，在换路前已处于稳态。当开关从 1 的位置合到 2 的位置后，试求 i_L 和 i，并做出它们的变化曲线。

4-31　电路如图 4-42 所示，试用三要素法求 $t \geqslant 0$ 时的 i_1，i_2 及 i_L，换路前电路处于稳态。

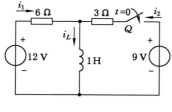

图 4-41　题 4-30 图

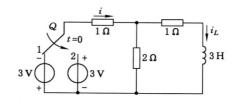

图 4-42 题 4-31 图

4-32　在图 4-43 所示电路中 $u_C(0_-)=0$。试求：(1) $t \geqslant 0$ 时的 u_C 和 i_C；(2) u_C 到达 5 V 所需时间。

4-33　电路如图 4-44 所示，$u_C(0_-)=U_0=40$ V，试问闭合开关 S 后需要多长时间 u_C 才能增长到 80 V？

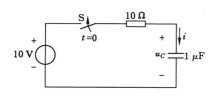

图 4-43　题 4-32 图

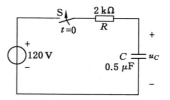

图 4-44　题 4-33 图

第二模块

电机与控制系统

第 5 章　铁芯线圈与变压器

学习目标

（1）了解磁路的基本概念。

（2）了解变压器的基本结构、工作原理、额定值的意义、外特性及绕组的同极性端。

（3）了解电压、电流、阻抗变换的原理和计算。

（4）了解交、直流电磁铁的工作原理和使用注意事项。

生产中常用的一些电工设备，如变压器、电动机、控制电器等，它们的工作基础都是电磁感应，都是利用电与磁的相互作用来实现能量的传输和转换的。这类电工设备的工作原理要依托电路和磁路的基本理论。

所谓磁路，就是集中磁通的闭合路径。也可以说，磁路是封闭在一定范围里的磁场，所以描述磁场的物理量也适用于磁路。

本章主要以变压器为例，介绍这类具有磁路的电工设备的工作原理。

5.1　磁路的基本知识

5.1.1　磁路的基本物理量

1. 磁路的基本概念

大多数电气设备都是运用电与磁及其相互作用等物理过程实现能量的传递和转换的。例如直流电机、异步电机是运用载流导体在磁场中产生电磁力，这种物理现象将电能转换成机械能。因此，在上述电气设备中都必须具备一个磁场，这个磁场是线圈通以电流产生的，通过线圈的电流叫励磁电流。

要使较小的励磁电流能够产生足够大的磁通，在变压器、电机及各种电磁元件中，常用铁磁物质做成一定形状的铁芯，由于铁芯的导磁系数比周围其他物质的导磁系数高很多，因此磁通差不多全部通过铁芯而形成一个闭合回路，这部分磁通称为主磁通 Φ，所经过的路径叫磁路，如图 5-1 所示。另外还有很少一部分经过空气而形成闭合路径，这部分磁通叫漏磁通 Φ。

2. 磁感应强度

磁感应强度是表示磁场内某点的磁场强弱和方向的物理量，它是一个矢量，用 B 表示。它的方向就是该点磁场的方向，它与电流之间的方向可用右手螺旋定则来确定，其大小是用一根电导线在磁场中受力的大小来衡量的，（该导线与磁场方向垂直）即

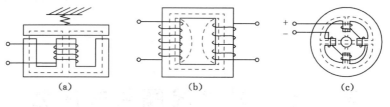

(a)　　　　　　　(b)　　　　　　　(c)

图 5-1　磁路

$$B = \frac{F}{Il} \tag{5-1}$$

式中，F 为磁力，N；I 为通过导线的电流，A；l 为导线的长度，m。在国际单位制中，B 的单位为特斯拉(韦伯/米^2)，简称特，用 T(Wb/m^2)表示。

磁感应强度的大小也可用通过垂直于磁场方向单位面积的磁感线数来表示。

3. 磁通

在磁场中，磁感应强度 B 与垂直于磁场方向的某一截面积 S 的乘积称为磁通 Φ，即

$$\Phi = BS \text{ 或 } B = \frac{\Phi}{S} \tag{5-2}$$

也就是说，磁通 Φ 是垂直穿过某一截面磁感线的总数。

根据电磁感应定律的公式有

$$e = -N \frac{\mathrm{d}\Phi}{\mathrm{d}t} \tag{5-3}$$

在国际单位制中，Φ 的单位为伏·秒(V·s)，通常称为韦伯，用 Wb 表示。

4. 磁场强度

磁场强度是进行磁场计算时引用的一个辅助计算量，也是矢量，用 H 表示。通过它来确定磁场与电流间的关系。

确定通过导线和线圈的电流与其产生的磁通之间的关系是工程计算的重要内容之一。例如，电磁铁的吸力大小就取决于铁芯中磁通的多少，而磁通的多少又与通入线圈的励磁电流大小有关。对于空心线圈，计算磁场与电流之间的关系比较简单，因为介质是空气，它的导磁系数是个常数，所以空心线圈产生的磁通是与励磁电流成正比的。

当线圈中具有铁芯时，因为铁磁物质的磁饱和现象，导磁系数不是常数，所以磁通与励磁电流之间不再是正比关系，这样在研究与计算磁路时就比较麻烦。为了简化起见，引入磁场强度这样一个辅助量。当磁路由一种磁性材料组成，且各处截面积 S 相等，如图 5-2 所示，根据磁路的安培环路定律，磁路的磁场强度为

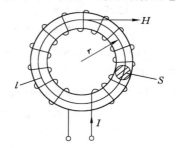

图 5-2　磁路的磁场强度

$$H = \frac{IN}{l} \tag{5-4}$$

式中，I 为励磁电流；N 为线圈匝数；l 为磁路的平均长度。H 的单位为安培/米(A/m)表示。

5. 磁导率

磁导率 μ 是一个用来表示磁场介质磁性的物理量,也就是用来衡量物质导磁能力的物理量。在国际单位制中,μ 的单位为亨/米(H/m)。真空的磁导率是一个常量,用 μ_0 表示,$\mu_0 = 4\pi \times 10^{-7}$ H/m。任一种物质的磁导率 μ 和真空的磁导率 μ_0 的比值,称为该物质的相对磁导率 μ_r,即

$$\mu_r = \frac{\mu}{\mu_0} \tag{5-5}$$

引入磁导率 μ 后,磁感应强度 B 的大小等于磁导率 μ 与磁场强度 H 的乘积,即

$$B = \mu H \tag{5-6}$$

这说明在相同磁场强度的情况下,物质的磁导率愈高,整体的磁场效应愈强。

5.1.2　磁路的欧姆定律

1. 磁路的欧姆定律

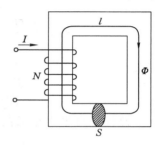

图 5-3　简单的磁路

如图 5-3 所示是最简单的磁路,设一铁芯上绕有 N 匝线圈,铁芯的平均长度为 l,截面积为 S,铁芯材料的磁导率为 μ。当线圈通以电流 I 后,将建立起磁场,铁芯中有磁通 Φ 通过。假定不考虑漏磁,则沿整个磁路的 Φ 相同,则由式(5-2)、式(5-4)、式(5-6)可知

$$\Phi = BS = \mu SH = \mu S \frac{NI}{l} = \frac{NI}{\dfrac{l}{\mu S}} \tag{5-7}$$

从上式可以看出,NI 愈大则 Φ 愈大,$\dfrac{l}{\mu S}$ 愈大则 Φ 愈小。NI 可理解为产生磁通的源,故称为磁通势,用字母 F 表示,它的单位是安·匝。$\dfrac{l}{\mu S}$ 对通过磁路的磁通有阻碍作用,故称为磁阻,用 R_m 表示,它的单位是 $1/H$,记为 H^{-1}。

于是有

$$\Phi = \frac{F}{R_m} \tag{5-8}$$

式(5-8)与电路的欧姆定律相似,故称为磁路的欧姆定律。磁通势相当于电势,磁阻相当于电阻,磁通相当于电流,即线圈产生的磁通与磁通势成正比,与磁阻成反比。若磁路上有 n 个线圈通以不同电流,则建立磁场的总磁通势为

$$F = \sum_{i=1}^{n} N_i I_i \tag{5-9}$$

必须指出,式(5-8)表示的磁路欧姆定律,只有在磁路的气隙或非铁磁物质部分,才能保持磁通与磁通势成正比例的关系。而在铁磁材料的各段,R_m 因 μ 随 B 或 Φ 变化而不是常数,这时必须利用 B 与 H 的非线性曲线关系,由 B 决定 H 或由 H 决定 B。

【**例 5-1**】　有一线圈,其匝数 $N = 1\,000$ 匝,绕在由铸钢制成的闭合铁芯上,铁芯的截面积 $S = 20$ cm²,铁芯的平均长度 $l = 50$ cm。如果要在铁芯中产生磁通 $\Phi = 0.002$ Wb,试问线圈中应通入多大的直流? 如在所述的铁芯中所包含有一段空气隙,其长度为 $l_0 = 0.2$ cm,若保持铁芯中磁感应强度不变,试问此时需通入多大的电流?

解：

$$B = \frac{\Phi}{S} = \frac{0.002}{20 \times 10^{-4}} = 1 \ (\text{T})$$

查磁化曲线得到

$$H = 700 \ (\text{A/m})$$

根据安培环路定律

$$Hl = NI$$

所以有

$$I = \frac{Hl}{N} = \frac{700 \times 0.5}{1000} = 0.35 \ (\text{A})$$

铁芯中包含空气隙时，若要保持磁感应强度不变，则有

$$H_0 = \frac{B}{\mu_0} = \frac{1}{4\pi \times 10^{-7}} = 7.958 \times 10^5 (\text{A/m})$$

$$Hl + H_0 l_0 = NI$$

$$I = \frac{Hl + H_0 l_0}{N} = \frac{700 \times 0.5 + 7958 \times 0.2}{1000} = 1.94 \ (\text{A})$$

5.2　磁性材料

磁性材料主要是指铁、镍、钴及其合金，它们具有高导磁性、磁饱和性、磁滞性等基本特性。

5.2.1　高导磁性

所有磁性材料的导磁能力都比真空大得多，它们的相对磁导率多在几百甚至上万，也就是说在相同励磁条件下，用磁性材料做铁芯建立的磁场要比用非磁性材料做铁芯建立的磁场大几百倍甚至上万倍。由于这种特性，使得各种电器、电机和电磁仪表等一切需要获取强磁场的设备，无不采用磁性材料作为导磁体。利用这种材料，在同样的电能下可以大大减轻设备体积和重量，并能提高电磁器件的效率。

磁性材料为什么具有强磁性呢？这个问题可用磁畴理论来解释。物质的磁性来源于原子的磁性，强磁物质的原子内部存在自发磁化的小区称为磁畴。一块磁性材料可以分为许多磁畴，磁畴的方向各不相同，排列杂乱无章，对外界的作用相互抵消，不呈现宏观的磁性。若将磁性材料置于外磁场中，则已经高度自发磁化的许多磁畴在外磁场的作用下，将由不同的方向改变到与外磁场接近或一致的方向上去，于是对外呈现出很强的磁性。图 5-4 表示在无外磁场及有外磁场作用下磁畴的情况。

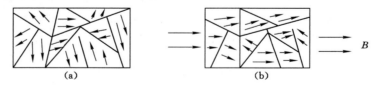

图 5-4　磁畴示意图

(a)无外磁场磁畴方向杂散；(b)有外磁场作用下磁畴方向趋于一致

进一步分析可知，磁性材料的基本物理性质较之非磁性材料复杂得多。但就工程应用来说，不必从物质内部来研究磁性，只需掌握它们对外表现的磁性即可。通常可通过实验的方法来测量出磁性材料的外部性能。

5.2.2　磁饱和性

磁性材料在磁化过程中,磁感应强度 B 随磁场强度 H 变化的曲线称为磁化曲线,如图 5-5 所示。下面通过实验测取磁化曲线来说明磁性材料的基本特征。

该曲线由零开始,分四段,单调增加。其中 OA 部分是初始磁化阶段,AB 部分是磁性变化急剧阶段,BC 部分是磁性变化缓慢阶段,CD 部分是磁性饱和阶段。初始磁化时,外磁场微弱,OA 部分上升很慢。过 A 点后在外磁场作用下,磁畴转向与外磁场方向趋于接近,故 B 值上升逐渐缓慢。最后的 CD 段为磁化接近饱和段,这时磁畴全部已转到与外磁场方向或接近外磁场方向,使磁化进入饱和。这里的 B 点称为膝点(又叫拐点),即转折的意思。

磁性物质磁饱和现象的存在,使磁感应强度 B 与磁场强度 H 的关系不成正比。由于磁通 Φ 与 B 成正比,产生磁通的电流 I 与 H 成正比,因而电流 I 与磁通 Φ 为非线性关系,这使磁路问题成为非线性问题。

5.2.3　磁滞性

如图 5-6 所示,当把磁场强度 H 减小到零,磁感应强度 B 并不沿着原来的这条曲线回降,而是沿着一条比它高的曲线 ab 段缓慢下降。在 H 已等于零时,磁感应强度 B 并不等于零,而仍保留一定的磁性,如图 B_r 所示,这个 B_r 值叫作剩磁。通常资料中给出的剩磁值均指磁感应强度自饱和状态回降后剩余的数值。

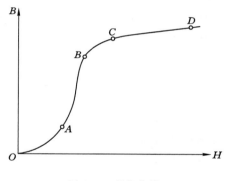

图 5-5　磁化曲线

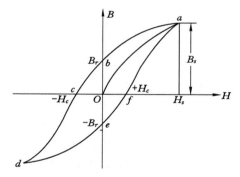

图 5-6　磁滞回线

为了消除剩磁,即使 $B=0$,在负方向所加的磁场强度的大小 H_c 称为矫顽力,它表示磁性材料反抗退磁的能力。如磁场强度继续在反方向增加,材料进行反向磁化到饱和,如曲线上的 cd 段。然后在反方向减小磁场强度到零,磁化状态变到 $-B_r$。这时沿正向增加磁场强度直到 H_c 值,$B=0$。当 $H=H_s$ 时,则磁感应强度增加到 B_s 值。为取得较为稳定的曲线,此实验过程往往要反复进行多次,最后所得 B—H 曲线为对称封闭曲线。

从绘制曲线过程中,可以看到磁感应强度 B 的变化始终落后磁场强度 H 的变化,这种现象称为磁滞,由此所得的封闭曲线叫磁滞回线。

不同的磁性材料其磁滞回线形状也不相同,如图 5-7 所示给出三种不同磁性材料的磁滞回线。

永磁材料多称为硬磁材料,具有较大的剩磁 B_r、较高的矫顽力 H_c 和较大的磁滞回线面积,属于这类的材料有铝镍钴、硬磁铁氧体、稀土钴及碳钢铁等合金的永磁钢。主要用来制造各种用途的永磁铁。

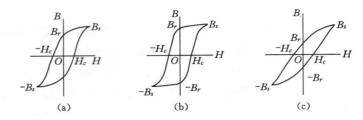

图 5-7 不同材料的磁滞回线

(a) 永磁材料；(b) 矩磁材料；(c) 软磁材料

软磁材料的磁滞回线窄而长,回线范围面积小,剩磁和矫顽力值都很小,属于这种材料的有铸铁硅钢片、铁镍合金及软磁铁氧体等。主要用作电磁设备的铁芯。

矩磁材料的磁滞回线接近矩形,剩磁大,矫顽力小,属于这类材料的有镁锰铁氧体和某些铁镍合金等。在计算机和自动控制中广泛用作记忆元件、开关元件和逻辑元件。

5.3 交流铁芯线圈

铁芯线圈分为直流铁芯线圈与交流铁芯线圈两种。

直流铁芯线圈的励磁电流是恒定的,由其产生的磁通也是恒定的,不会在线圈内产生感应电势。因此,励磁电流的大小仅由线圈两端电压及线圈电阻决定,而与磁路结构无关。电路的功耗为励磁电流的平方乘以线圈电阻。

交流铁芯线圈的励磁电流是交变的,其铁芯中的磁通也是交变的。交变磁通将在线圈中产生感应电动势,并在铁芯中产生磁滞和涡流损耗,这使得交流铁芯线圈电路的电磁关系比直流铁芯线圈电路的电磁关系复杂得多。交流电机、变压器及各种交流电磁元件都是交流铁芯线圈电路。本节讨论如图 5-8 所示交流铁芯线圈电路的基本电磁关系,它是分析交流电机和电器的理论基础。

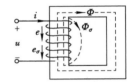

图 5-8 交流铁芯线圈电路

5.3.1 电磁关系

铁芯线圈加入交变电压 u 将产生交变电流 i,因而在线圈中产生交变的磁通。磁通的绝大部分是通过铁芯闭合的,只有很少一部分是通过空气闭合的。前者称为主磁通 Φ,后者称为漏磁通 Φ_σ,它们在图 5-8 中都是用虚线画出。

按照电磁感应定律,交变磁通的 Φ 和 Φ_σ 在线圈中产生感应电动势 e 和 e_σ。e 和 e_σ 的参考方向与 Φ 和 Φ_σ 的参考方向符合右手螺旋关系,因此与电流 i 的参考方向一致。在规定了此参考方向的条件下,有

$$e = -N \frac{\mathrm{d}\Phi}{\mathrm{d}t} \tag{5-10}$$

$$e_\sigma = -N \frac{\mathrm{d}\Phi_\sigma}{\mathrm{d}t} = -L_\sigma \frac{\mathrm{d}i}{\mathrm{d}t} \tag{5-11}$$

式中,$L_\sigma = N\Phi_\sigma/i$ 称为铁芯线圈的漏磁电感。由于 Φ_σ 主要通过空气,和电流 i 成正比,因而 L_σ 为常数,故 e_σ 可用漏电感电动势表示。而主磁通通过铁芯,所以 i 和 Φ 之间不存在线性

关系。铁芯线圈和主电感 L 不是常数，而是非线性的。

5.3.2　电压电流关系

根据基尔霍夫电压定律，铁芯线圈电路的电压电流关系为

$$u = Ri + (-e_\sigma) + (-e) = Ri + L_\sigma \frac{\mathrm{d}i}{\mathrm{d}t} + (-e) \qquad (5-12)$$

式中，R 为线圈的电阻。由于一般铁芯线圈的主磁通 Φ 远大于漏磁通 Φ_σ，所以感应电动势 e 远大于 e_σ，而且远大于线圈电阻电压降 Ri。因此，电源电压主要由主磁通的感应电动势来平衡，即

$$u \approx -e = N \frac{\mathrm{d}\Phi}{\mathrm{d}t} \qquad (5-13)$$

由上式可知，当电源电压按正弦变化时，e 和 Φ 也必为正弦变化。设 $\Phi = \Phi_\mathrm{m} \sin \omega t$，则

$$e = -N \frac{\mathrm{d}\Phi}{\mathrm{d}t} = -\omega N \Phi_\mathrm{m} \cos \omega t = E_\mathrm{m} \sin(\omega t - 90°) \qquad (5-14)$$

式中，E_m 为 e 的最大值，其有效值为

$$E = \frac{E_\mathrm{m}}{\sqrt{2}} = \frac{2\pi f N \Phi_\mathrm{m}}{\sqrt{2}} = 4.44 f N \Phi_\mathrm{m} \qquad (5-15)$$

如果磁场在铁芯中是均匀分布的，则有

$$u \approx E = 4.44 f N \Phi_\mathrm{m} = 4.44 f N B_\mathrm{m} S \qquad (5-16)$$

式中，B_m 是铁芯中磁感应强度的最大值，单位为 T，S 是铁芯截面积，单位为 m^2。

上式说明，当交流铁芯线圈的匝数 N 和电源频率 f 一定时，磁通的最大值 Φ_m 近似地由线圈的外加电压 U 来确定，即线圈外加电压不变，则铁芯磁通基本不变。

5.3.3　功率损耗

在交流铁芯线圈中，线圈电阻上有功率损失，这部分损耗称为铜损，用 ΔP_Cu 表示。此外，铁芯在交变磁化的情况下也有损耗，这部分损耗称为铁损，用 ΔP_Fe 表示。铁损是由铁磁物质的磁滞和涡流现象所产生的。

磁滞损耗是铁磁物质在交变磁化时，磁分子来回翻转克服阻力产生的能量损耗，属于摩擦生热产生的能量损耗。可以证明，交变磁化一周在铁芯的单位体积内所产生的磁滞损耗能量，与磁滞回线所包围的面积成正比。

为了减少磁滞损耗，通常选用磁滞回线较窄的硅钢片做铁芯，旋转电机用低硅钢片，变压器用高硅钢片，后者磁滞损耗更小一些，但质地较脆。

当线圈中的电流交变时，铁芯中的主磁通也是交变的。不仅在线圈中产生感应电动势，也会在铁芯中产生感应电动势和感应电流，这种感应电流称为涡流，它在垂直于磁通方向的平面内环流。由于铁芯本身具有电阻，涡流在铁芯中也要发热产生能量损耗，这部分损耗称为涡流损耗。

由于涡流损耗不仅消耗了电能，而且使铁芯发热，温度升高，影响到电气设备的正常工作。为了减少涡流损耗，在低频时，可用涂以绝缘漆的硅钢片叠成的铁芯，如图 5-9 所示，这样减小了截面积，加大了铁芯的电阻，使涡流减小。

但涡流有其有利的一面，可以利用涡流的热效应冶炼金属，利用涡流与磁场的相互作用制成感应式电度表等。

铁损近似与铁芯内磁感应强度的最大值 B_m 的平方成正比，故 B_m 不宜选得过大，一般

取 0.8～1.2T。

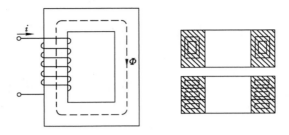

图 5-9　铁芯中的涡流

综上所述，交流铁芯线圈电路的有功功率为

$$P = UI\cos\varphi = RI^2 + \Delta P_{Fe} \tag{5-17}$$

5.3.4　等效电路

交流铁芯线圈电路可用其等效电路来代替，即用一个不含铁芯的交流电路进行分析。等效的条件是：在同样电压作用下，功率、电流及各量之间的相位关系保持不变。这样就使磁路计算的问题简化为电路计算的问题了。

先把图 5-8 等效为图 5-10，就是把线圈的电阻和感抗用 R 和 X_σ 来表示，剩下的就成为一个没有电阻和漏磁通的理想铁芯线圈电路，但铁芯中仍有能量的损耗和能量的储放。因此，可将这个理想的铁芯线圈交流电路用具有电阻 R_0 和感抗 X_0 的一段电路来等效代替，其中电阻 R_0 是铁芯中能量损耗的等效电阻

$$R_0 = \frac{P_{Fe}}{I^2} \tag{5-18}$$

感抗 X_0 是铁芯中能量储放的等效感抗，其值为

$$X_0 = \frac{Q_{Fe}}{I^2} \tag{5-19}$$

式中，Q_{Fe} 是表示铁芯储放能量的无功功率。

这段等效电路的阻抗模为

$$|Z_0| = \sqrt{R_0^2 + X_0^2} = \frac{U'}{I} \approx \frac{U}{I} \tag{5-20}$$

图 5-11 即为交流铁芯线圈电路的等效电路。

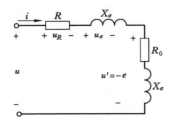

图 5-10　铁芯线圈的交流电路

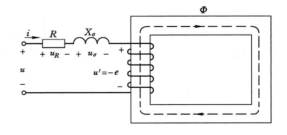

图 5-11　交流铁芯线圈等效电路

【例 5-2】　有一交流铁芯线圈，电源电压 $U = 220$ V，电路中电流 $I = 4$ A，功率表读数

$P = 100$ W，频率 $f = 50$ Hz，漏磁通和线圈电阻上的电压降可忽略不计，试求：（1）铁芯线圈的功率因数；（2）铁芯线圈的等效电阻的感抗。

解：　（1）$\cos \varphi = \dfrac{P}{UI} = \dfrac{100}{220 \times 4} = 0.114$

（2）铁芯线圈的等效阻抗模为

$$|Z'| = \frac{U}{I} = \frac{220}{4} = 55 （\Omega）$$

等效电阻和等效感抗分别为

$$R' = R + R_0 = \frac{P}{I^2} = \frac{100}{4^2} = 6.25 （\Omega） \approx R_0$$

$$X' = X_\sigma + X_0 = \sqrt{|Z'|^2 - R'^2} = \sqrt{55^2 - 6.25^2} = 54.6 （\Omega） \approx X_0$$

5.4　电磁铁与变压器

5.4.1　电磁铁

利用通电线圈在铁芯里产生磁场，由磁场产生吸力的机构统称为电磁铁。电磁铁是把电能转换为机械能的一种设备，通过电磁铁的衔铁可以获得直线运动和某一定角度的回转运动。电磁铁是一种重要的电器设备，工业上经常利用电磁铁完成起重、制动力、吸持及开闭等机械动作。在自动控制系统中经常利用电磁铁附上触头及相应部件做成各种继电器、接触器、调整器及驱动机构等。

电磁铁可分为线圈、铁芯及衔铁三部分。它的结构形式通常有图 5-12 所示的几种。

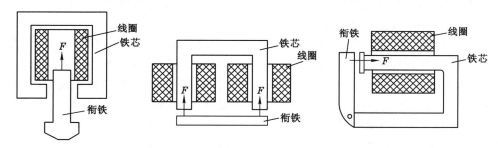

图 5-12　电磁铁的几种形式

（1）直流电磁铁

电磁铁的吸力是它的主要参数之一。吸力的大小与气隙的截面积 S_0 及气隙中磁感应强度 F 的平方成正比。计算吸力的基本公式为

$$F = \frac{10^7}{8\pi} B_0^2 S_0 （N） \tag{5-21}$$

上式中，F 的单位是 N；B_0 的单位是 T；S_0 的单位是 m^2。

直流电磁铁的特点：

① 铁芯中的磁通恒定，没有铁损，铁芯用整块材料制成；

② 励磁电流 $I = \dfrac{U}{R}$，与衔铁的位置无关，外加电压全部降在线圈电阻 R 上，R 的电阻值

较大；

③ 当衔铁吸合时,由于磁路气隙减小,磁阻随之减小,磁通 Φ 增大,因而衔铁被牢牢吸住。衔铁吸合过程中,励磁电流 I、吸力 F 与气隙长度 l_0 的关系曲线如图 5-13 所示。

(2) 交流电磁铁

当交流电通过线圈时,在铁芯中产生交变磁通,因为电磁力与磁通的平方成正比,所以当电流改变方向时,牵引力的方向并不变,而是朝一个方向将衔铁吸向铁芯,正如永久磁铁无论 N 极或 S 极都因磁感应会吸引衔铁一样。

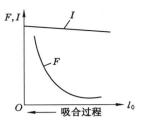

图 5-13　励磁电流 I、吸力 F 与
气隙长度 l_0 的关系曲线

交流电磁铁中磁场是交变的,设气隙中的磁感应强度是 $B_0 = B_m \sin \omega t$,则吸力为

$$f = \frac{10^7}{8\pi} B_m^2 S_0 \sin^2 \omega t = \frac{10^7}{8\pi} B_m^2 S_0 \left(\frac{1 - \cos 2\omega t}{2} \right)$$

$$= F_m \left(\frac{1 - \cos 2\omega t}{2} \right) = \frac{1}{2} F_m - \frac{1}{2} F_m \cos 2\omega t \qquad (5-22)$$

式中,$F_m = \frac{10^7}{8\pi} B_m^2 S_0$ 是电磁吸力的最大值。由上式可知,吸力的瞬时值是由两部分组成的,一部分为恒定分量,另一部分为交变分量。但吸力的大小取决于平均值,设吸力平均值为 F,则有

$$F = \frac{1}{T} \int_0^T f \, dt = \frac{1}{2} F_m = \frac{10^7}{16\pi} B_m^2 S_0 (\text{N}) \qquad (5-23)$$

可见吸力平均值等于最大值的一半。这说明在最大电流值及结构相同的情况下,直流电磁铁的吸力比交流电磁铁的吸力大一倍。如在交流励磁磁感应强度的有效值等于直流励磁磁感应强度的值时,交流电磁吸力平均值等于直流电磁吸力。

虽然交流电磁铁的吸力方向不变,但它的大小是变动的,如图 5-14 所示。当磁通经过零值时,电磁吸力为零,往复脉动 100 次,即以两倍的频率在零与最大值 F_m 之间脉动,因而衔铁以两倍电源频率在颤动,引起噪声,同时触点容易损坏。为了消除这种现象,可在磁极的部分端面上套一个短路环,如图 5-15 所示。于是在短路环中便产生感应电流,以阻碍磁通的变化,使在磁极两部分中的磁通 Φ_1、Φ_2 之间产生一相位差,因而磁极各部分的吸力也就不会同时降为零,这就消除了衔铁的颤动,当然也就消除了噪声。

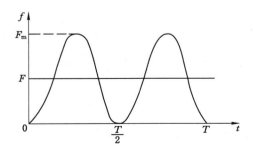

图 5-14　交流电磁铁的吸力

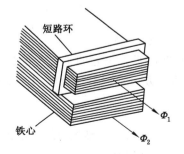

图 5-15　短路环

交流电磁铁的特点如下：

① 由于励磁电流 I 是交变的,铁芯中产生交变磁通,一方面使铁芯中产生磁滞损失和涡流损失,为减少这种损失,交流电磁铁的铁芯一般用硅钢片叠成。另一方面使线圈中产生感应电动势,外加电压主要用于平衡线圈中的感应电动势,线圈电阻 R 较小。

② 励磁电流 I 与气隙 l_0 大小有关。在吸合过程中,随着气隙的减小,磁阻减小。因磁通最大值 Φ_m 基本不变,故磁通势 IN 下降,即励磁电流 I 下降。

③ 因磁通最大值 Φ_m 基本不变,所以平均电磁吸力 F 在吸合过程中基本不变。励磁电流 I、平均电磁吸力 F 和气隙 l_0 的关系如图 5-13 所示。

由图 5-13 可知,交流电磁铁通电后,若衔铁被卡住不能吸合,因气隙大,励磁电流要比衔铁吸合时大得多,这将造成线圈因电流过大而被烧毁。

【例 5-3】　已知交流电磁铁磁路如图 5-16 所示,衔铁受到弹簧反作用力 10 N,额定电压 $U_N=220$ V,空隙平均为 3 cm,求铁芯截面和线圈匝数。设漏磁系数 $\sigma=1.5$。考虑到线圈电阻及漏抗电压降,线圈上的有效电压取为额定电压的 80%。

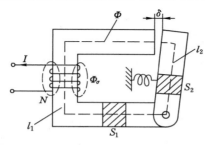

图 5-16　例 5-3 图

解:　一般交流电磁铁磁路的磁感应强度 B 可在 $0.2\sim1$ T 范围内选择,在此处选定 $B=0.5$ T,于是铁芯截面积 S 可由下式求得。

$$F_0=\frac{1}{2}F_m=\frac{10^7}{16\pi}B_m^2 S_0$$

$$S_0=\frac{16\pi F_0}{B_m^2}\times10^7=\frac{16\pi\times10}{0.25}\times10^7=2\times10^{-4}(cm^2)$$

有效电压　　　　　　$U=0.8\times220=176$（V）

磁通　　　$\Phi_m=B_m S_0=0.5\times2\times10^{-4}\times1.5=1.5\times10^{-4}$（Wb）

匝数　　　$N=\dfrac{U}{4.44f\Phi_m}=\dfrac{176}{4.44\times50\times1.5\times10^{-4}}=5\,290$

5.4.2　变压器

变压器是根据电磁感应原理制成的一种静止的电气设备,它的基本作用是变换交流电压,即把交流电电压从某一数值变为另一数值,但交流电频率不变。在输电方面,为了节省输电导线的用铜量和减少线路上的电压降及线路的功率损耗,通常利用变压器升高电压;在用电方面,为了用电安全,可利用变压器降低电压。此外,变压器还可用于变换电流大小和变换阻抗大小。

变压器的种类很多,根据其用途不同有:远距离输配电用的电力变压器;机床控制用的控制变压器;电子设备和仪器供电电源用的电源变压器;焊接用的焊接变压器;平滑调压用的自耦变压器;测量仪表用的互感器变压器以及用于传递信号的耦合变压器等。

　　无论何种变压器,其基本构造和工作原理都是相同的,都由铁磁材料构成的铁芯和绕在铁芯上的线圈(亦称绕组)两部分组成。变压器常见的结构形式有两类:芯式变压器和壳式变压器。如图 5-17 所示,芯式变压器的特点是绕组包围铁芯,它的用铁量较少,构造简单,绕组的安装和绝缘处理比较容易,因此多用于容量较大的变压器中。壳式变压器如图 5-18 所示,其特点是铁芯包围绕组,这种变压器用铜量较少,多用于小容量的变压器。

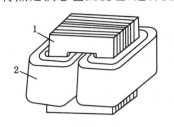

图 5-17　芯式变压器
1——铁芯;2——绕组

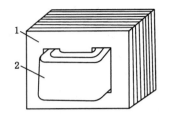

图 5-18　壳式变压器
1——铁芯;2——绕组

　　变压器最基本的结构是铁芯和绕组。

　　铁芯是变压器的磁路部分,为了减少铁芯中的涡流损耗,铁芯通常用含硅量较高、厚度为 0.35 mm 的硅钢片交叠而成,为了隔绝硅钢片相互之间电的联系,每一硅钢片的两面都涂有绝缘清漆。

　　绕组是变压器的电路部分,用绝缘铜导线或铝导线绕制,绕制时多采用圆柱形绕组。通常电压高的绕组称为高压绕组,电压低的绕组称为低压绕组,低压绕组一般靠近铁芯放置,而高压绕组则置于外层。为了防止变压器内部短路,在绕组和绕组之间、绕组和铁芯之间以及每绕组的各层之间,都必须绝缘良好。

　　除了铁芯和绕组之外,变压器一般有外壳,用来保护绕组免受机械损伤,并起散热和屏蔽作用。较大容量的还具有冷却系统、保护装置以及绝缘套管等。大容量变压器通常采用三相变压器。

　　(1) 变压器基本原理

　　图 5-19 为变压器原理图。为了便于分析,图中将原绕组和副绕组分别画在两边。与电源连接的一侧称为原边(或称初级),原边各量均用下脚"1"表示,如 N_1,u_1,i_1 等;与负载连接的一侧称为副边(或称次级),副边各量均用下脚"2"表示,如 N_2,u_2,i_2 等。下面分空载和负载两种情况来分析变压器的工作原理。

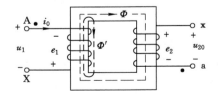

图 5-19　变压器的空载运行

　　① 变压器空载运行及电压变换

　　变压器空载运行是将变压器的原绕组两端加上交流电压,副绕组不接负载的情况。

在外加正弦交流电压 u_1 作用下,原绕组内有电流 i_0 流过。由于副绕组开路,副绕组内没有电流,故将此时原绕组内的电流 i_0 称为空载电流。该电流通过匝数为 N_1 的原绕组产生磁势 i_0,并建立交变磁场。由于铁芯的导磁系数比空气或油的导磁系数大得多,因而绝大部分磁通经过铁芯而闭合,并与原、副绕组交链,这部分磁通称为主磁通,用 Φ 表示。主磁通穿过原绕组和副绕组,并在其中感应产生电动势 e_1 和 e_2。另有一小部分漏磁通 Φ',不经过铁芯而通过空气或油闭合,它仅与原绕组本身交链。漏磁通在变压器中感应的电动势仅起电压降的作用,不传递能量。下面讨论中均略去漏磁通及漏磁通产生的电压降。

上述的电磁关系可表示如下:

$$e_1 = -N_1 \frac{\mathrm{d}\Phi}{\mathrm{d}t} \tag{5-24}$$

$$u_1 \rightarrow i_0 \rightarrow i_0 N_1 \rightarrow \Phi$$

$$e_2 = -N_2 \frac{\mathrm{d}\Phi}{\mathrm{d}t} = u_{20} \tag{5-25}$$

u_{20} 为副绕组的空载端电压。

由基尔霍夫电压定律,按图 5-19 所规定的电压、电流和电动势的正方向,可列出原、副绕组的瞬时电压平衡方程式,即

$$u_1 = i_0 R_1 - e_1 = i_0 R_1 + N_1 \frac{\mathrm{d}\Phi}{\mathrm{d}t}$$

$$u_{20} = e_2 = -N_2 \frac{\mathrm{d}\Phi}{\mathrm{d}t} \tag{5-26}$$

式中,R_1 为原绕组的电阻。若用相量形式表示,式(5-26)可写成

$$\dot{U}_1 = \dot{I}_0 R_1 + (-\dot{E}_1)$$

$$\dot{U}_{20} = \dot{E}_2 \tag{5-27}$$

由于一般变压器在空载时励磁电流 i_0 很小,通常为原绕组额定电流的 $3\% \sim 10\%$,所以原绕组的电阻压降 $i_0 R_1$ 很小,可近似认为

$$u_1 \approx -e_1$$

或

$$\dot{U}_1 \approx -\dot{E}$$

因此

$$\frac{\dot{U}_1}{\dot{U}_2} \approx -\frac{\dot{E}_1}{\dot{E}_2} \tag{5-28}$$

其有效值之比为

$$\frac{U_1}{U_2} \approx \frac{E_1}{E_2} = \frac{N_1}{N_2} = K \tag{5-29}$$

式中,K 称为变压器的变比,即原、副绕组的匝数比。当 $K<1$ 时,为升压变压器;当 $K>1$ 时,为降压变压器。

必须指出,变压器空载时,若外加电压的有效值 U_1 一定,主磁通 Φ_m 的最大值也基本不变,如 $\Phi = \Phi_m \sin \omega t$,则有

$$\dot{U}_1 \approx -\dot{E}_1 = \mathrm{j}4.44 f N_1 \Phi_m \tag{5-30}$$

用有效值形式表示

$$U_1 \approx -E_1 = 4.44fN_1\Phi_\mathrm{m} \tag{5-31}$$

在式(5-31)中,当 f、N_1 为定值时,主磁通最大值 Φ_m 的大小只取决于外加电压有效值 U_1 的大小,而与是否接负载无关。若外加电压 U_1 不变,则主磁通 Φ_m 也不变。这个关系对分析变压器的负载运行及电动机的工作原理都非常重要。

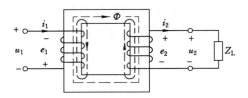

图 5-20 变压器的负载运行

② 变压器负载运行及电流变换

变压器负载运行是将变压器的原绕组接上电源,副绕组接有负载的情况,如图 5-20 所示。

副绕组接上负载 Z_L 后,在电动势 e_2 的作用下,副边就有电流 i_2 流过,即副边有电能输出。原绕组与副绕组之间没有电的直接联系,只有磁通与原、副绕组交链形成的磁耦合来实现能量传递。那么,原、副绕组电流之间关系怎样呢?

变压器未接负载前,其原边电流为 i_0,它在原边产生磁通势 i_0N_1,在铁芯中产生的磁通 Φ。接上负载后,副边电流 i_2 产生磁通势 i_2N_2,根据楞次定律,i_2N_2 将阻碍铁芯中主磁通 Φ 的变化,企图改变主磁通的最大值 Φ_m。但是,当电源电压有效值 U_1 和频率 f 一定时,由式 $U_1 = E_1 = 4.44fN_1\Phi_\mathrm{m}$ 可知,U_1 和 Φ_m 近似恒定。因而,随着负载电流 i_2 的出现,通过原边的电流 i_0 及产生的磁通势 i_0N_1 必然也随之增大直至 i_1N_1,以维持磁通最大值 Φ_m 基本不变,即与空载时的 Φ_m 大小接近相等。因此,有负载时产生主磁通的原、副绕组的合成磁通势 $(i_1N_1 + i_2N_2)$ 应该与空载时产生主磁通的原绕组的磁通势 i_0N_1 差不多相等,即

$$i_1N_1 + i_2N_2 \approx i_0N_1$$

用相量表示

$$\dot{I}_1N_1 + \dot{I}_2N_2 \approx \dot{I}_0N_1 \tag{5-32}$$

式(5-32)称为磁通势平衡方程式。有载时,原边磁通势 i_1N_1 可视为两个部分:i_0N_1 用来产生主磁通 Φ;i_2N_2 用来抵消副边电流 i_2 所建立的磁通势,以维持铁芯中的主磁通最大值 Φ_m 基本不变。

由式(5-32)得到

$$\dot{I}_1 \approx \dot{I}_0 + \left(-\frac{N_2}{N_1}\dot{I}_2\right) \tag{5-33}$$

一般情况下,空载电流 I_0 只占原绕组额定电流 I_1 的 $3\% \sim 10\%$,可以略去不计。于是式(5-33)可写成

$$\dot{I}_1 \approx -\frac{N_2}{N_1}\dot{I}_2 \tag{5-34}$$

由式(5-34)可知,原、副绕组的电流关系为

$$\frac{I_1}{I_2} \approx \frac{N_2}{N_1} = \frac{1}{K} \tag{5-35}$$

式(5-35)表明变压器原、副绕组的电流之比近似与它们的匝数成反比。

必须注意,式(5-35)是在忽略空载电流的情况下获得的,若变压器在空载或轻载下运行就不适用了。

变压器负载运行时的电磁关系如下:

$$e_1 = -N_1 \frac{\mathrm{d}\Phi}{\mathrm{d}t}$$

$$u_1 \rightarrow i_1 (i_1 N_1) \rightarrow i_0 N_1 \rightarrow \Phi$$

$$e_2 = -N_2 \frac{\mathrm{d}\Phi}{\mathrm{d}t} \rightarrow u_2 \rightarrow i_2 (i_2 N_2)$$

③ 阻抗变换

变压器除了变换电压和变换电流外,还可进行阻抗变换,以实现"匹配"。

在图 5-21(a)中,负载阻抗 Z_L 接在变压器副边,而图中的虚线框部分可用一个阻抗 Z' 来等效代替,如图 5-21(b)所示。两者的关系可通过下面计算得出:

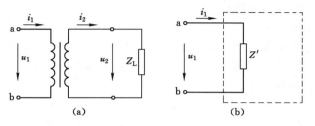

图 5-21　阻抗变换

根据式(5-29)式(5-35)可得出

$$\frac{U_1}{I_1} = \frac{\dfrac{N_1}{N_2} U_2}{\dfrac{N_1}{N_2} I_2} = \left(\frac{N_1}{N_2}\right)^2 \frac{U_2}{I_2} = K^2 \frac{U_2}{I_2}$$

由图 5-21(a)可知 $$\frac{U_1}{I_1} = Z'$$

由图 5-21(b)可知 $$\frac{U_2}{I_2} = Z$$

代入后得 $$Z' = K^2 Z \tag{5-36}$$

式(5-36)中 Z' 和 Z 为阻抗的大小。它表明在忽略漏磁阻抗影响下,只需调整匝数比,就可把负载阻抗变换为所需要的数值,且负载性质不变,通常称为阻抗匹配。

【例 5-4】　有一信号源的电动势为 1.5 V,内阻抗为 300 Ω,负载阻抗为 75 Ω。欲使负载获得最大功率,必须在信号源和负载之间接一阻抗匹配变压器,使变压器的输入阻抗等于信号源的内阻抗,如图 5-22 所示。问变压器的变压比,原、副边的电流各为多少?

解:　负载阻抗 $Z = 75$ Ω,变压器的输入阻抗 $Z' = Z_0 = 300$ Ω。应用变压器的阻抗变换公式,可求得变比为

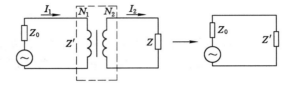

图 5-22　例 5-4 电路图

$$K = \frac{N_1}{N_2} = \sqrt{\frac{Z'}{Z}} = \sqrt{\frac{300}{75}} = 2$$

因此,信号源和负载之间接一个变比为 2 的变压器就能达到阻抗匹配的目的。这时变压器的原边电流

$$I_1 = \frac{U_s}{Z_0 + Z_1} = \frac{1.5}{300 + 300} \, (\text{A}) = 2.5 \, (\text{mA})$$

副边电流

$$I_2 = KI_1 = 2 \times 2.5 = 5 \, (\text{mA})$$

（2）变压器的外特性、功率和效率

① 变压器的额定值

使用变压器时,应了解变压器的额定值。变压器正常运行的状态和条件,称为变压器的额定工作情况,而表示变压器额定工作情况的电压、电流和功率等数值,称为变压器的额定值,它一般标在变压器的铭牌上。

a. 额定容量 S_N

变压器的额定容量指它的额定视在功率,以伏安（V·A）或千伏安（kV·A）为单位。在单相变压器中,$S_N = U_{2N} I_{2N}$,在三相变压器中,$S_N = \sqrt{3} U_{2N} I_{2N}$。

b. 额定电压 U_{1N} 和 U_{2N}

原绕组的额定电压 U_{1N} 是指原绕组上应加的电源电压或输入电压,副绕组的额定电压 U_{2N} 是指原绕组加上额定电压时副绕组的空载电压（U_{20}）。在三相变压器铭牌上给出的额定电压 U_{1N} 和 U_{2N} 均为原、副绕组的线电压。

c. 额定电流 I_{1N} 和 I_{2N}

变压器的额定电流 I_{1N} 和 I_{2N} 是根据绝缘材料所允许的温度而规定的原、副绕组中允许长期通过的最大电流值。在三相变压器中,I_{1N} 和 I_{2N} 均为原、副绕组的线电流。

变压器的额定值取决于变压器的构造和所用的材料。使用变压器时一般不能超过其额定值,此外,还必须注意:其工作温度不能过高,原、副绕组必须分清,并防止变压器绕组短路,以免烧毁变压器。

② 变压器的外特性

变压器的外特性是指电源电压 U_1、f_1 为额定值、负载功率因数 $\cos \varphi_2$ 一定时,U_2 随 I_2 变化的关系曲线,即 $U_2 = f(I_2)$,如图 5-23 所示。

从外特性曲线中可清楚地看出,负载变化时所引起的变压器副边电压 U_2 的变化程度,既与原、副绕组的漏磁阻抗（包括原副绕组的电阻及漏磁感抗）有关,又与负载的大小及性质有关。对于电阻性和电感性负载而言,U_2 随负载电流 I_2 的增加而下降,其下降程度还与负载的功率因数有关。对电容性负载来说,U_2 可能高于 U_{2N},外特性曲线是上翘的。由外特

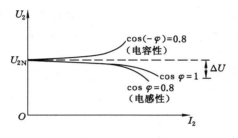

图 5-23　变压器的外特性

性曲线还可以看到，电阻性负载增大时，U_2 的变化也随之增大。

变压器副边电压 U_2 随 I_2 变化的程度用电压变化率 ΔU 表示，即

$$\Delta U = \frac{U_{20} - U_2}{U_{20}} \times 100\% \tag{5-37}$$

在一般变压器中，由于其绕线电阻和漏磁感抗均甚小，电压变化率是不大的（$2\% \sim 5\%$）。

变压器的电压变化率表征了电网电压的稳定性，一定程度上反映了变压器供电的质量，是变压器的主要性能指标之一。为了改善电压稳定性，对电感性负载，可在负载两端并联适当容量的电容器，以提高功率因数和减小电压变化率。

③ 变压器的功率

变压器原绕组的输入功率为

$$P_1 = U_1 I_1 \cos \varphi_1 \tag{5-38}$$

式中，φ_1 为原绕组电压与电流的相位差。

变压器副绕组的输出功率为

$$P_2 = U_2 I_2 \cos \varphi_2 \tag{5-39}$$

式中，φ_2 为副绕组电压与电流的相位差。

输入功率与输出功率的差就是变压器所损耗的功率，即

$$\Delta P = P_1 - P_2 \tag{5-40}$$

变压器的功率损耗，包括铁损 ΔP_{Fe}（铁芯的磁滞损耗和涡流损耗）和铜损 ΔP_{Cu}（线圈导线电阻的损耗），即

$$\Delta P = \Delta P_{Fe} + \Delta P_{Cu} \tag{5-41}$$

铁损和铜损可以用实验方法测量或计算求出，铜损（$I_1^2 r_1 + I_2^2 r_2$）与负载大小有关，是可变损耗；而铁损与负载大小无关，当外加电压和频率确定后，一般是常数。

④ 变压器的效率

变压器的效率等于变压器输出功率与输入功率之比的百分值，即

$$\eta = \frac{P_2}{P_1} \times 100\% = \frac{P_2}{P_2 + \Delta P_{Fe} + \Delta P_{Cu}} \times 100\% \tag{5-42}$$

变压器的效率较高，大容量变压器在额定负载时的效率可达 $98\% \sim 99\%$，小型电源变压器的效率约为 $70\% \sim 80\%$。

变压器的效率还与负载有关，轻载时效率很低。因此，应合理选用变压器的容量，避免长期轻载或空载运行。

【例 5-5】 为了求出铁芯线圈的铁损,先将它接在直流电源上,测得线圈的电阻为 1.75 Ω;然后接在交流电源上,测得电压 $U=120$ V,功率 $P=70$ W,电流 $I=2$ A。试求铁损和线圈的功率因数。

解： 由
$$P=I^2R+\Delta P_{Fe}$$

可知
$$\Delta P_{Fe}=P-I^2R=70-4\times1.75=63（W）$$

功率因数
$$\cos\varphi=\frac{P}{UI}=\frac{70}{120\times2}=0.29$$

【例 5-6】 有一单相照明变压器,容量为 10 kV·A,电压为 3 300/220 V。今欲在副绕组接上 60 W 的白灯,如果要变压器在额定情况下运行,这种电灯可接多少个? 并求原、副绕组的额定电流。

解：
$$I_{1N}=\frac{S_N}{U_{1N}}=\frac{10\times10^3}{3\ 300}=3.03（A）$$

变压器变比
$$K=\frac{U_{1N}}{U_{2N}}=\frac{3\ 300}{220}=15$$

$$I_{2N}=KI_{1N}=3.03\times15=45.5（A）$$

单个灯的额定电流
$$I_N=\frac{P_N}{U_N}=\frac{60}{220}=0.273（A）$$

设副绕组可接 n 个这样的电灯

$$n=\frac{I_{2N}}{I_N}=\frac{45.5}{0.273}=166$$

（3）变压器绕组的极性

变压器在使用中有时需要把绕组串联以提高电压或把绕组并联以增大电流,但必须注意绕组的正确连接。例如,一台变压器的原绕组有相同的两个绕组,如图 5-24(a)中的 1—2 和 3—4。假定每个绕组的额定电压为 110 V,当接到 220 V 的电源上时,应把两绕组的异极性端串联,如图 5-24(b);接到 110 V 的电源上时,应把两绕组的同极性端并联,如图 5-24(c)。如果连接错误,若串联时将 2 和 4 两端连在一起,将 1 和 3 两端接电源,此时两个绕组的磁通势就互相抵消,铁芯中不产生磁通,绕组中也就没有感应电动势,绕组中将流过很大的电流,把变压器烧毁。

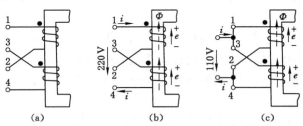

图 5-24　变压器绕组的正确连接

为了正确连接,在线圈上标以记号"·"。标有"·"号的两端称为同极性端,又称同名端。图 5-24 中的 1 和 3 是同名端,当然 2 和 4 也是同名端。当电流从两个线圈的同名端流入(或流出)时,产生的磁通方向相同;或者当磁通变化(增大或减小)时,在同名端感应电动势的极性也相同。绕组中的电流是增加的,故感应电动势 e 的极性(或方向)如图 5-24

所示。

应该指出,只有额定电流相同的绕组才能串联,额定电压相同的绕组才能并联,否则,即使极性连接正确,也可能使其中某一绕组过载。如果将其中一个线圈反绕,如图 5-25 所示,则 1 和 4 两端应为同名端。串联时应将 2 和 4 两端连在一起。可见,同名端的标定,还与绕圈的绕向有关。

当一台变压器引出端未注明极性或标记脱落或绕组经过浸漆及其他工艺处理,从外观上已看不清绕组的绕向时,通常用下述两种实验方法来测定变压器的同名端。

① 交流法

用交流法测定绕组极性的电路如图 5-26(a)所示。将两个绕组 1—2 和 3—4 的任意两端(如 2 和 4)连接在一起,在其中一个绕组(如 1—2)的两端加一个比较低的便于测量的交流电压。用伏特表计分别测量 1、3 两端的电压 U_{13} 和两绕组的电压 U_{12} 及 U_{34} 的数值。若 U_{13} 是两绕组的电压之差,即 $U_{13}=U_{12}-U_{34}$,则 1 和 3 是同极性端;若 U_{13} 是两绕组电压之和,即 $U_{13}=U_{12}+U_{34}$,则 1 和 4 是同极性端。

② 直流法

用直流法测定绕组极性的电路如图 5-26(b)所示。当开关 S 闭合瞬间,如果电流表的指针正向偏转,则 1 和 3 是同极性端,若反向偏转,则 1 和 4 的同极性端。

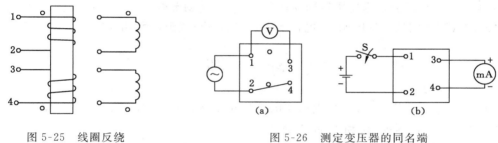

图 5-25   线圈反绕   图 5-26   测定变压器的同名端

（a）交流法;（b）直流法

5.5   实例分析——交流电焊机

交流电焊机(交流弧焊机)在生产上应用很广泛,从结构上看是由一台单相降压变压器、可变电抗器以及外接焊头组成,交流电焊机示意图如图 5-27 所示。

5.5.1   各部件的作用

(1)降压变压器,又称电焊变压器,它是将输入的电源电压(220 V 或 380 V)变为工作需要的电压 60～80 V。

(2)可变电抗器与负载电路串联,在回路中起到对电流的控制作用,当调节手柄使动铁芯发生移动时,可调节电抗器两铁芯之间的气隙,从而改变感抗的大小。

(3)外接负载由焊枪、焊条和焊件组成,在焊接时,焊条与焊件之间产生电弧电阻,相等于外接负载。

5.5.2   交流电焊机工作原理

(1)焊接前:电焊机处于空载状态,输出电压为 60～80 V。

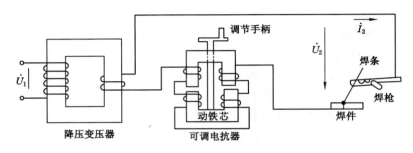

图 5-27 交流电焊机示意图

（2）开始焊接：先把焊条与焊件接触，交流电焊机输出端短路，由于变压器的一二次绕组分别装在两个铁芯柱上，两个绕组漏感抗较大，再加上可变电抗器的电抗，因此电流较大但不剧烈增大。这个短路电流在焊条和焊件接触处产生较大的热量，温度较高。然后迅速提起焊条，在电压的作用下产生电弧进行焊接。

（3）焊接过程：焊条与焊件之间的电弧，其性质相等于一个电阻，电弧两端电压降约为 30 V 左右。当焊条和焊件之间距离发生变化时，由于电弧电阻比电路中感抗小得多，焊接电流并不明显变化。

（4）焊接电流调节：当使用不同规格的焊条时，需调节焊接电流，可通过调节电抗器铁芯之间的气隙来实现。气隙调小，电抗增大，电流减小；气隙调大，电抗减少，则电流增大。

习　　题

5-1　一个交流铁芯线圈，分别接在电压相同而频率不同（$f_1 > f_2$）的交流电源上，此两种情况下的磁感应强度 B_1 和 B_2 的关系为（　　）。

A. $B_1 > B_2$　　　　　B. $B_1 < B_2$　　　　　C. $B_1 = B_2$

5-2　直流电磁铁，接有恒定电压 U，当气隙长度 δ 增大时，线圈中电流 I 将（　　）。

A. 增大　　　　　B. 减小　　　　　C. 保持不变

5-3　变压器的铁损耗包含（　　），它们与电源的电压和频率有关。

A. 滞阻损耗和磁滞损耗

B. 磁滞损耗和涡流损耗

C. 涡流损耗和磁化饱和损耗

5-4　变压器二次额定电压是指一次绕组接额定电压时二次绕组的（　　）。

A. 满载时的端电压

B. 开路时的端电压

C. 满载和空载时端电压的平均值

5-5　一台变压器（单相）的额定容量 $S_N = 50$ kV·A，额定电压为 10 kV/230 V，满载时二次侧端电压为 220 V，则其额定电流 I_{1N} 和 I_{2N} 分别为（　　）。

A. 5 A 和 227 A　　　　B. 227 A 和 5 A　　　　C. 5 A 和 217 A

5-6　一个负载 R_L 经理想变压器接到信号源上，已知信号源的内阻 $R_o = 800$ Ω，变压器的电压比 $K = 10$，若该负载折算到一次侧的阻值 R'_L 正好与 R_o 达到阻抗匹配，则负载 R_L

为（　　　）。

    A. 80 Ω   B. 0.8 Ω   C. 8 Ω

5-7　一个 $R_L = 8\ \Omega$ 的负载,经理想变压器接到信号源上。信号源的内阻 $R_0 = 800\ \Omega$、变压器一次绕组的匝数 $N_1 = 1\ 000$,若要通过阻抗匹配使负载得到最大功率,则变压器二次绕组的匝数 N_2 应为（　　　）。

    A. 100   B. 1 000   C. 500

5-8　变压器的铜损与负载的关系是（　　　）。

    A. 与负载电流的平方成正比

    B. 与负载电流成正比

    C. 与负载无关

5-9　有一台变压器(单相),额定容量 $S_N = 50\ kV \cdot A$,额定电压为 10 kV/230 V,空载电流 I_0 为额定电流的 3%,满载时二次电压为 220 V,则其电压调整率 $\Delta U_0 \%$ 为（　　　）。

    A. 0   B. 3%   C. 4.35%

5-10　变压器运行时的功率损耗包括（　　　）等项。

    A. 铁芯的损耗及一次、二次绕组的铜损耗

    B. 磁滞损耗、涡流损耗及风阻摩擦损耗

    C. 一次、二次绕组的电阻损耗

5-11　变压器在额定视在功率 S_N 下使用,其输出有功功率大小取决于（　　　）。

    A. 负载阻抗大小

    B. 负载功率因数 $\cos\varphi$ 大小

    C. 负载连接方式(串联或并联)

5-12　直流铁芯线圈电路消耗功率为（　　　）。

    A. 铁损   B. 铜损   C. 铁损加铜损

5-13　交直流铁芯线圈电路消耗功率为（　　　）。

    A. 铁损   B. 铜损   C. 铁损加铜损

5-14　某变压器额定电压为 $U_{1N}/U_{2N} = 220\ V/110\ V$,今电源电压为 220 V,欲将其升高到 440 V,可采用（　　　）。

    A. 将副绕组接到电源上,由原绕组输出

    B. 将副绕组匝数增加 4 倍

    C. 将原绕组匝数减少 4 倍

5-15　下列说法中正确的是（　　　）。

    A. 硅钢片具有高导磁性,可制造永久磁铁

    B. 交流继电器铁芯上有短路铜环,是为了防止震动

    C. 调压器既可用来调节交流电压,也可用来调节直流电压

    D. 电压互感器不能开路,电流互感器不能短路

5-16　磁性物质的磁导率 μ 不是常数,因此（　　　）。

    A. Φ 与 I 成正比   B. B 与 H 不成正比   C. Φ 与 B 不成正比

5-17　铁磁线圈中的铁芯到达磁饱和时,则线圈电感 L（　　　）。

    A. 增大   B. 减小   C. 不变

5-18　在交流铁线圈中,如将铁芯截面积减小,其他条件不变,则磁通势(　　　)。

　　　A. 增大　　　　　　　B. 减小　　　　　　　C. 不变

5-19　交流电磁铁在吸合过程中气隙减小,则磁路磁阻(　　),铁磁中磁通 Φ_m(　　),线圈电感(　　),线圈感抗(　　),线圈电流(　　),吸力平均值(　　)。

　　　A. 增大　　　　　　　B. 减小　　　　　　　C. 不变　　　　　　　D. 近于不变

5-20　当变压器的负载增加后,则(　　　)。

　　　A. 一次电流 I_1 和二次电流 I_2 同时增大

　　　B. 一次电流 I_1 不变,二次电流 I_2 增大

　　　C. 铁芯中主磁通 Φ_m 增大

5-21　有一线圈,其匝数 $N=1\,000$,绕在由铸钢制成的闭合铁芯上,铁芯的截面积 $S=20\ cm^2$,铁芯的平均长度 $l=50\ cm$。如果要在铁芯中产生磁通 $\Phi=0.002\ Wb$,试问线圈中应通入多大的直流? 如在所述的铁芯中所包含有一段空气隙,其长度为 $l_0=0.2\ cm$,若保持铁芯中磁应强度不变,试问此时需通入多大的电流?

5-22　在图 5-28 所示磁路中,铁芯的平均长度 $l=100\ cm$,铁芯中各处的截面积均为 $S=10\ cm^2$,空气隙长度 $l_0=1\ cm$。当磁路中的磁通为 $0.001\,2\ Wb$ 时,铁芯中磁场强度为 $6\ A/cm$。试求铁芯和空气隙部分的磁组、磁压降以及励磁线圈的磁通势。

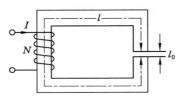

图 5-28　题 5-22 图

5-23　有一台电压为 220 V/110 V 的变压器,$N_1=2\,000$,$N_2=1\,000$。能否将其匝数减为 400 和 200 以节省铜线? 为什么?

5-24　如果将一个 220 V/9 V 的变压器错接到 380 V 交流电源上,其空载电流是否为 220 V 时的 $\sqrt{3}$ 倍,其副边电压是否为 $9\sqrt{3}$? 为什么?

5-25　有一交流铁芯线圈,接在 $f=50\ Hz$ 的正弦电源上,在铁芯中得到磁通的最大值为 $\Phi_m=2.25\times10^{-3}\ Wb$。现在在此铁芯上再绕一个线圈,其匝数为 200。当此线圈开路时,求其两端电压。

5-26　为了求出铁芯线圈的铁损,先将它接在直流电源上,测得线圈的电阻为 $1.75\ \Omega$;然后接在交流电源上,测得电压 $U=120\ V$,功率 $P=70\ W$,电流 $I=2\ A$。试求铁损和线圈的功率因数。

5-27　有一单相照明变压器,容量为 10 kV·A,电压为 3 300/220 V。今欲在副绕组接上 60 W、220V 的白灯,如果要变压器在额定情况下运行,这种电灯可接多少个? 并求原、副绕组的额定电流。

5-28　某 50 kV·A,6 000/230 V 的单相变压器,求:(1) 变压器的变比;(2) 高压绕组和低压绕组的额定电流;(3) 当变压器在满载情况下向功率因数为 0.85 的负载供电时,测得二次绕组端电压为 220 V,试求它输出的有功功率、视在功率和无功功率。

5-29　有一台额定容量为 50 kV·A,额定电压为 3 300/220 V 的变压器,试求当二次侧达到额定电流、输出功率为 39 kW、功率因数为 0.8(滞后)时的电压 U_2。

5-30　SJL 型三相变压器的名牌数据如下：$S_N = 180$ kV·A,$U_{1N} = 10$ kV,$U_{2N} = 400$ V,$f = 50$ Hz,连接 Y/Y$_0$。已知每匝线圈感应电动势为 5.133 V,铁芯截面积为 160 cm^2。试求：(1) 原、副绕组每相匝数；(2) 变比；(3) 原、副绕组的额定电流；(4) 铁芯中磁感应强度 B_m。

5-31　图 5-29 所示的变压器有两个相同的绕组,每个绕组的额定电压为 110 V。副绕组的电压为 6.3 V。(1) 试问当电源电压在 220 V 和 110 V 两种情况下,原绕组的四个接线端应如何正确连接？在这两种情况下,副绕组两端电压及其中电流有无改变？每个原绕组中的电流有无改变？(设负载一定)(2) 在图中,如果把接线端 2 和 4 相连,而把 1 和 3 接在 220 V 的电源上,试分析这时将发生什么情况？

5-32　在使用钳形电流表测量导线中的电流时,如果表的量程过大,而指针偏转角很小。问能否把该导线在钳形表的铁芯上绕几圈增大读数？如何求出导线中的电流大约值？

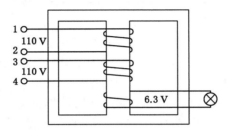

图 5-29　题 5-31 图

第6章　异步电动机

学习目标

(1) 了解三相异步电动机的基本结构、转动原理。

(2) 了解三相异步电动机的电磁转矩与机械特性。

(3) 了解三相异步电动机启动、调速和铭牌数据的意义。

(4) 了解单相异步电动机的基本结构、转动原理和启动方式。

电动机可以将电能转换为机械能,是工农业生产中应用最广泛的动力机械。按电动机所耗用电能种类的不同,可分为直流电动机和交流电动机两大类,而交流电动机又可分为同步电动机和异步电动机。本章只讨论异步电动机。

异步电动机具有结构简单、运行可靠、维护方便及价格便宜等优点。在电力拖动系统中,异步电动机被广泛应用于各种机床、起重机、鼓风机、水泵、皮带运输机等设备中。

本章主要以三相异步鼠笼式电动机为例,介绍异步电动机的结构、工作原理、特性及使用方法。

6.1　三相异步电动机的基本结构和工作原理

6.1.1　三相异步鼠笼式电动机的基本结构

异步电动机的主要部件是定子(包括机座)和转子两部分,如图 6-1 所示。

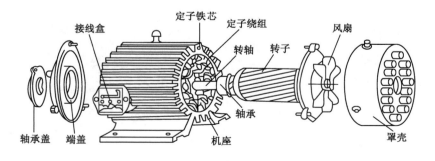

图 6-1　三相异步电动机的构造

1. 定子

定子是电动机的固定部分,主要由定子铁芯、定子绕组和机座等组成。

（1）定子铁芯

定子铁芯是电动机磁路的组成部分,如图 6-2 所示。为了减少铁损,定子铁芯一般由优质硅钢片叠成一个圆筒,圆筒内表面有均匀分布的槽,这些槽用于嵌放定子绕组。

（2）定子绕组

三相异步电动机具有三相对称的定子绕组,定子绕组一般采用高强度漆包线绕成。三相绕组的六个出线端(首端 U_1、V_1、W_1,末端 U_2、V_2、W_2)通过机座的接线盒连接到三相电源上。根据铭牌规定,定子绕组可接成星形或三角形,如图 6-3 所示。

2. 转子

转子是电动机的旋转部分,由转子铁芯、转子绕组、转轴等组成。

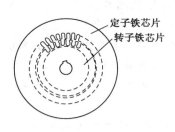

图 6-2 定子和转子铁芯片

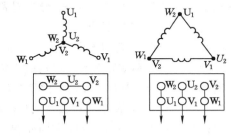

图 6-3 定子绕组的星形和三角形连接

（1）转子铁芯

转子铁芯片如图 6-2 所示。转子铁芯是由优质硅钢片叠压成的圆柱体,转轴固定在铁芯中央。铁芯外表面有均匀分布的槽。

（2）转子绕组

在转子铁芯外表面的槽中压进铜条(也称为导条),铜条两端分别焊在两个端环上。图 6-4(a)所示的是除去铁芯后的转子绕组,由于其形状像鼠笼,故称为鼠笼式电动机。

现在中小型电动机一般都采用铸铝转子,即在转子铁芯外表面的槽中浇入铝液,并同时在端环上铸出多片风叶作为散热用的风扇,如图 6-4（b）所示。

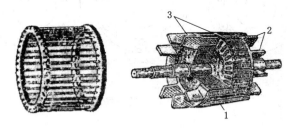

图 6-4 鼠笼式转子

（a）除去铁芯的鼠笼绕组;（b）铸铝转子

1——铁芯;2——风叶;3——铝条

6.1.2 三相异步电动机的旋转磁场

三相异步电动机之所以能转起来,是因为其磁路中存在旋转磁场。

1. 旋转磁场的产生

图 6-5 所示为三相异步电动机简易模型的定子绕组分布示意图。三相对称绕组 U_1U_2、V_1V_2、W_1W_2 的线圈嵌放在定子铁芯槽内,其首端和尾端在空间互差 120°。

为了标注简洁,在下面的图中将三相对称绕组 U_1U_2 用 AX 表示,V_1V_2 用 BY 表示,W_1W_2 用 CZ 表示。

在图 6-6(a)中,将三相绕组的尾 X、Y、Z 接在一起形成星形连接,绕组的头 A、B、C 分别接到三相电源上。各绕组中电流的正方向是从绕组的首端流入、末端流出。接通电源后便有对称

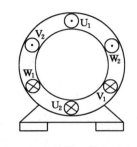

图 6-5　定子绕组分布示意图

的三相交变电流通入相应的定子绕组,对称的三相交变电流如图 6-6(b)所示。下面用图6-6分析电动机旋转磁场的形成。

取绕组首端到末端的方向作为电流的参考方向。在电流的上半周时,其值为正,其实际方向与参考方向一致;在负半周时其值为负,其实际方向与参考方向相反。

当 $\omega t=0$ 时,i_A 为 0,故 AX 绕组中没有电流;i_B 为负,则电流从末端 Y 流入,从首端 B 流出;i_C 为正,则电流从首端 C 流入,从末端 Z 流出。

根据右手螺旋法则,其合成磁场如图 6-6(c)所示。对定子铁芯内表面而言,上方相当于 N 极,下方相当于 S 极,即两个磁极,也称一对磁极。用 P 表示磁极对数,则 $P=1$。

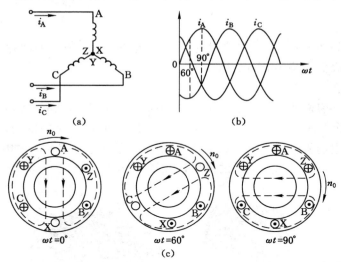

图 6-6　两极旋转磁场的形成

当 $\omega t=60°$ 时,i_C 为 0,故 CZ 绕组中没有电流;i_B 为负,则电流从末端 Y 流入,从首端 B 流出;i_A 为正,则电流从首端 A 流入,从末端 X 流出。合成磁场如图 6-6(c)所示。可见,合成磁场的磁极轴线在空间沿顺时针方向旋转了60°。

同理,当 $\omega t=90°$ 时,i_A 为正,则电流从首端 A 流入,从末端 X 流出;i_B 为负,则电流从末端 Y 流入,从首端 B 流出;i_C 为负,则电流从末端 Z 流入,从首端 C 流出。可画出对应的合成磁场如图 6-6(c)所示。与 $\omega t=60°$ 时比较,合成磁场的磁极轴线在空间沿顺时针方向又旋转了30°。

　　综上所述,当三相对称的定子绕组通入对称的三相电流时,将在电动机中产生旋转磁场,且旋转磁场为一对磁极时,电流变化角度为 360°,合成磁场也在空间旋转 360°。

　　旋转磁场的磁极对数 P 与定子绕组的安排有关。通过适当的安排,也可产生两对、三对等多磁极对数的旋转磁场。

　　2. 旋转磁场的转速

　　根据上面的分析,电流变化一个周期,两极旋转磁场在空间旋转一周。若电流的频率为 f,则旋转磁场的转速为每秒 f 转。若以 n_0 表示旋转磁场的每分钟转速(r/min),则

$$n_0 = 60f$$

　　如果每相绕组有两个线圈(四个线圈边),适当地安排绕组的分布,可以形成两对极的旋转磁场,即 $P = 2$。可以证明,$P = 2$,电流变化一个周期,合成磁场在空间旋转 180°,其转速为

$$n_0 = \frac{60f}{2}$$

　　由此可以推广到 P 对极的旋转磁场的转速为

$$n_0 = \frac{60f}{P} \tag{6-1}$$

　　由式 6-1 可知,旋转磁场的转速 n_0(亦称同步转速)取决于电源频率和电动机的磁极对数 P。我国的电源频率为 50 Hz,表 6-1 中列出了电动机磁极对数所对应的同步转速。

表 6-1　　　　　　　　　　　　不同磁极对数时的同步转速

P	1	2	3	4	5	6
$n_0/(\text{r/min})$	3 000	1 500	1 000	750	600	500

　　【例 6-1】　有台三相异步电动机,其额定转数为 1 470 r/min,电源频率为 50 Hz。在(a)启动瞬间,(b)转子转数为同步转数的 2/3 时,(c)转差率为 0.02 时三种情况下,试求:(1)定子旋转磁场对定子的转数;(2)定子旋转磁场对转子的转数;(3)转子旋转磁场对转子的转数(提示:$n_2 = 60f_2/p = sn_0$);(4)转子旋转磁场对定子的转数;(5)转子旋转磁场对定子旋转磁场的转数。

　　解:

　　(a)启动瞬间($n = 0, s = 1$)

　　定子旋转磁场对定子的转数为　　$n_1 = n_0 = 60\dfrac{f_1}{p} = 1\,500$ (r/min)

　　定子旋转磁场对转子的转数为　　$n_1' = n_0 - 0 = 1\,500$ (r/min)

　　转子旋转磁场对转子的转数为　　$n_2 = sn_0 = n_0 = 1\,500$ (r/min)

　　转子旋转磁场对定子的转数为　　$n_2' = n_0 = 1\,500$ (r/min)

　　转子旋转磁场对定子旋转磁场的转数为　　$n_2'' = 0$

　　(b)转子转数为同步转数的 2/3($n = \dfrac{2}{3}n_0, s = \dfrac{1}{3}$)

$$n_1 = n_0 = 60\frac{f_1}{p} = 1\,500 \text{ (r/min)}$$

$$n'_1 = n_0 - \frac{2}{3}n_0 = 500 \text{ (r/min)}$$

$$n'_2 = sn_0 = 500 \text{ (r/min)}$$

$$n''_2 = n_0 = 1\ 500 \text{ (r/min)}$$

$$n''_2 = 0$$

(c) 转差率为 $0.02(s=0.02)$

$$n_1 = n_0 = 60\frac{f_1}{p} = 1\ 500 \text{ (r/min)}$$

$$n'_1 = n_0 - (1-s)n_0 = 30 \text{ (r/min)}$$

$$n'_2 = sn_0 = 30 \text{ (r/min)}$$

$$n''_2 = n_0 = 1\ 500 \text{ (r/min)}$$

$$n''_2 = 0$$

3. 旋转磁场的方向

旋转磁场的方向取决于通入三相绕组中电流的相序。从图 6-7 可以看出,当通入三相绕组 AX,BY,CZ 中的电流的相序依次为 $i_A \rightarrow i_B \rightarrow i_C$ 时,旋转磁场的方向沿绕组首端 A→B →C 的方向旋转,即顺时针旋转。把三根电源线中的任意两根对调,就可以改变通入三相绕组中电流的相序,例如,使 CZ 绕组中通入电流 i_B,BY 绕组中通入电流 i_C,AX 绕组中仍通入电流 i_A,如图 6-7 所示。由分析可知,此时旋转磁场的方向为 A→C→B,即逆时针旋转。

6.1.3 异步电动机的转动原理

图 6-8 是两极三相异步电动机转动原理示意图。设磁场以同步转速 n_0 顺时针方向旋转,于是转子导条与磁场之间产生相对运动,即相当于磁场不动,而转子导条以逆时针方向切割磁感线,此时在导条中产生出感应电动势。由于转子导条的两端由端环连通而形成闭合电路,因此,在导条中产生了感应电流,其方向如图 6-8 所示。载流的转子导条在磁场中受到电磁力 F 的作用而形成电磁转矩,在此转矩的作用下,转子就沿旋转磁场的方向转动起来了。转子的转动方向与旋转磁场的方向一致。

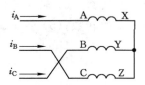

图 6-7 异步电动机的反转

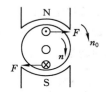

图 6-8 异步电动机的转动原理

用 n 表示转子转速,则 n 必总小于同步转速 n_0。否则,两者之间没有相对运动,就不会产生感应电动势及感应电流,电磁转矩也无法形成。这就是异步电动机名称的由来。

通常,把同步转速 n_0 与转子转速 n 的差与 n_0 的比值称为异步电动机的转差率,用 s 表示,即

$$s = \frac{n_0 - n}{n_0} \tag{6-2}$$

转差率可以用小数或百分数表示。转差率是描绘异步电动机运行特性的一个重要物理量。在电动机启动瞬间,$n=0$,$s=1$,转差率最大;空载运行时,转子转速最高,转差率最小;

额定负载运行时,转子转速较空载要低,s_N 为 0.01~0.07。

6.2 三相异步电动机的电磁转矩与机械特性

电磁转矩是三相异步电动机的重要物理量,机械特性则反映了一台电动机的运行性能。

6.2.1 电磁转矩

由三相异步电动机的转动原理可知,驱动电动机旋转的电磁转矩是由转子导条中的电流 I_2 与旋转磁场每极磁通 Φ 相互作用而产生的,因此,电磁转矩的大小与 I_2 及 Φ 成正比。由于转子电路既有电阻,也有感抗存在,故转子电流 I_2 滞后于转子感应电动势 E_2 一个相位差角 φ_2,转子电路的功率因数为 $\cos \varphi_2$。由于只有转子电流的有功分量 $I_2\cos \varphi_2$ 与旋转磁场相互作用时才能产生电磁转矩,因此异步电动机的电磁转矩与 Φ、I_2、$\cos \varphi_2$ 成正比。

每相定子绕组都嵌放在定子铁芯中,是典型的交流铁芯线圈电路。当每相定子绕组的电压 U_1 和频率 f_1 一定时,旋转磁场的磁通量 Φ 基本不变。当转子的转速变化时,由于转子中感应电流的大小和频率都要随之变化,于是转子电路的感抗及 $\cos \varphi_2$ 也随之改变。这就是说,I_2 和 $\cos \varphi_2$ 都因转子转速的变化,即转差率 s 的变化而改变。可证明,异步电动机的电磁转矩 T 可表示为

$$T = K_T \frac{sR_2U_1^2}{R_2^2 + (sX_{20})^2} \tag{6-3}$$

式中,K_T 为与电动机结构相关的常数;U_1 为定子绕组的相电压;s 是转差率;R_2 是转子电路每相的电阻;X_{20} 是电动机启动时(转子尚未转起来)的转子感抗。

由式(6-3)可见,电磁转矩与定子相电压 U_1 的平方成正比,所以电源电压的波动将对电动机的电磁转矩产生很大的影响。在分析异步电动机的运行特性时,要特别注意这一点。

在式(6-3)中,当电源电压 U_1 和 f_1 一定,且 R_2、X_{20} 都是常数时,电磁转矩 T 只随转差率 s 变化。T 与 s 之间的关系可用转矩特性 $T = f(s)$ 表示,其特性曲线如图 6-9 所示。

6.2.2 机械特性

在实际工作中,常用异步电动机的机械特性 $n = f(T)$ 来分析问题,机械特性反映了电动机的转速 n 和电磁转矩 T 之间的函数关系。

将图 6-9 的 s 坐标换成 n 坐标,将 T 轴右移到 $s=1$ 处,再将坐标顺时针旋转 90°,即得到如图 6-10 所示的机械特性曲线。

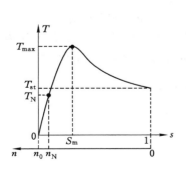

图 6-9 转矩特性曲线

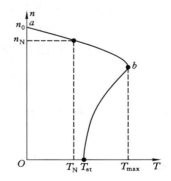

图 6-10 机械特性曲线

由于电动机的电磁转矩与定子相电压 U_1 的平方成正比,所以机械特性曲线将随 U_1 的改变而变化,图 6-11 所示是对应不同定子电压 U_1 时的机械特性曲线,图中 $U'_1 < U_1$。由于 U_1 的改变不影响同步转速 n_0,所以两条曲线具有相同的 n_0。

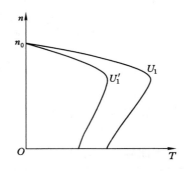

图 6-11 不同定子电压对机械特性的影响

电动机的负载是其轴上的阻转矩。电磁转矩 T 必须与阻转矩 T_C 相平衡,即 $T = T_C$ 时,电动机才能等速运行;当 $T > T_C$ 时,电动机加速;当 $T < T_C$ 时,电动机减速。

阻转矩主要是轴上的机械负载转矩 T_2,此外还包括电动机的机械损耗转矩 T_0。若忽略很小的 T_0,则阻转矩为

$$T_C = T_2 + T_0 \approx T_2$$

因此可近似认为,只要电动机的电磁转矩与轴上的负载转矩相平衡,即 $T = T_2$ 时,电动机就可以等速运行。下面讨论关于机械特性曲线的相关问题。

1. 三个重要的转矩

(1) 额定转矩 T_N

电动机的额定转矩是电动机带额定负载时输出的电磁转矩。由于电磁转矩必须与轴上的负载转矩相等才能稳定运行,由机械原理可得

$$T \approx T_2 = \frac{P_2 \times 10^3}{\frac{2\pi n}{60}} = 9\,550\,\frac{P_2}{n}\,(\text{N}\cdot\text{m}) \tag{6-4}$$

式中,P_2 是电动机轴上输出的机械功率,kW;n 是电动机的输出转速,r/min。当 P_2 为电动机输出的额定功率 P_{2N},n 为额定转速 n_N 时,由式(6-4)计算出的转矩就是电动机的额定转矩 T_N。电动机的额定功率和额定转速可从其铭牌上查出。

【例 6-2】 某四极三相异步电动机的额定功率为 30 kW,额定电压为 380 V,三角形连接,频率为 50 Hz。在额定负载下运行时,其转差率为 0.02,效率为 90%,线电流为 57.5 A,试求:(1)转子旋转磁场对转子的转数;(2)额定转矩;(3)电动机的功率因数。

解:

(1)转子旋转磁场对转子的转数

$$n_2 = sn_0 = s \times 60\,\frac{f}{p} = 0.02 \times 60 \times \frac{50}{2} = 30\,(\text{r/min})$$

(2)额定转矩

$$T_N = 9\,550\,\frac{P_N}{n} = 9\,550\,\frac{P_N}{(1-s)n_0} = 9\,550 \times \frac{30}{0.98 \times 1\,500} = 194.9\,(\text{N}\cdot\text{m})$$

（3）电动机的功率因数

由

$$\frac{P_{2N}}{\eta_N}=3\frac{U_{1N}}{\sqrt{3}}I_{1N}\cos\varphi=\sqrt{3}U_{1N}I_{1N}\cos\varphi$$

有

$$\cos\varphi=\frac{P_{2N}}{\sqrt{3}U_{1N}I_{1N}\eta_N}=\frac{30\times10^3}{\sqrt{3}\times380\times57.5\times0.9}=0.88$$

（2）最大转矩 T_{max}

T_{max} 是三相异步电动机所能产生的最大转矩。一般允许电动机的负载转矩在较短的时间内超过其额定转矩，但是不能超过最大转矩。因此，最大转矩表示电动机允许短时过载的能力，用过载系数 λ_m 表示为

$$\lambda_m=\frac{T_{max}}{T_N} \tag{6-5}$$

一般三相异步电动机的过载系数为 1.8～2.2。

（3）启动转矩 T_{st}

电动机接通电源瞬间（$n=0,s=1$）的电磁转矩称为启动转矩。电动机的启动转矩必须大于静止时其轴上的负载转矩。通常用 T_{st} 与 T_N 之比表示异步电动机的启动能力，则启动系数 λ_s 表示为

$$\lambda_s=\frac{T_{st}}{T_N} \tag{6-6}$$

一般三相异步电动机的启动系数约为 0.8～2。

2. 电动机的运行状态分析

电动机的机械特性曲线分为两个区段，即 AB 段和 BC 段。电动机只能在 AB 段稳定地运行，在 BC 段是不能稳定运行的。

设电动机的负载转矩为 T_{21}。当电动机接通电源后，只要启动转矩大于轴上的负载转矩，转子便由静止开始旋转。由图 6-12 可见，CB 段的电磁转矩 T 随着转速 n 的升高而不断增大，于是转子转速由曲线的 C 点开始沿 CB 段逐渐加速。经过 B 点进入 AB 段后，T 随 n 的增加而减小。当加速至 M_1 点时 $T=T_{21}$，之后电动机就以恒定速度稳定运行在 M_1 点。

若由于某种原因负载转矩增加到 T_{22} 的瞬时，由于 T_{22} 大于 T，于是电动机将沿 AB 段减速。在 AB 段，T 随 n 的下降而增大，当运行在 M_2 点时，T 与负载转矩 T_{22} 相等，电动机就以新速度 n_2 稳定运行在 M_2 点。同理，若负载转矩变小，电动机将沿曲线 AB 段加速，最后以高于 n_1 的转速稳定运行。

由此可见，在机械特性的 AB 段内，当负载转矩发生变化时，电动机能自动调节电磁转矩的大小以适应负载转矩的变化，从而保持稳定运行的状态，故 AB 段称为稳定运行区。

由于异步电动机的机械特性曲线的 AB 段比较平坦，转矩变化时产生的转速变化不很大，故称异步电动机有较硬的机械特性。

若电动机长时间过负载（超过额定转矩）运行将会使电动机过热。因为过负载运行时，其转速要低于额定转速，因而转子导条相对于旋转磁场的转差增大，导条中的感应电流也增大。与变压器一样，电动机的转子和定子电路也是通过磁路联系起来的，转子电路相当于变压器的副边，定子电路相当于变压器的原边。根据变压器原理，转子电流增大时定子电流也必随之增加，从而造成电动机过热。由上述分析可知，电动机运行过程中要对其进行过载

保护。

在电动机运行过程中,若负载转矩增加太多,致使 $T_2 > T_{max}$ 时,电动机运行点将越过机械特性曲线的 B 点而进入 BC 段。由于 BC 段的电磁转矩 T 随 n 的下降而减小,T 的减小又进一步使转速下降,电动机的转速很快会下降到零而停转(又称堵转)。电动机堵转时,其定子绕组仍接在电源上,旋转磁场以同步转速 n_0 高速切割转子导条,造成定、转子电流剧增,定子电流迅速升高至额定电流的 $5 \sim 7$ 倍。此时若不及时切断电源,电动机将迅速过热而烧毁,这种现象又称为"闷车"。由以上的分析可见,电动机在 BC 段不能稳定运行。

在电动机运行过程中,若其负载转矩 T_2 一定,而 U_1 下降为 U_1' 时,电动机的机械特性曲线将由图 6-13 中的曲线 1 变为曲线 2,电动机将在曲线 2 的 A 点运行。此时,由于 $n_1 > n_2$,转子导条相对于旋转磁场的转差增大,导致定子和转子的电流增加。如果电动机运行在满载情况下,电流的增加将会超过其额定值而使绕组过热。若 U_1 下降过于严重,致使 $T_2 > T_{max}$ 则电动机的转速将沿 BC 段急剧下降直至电动机停转,同样会造成"闷车"事故。

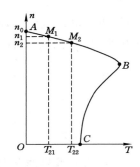

图 6-12　电动机的稳定运行

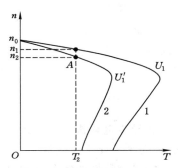

图 6-13　电压对电动机运行状态的影响

6.3　三相异步电动机的额定值

要想正确地使用电动机,必须先了解电动机的铭牌数据。不当的使用不仅会使电动机的能力得不到充分的发挥,甚至会损坏电动机。

图 6-14 所示是电动机的铭牌数据示例。电动机的型号是表示电动机的类型、用途和技术特征的代号,由大写拼音字母和阿拉伯数字组成,且字母和数字各具有一定含义。

三相异步电动机		
型号 Y132M-4	功率 7.5 kW	频率 50 Hz
电压 380 V	电流 15.4 A	接法 △
转速 1440 r/min	绝缘等级 B	工 作 方 式 连 续
年 月 日		XXX 电机厂

图 6-14　电动机的铭牌示例

图 6-14 的铭牌中型号的意义:Y——三相异步电动机;132——机座中心高;M——机座长度代号(S——短机座、M——中机座、L——长机座);4——磁极个数。

铭牌中其他数据的意义如下:

1. 电压

铭牌上的电压是指电动机额定运行时,定子绕组上应加的额定线电压值,用 U_N 表示。一般规定异步电动机运行时的电压不应高于或低于额定值的 5%。电压低于额定值时,将引起电动机转速下降,使定子电流增加;电压高于额定值时,磁路中的磁通将增大(因为 $U \approx 4.44fN\Phi$),磁通的增大又将引起励磁电流的急剧增大(由于磁路饱和),不仅使铁损增加、铁芯发热,而且还会造成定子绕组严重过热。

三相异步电动机的额定电压有 380 V、3 000 V、6 000 V 等。

2. 电流

铭牌上的电流是指电动机在额定运行时,定子绕组的额定线电流值,用 I_N 表示。

3. 功率和效率

铭牌上的功率是指电动机的额定功率。额定功率是电动机在额定运行状态下,其轴上输出的机械功率,用 P_{2N} 表示。

电动机输出功率 P_{2N} 与从电源输入的功率 P_{1N} 不相等,其差值($P_{1N} - P_{2N}$)为电动机的损耗,所以电动机的效率为

$$\eta = \frac{P_{2N}}{P_{1N}} \times 100\% \tag{6-7}$$

一般,三相异步电动机额定运行时效率为 72%~93%。

对电源来说,电动机为三相对称负载,由电源输入的功率为

$$P_{1N} = \sqrt{3}U_N I_N \cos\varphi \tag{6-8}$$

式(6-8)中的 $\cos\varphi$ 是定子的功率因数。鼠笼式异步电动机在空载或轻载时的 $\cos\varphi$ 很低,约为 0.2~0.3。随着负载的增加,$\cos\varphi$ 迅速升高,额定运行时功率因数约为 0.7~0.9。为了提高电路的功率因数,要尽量避免电动机轻载或空载运行。

4. 频率

铭牌上的频率是指定子绕组的电源频率。

5. 接法

铭牌上的接法是指电动机在额定运行时定子绕组的连接方式。通常,Y 系列 4 kW 以上的三相异步电动机运行时均采用三角形接法,以便于采用 Y-Δ 换接启动。

6. 转速

铭牌上的转速是指电动机在额定电压、额定频率及输出额定功率时的转速,称为额定转速 n_N。由于额定状态下 s_N 很小,n_N 和 n_0 相差很小,故可根据额定转速判断出电动机的磁极对数。例如,若 $n_N = 1\,440$ r/min,则其 n_0 应为 1 500 r/min,推断出磁极对数 $P=2$。

7. 绝缘等级

绝缘等级是根据电动机绕组所用的绝缘材料,按使用时的最高允许温度而划分的不同等级。常用绝缘材料的等级及其最高允许温度如下:

绝缘等级	A	E	B	F	H
最高允许温度/℃	105	120	130	155	180

8. 工作方式

工作方式是对电动机在铭牌规定的技术条件下持续运行时间的限制,以保证电动机的温升不超过允许值。电动机的工作方式可分为以下三种:

(1) 连续工作

在额定状态下可长期连续工作,如机床、水泵、通风机等设备所用的异步电动机。

(2) 短时工作

在额定情况下,持续运行时间不允许超过规定的时限,否则会使电机过热。短时工作分为 10 min,30 min,60 min,90 min 四种。

(3) 断续工作

可按与系列相同的工作周期、以间歇方式运行,如吊车、起重机等。

【例 6-3】 已知 Y132S-4 型三相异步电动机的额定技术数据如下:

功率	转速	电压	效率	功率因数	I_{st}/I_N	T_{st}/T_N	T_{max}/T_N
5.5 kW	1 440 r/min	380 V	85.5%	0.84	7.0	2.2	2.2

电源频率为 50 Hz。试求额定状态下的转差率 s_N,电流 I_N 和转矩 T_N 以及启动电流 I_{st},启动转矩 T_{st},最大转矩 T_{max}。

解 转差率
$$s_N = \frac{n_0 - n}{n_0} = \frac{1\ 500 - 1\ 440}{1\ 500} = 0.04$$

由
$$\frac{P_{2N}}{\eta_N} = 3\ \frac{U_{1N}}{\sqrt{3}} I_{1N} \cos \varphi_N = \sqrt{3} U_{1N} I_{1N} \cos \varphi_N$$

有
$$I_{1N} = \frac{P_{2N}}{\sqrt{3} U_{1N} \cos \varphi_N \eta_N} = \frac{5.5 \times 10^3}{\sqrt{3} \times 380 \times 0.84 \times 0.855} = 11.6\ (\text{A})$$

$$T_N = 9\ 550\ \frac{P_{2N}}{n_N} = 9\ 550\ \frac{5.5}{1\ 440} = 36.5\ (\text{N} \cdot \text{m})$$

$$I_{st} = 7 I_N = 71.2\ (\text{A})$$

$$T_{st} = 2.2 T_N = 80.3\ (\text{N} \cdot \text{m})$$

$$T_{max} = 2.2 T_N = 80.3\ (\text{N} \cdot \text{m})$$

6.4 三相异步电动机的使用

6.4.1 三相异步电动机的启动

电动机接通电源启动后,转速不断上升直至达到稳定转速,这一过程称为启动。

在电动机接通电源的瞬间,即转子尚未转动时定子电流即启动电流 I_{st} 很大,一般是电动机额定电流的 5～7 倍。启动电流虽然很大,但启动时间很短,而且随着电动机转速的上升电流会迅速减小,故对于容量不大且不频繁启动的电动机影响不大。

电动机的启动电流大对线路是有影响的,过大的启动电流会产生较大的线路压降,直接影响接在同一线路上的其他负载的正常工作。例如可能使运行中的电动机转速下降,甚至停转等。

启动电流大是异步电动机的主要缺点。必要时须采用适当的启动方法以减小启动电流。

1. 直接启动

利用闸刀开关、交流接触器、空气自动开关等设备直接启动电动机,称为直接启动或全压启动。其优点是设备简单、操作方便、启动迅速,但是启动电流大。

一台异步电动机能否直接启动要视情况不同而定,一般根据以下几种情况确定:

① 容量在 10 kW 及以下的异步电动机允许直接启动。

② 启动时,电动机的启动电流在供电线路上引起的电压降不应超过正常电压的 15%。如果未使用独立的变压器,则不应超过 5%。

③ 用户有独立的变压器供电时,频繁启动的电动机,其容量小于变压器容量的 20% 时允许直接启动;不频繁启动电动机,其容量小于变压器容量的 30% 时允许直接启动。

2. 降压启动

为了减小启动电流,常采用的方法是降压启动。即启动时先降低加在定子绕组上的电压,当电动机接近额定转速时,再加上额定电压运行。由于降低了启动电压,启动电流也就降低了。但是,由于启动转矩正比于定子相电压的平方,因此降压启动时启动转矩会显著减小。可见降压启动只适用于可以轻载或空载启动的场合。

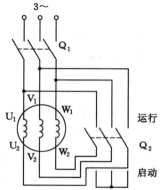

图 6-15 简单的 Y-Δ 换接

三相异步鼠笼电动机降压启动,常用的方法是 Y-Δ 换接启动。这种方法只适用于正常运行时定子绕组接成三角形的电动机。图 6-15 所示是一种利用开关控制的简单的 Y-Δ 启动电路图。启动时将开关 Q_2 扳到"启动"位置,使定子绕组接成星形,待电动机的转速接近额定转速时,再迅速将开关扳到"运行"位置,定子绕组即换接成三角形而全压运行。

下面讨论 Y-Δ 换接启动时的启动电流和启动转矩。设电源的线电压为 U_L,定子绕组的每相阻抗为 Z。定子绕组星形连接启动时,线电流 I_{LY} 等于相电流 I_{PY},即

$$I_{LY} = I_{PY} = \frac{U_L}{\sqrt{3}\,|Z|}$$

当定子绕组接成三角形直接启动时,其线电流为

$$I_{L\Delta} = \sqrt{3}\,I_{P\Delta} = \sqrt{3}\,\frac{U_L}{|Z|}$$

比较以上两式可得

$$\frac{I_{LY}}{I_{L\Delta}} = \frac{1}{3} \tag{6-9}$$

由式(6-9)可见,采用 Y-Δ 换接启动时,启动电流是直接启动时的 1/3。由于电磁转矩与定子电压的平方成正比,所以启动转矩降为全电压启动的 1/3,即

$$\frac{I_{sY}}{I_{s\Delta}} = \frac{1}{3} \tag{6-10}$$

【例 6-4】 三相异步电动机额定数据如下:$P_N = 10$ kW,$n_N = 1\ 460$ r/min,电压 220 V/380 V,$\eta_N = 0.868$,$\cos\varphi = 0.88$,$T_s/T_N = 1.5$,$I_s/I_N = 6.5$。试求:(1) 额定电流;

（2）用星形-三角形换接启动时的启动电流。

解 （1）由

$$\frac{P_N}{\eta_N} = 3\frac{U_{1N}}{\sqrt{3}}I_{1N}\cos\varphi = \sqrt{3}U_{1N}I_{1N}\cos\varphi$$

有

$$I_{1N} = \frac{P_N}{\sqrt{3}U_{1N}\cos\varphi\eta_N} = \frac{10\times10^3}{\sqrt{3}\times220\times0.88\times0.868} = 34.4\ \text{（A）}$$

（2）用星形-三角形换接启动时的启动电流为直接启动时的 $\frac{1}{3}$，所以有

$$I_s = 6.5I_{1N} = 6.5\times34.4 = 223.6\ \text{（A）}$$

$$I'_s = \frac{1}{3}I_s = \frac{1}{3}\times223.6 = 74.5\ \text{（A）}$$

6.4.2　三相异步电动机的调速

所谓调速，是指负载不变时使电动机产生不同的转速。这里只介绍三相异步鼠笼式电动机的调速方法。根据式（6-1）可知，改变电源频率 f 或电动机的极对数 P 可改变同步转速，从而实现电动机转速的改变。

1. 变频调速

变频调速是通过改变异步电动机供电电源的频率实现调速的。图 6-16 所示为变频调速装置的方框图。变频调速装置主要由整流器和逆变器组成。通过整流器先将 50 Hz 的交流电变换成电压可调的直流电，直流电再通过逆变器变成频率连续可调的三相交流电。在变频装置的支持下，实现了三相异步电动机的无级调速。

图 6-16　变频调速示意图

由于功率电子技术的迅速发展，三相异步电动机的变频调速技术越来越成熟，本世纪变频调速将在我国全面普及。

2. 变极调速

能采用变极调速的异步电动机，每相有多个绕组，改变电动机每相绕组的连接方法就可以改变极对数。极对数的改变可使电动机的同步转速发生改变，从而达到改变电动机转速的目的。这种调速方法不能实现无级调速。

采用变极调速的电动机，转速级别不会太多，否则使电动机结构过于复杂，而且体积太大。常见的有双速或三速电动机。

6.4.3　三相异步电动机的制动

在生产中，常要求电动机能迅速而准确地停止转动，所以需要对电动机进行制动。鼠笼式电动机常用的电气制动方法有反接制动和能耗制动。

1. 反接制动

图 6-17 所示是反接制动的原理图。当电动机需要停转时，将三根电源线中的任意两根对调位置而使旋转磁场反向，此时产生一个与转子惯性旋转方向相反的电磁转矩，从而使电

动机迅速减速。当转速接近零时必须立即切断电源,否则电动机将会反转。

反接制动的特点是设备简单、制动效果较好,但能量消耗大。有些中小型车床和机床主轴的制动采用这种方法。

2.　能耗制动

图 6-18 所示的是能耗制动的原理图。当电动机断电后,立即向定子绕组中通入直流电而产生一个不旋转的磁场。由于转子仍以惯性转速运转,转子导条与固定磁场间有相对运动并产生感应电流。这时,转子电流与固定磁场相互作用产生的转矩是制动转矩,使电动机快速停转,电动机停转后再切断直流电源。

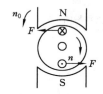

图 6-17　反接制动原理

图 6-18　能耗制动原理

能耗制动的特点是制动平稳准确、耗能小,但需配备直流电源。

6.5　单相异步电动机

单相异步电动机的定子为单相绕组,转子大多是鼠笼式的。当绕组通入单相交流电时,会产生一个磁极轴线位置固定不变,而磁感应强度的大小随时间做正弦交变的脉动磁场,磁极轴线的位置如图 6-19 中的虚线所示。

由于脉动磁场是不旋转的磁场,所以在转子导条中不能产生感应电流,也不会形成电磁转矩,因此单相电动机没有启动转矩。但当外力使转子旋转起来之后,由于转子与脉动磁场之间的相对运动而产生电磁转矩,能使其继续沿原方向旋转。

为了使单相异步电动机产生启动转矩,常采用电容分相和罩极式两种方法。这里介绍电容分相式单相异步电动机的基本原理。

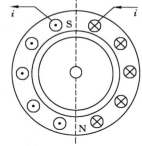

图 6-19　单相异步电动机的磁场

下面用图 6-20 说明电容分相式单相异步电动机的工作原理。电动机有工作绕组 $U_1 U_2$ 和启动绕组 $V_1 V_2$,两绕组的头或尾在定子内圆周上相差 $90°$ 嵌放。启动绕组 $V_1 V_2$ 与电容 C 串联后,再与工作绕组 $U_1 U_2$ 并联接入电源。工作绕组为感性电路,其电流 i_A 滞后于电源电压 u 一个角度。当启动绕组串联电容 C 时,可使其成为容性电路,电流 i_B 超前于电源电压 u 一个角度。可见,适当选择电容的容量后,可使两绕组中的电流 i_A,i_B 相位差为 $90°$,即形成相位差为 $90°$ 的两相电流。

在空间位置相差 $90°$ 的两个绕组中通入相位差 $90°$ 的两相电流 i_A 和 i_B 后,会在电动机内部产生一个旋转磁场。在这个旋转磁场的作用下,转子导条中会产生感应电流,使电动机

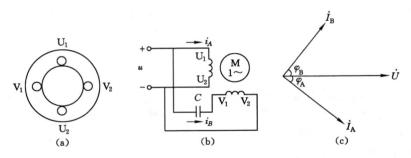

图 6-20 电容分相式单相异步电动的工作原理

(a) 绕组的分布；(b) 绕组的接线图；(c) 电压电流相量图

有了启动转矩，转子便可转动。

可用图 6-21 说明电容分相式单相异步电动机旋转磁场的形成。参照三相异步电动机旋转磁场形成的分析方法，可以得出 $\omega t = 0$、$\omega t = 45°$ 和 $\omega t = 90°$ 等几种情况下单相异步电动机旋转的磁场。由图可见，通入绕组中电流的角度变化了 $90°$，旋转磁场在空间上也转过了 $90°$。

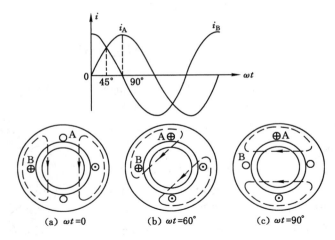

图 6-21 电容分相式单相异步电动机旋转磁场的形成

(a) $\omega t = 0$；(b) $\omega t = 45°$；(c) $\omega t = 90°$

单相异步电动机启动后，启动绕组可以留在电路中，也可以在转速上升到一定数值后利用离心开关将其断开。转子一旦转起来，转子导条与磁场间就有了相对运动，转子导条中的感应电流和电动机的电磁转矩就能持续存在，所以即使启动绕组断开后，电动机仍能继续运转。

单相异步电动机可以正转，也可以反转。图 6-22 所示是既可正转又可反转的单相异步电动机的电路图。图中，利用一个转换开关 S 使工作绕组与启动绕组实现互换使用，以对电动机进行正转和反转的控制。例如，当 S 合向 1 时，$U_1 U_2$ 为启动绕组，$V_1 V_2$ 为工作绕组，电动机正转；当 S 合向 2 时，$V_1 V_2$ 为启动绕组，$U_1 U_2$ 为工作绕组，电动机反转。

三相异步电动机在有载运行时如果断了一根电源线，就变成三相电动机的单相运行状态，若不及时排除故障将会使电动机过热。三相电动机如果长时间处于单相运行状态，会烧

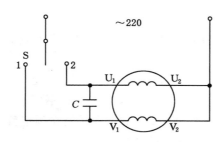

图 6-22　可正、反转的单相异步电动机

坏电动机,因此要对电动机设置断相保护措施。

单相异步电动机常用于拖动小功率生产机械,如手电钻、搅拌机、空压机及医疗器械等。洗衣机、风扇、电冰箱、排油烟机等家用电器中也使用单相异步电动机。罩极式电动机结构简单、容易制造,但启动转矩小,常用于电唱机、录音机等设备。

6.6　应用实例——并励电动机的启动电路分析

图 6-23 所示为并励电动机的启动电路图,线框内为启动变阻器,外接一并励电动机。其工作原理如下:

① 首先将各电器设备按要求接好线。启动前,先检查启动变阻器手柄应该在 0 位。

② 接通电源。

③ 启动过程:当启动时,把手柄放在触点 1 上,电动机开始启动。此时全部电阻串在电枢回路中,把手柄移过一个触点,即切除一段电阻。当电动机转速增加时,变阻器手柄要逐渐向右转动,使启动电阻逐渐减小,电动机转速逐渐升高;当手柄移至触点 5 时,启动电阻被全部切除,电动机启动过程全部结束,此时电磁铁 YA 把手柄吸住。在正常运行时,如果电源停电或励磁回路断开,则电磁铁 YA 失去电磁吸力,手柄上的弹簧把手柄拉回到起始位置 0 点,以起保护作用。

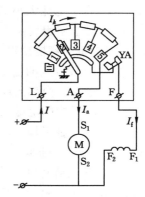

图 6-23　并励电动机的启动电路图

④ 运行过程:当启动过程结束后,电动机在额定电压下工作。此时电磁铁 YA 吸住手柄上的衔铁,使手柄停留在最后运行位置,电动机在额定状态下连续运行。

⑤ 停机:当电动机切断电源停止工作时,电磁铁 YA 也断电失去电磁吸力,在弹簧的作用下,手柄自动返回 0 位置,准备下次启动。

习　　题

6-1　三相异步电动机转子的转速总是(　　　)。

　　A. 低于旋转磁场的转速

　　B. 与旋转磁场的转速相关

C. 与旋转磁场转速无关

6-2 三相异步电动机在额定电压下运行时,如果负载转矩增加,则转速( )，电流( )。

转速：A. 增高   B. 降低   C. 不变

电流：A. 增大   B. 减小   C. 不变

6-3 三相异步电动机功率因数 $\cos\varphi$ 的 φ 角是指在额定负载下( )。

A. 定子线电压与线电流之间的相位差

B. 定子相电压与相电流之间的相位差

C. 转子相电压与相电流之间的相位差

6-4 三相异步电动机的启动转矩 T_{st} 与转子每相电阻 R_2 有关，R_2 愈大时，则 T_{st}( )。

A. 愈大   B. 愈小   C. 不一定

6-5 三相异步电动机在满载时启动的启动电流与空载时启动的启动电流相比，( )。

A. 前者大   B. 前者小   C. 两者相等

6-6 异步电动机铭牌值为：$U_N=380$ V/220 V，接法 Y/△，$I_N=6.3$ A/10.9 A，当额定运行时每相绕组电压 U_P 和电流 I_P 为( )。

A. 380 V,6.3 A   B. 220 V,6.3 A   C. 220 V,10.9 A   D. 380 V,10.9 A

6-7 三相异步电动机运行时输出功率大小取决于( )。

A. 定子电流大小   B. 电源电压高低

C. 轴上阻力转矩大小   D. 额定功率大小

6-8 电动机的额定功率 P_N 是指( )。

A. 电源输入的电功率

B. 电动机内部消耗的所有功率

C. 转子中的电磁功率

D. 转子轴上输出的机械功率

6-9 三相笼型异步电动机在空载和满载两种情况下的启动电流的关系是( )。

A. 满载启动电流大   B. 空载启动电流大   C. 两者相等

6-10 在三相电源断一相的情况下，三相异步电动机( )。

A. 能启动并正常运行   B. 启动后低速运行   C. 不能启动

6-11 三相异步电动机在额定转速下运行时，其转差率( )。

A. 小于 0.1   B. 接近 1   C. 大于 0.1

6-12 三相异步电动机的转速越高，其转子感应电动势( )。

A. 越大   B. 越小   C. 越稳定

6-13 三相异步电动机的转速越高，其转差率( )。

A. 越大   B. 越小   C. 越稳定

6-14 三相异步电动机的旋转方向由( )决定。

A. 电源电压大小   B. 电源频率高低   C. 定子电流的相序

6-15 三相异步电动机的同步转速由( )决定。

A. 电源频率   B. 磁极对数   C. 电源频率和磁极对数

6-16 三相异步电动机的结构主要包括哪几个部分?

6-17　简述三相异步电动机的工作原理。

6-18　如何改变旋转磁场的转速和方向。

6-19　一台三相异步电动机的输出功率为 4 kW,功率因数 $\lambda=0.85$,效率 $\eta=0.85$,额定相电压为 380 V,供电线路为三相四线制,线电压为 380 V。(1)问电动机应采用何种接法;(2)求负载的线电流和相电流;(3)求每相负载的等效复阻抗。

6-20　异步电动机长时间过负载运行时,为什么会造成电动机过热? 当电动机运行过程中负载转矩增加时,将会发生什么情况?

6-21　三相异步电动机接通电源后,如果转轴受阻而长时间不能启动有何后果?

6-22　三相异步电动机带额定负载运行时,如果电源电压降低,电动机的转矩、转速及电流有无变化? 如何变化?

6-23　电动机应三角形连接而误接成星形时,或者应星形连接而误接成三角形时,会有何后果? 为什么?

6-24　为什么三相异步电动机的启动电流大? 在满载和空载时,启动电流是否一样?

6-25　三相异步电动机如果断掉一根电源线能否启动? 为什么? 如果在运行时断掉一根电源线能否继续运行? 对电动机有何影响?

6-26　有一台四极、50 Hz、1 425 r/min 的三相异步电动机,转子电阻 $R_2=0.02$ Ω,感抗 $X_{20}=0.08$ Ω,$E_1/E_{20}=10$,当 $E_1=200$ V 时,试求:(1)电动机启动初始瞬间($n=0$,$s=1$)转子每相电路的电动势 E_{20},电流 I_{20} 和功率因数 $\cos \varphi_{20}$;(2)额定转数时的 E_2、I_2 和 $\cos \varphi_2$。比较在上述两种情况下转子电路的各个物理量(电动势、频率、感抗、电流及功率因数)的大小。

6-27　某工厂负载为 850 kW,功率因数为 0.6(滞后),由 1 600 kV·A 变压器供电。现添加 400 kW 功率的负载,由同步电动机拖动,其功率因数为 0.8(超前),问是否需要加大变压器容量? 这时将工厂的功率因数提高到多少?

6-28　某机床的主电动机(三相鼠笼式)为 7.5 kW,380 V,15.4 A,1 440 r/min,不需正反转。工作照明灯是 36 V,40 W。要求有短路、零压及过载保护。试绘出控制线路并选用电器元件。

6-29　今要求三台鼠笼式电动机 M_1,M_2,M_3 按照一定顺序启动,即 M_1 启动后 M_2 才可启动,M_2 启动后 M_3 才可启动。试绘出控制线路。

6-30　试设计一电动机的多处(三处)控制其启停的控制电路(多处控制在大型生产机械中很常用)。

6-31　一台生产机械往往装有多台电动机,这些电动机又要求按一定的顺序启停。试设计两台电动机 M_1 与 M_2 按下列顺序启停的控制电路。

(1) M_1 启动后 M_2 才能启动;M_1、M_2 同时停止;

(2) M_1 启动后 M_2 才能启动;M_1 停止时 M_2 也停止,M_2 停止时 M_1 可以不停止;

(3) M_1 先启动,后停止;M_2 后启动,先停止。

6-32　试设计某机床主轴电动机的控制线路。要求:(1)能正反转;(2)正反转都能反接制动;(3)能点动;(4)能在两处启停。

6-33　交流电动机(一对极)的两相绕组通入 400 Hz 的两相对称交流电流时产生旋转磁场,(1)试求旋转磁场的转速 n_0;(2)若转子转速 $n=18\,000$ r/min,试问转导条切割磁场的速度是多少?转差率 s 和转子电流的频率 f_2 各为多少?若由于负载加大,转子转速下降为 $n=12\,000$ r/min,试求这时的转差率和转子电流的频率。(3)若转子转向与定子旋转磁场的方向相反时的转子转速 $n=18\,000$ r/min,试问这时转差率和转子电流频率各为多少?电磁转矩 T 的大小和方向是否与(2)中 $n=18\,000$ r/min 时一样?

6-34 一台 400 Hz 的交流电动机,当励磁电压 $U_1=110$ V,控制电压 $U_2=0$ 时,测得励磁绕组电流 $I_1=0.2$ A。若与励磁绕组并联一适当电容值的电容器后,测得总电流 I 的最小值为 0.1 A。试求励磁绕组的阻抗模 $|Z_1|$ 和 $\dot{I}_1$ 与 $\dot{U}_1$ 间相位差 φ_1。

6-35 当直流伺服电动机的励磁电压 U_1 和控制电压(电枢电压)U_2 不变时,如将负载转矩减小,试问这时电枢电流 I_2,电磁转矩 T 和转速 n 将怎样变化?

6-36 一台 Y180L-4 型三相异步电动机,技术数据如下:

功率	转速	电压	效率	功率因数	I_{st}/I_{1N}	T_{st}/T_N	T_{maxt}/T_N
22 kW	1 470 r/min	380 V	91.5%	0.86	7.0	2.0	2.2

试求:(1)额定转差率 s_N;(2)额定电流 I_{1N};(3)启动电流 I_{st};(4)额定转矩 T_N;(5)启动转矩 T_{st};(6)最大转矩 T_{max}。

6-37 一台三相异步电动机的铭牌上有下列数据:功率 4 kW,电压 380 V,功率因数 0.77,效率 0.84,转速 960 r/min。试根据以上额定数据求:(1)额定电流;(2)额定输出转矩;(3)额定转差率;(4)电磁转矩 T。

6-38 某台四极三相异步电动机带负载运行,工频电源线电压为 380 V,线电流为 10.6 A,输入功率为 3.5 kW,转差率为 3%,铜耗为 600 W,机械损耗为 100 W。求电动机的效率、功率因数和输出转矩。

6-39 有一台绕线式异步电动机,转子绕组每相的电阻 $R_2=0.022$ Ω,漏电抗 $X_2=0.044$ Ω,额定转速 $n_N=1\,440$ r/min。(1)要使启动转矩等于最大转矩,在转子绕组的每相电路中应串联多大的启动电阻?(2)在额定负载转矩情况下,在转子绕组的每相电路中应串联多大的调速电阻才能将转矩降至 1 200 r/min?

6-40 Y180M-2 型三相异步电动机,$P_N=22$ kW,$U_N=380$ V,三角形连接,$I_N=42.2$ A,$\lambda_N=0.89$,$n_N=2\,940$ r/min。求额定运行时的:(1)转差率;(2)定子绕组的相电流;(3)输入有功功率;(4)效率。

6-41 某三相异步电动机,$P_N=30$ kW,$n_N=980$ r/min,$K_M=2.2$,$K_s=2.0$。求:(1)$U_{1l}=U_N$ 时的 T_M 和 T_s;(2)$U_{1l}=0.8U_N$ 时的 T_M 和 T_s。

第 7 章　继电接触器控制系统

在现代化工农业生产中,生产机械的运动部件大多数是由电动机拖动的,通过对电动机的自动控制(如正反转、启动、调速、制动等)实现对生产机械的自动控制。由各种有触点的控制电器(如继电器、接触器、按钮等)组成的控制系统称为继电接触器控制系统。

本章介绍各种常用控制电器的结构、工作原理以及用它们组成的各种基本控制线路。学会设计常用的基本控制电路,并掌握阅读控制线路的一般方法。

7.1　常用低压控制电器

低压控制电器种类繁多,一般可分为手动和自动两类。手动电器必须由人工操纵,如闸刀开关、组合开关、按钮等;自动电器是随某些电信号(如电压、电流等)或某些物理量的变化而自动动作的电器,如继电器、接触器、行程开关等。本节只介绍部分常用的低压控制电器。

7.1.1　手动电器

1. 闸刀开关

闸刀开关是一种最简单的手动电器,作为电源的隔离开关被广泛用于各种配电设备和供电线路中。

闸刀开关按触刀片数多少可分为单极、双极、三极等,每种又有单投和双投之别。图 7-1(a)所示的是闸刀开关结构示意图,图 7-1(b)所示是其符号。

用闸刀开关分断感性电路时,在触刀和静触头之间可能产生电弧。较大的电弧会把触刀和触头灼伤或烧熔,甚至使电源短路而造成火灾和人身事故,所以大电流的闸刀开关应设有灭弧罩。

安装闸刀开关时,应把电源进线接在静触头上,负载接在可动的触刀一侧。这样,当断开电源时触刀就不会带电。闸刀开关一般垂直安装在开关板上,静触头应在上方。

2. 组合开关

在一些控制电路中,组合开关常用作电源引入开关,也可以用它来直接控制小容量鼠笼

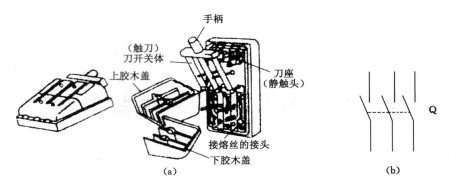

图 7-1　闸刀开关的结构及符号

(a) 闸刀开关的结构;(b) 闸刀开关的符号

电动机。

　　组合开关是一种多触点、多位置式可以控制多个回路的控制电器,图 7-2 所示是一种组合开关的结构示意图。它有多对静触片 2 分别装在各层绝缘垫板上,静触片与外部的连接是通过接线端子 1 实现的。各层的动触片 3 套在装有手柄的绝缘转动轴 4 上,而且不同层的动触片可以互相错开任意一个角度。转动手柄 5 时,各动触片均转过相同的角度,一些动、静触片相互接通,另一些动、静触片断开。根据实际需要,组合开关的动、静触片的个数可以随意组合。常用的有单极、双极、三极、四极等,其图形符号同闸刀开关,文字符号为 Q。

　　图 7-3 所示是用组合开关控制异步电动机启、停的接线示意图。

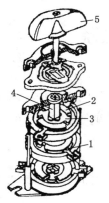

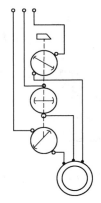

图 7-2　组合开关结构示意图

1——接线端子;2——静触片;3——动触片;

4——绝缘转动轴;5——手柄

图 7-3　组合开关接通异步电动机示意图

　　在图 7-3 中,三个圆盘表示绝缘垫板,每层绝缘垫板的边缘上有两个接线端子(与静触片连在一起),分别与电源和电动机相接。绝缘垫板中各有一个装在同一个轴上的动触片,当前位置时,各动触片与静触片不相连;当手柄顺时针或逆时针旋转 90° 时,三个动触片分别与静触片相接触,使电源连到电动机上,电动机启动并运行。

3. 按钮

按钮是广泛使用的控制电器。图 7-4(a)所示是一种按钮的外形,图 7-4(b)所示是一种按钮的结构示意图,图 7-4(c)所示是其符号。

在未按动按钮之前,上面一对静触点与动触点接通,称为常闭触点;下面一对静触点与动触点是断开的,称为常开触点。

只具有常闭触点或只具有常开触点的按钮称为单按钮。既有常闭触点,也有常开触点的按钮称为复合按钮。应注意单按钮与复合按钮符号的区别。

图 7-4(b)所示是一种复合按钮。当按下按钮时,动触点与上面的静触点分开(称常闭触点断开),而与下面的静触点接通(称常开触点闭合)。当松开按钮时按钮复位,在弹簧的作用下动触头恢复原位,即常开触点恢复断开,常闭触点恢复闭合。各触点的通断顺序为:按下按钮时,常闭触点先断开,常开触点后闭合;松开按钮时,常开触点先断开,常闭触点后闭合。了解这个动作顺序,对分析控制电路的工作原理是非常有用的。

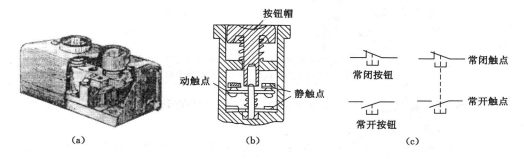

图 7-4　按钮的示意图及符号
(a) 按钮的外形;(b) 按钮的结构;(c) 按钮的符号

7.1.2　自动电器

1. 交流接触器

接触器可分为直流接触器和交流接触器两类。直流接触器的线圈使用直流电,交流接触器的线圈使用交流电。

交流接触器常用来接通和断开电动机或其他设备的主电路,它是一种失压保护电器。

图 7-5(a)所示是交流接触器的结构示意图,图 7-5(b)所示是其符号。

电磁铁和触点是交流接触器的主要组成部分。电磁铁是由定铁芯、动铁芯和线圈组成的。触点可以分为主触点和辅助触点(图中没画辅助触点)两类。例如,CJ10-20 型交流接触器有三个常开主触点,四个辅助触点(两个常开,两个常闭)。交流接触器的主、辅触点通过绝缘支架与动铁芯连成一体,当动铁芯运动时带动各触点一启动作。主触点能通过大电流,一般接在主电路中;辅助触点通过的电流较小,一般接在控制电路中。

触点的动作是由动铁芯带动的。在图 7-5(a)中,当线圈通电时动铁芯下落,使常开的主、辅触点闭合(电动机接通电源),常闭的辅助触点断开。当线圈欠电压或失去电压时,动铁芯在支撑弹簧的作用下弹起,带动主、辅触点恢复常态(电动机断电)。

由于主触点中通过的是主电路的大电流,在触点断开时触点间会产生电弧甚至烧坏触头,所以交流接触器一般都配有灭弧罩。交流接触器的主触点通常做成桥式,它有两个断点,以降低当触点断开时加在触点上的电压,使电弧容易熄灭。

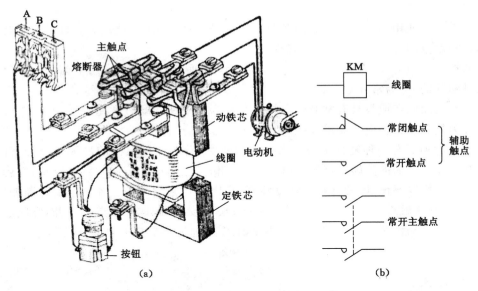

图 7-5　交流接触器的结构示意图及符号

（a）交流接触器的结构示意图；（b）交流接触器的符号

选用接触器时,应该注意主触点的额定电流、线圈电压的大小及种类、触点数量等。

2. 中间继电器

中间继电器是一种大量使用的继电器,它具有记忆、传递、转换信息等控制作用,也可用来直接控制小容量电动机或其他电器。

中间继电器的结构与交流接触器基本相同,只是其电磁机构尺寸较小、结构紧凑、触点数量较多。由于触头通过电流较小,所以一般不佩灭弧罩。

选用中间继电器时,主要考虑线圈电压以及触点数量。

3. 热继电器

热继电器主要用来对电器设备进行过载保护,使其免受长期过载电流的危害。

热继电器主要组成部分是热元件、双金属片、执行机构、整定装置和触点。图 7-6（a）所示是热继电器结构示意图,图 7-6（b）所示是其符号。

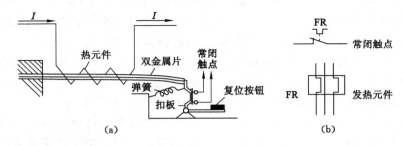

图 7-6　热继电器结构示意图及符号

（a）热继电器结构示意图；（b）热继电器的符号

发热元件是电阻不太大的电阻丝,接在电动机的主电路中。双金属片是用两种不同膨胀系数的金属碾压而成。发热元件绕在双金属片上（两者绝缘）。

设双金属片的下片较上片膨胀系数大。当主电路电流超过容许值一段时间后，发热元件发热使双金属片受热膨胀而向上弯曲，以致双金属片与扣板脱离。扣板在弹簧的拉力作用下向左移动，从而使常闭触点断开。因常闭触点串联在电动机的控制电路中，所以切断了接触器线圈的电路，使主电路断电。发热元件断电后双金属片冷却可恢复常态，这时按下复位按钮使常闭触点复位。

热继电器是利用热效应工作的。由于热惯性，在电动机启动和短时过载时，热继电器是不会动作的，这样可避免不必要的停机。在发生短路时热继电器不能立即动作，所以热继电器不能用作短路保护。

热继电器的主要技术数据是整定电流。所谓整定电流，是指当发热元件中通过的电流超过此值的 20％时，热继电器应当在 20 分钟内动作。每种型号的热继电器的整定电流都有一定范围，要根据整定电流选用热继电器。例如，JR0-40 型的整定电流为 0.6～40 A，发热元件有九种规格。整定电流与电动机的额定电流基本一致，使用时要根据实际情况，通过整定装置进行整定。

4. 熔断器

熔断器是有效的短路保护电器。熔断器中的熔体是由电阻率较高的易熔合金制作的。一旦线路发生短路或严重过载时，熔断器会立即熔断。故障排除后，更换熔体即可。

图 7-7(a)～(c)所示是常见熔断器的结构图，图 7-7(d)所示是其符号。

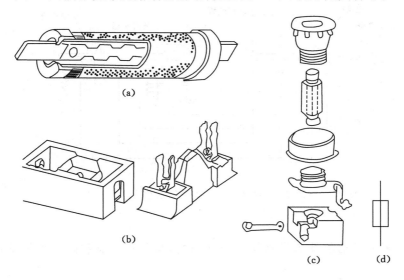

图 7-7　常见熔断器的结构图及符号

熔体的选择方法如下：

① 电灯支线的熔丝

$$熔丝额定电流 \geq 支线上所有电灯的工作电流$$

② 一台电动机的熔丝

为了防止电动机启动时电流较大而将熔丝烧断，熔丝不能按电动机的额定电流来选择，应按下式计算

$$熔丝的额定电流 \geqslant \frac{电动机的启动电流}{2.5}$$

如果电动机启动频繁,则为

$$熔丝的额定电流 \geqslant \frac{电动机的启动电流}{1.6 \sim 2}$$

③ 几台电动机合用的总熔丝

一般可粗略地按下式计算

$$熔丝额定电流 = (1.5 \sim 2.5) \times$$

$$(容量最大的电动机的额定电流 + 其余电动机的额定电流之和)$$

熔丝的额定电流有 4 A,6 A,10 A,15 A,20 A,25 A,35 A,60 A,80 A,100 A,125 A,160 A,200 A,225 A,260 A,300 A,350 A,430 A,500 A 和 600 A 等。

5. 自动空气开关

自动空气开关是一种常用的低压控制电器,它不仅具有开关作用,还有短路、失压和过载保护的功能。图 7-8 所示是其原理示意图。图中,主触点是由手动操作机构闭合的,其工作原理为:

正常情况下,将连杆和锁钩扣在一起,过流脱扣器的衔铁释放,欠压脱扣器的衔铁吸合;过流时,过流脱扣器的衔铁吸合,顶开锁钩,使主触点断开以切断主电路;欠压或失压时,欠压脱扣器的衔铁释放,顶开锁钩使主电路切断。

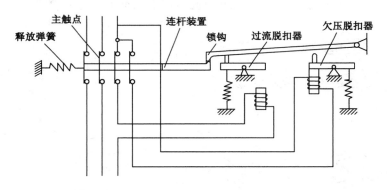

图 7-8　自动空气开关结构示意图

6. 行程开关

行程开关是根据运动部件的位移信号而动作的,是行程控制和限位保护不可缺少的电器。

常用的行程开关有撞块式(也称直线式)和滚轮式。滚轮式又分为自动恢复式和非自动恢复式。非自动恢复式需要运动部件反向运行时撞压使其复位。运动部件速度慢时要选用滚轮式。

撞块式和滚轮式行程开关的工作机理相同,下面以撞块式行程开关为例说明行程开关的工作原理。

图 7-9(a)所示是撞块式行程开关的结构示意图,图 7-9(b)所示是其符号。图中撞块要由运动机械来撞压。撞块在常态时(未受压时),其常闭触点闭合,常开触点断开;撞块受压

时,常闭触点先断开,常开触点后闭合;撞块被释放时,常开和常闭触点均复位。

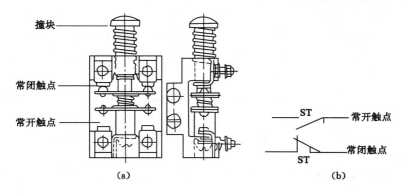

图 7-9　行程开关结构示意图及符号
（a）行程开关的结构；（b）行程开关的示意图

7. 时间继电器

时间继电器是对控制电路实现时间控制的电器。较常见的有电磁式、电动式和空气阻尼式时间继电器。目前,电子式时间继电器正在被广泛地应用。

图 7-10 所示是空气阻尼式通电延时时间继电器的结构示意图和符号。

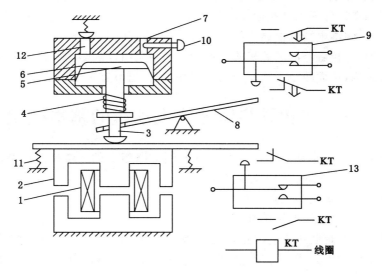

图 7-10　空气阻尼式通电延时时间继电器结构与符号
1——线圈；2——动铁芯；3——活塞杆；4——弹簧；5——伞形活塞；6——橡皮膜；7——进气孔；
8——杠杆；9——微动开关；10——调节螺丝；11——恢复弹簧；12——出气孔；13——微动开关

空气阻尼式时间继电器的主要组成部分是电磁铁、空气室和微动开关。空气室中伞形活塞 5 的表面固定有一层橡皮膜 6,将空气室分为上、下两个空间。活塞杆 3 的下端固定着杠杆 8 的一端。上、下两个微动开关中,一个是延时动作的微动开关 9,一个是瞬时动作的微动开关 13,它们各有一个常开和常闭触点。

空气阻尼式时间继电器是利用空气阻尼作用来达到延时控制目的的,其原理为:

当电磁铁的线圈 1 通电后,动铁芯 2 被吸下,使动铁芯 2 与活塞杆 3 下端之间出现一段距离。在释放弹簧 4 的作用下,活塞杆向下移动,造成上空气室空气稀薄,活塞受到下空气室空气的压力,不能迅速下移。调节螺丝 10 改变进气孔 7 的进气量,可使活塞以需要的速度下移。活塞杆移动到一定位置时,杠杆 8 的另一端撞压微动开关 9,使微动开关 9 中的触点动作。

当线圈断电时,依靠恢复弹簧 11 的作用,使动铁芯弹起,微动开关 9 中的触点立即复位。空气由出气孔 12 被迅速排出。

瞬时动作的微动开关 13 中的触点,在电磁铁的线圈通电或断电时均为立即动作。

时间继电器触点分为两类:微动开关 9 中有延时断开的常闭触点和延时闭合的常开触点,微动开关 13 中有瞬时动作的常开触点和常闭触点。要注意它们符号和动作的区别。

空气式时间继电器的延时范围有 $0.4\sim60$ s 和 $0.4\sim180$ s 两种。与电磁式和电动式时间继电器比较,其结构较简单,但准确度较低。

电子式时间继电器与空气阻尼式时间继电器相比较,前者体积小、重量小、耗电少、定时的准确度高、可靠性好。

近年来,各种控制电器的功能和造型都在不断地改进。例如,LC_1 和 CA_2-DN_1 系列产品,把交流接触器、时间继电器等做成组件式结构。当使用交流接触器触点不够用时,可以把一组或几组触点组件插入到接触器上的固定座槽里,组件的触点受接触器电磁机构的驱动,从而节省了中间继电器的电磁机构。当需要使用时间继电器时,可以把空气阻尼组件插入接触器的座槽中,接触器的电磁机构就作为空气阻尼组件的驱动机构。这样,节省了时间继电器的电磁机构,从而减小了控制柜的体积和重量,也节省了电能。

7.2 三相异步鼠笼式电动机的基本控制

任何复杂的控制电路都是由一些基本的控制电路组成的。掌握一些基本控制单元电路,是阅读和设计较复杂的控制电路的基础。

绘制控制电路原理图的原则如下:

① 主电路和控制电路要分开画。

主电路是电源与负载相连的电路,要通过较大的负载电流。由按钮、接触器线圈、时间继电器线圈等组成的电路称为控制电路,其电流较小。主电路和控制电路可以使用不同的电压。

② 所有电器均用图形和文字符号表示。

同一电器上的各组成部分可分别画在主电路和控制电路里,但要使用相同的文字符号。

③ 电器上的所有触点均按常态画。

电器上的所有触点均按没有通电和没有发生机械动作时的状态(即常态)来画。

④ 画控制电路图的顺序。

控制电路的电器一般按动作顺序自上而下地排列成多个横行(也称为梯级),电源线画在两侧。各种电器的线圈不能串联连接。

7.2.1　鼠笼式电动机直接启停控制

图 7-11 所示是具有短路、过载和失压保护的鼠笼式电动机直接启停控制的原理图。图中，由开关 Q、熔断器 FU、接触器 KM 的三个主触点、热继电器 FR 的发热元件和鼠笼式电动机 M 组成主电路。

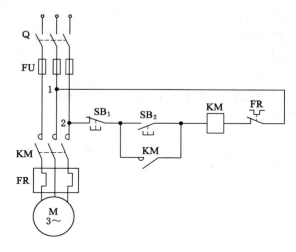

图 7-11　鼠笼式电动机直接启停控制电路

控制电路接在 1,2 两点之间（也可接在别的电源上）。SB_1 是一个按钮的常闭触点，SB_2 是另一个按钮的常开触点。接触器的线圈和辅助常开触点均用 KM 表示，FR 是热继电器的常闭触点。

1. 控制原理

在图 7-11 中，合上开关 Q，为电机启动做好准备。按下启动按钮 SB_2，控制电路中接触器 KM 线圈通电，其三个主触点闭合，电动机 M 通电并启动。松开 SB_2，由于线圈 KM 通电时，其常开辅助触点 KM 也同时闭合，所以线圈通过闭合的辅助触点 KM 仍继续通电，从而使其所属常开触点保持闭合状态。与 SB_2 并联的常开触点 KM 叫自锁触点。按下 SB_1，KM 线圈断电，接触器动铁芯释放，各触点恢复常态，电动机停转。

2. 保护措施

（1）短路保护

图 7-11 中的熔断器起短路保护作用。一旦发生短路，其熔体立即熔断，可以避免电源中通过短路电流。同时切断主电路，电动机立即停转。

（2）过载保护

热继电器起过载保护作用，当过载一段时间后，主电路中的元件 FR 发热使双金属片动作，使控制电路中的常闭触点 FR 断开，因而接触器线圈断电，主触点断开，电动机停转。另外，当电动机在单相运行时（断一根电源线），仍有两个热元件通有过载电流，从而也保护了电动机不会长时间单相运行。

（3）失压保护

交流接触器在此起失压保护作用。当暂时停电或电源电压严重下降时，接触器的动铁芯释放而使主触点断开，电动机自动脱离电源而停止转动。当复电时，若不重新按下，电动机不会自行启动。这种作用称为失压(或零压)保护。如果用闸刀类开关直接控制电动机,而停电时没有及时断开闸刀,复电时电动机会自行启动。必须指出,在图 7-11 中,如果将 SB_2 换成不能自动复位的开关,即使使用了接触器也不能实现失压保护。

7.2.2 鼠笼式电动机的点动控制

所谓点动控制,就是按下启动按钮时电动机转动,松开按钮时电动机停转。若将图7-11中与 SB_2 并联的 KM 去掉,就可以实现这种控制。但是这样处理后电动机就只能点动。

如果既需要点动,也需要连续运行(也称长动)时,可以对自锁触点进行控制。例如,可与自锁触点串联一个开关 S,控制电路如图 7-12 所示(主电路同图 7-11)。当 S 闭合时,自锁触点 KM 起作用,可以对电动机实现长动控制;当 S 断开时,自锁触点 KM 不起作用,只能对电动机进行点动控制。

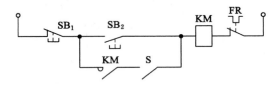

图 7-12 点动控制方案之一

图 7-12 所示的点动控制电路,操作起来不方便,因此常用图 7-13 的电路实现点动控制。

在图 7-13 中,启动、停止、点动各用一个按钮。按住点动按钮 SB_3 时,其常闭触点先断开,常开触点后闭合,电动机启动;松开按钮 SB_3 时,其常开触点先断开,常闭触点后闭合,电动机停转。

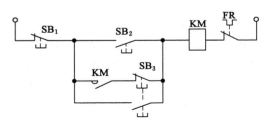

图 7-13 点动控制方案之二

7.2.3 鼠笼式电动机的异地控制

所谓异地控制,就是在多处设置的控制按钮,均能对同一台电动机实施启停等控制。图7-14 所示是在两地控制一台电动机的电路图,其接线原则是:两个启动按钮必须并联,两个停止按钮必须串联。

在甲地:按 SB_2,控制电路电流经过 FR→线圈 KM→SB_2→SB_3→SB_1,构成通路,线圈 KM 通电,电机启动。松开 SB_2,触点 KM 进行自锁。按下 SB_1,电机停。

在乙地:按 SB_4,控制电路电流经过 FR→线圈 KM→SB_4→SB_3→SB_1 构成通路,线圈 KM 通电,电机启动。松开 SB_4,触点 KM 进行自锁。按下 SB_3,电机停。

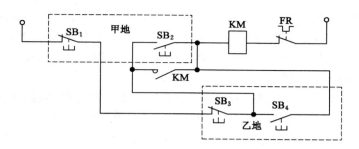

图 7-14　两地控制一台电动机的电路

由图 7-14 可以看出,由甲地到乙地只需引出三根线,再接上一组按钮即可实现异地控制。同理,从乙地到其他地方也可照此法控制。

7.2.4　鼠笼式电动机的正反转控制

在生产上往往要求运动部件可以向正反两个方向运动。例如,机床工作台的前进与后退,主轴的正转与反转,起重机的提升与下降等。

欲使三相异步电动机反转,将电动机的任意两根电源线对调一下即可,图 7-15 所示就是实现这种控制的电路。在图 7-15(a)中,当正转接触器 KM_F 通电,反转接触器 KM_R 不通电时,电动机正转;当反转接触器 KM_R 通电,正转接触器 KM_F 通电时,由于调换了两根电源线,所以电动机反转。

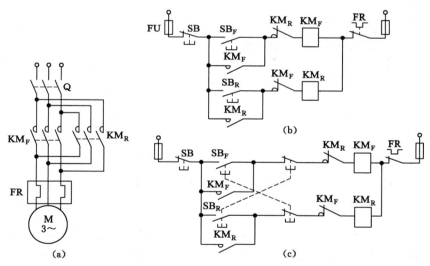

图 7-15　鼠笼式电动机的正反转控制电路

从图 7-15(a)可见,如果两个接触器同时工作,通过它们的主触点会造成电源短路。所以对正反转控制线路最重要的要求是:必须保证两个接触器不能同时通电,这种控制称为互锁或连锁。

下面分析两种有互锁的正反转控制线路。在图 7-15(b)所示的控制线路中,正转接触器 KM_F 的常闭辅助触点与反转接触器 KM_R 的线圈串联,而反转接触器 KM_R 的常闭辅助触点与正转接触器 KM_F 的线圈电路串联,则这两个常闭触点称为互锁触点。这样,当正转接触器线圈通电,电动机正转时,互锁触点KM_F断开了反转接触器KM_R线圈的电路,因此,即使误按反转启动按钮SB_R,反转接触器也不能通电;而当反转接触器线圈KM_R通电,电动机反转时,互锁触点KM_R断开了正转接触器的线圈电路,因此,即使误按正转启动按钮SB_F,正转接触器也不能通电,实现了互锁。

图7-15(b)所示的控制电路的缺点是:在正转过程中需要反转时,必须先按停止按钮SB,待互锁触点闭合后,再按反转启动按钮才能使电动机反转,操作不方便。

图7-15(c)所示的控制电路能解决上述问题。图中使用的按钮SB_R和SB_F都是复合按钮。例如,当电动机正转运行时若欲反转,可直接按下反转启动按钮SB_R,它的常闭触点先断开,使正转接触器线圈KM_F断电,其主触点KM_F断开,反转控制电路中的常闭触点KM_F恢复闭合,当按钮SB_R的常开触点后闭合时,反转接触器线圈KM_R就能通电,电动机即实现反转。

7.2.5 多台电动机连锁控制

在生产实践中,常见到多台电动机拖动一套设备的情况。为了满足各种生产工艺的要求,几台电动机的启、停等动作常常有顺序上和时间上的约束。

图7-16所示的主电路中有M_1和M_2两台电动机,启动时,只有M_1先启动,M_2才能启动;停止时,只有M_2先停,M_1才能停。

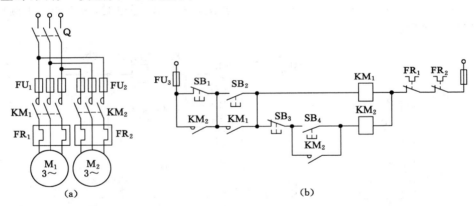

图7-16 两台电动机连锁控制

(a) 主电路;(b) 控制电路

启动的操作为:按下SB_2,接触器KM_1通电并自锁,使M_1启动并运行。此后再按下SB_4,接触器KM_2通电并自锁,使M_2启动并运行。如果在按下SB_2之前按下SB_4,由于接触器KM_1和KM_2的常开触点都没闭合,接触器KM_2是不会通电的。

停止的操作为:先按下SB_3让接触器KM_2断电,使M_2先停;再按下SB_1,使接触器KM_1断电,才能使电动机停下。由于只要接触器KM_2通电,SB_1就被短路而失去作用,所以在按下SB_3之前按下SB_1,接触器KM_1和KM_2都不会断电。

【例7-1】 要求三台鼠笼式电动机M_1,M_2,M_3按照一定顺序启动,即M_1启动后M_2才可启动,M_2启动后M_3才可启动。试绘出控制线路。

解： 两种控制线路分别如图7-17(a)和(b)所示。

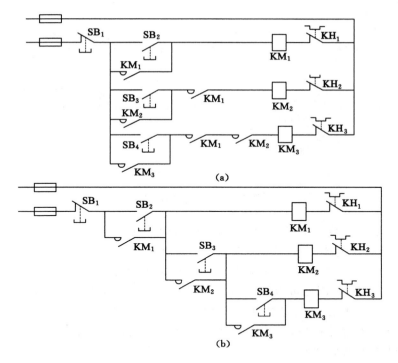

图 7-17　例 7-1 解图

7.3　行程控制

利用行程开关可以对生产机械实现行程、限位、自动循环等控制,图 7-18 是一个简单的行程控制的例子。工作台 A 由一台三相鼠笼式电动机 M 拖动,图 7-18(a)是 A 的运行流程。滚轮式行程开关按图 7-18(b)设置,ST_a 和 ST_b 分别安装在 A 的原位和终点,由装在 A 上的撞块来撞动。控制电路如图 7-18(c)所示。

图 7-18 对 A 实施如下控制:

① A 在原位时,启动后只能前进不能后退。

② A 前进到终点立即往回退,退回原位自停。

③ A 前进或后退途中均可停,再启动时,既可进也可退。

④ 若暂时停电后再复电时,A 不会自行启动。

⑤ 若 A 运行途中受阻,在一定时间内拖动电机应自行断电。

图 7-18 的控制原理为如下。

① A 在原位时压下行程开关 ST_a,使串接在反转控制电路中的常闭触点 ST_a 断开。这时,即使按下反转按钮 SB_R,反转接触器线圈 KM_R 也不会通电,所以在原位时电动机不能反转。当按下正转启动按钮 SB_F 时,正转接触器线圈 KM_F 通电,使电动机正转并带动 A 前进。可见 A 在原位只能前进,不能后退。

② 当工作台达到终点时,A 上的撞块压下终点行程开关 ST_b,使串接在正转控制电路中的常闭触点 ST_b 断开,而常开触点 ST_b 闭合,使反转接触器线圈通电,电动机反转并带动 A

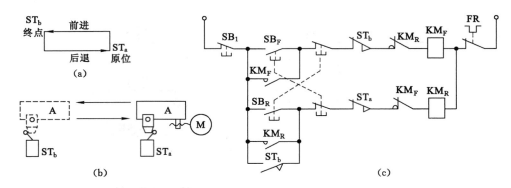

图 7-18　行程控制电路

后退。A 退回原位,撞块压下 ST_a,使串接在反转控制电路中的常闭触点 ST_a 断开,反转接触器线圈 KM_R 断电,电动机停止转动,A 自动停在原位。

③ 在 A 前进途中,当按下停止按钮 SB_1 时,线圈 KM_F 断电,电动机停转。再启动时,由于 ST_a 和 ST_b 均不受压,因此可以按正转启动按钮 SB_F 使 A 前进,也可以按反转启动按钮 SB_R 使 A 后退。同理,在 A 后退途中,也可以进行类似的操作而实现反向运行。

④ 若在 A 运行途中断电,因为断电时自锁触点都已经断开,再复位时,只要 A 不在终点位置,A 是不会自行启动的。

⑤ 若 A 运行途中受阻,则拖动电动机出现堵转现象。此时,其电流很大,会使串联在主电路中的热元件 FR 发热,一段时间后,串联在控制电路中的常闭触点 FR 断开,而使两个接触器线圈断电,使电动机脱离电源而停转。

行程开关不仅可用作行程控制,也常用于限位或终端保护。例如,在图 7-17 中,一般可在 ST_a 的右侧和 ST_b 的左侧再各设置一个保护用的行程开关,这两个行程开关的常闭触点分别与 ST_a 和 ST_b 的常闭触点串联。一旦 ST_a 或 ST_b 失灵,则 A 会继续运行而超出规定的行程,但当 A 撞动这两个保护行程开关时,由于它们的触点动作而使电动机自动停止运行,从而实现了限位或终端保护。

7.4　时间控制

在自动化生产线中,常要求各项操作或各种工艺过程之间有准确的时间间隔,或者按一定的时间启动或关停某些设备等,这些控制要由时间继电器来完成。

鼠笼式电动机 Y-Δ 启动的控制电路有多种形式,图 7-19 所示的是其中的一种。为了控制星形接法启动的时间,图中设置了通电延时的时间继电器 KT。图 7-19 所示 Y-Δ 启动控制电路的控制过程可简述如下:

$$按 SB_2 \rightarrow \begin{cases} KM_1 \text{ 通电} \\ KT \text{ 通电} \\ KM_3 \text{ 通电} \\ KM_2 \text{ 通电} \end{cases} \xrightarrow{\text{延时}} \begin{cases} KM_1 \text{ 断电} \\ KM_3 \text{ 断电} \\ KM_2 \text{ 通电} \rightarrow KM_3 \text{ 通电} \end{cases}$$

（Y 启动）　　（Y-Δ 换接）　（Δ 运行）

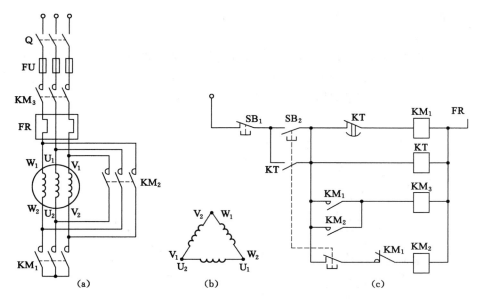

图 7-19 鼠笼式电动机 Y-△ 启动的控制电路

图 7-19 的控制电路是在接触器KM₃ 断电的情况下进行 Y-△ 换接的,这样做有两个好处:其一,可以避免由于接触器KM₁ 和KM₂ 换接时可能引起的电源短路;其二,在接触器KM₃ 断电,即主电路脱离电源的情况下进行 Y-△ 换接,从而使触点间不会产生电弧。

图 7-19 中使用了时间继电器的两种触点,一个是延时动作的常闭触点,一个是瞬时动作的常开触点,请注意两种触点的作用和动作的区别。

7.5 实例分析——工作台自动往返控制线路分析

1. 阅读电气原理图

分析阅读电气原理图要从以下几个方面入手:

(1)熟悉各种图形符号表示的器件,了解同一个电器元件的不同部件画在不同位置的关系以及标注方法;

(2)了解控制对象的生产工艺,对于机、电、液(气)控制的生产机械,还必须了解它们相互之间的关系;

(3)在电气原理图可按其功能划分出主电路、控制回路和辅助回路等;

(4)阅读控制回路时要根据主电路对控制回路的要求,按照动作的先后次序,先简后繁、先易后难的原则仔细阅读,最后综合起来,全面加以分析;

(5)最后阅读照明、信号指示、检测以及保护等电路;

(6)在电路上的每个接点上,往往编有数字号码,要注意这些编号,这样有利于阅读电路原理和维修检查线路。

2. 读图

根据阅读电气原理图的方法,阅读图 7-20 所示工作台自动往返控制电路。

3. 工作原理

（1）工作台的运动过程

工作台的向前、向后运动是靠电动机的正反转通过传动机构实现的。当电动机正转，工作台向前运动到一定位置后，挡铁 1 碰撞 SQ_1 或 SQ_3，又使电动机反转，当电动机反转，工作台向后运动到一定位置后，挡铁 2 碰撞 SQ_2 或 SQ_4，又使电动机正转，工作台又开始向前运动。

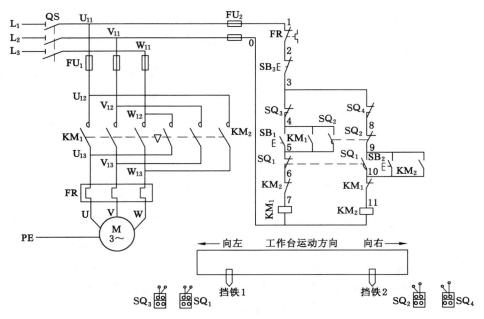

图 7-20　工作台自动往返控制电路图

（2）自动往返工作过程

自动往返：合 QS，按下 SB_1，KM_1 接触器线圈得电，所有的常开、常闭触头转换，电动机开始正转，工作台向前运动。当到达指定行程时，挡铁 1 压下装在床身下的行程开关 SQ_1，SQ_1 常闭分断，使正转接触器线圈断电，电动机断电；SQ_1 常开闭合，使反转接触器 KM_2 线圈得电，电动机变为反转，工作台向后运动，挡铁 1 使 SQ_1 恢复，为下次向前运动作准备。向后运动到达指定行程时，挡铁 2 压下装在床身下的行程开关 SQ_2，SQ_2 常闭分断，使反转接触器 KM_2 线圈断电，电动机断电；SQ_2 常开闭合，又使正转接触器 KM_1 线圈得电，电动机变为正转，工作台又变为向前运动，挡铁 2 使 SQ_2 恢复，为下次向后运动作准备。这样工作台就自动往返运动。

工作台行程调整：调解挡铁 1 和挡铁 2 的位置，可控制工作台向前和向后的行程。

极限保护：由于某种原因，行程开关 SQ_1 或 SQ_2 动作失灵，如果不及时停止，就会造成工作台越出行程范围而造成事故，因此 SQ_1 和 SQ_2 后边的 SQ_3 和 SQ_4 就是限位保护行程开关。

停止：按下停止按钮 SB_3，不管工作台运行状态如何，电动机都会断电而停止。

习　题

7-1　在电动机继电器接触器控制电路中,零压保护的功能是(　　)。

　　A. 防止电源电压降低烧坏电动机

　　B. 防止停电后再恢复供电时电动机自行启动

　　C. 实现短路保护

7-2　在电动机继电器接触器控制电路中,自锁环节的功能是(　　)。

　　A. 保证可靠停止　　　　B. 保证启动后持续运行　　　　C. 兼有点动功能

7-3　在电动机继电器接触器控制电路中,自锁环节触头的正确连接方法是(　　)。

　　A. 接触器的常开辅助触点与启动按钮并联

　　B. 接触器的常开辅助触点与启动按钮串联

　　C. 接触器的常闭辅助触点与启动按钮并联

7-4　在三相异步电动机的正、反转控制电路中,正转接触器 KM_1 和反转接触器 KM_2 之间的互锁作用是由(　　)连接方法实现的。

　　A. KM_1 的线圈与 KM_2 的常闭辅助触点串联,KM_2 的线圈与 KM_1 的常闭辅助触点串联

　　B. KM_1 的线圈与 KM_2 的常开触点串联,KM_2 的线圈与 KM_1 的常开触点串联

　　C. KM_1 的线圈与 KM_2 的常闭触点串联,KM_2 的线圈与 KM_1 的常开触点串联

7-5　在机床电力拖动中,要求液压泵电动机启动后主轴电动机才能启动。若用接触器 KM_1 控制液压泵电动机,KM_2 控制主轴电动机,则在此控制电路中必须(　　)。

　　A. 将 KM_1 的常闭触点串入 KM_2 的线圈电路中

　　B. 将 KM_2 的常开触点串入 KM_1 的线圈电路中

　　C. 将 KM_1 的常开触点串入 KM_2 的线圈电路中

7-6　图 7-21 所示的控制电路中 SB 为按钮,KM 为接触器,KM_1 和 KM_2 均已得电。若按动 SB_3,下面的结论中(　　)是正确的。

　　A. 只有 KM_1 断电停止运行

　　B. KM_1 和 KM_2 均断电停止运行

　　C. 只有 KM_2 断电停止运行

7-7　图 7-21 所示的控制电路中 SB 为按钮,KM 为接触器。若先按动 SB_1 再按 SB_2,下面的结论中(　　)是正确的。

　　A. 只有接触器 KM_1 通电运行

　　B. 只有接触器 KM_2 通电运行

　　C. 接触器 KM_1 和 KM_2 都通电运行

7-8　图 7-22 所示的控制电路中 SB 为按钮,KM 为接触器,且接触器 KM_1 和 KM_2 均已通电。此时若按动 SB_3,试判断下面的结论中(　　)是正确的。

　　A. 接触器 KM_1 和 KM_2 均断电停止运行

　　B. 只有接触器 KM_1 断电停止运行

　　C. 只有接触器 KM_2 断电停止运行

7-9 图 7-22 所示的控制电路中 SB 为按钮,KM 为接触器,且接触器 KM_1 和 KM_2 均已通电。此时若按动 SB_4,试判断下面的结论中(　　)是正确的。

　　A. 接触器 KM_1 和 KM_2 均断电停止运行

　　B. 只有接触器 KM_2 断电停止运行

　　C. 接触器 KM_1 和 KM_2 均不能断电停止运行

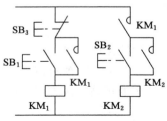

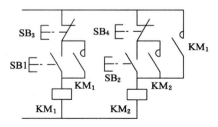

图 7-21　题 7-6、题 7-7 图　　　　　　　　图 7-22　题 7-8、题 7-9 图

7-10 图 7-23 所示的三相异步电动机控制电路接通电源后的控制作用是(　　)。

　　A. 按下 SB_2,电动机不能运转

　　B. 按下 SB_2,电动机点动

　　C. 按下 SB_2,电动机启动连续运行;按下 SB_1,电动机停转

7-11 图 7-24 所示控制电路的作用是(　　)。

　　A. 按下 SB_1,接触器 KM 通电,并连续运行

　　B. SB_1 是点动按钮

　　C. 当 KM 已经通电运行时,按 SB_1,KM 即断电

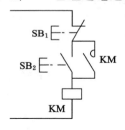
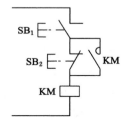

图 7-23　题 7-10 图　　　　　　　　　图 7-24　题 7-11 图

7-12 热继电器对三相异步电动机起(　　)的作用。

　　A. 短路保护　　　　　　　B. 过载保护　　　　　　　C. 欠压保护

7-13 选择一台三相异步电动机的熔丝时,熔丝的额定电流(　　)。

　　A. 大致等于(电动机的启动电流)/2.5

　　B. 等于电动机的额定电流

　　C. 等于电动机的启动电流

7-14 下面电器不能实现短路保护的是(　　)。

　　A. 熔断器　　　　　　　B. 热继电器　　　　　　　C. 空气开关

7-15 在电动机的继电接触器控制线路中零压保护是(　　)。

　　A. 防止电源电压降低后电流增大,烧坏电动机

B. 防止停电后恢复供电时,电动机自行启动

C. 防止电源断电后电动机立即停止而影响正常工作

7-16　在图 7-15 中的连锁动断触电 KM_F 和 KM_R 的作用是(　　　)。

A. 起自锁作用

B. 使两个接触器依次进行正反转运行

C. 保证两个接触器不能同时运作

7-17　用闸刀开关切断感性负载电路时,为什么触头会产生电弧?

7-18　若额定电压为 220 V 的交流接触器线圈误接入 380 V 电源中,会出现什么现象?

7-19　交流接触器的线圈通电后若动铁芯长时间不能吸合,会发生什么后果?

7-20　短路保护的作用是什么? 怎样实现短路保护?

7-21　鼠笼式电动机如何异地控制?

7-22　什么是过载保护? 怎样实现过载保护?

7-23　什么是自锁和互锁作用? 怎样实现自锁和互锁?

7-24　在电动机正、反转控制的主电路中,怎样实现电动机两根电源线的交换?

7-25　行程开关主要有哪些作用?

7-26　在图 7-19 中,如果只用 KT 的触点而不接其线圈,能否起到延时控制的作用?

7-27　在图 7-19 中,为什么停止和制动不使用两个按钮而使用了一个复合按钮?

7-28　在图 7-19 中,采用了什么措施来防止接触器 KM_1 和 KM_2 同时通电?

7-29　试画出三相笼式电动机既能连续工作又能点动工作的继电接触器控制线路。

7-30　某机床主轴由一台鼠笼式电动机 M_1 带动,润滑油泵由另一台鼠笼式电动机 M_2 带动。要求:

(1)主轴必须在油泵启动后,才能启动;

(2)主轴要求能用电器实现正反转,并能单独停车;

(3)有短路、零压及过载保护。

试绘出主电路和控制电路图。

7-31　图 7-25 分别是两台异步电动机启停控制线路图,这两张图画得是否正确? 为什么?

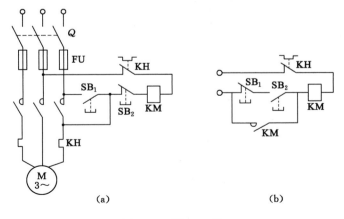

图 7-25　题 7-31 图

第三模块

模拟电子技术

第 8 章　常用半导体器件

在学习电子电路之前，必须首先掌握常用电子元器件的基本结构、工作原理、特性和主要参数，并学会根据实际情况合理地选用电子元器件，这是深入学习电子电路的基础。当前，电子器件已从电真空器件（电子管）、半导体器件（二极管、三极管等）、小规模集成电路、中规模集成电路发展到大规模、超大规模集成电路。但二极管、三极管作为构成集成电路基础的地位还是不可动摇。本章主要讲授常用半导体及其器件的基本知识。

8.1　半导体基础知识

我们通常把导电性差的材料，如煤炭、人工晶体、琥珀、陶瓷等称为绝缘体。而把导电性比较好的金属如金、银、铜、铁、锡、铝等称为导体。可以简单地把介于导体和绝缘体之间的材料称为半导体。与导体和绝缘体相比，半导体材料的发现是最晚的，但无论从科技或是经济发展的角度来看，半导体的重要性都是非常巨大的。目前大部分的电子产品，如计算机、移动电话和数字录音机核心单元都和半导体有着极为密切的关系。

8.1.1　本征半导体

纯净的半导体称为本征半导体，如硅半导体和锗半导体等。本征半导体通常具有自身的晶体结构。所以半导体也称为晶体。将含有硅或锗的材料经高纯度地提炼可以制成硅或锗的单晶体。单晶体中的原子是按一定规律整齐排列的，例如：硅原子最外层有四个价电子，与相邻的四个原子形成共价键结构（如图 8-1 所示），处于共价键结构中的价电子由于受原子核的束缚较松，当它们获得一定能量后，就可以摆脱原子核的束缚形成自由电子，同时，在原来共价键的位置上留下一个空位，这个空位称之为"空穴"。本征半导体中的电子和空穴都是成对出现的，称为电子空穴对。

在外电场的作用下，自由电子和空穴会定向移动。电子的定向移动形成电子电流，仍被原子核束缚的价电子（不是自由电子）在空穴的吸引下填补空位形成了空穴电流。所以，在半导体中，存在两种导电的载流子，即电子和空穴。温度越高，获得能量挣脱束缚的价电子

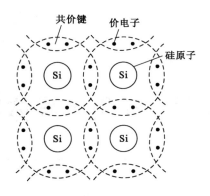

图 8-1 单晶硅中的共价键结构

越多,产生的电子空穴越多。因此,本征半导体中载流子的数目与温度的高低有着十分密切的关系,温度越高,载流子的数目越大。但总体来说,本征半导体的载流子数目还是很少的,导电能力也较差。

8.1.2 杂质半导体

在本征半导体中掺入不同的杂质,就形成杂质半导体。杂质半导体的导电能力会大大提高。例如:在四价的本征半导体中掺入五价元素(硅中掺入磷),在构成共价键时,磷原子因多一个价电子而产生一个自由电子,并且掺杂浓度越高,自由电子数量越多。这种半导体称为 N 型半导体。N 型半导体中电子为多数载流子(简称多子),空穴为少数载流子(简称少子)。若在四价的本征半导体中掺入三价元素(锗中掺入硼),在构成共价键时,硼原子因缺少一个价电子而产生一个空穴,这种半导体称为 P 型半导体。P 型半导体中空穴为多子,电子为少子。多子的数量取决于掺杂浓度,少子的数量取决于温度。需要注意的是,虽然杂质半导体内部一种载流子的数量大大增加,但其对外并不显示电性。

8.2 PN 结及其单向导电性

8.2.1 PN 结的形成

将 P 型半导体和 N 型半导体经过特殊的工艺加工紧密结合在一起,在两者的交界处便形成了一个特殊的接触面,称为 PN 结,如图 8-2 所示。图中 P 区的空心圈"○"表示能移动的空穴,"－"表示不能移动的负离子;N 区中的实心点"●"表示能移动的自由电子,"＋"表示不能移动的正离子。许多半导体器件都含有 PN 结,如图 8-2 所示,由于 P 区中的空穴浓度远高于 N 区,故空穴就从 P 区向 N 区扩散,并与 N 区的电子复合。同样 N 区的电子也向 P 区扩散,并与 P 区的空穴复合。于是在交界面一侧的 P 区留下了一些带负电的三价杂质离子,在交界面另一侧的 N 区留下一些带正电的五价杂质离子。这些离子是不能移动的,因而在交界面两侧形成了一层很薄的空间电荷区(也称为耗尽层或阻挡层),这就是 PN 结。空间电荷区会产生一个内电场阻挡多数载流子(P 区的空穴和 N 区的电子)继续扩散,并推动少数载流子(P 区的电子和 N 区的空穴)越过空间电荷区进入对方区域,这种少数载流子的移动称为漂移。当载流子的扩散运动和漂移运动达到动态平衡时,空间电荷区的宽度就稳定下来。

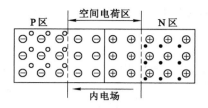

图 8-2　PN 结的形成

8.2.2　PN 结的单向导电性

半导体的 PN 结具有单向导电的特性,如图 8-3 所示。在图 8-3(a)中,PN 结两侧外加正向电压(P 区一侧接外电源的正极,N 区一侧接负极),也称为正向偏置。此时外加电压在 PN 结中产生的外电场和内电场方向相反,使空间电荷区变窄,多数载流子的扩散运动不断进行,形成较大的正向电流,PN 结处于导通状态,导电方向从 P 区到 N 区。PN 结导通时呈现的电阻称为正向电阻,其数值很小,一般为几欧姆到几百欧姆之间。在图 8-3(b)中,PN 结外加反向电压,也称为反向偏置。此时外电场和内电场方向相同,使空间电荷区加宽,多数载流子的扩散很难进行,仅有少数载流子的漂移形成数值很小的反向电流,可以认为 PN 结基本上不导电,处于截止状态。此时的电阻称为反向电阻,其数值很大,一般为几千欧到十几兆欧。因环境温度变化时少数载流子的数量随之变化,故 PN 结的反向电流受环境温度的影响较大。

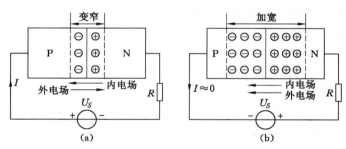

图 8-3　PN 结的单向导电性

(a) 正向偏置;(b) 反向偏置

PN 结除了有单向导电性外,还有一定的电容效应。PN 结的结电容大小和外加偏置电压有关,当外加反向电压增加时,因空间电荷区加宽而使结电容减小。不过 PN 结的结电容一般很小,只有当工作频率很高时才要考虑结电容的作用。

8.3　半导体二极管

8.3.1　二极管的基本结构及分类

(1) 二极管的基本结构

半导体二极管是半导体器件中最基本的一种器件。一个 PN 结加上相应的电极引线并用管壳封装起来,就构成了半导体二极管,简称二极管,具有单向导电性能。从 P 型半导体引出的极为正极,从 N 型半导体引出的极为负极。根据二极管管芯结构的不同可分为点接触型、面接触型和平面型几种,其结构和符号如图8-4所示。

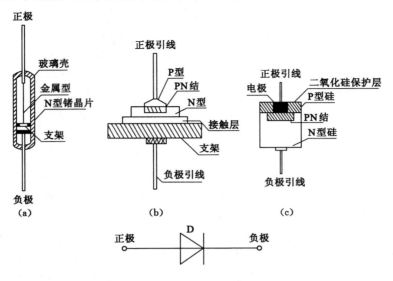

图 8-4　半导体二极管

（a）点接触型；（b）面接触型；（c）平面型

其中,点接触型二极管PN结面积小,结电容小,用于检波和变频等高频电路;面接触型二极管,PN结面积大,用于工频大电流整流电路;平面型二极管,往往用于集成电路制造工艺中,其PN结面积可大可小,用于高频整流和开关电路中。

（2）二极管的基本分类

二极管按用途分有整流二极管、检波二极管、开关二极管、稳压二极管、发光二极管、光电二极管、变容二极管等。

整流二极管:整流管因为其正向工作电流较大,工艺上多采用面接触型结构,结电容大,因此整流二极管工作频率一般小于3 kHz。

检波二极管:一般检波二极管采用锗材料点接触型结构,要求正向压降小、检波效率高、结电容小、频率特性好,其外形一般采用玻璃封装 EA 结构。

开关二极管:二极管从截止到导通的称为开通时间,从开通到截止的时间称为反向恢复时间,两者之和称为开关时间。开通时间较短,一般可以忽略,反向恢复时间较长,它反映了二极管的特性好坏。

稳压二极管:稳压二极管的正向曲线与普通二极管相仿,但反向曲线比普通二极管低得多。其击穿点处曲线弯折特别尖锐,反向电流剧增,但电压几乎保持不变,只要在外电路中设置限流措施,使稳压二极管始终保持在允许功耗内,就不会损坏稳压二极管,稳压二极管的反向击穿是可逆的,而普通二极管的击穿是不可逆的。稳压二极管多采用硅材料制成。

发光二极管（LED）:是在半导体PN结或类似的结构中通以正向电流,以高效率发出可见光或红外辐射的器件。由于它发射准单色光、尺寸小、寿命长和廉价,因此被广泛用在仪表的指示器、光电耦合器和光学仪器的光源等领域。

变容二极管:变容二极管是利用PN结电容随外加反向偏压变化的特性制成。在零偏压时,结电容最大,临近击穿时,结电容最小。两者之比则为其结电容变化比。从导通曲线可以看出,结电容变化呈现非线性。变容二极管一般总是接在谐振回路中使用,以取代传统的可变电容,必须有足够的 Q 值。显然由于 Q 随着频率的升高而降低,因此定义为 $Q=1$ 时为截止频率。使用时必须低于截止频率。

8.3.2　二极管的伏安特性

二极管两端的电压与流过二极管的电流间的关系曲线称为二极管的伏安特性。它可以通过实验测出,如图 8-5 所示。

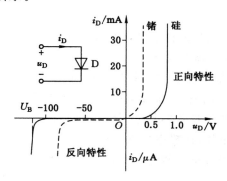

图 8-5　二极管的伏安特性

图中显示出了一个硅(锗)二极管的伏安特性。伏安特性包括正向特性和反向特性两部分。在正向特性中,当正向电压较小时正向电流很小,这一段称为死区。当正向电压超过某一数值后,正向电流开始明显增大,该电压值称为导通电压。硅二极管的导通电压约 0.5 V,锗二极管约 0.1 V。二极管正向导通后,电流上升较快,但管压降变化很小。硅二极管的正向压降约为 0.6～0.8 V,锗二极管的正向压降约为 0.2～0.3 V。在反向特性中,随着反向电压的增加,反向电流基本上不变,且数值很小。小功率硅二极管的反向电流一般小于0.1 μA,锗二极管的反向电流比硅管大得多,受温度的影响比较明显。当反向电压增加到一定数值时,反向电流将急剧增加,称为反向击穿,此时的电压称为反向击穿电压 U_B。反向击穿会使 PN 结损坏,使用二极管时应加以避免。

由伏安特性可知,二极管是一个非线性电阻元件,它的电流和电压之间不存在比例关系,电阻不是一个常数。

8.3.3　二极管的主要参数

二极管的伏安特性除用特性曲线表示外,还可以用一些参数来说明。这些参数是正确选择和使用二极管的依据。二极管的主要参数如下。

(1) 最大整流电流 I_{OM}

最大整流电流是二极管长时间工作时允许通过的最大平均电流。实际应用时,二极管通过的平均电流不允许超过此值,否则会因过热使二极管损坏。

(2) 最大反向工作电压 U_{RWM}

二极管正常工作时允许承受的最大反向工作电压。其值一般是反向击穿电压的一半或三分之二。二极管实际使用时承受的反向电压不应超过此值,以免发生击穿。

(3) 最大反向电流 I_{RM}

指二极管加最高反向工作电压时的反向电流。其值越大,说明二极管的单向导电性越差,且受温度影响越大。当温度升高时,反向电流会显著增加。硅管的反向电流一般在几个微安以下,而锗管的反向电流是硅管的几十倍到几百倍,应用时应特别注意。

(4)最高工作频率 f_M

各类二极管的最高工作频率参数可查阅产品手册。手册给出的参数是在一定条件下测得的,故在使用参数时要注意参数的测试条件。另外由于产品制造过程中存在分散性,因此手册上有时只给出参数范围。

8.3.4　二极管应用举例

二极管的应用范围很广,主要是利用它的单向导电性,可用于整流、检波、限幅、稳压和元件保护等,也可在数字电路中做开关使用。

在实际应用中常常把二极管理想化,理想二极管伏安特性如图 8-6 所示。当二极管加正向电压(阳极电位高于阴极电位)时导通,导通时的正向管压降近似为 0,导通时的正向电流由外电路决定,当二极管加反向电压(阳极电位低于阴极电位)时截止,截止时的反向电流为 0,截止时二极管承受的反向电压由外电路决定。

图 8-6　理想二极管伏安特性

【例 8-1】　电路如图 8-7 所示,输入电压 $u_2=\sqrt{2}U_2\sin\omega t$ V,画出输出电压 u_o 的波形。

解：　u_2 正半周时,二极管 D 承受正向电压而导通,在忽略二极管正向压降的情况下

$$u_o = u_2$$

u_2 负半周时,二极管 D 承受反向电压而关断,此时

$$u_o = 0$$

画出 u_o 波形,如图 8-8 所示。

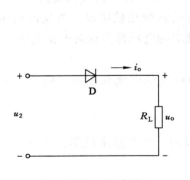

图 8-7 例 8-1 电路图

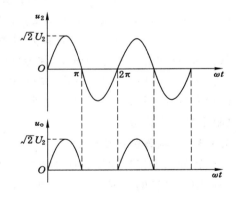

图 8-8　例 8-1 输出波形图

因图 8-8 在实际整流电路中比较常用,因此图 8-8 电路称为半波整流电路。

【例 8-2】　在图 8-9 电路中,设 D 为理想二极管(具有二极管特性而无正向压降)。已知输入电压 $u_i=10\sin\omega t$ V,$E=5$ V,画出输出电压 u_o 的波形。

解：　当 $u_i<E$ 时,D 承受正向电压导通,$u_o=u_i$;

当 $u_i>E$ 时,D 承受反向电压关断,R 中无电流,$u_o=E=5$ V。

画出输出电压 u_o 波形,如图 8-9(b)所示。

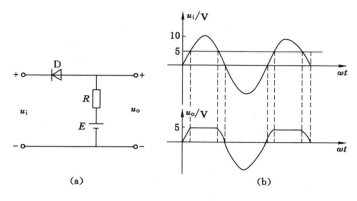

图 8-9　例 8-2 电路图及波形图

(a) 电路图；(b) 波形图

图 8-9 电路称为限幅电路或削波电路。削波电路种类很多，在电子技术中有着广泛的应用。

8.4　稳压二极管

除了前面介绍的普通二极管外，二极管还有一些特殊类型，例如稳压二极管、发光二极管（用于发光指示）、光电二极管（用于检测入射光的光强）、变容二极管（作为电压控制的电容元件）等。其中，稳压二极管是一种用特殊工艺制造的硅半导体二极管，是用来稳压的二极管。在使用时其接法正好和普通二极管相反，即管子处于反向偏置，工作在反向击穿状态，利用反向击穿特性来稳定直流电压。图 8-10 所示是稳压二极管的符号。

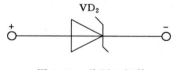

图 8-10　稳压二极管

如图 8-11 所示是稳压二极管的伏安特性曲线，由图中可以看出，它通常工作在反向特性的 AB 段。虽然管子工作在反向击穿区，但这并不意味着管子一定会损坏，只要限制流过稳压管的反向电流不要过大就不会使管子因过热而烧毁，因此稳压管一般在工作时都有限流电阻配合使用。从图中还可以看出，它的正向导通特性曲线和反向击穿特性均比普通二极管的要陡峭。稳压管工作时，流过它的反向电流在 $I_{Zmin} \sim I_{Zmax}$ 范围内变化，在这个范围内，稳压管工作安全且它两端反向电压基本不变，因此具有"恒压"的特性。稳压管也正是利用这一点来实现稳压作用的。

稳压管的主要参数如下。

(1) 稳定电压 U_Z

稳定电压是稳压二极管正常工作时管子两端的电压。因工艺方面的原因，稳压二极管的稳定电压离散性较大，即使是同一型号的管子，U_Z 也不尽相同，使用时应根据实际情况选用。

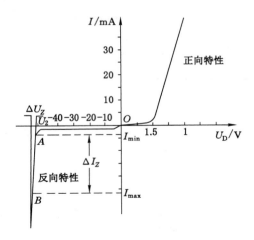

图 8-11　稳压二极管的伏安特性曲线

（2）动态电阻 r_Z

动态电阻是管子两端的电压变化量 ΔU_Z 与对应的电流变化量 ΔI_Z 的比值，即

$$r_Z = \frac{\Delta U_Z}{\Delta I_Z} \tag{8-1}$$

它反映了稳压二极管稳压性能的好坏。击穿特性越陡，动态电阻越小，稳压性能越好。

（3）稳定电流 I_Z

在选择稳压管时，稳定电流 I_Z 可以作为参考依据。一般认为只有稳压二极管的电流达到此值时，稳压管才能进入反向击穿区。使用时根据具体情况决定。

（4）最大稳定电流 I_{ZM}

在保证稳压管不被热击穿的情况下允许通过的最大反向电流。

（5）最大耗散功率 P_{ZM}

管子不发生热击穿的最大耗散功率，即

$$P_{ZM} = I_{ZM} \cdot U_Z \tag{8-2}$$

用稳压二极管构成的稳压电路如图 8-12 所示，稳压二极管 VD_Z 工作在反向击穿状态。图中的 R 为限流电阻，用来限制流过稳压管的电流，使之既要进入击穿区，又不能超过 I_{ZM}。R_L 是负载电阻，当稳压管处于反向击穿状态时，U_Z 基本不变，故负载电阻 R_L 两端的电压 $U_o = U_Z$，是稳定的。

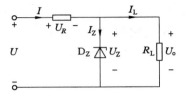

图 8-12　稳压管的稳压电路

【例 8-3】　如图 8-13（a）电路中，两只稳压管的稳定电压 U_Z 全为 5 V，正向压降忽略不计，$U_i = 10\sin\omega t$ V。试画出输出电压 U_o 波形。

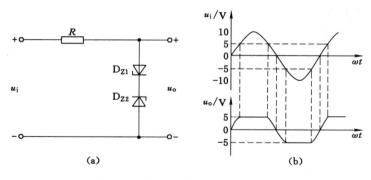

图 8-13　例 8-4 图

解：　当 $u_i \geqslant 5$ V 时，D_{Z1} 正向导通，D_{Z2} 处于稳压工作状态，$U_o = U_{Z2} = 5$ V。

当 $u_i \leqslant 5$ V 时，D_{Z1} 处于稳压工作状态，D_{Z2} 正向导通，$U_o = -U_{Z1} = -5$ V。

当 -5 V $< u_i < 5$ V 时，D_{Z1}，或 D_{Z2} 截止，$U_o = U_i$。

画出 U_o 波形如图 8-13(b) 所示。由波形图可以看出，此电路为双向削波或双向限幅电路。

8.5　半导体三极管

8.5.1　三极管的结构与分类

半导体三极管，简称为三极管或晶体管，因为有电子和空穴两种载流子参与导电，所以称为双极型三极管。三极管具有放大和开关作用，是电子技术中应用最广泛的一种器件。三极管有 NPN 和 PNP 两种类型，图 8-14 所示是其结构的示意图和图形符号。两个 PN 结把半导体基片分为三个区域，即集电区、基区和发射区，三个区各引出三个电极分别叫作集电极 C、基极 B 和发射极 E，用字母分别表示为 C、B、E，两个 PN 结也分别叫作集电结和发射结。三极管在电路中的接法也有三种，分别是共集电极、共基极和共发射极。

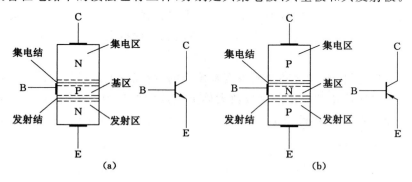

图 8-14　三极管的结构示意图和图形符号

三极管的种类很多，它们的外形和封装形式也各不相同。按工作频率分有低频管、高频管和超高频管；按功率分有小功率管、中功率管和大功率管；按管芯所用半导体材料分有硅管和锗管；按结构工艺分主要有合金管和平面管；按用途分有放大管和开关管。

8.5.2 三极管的工作原理

当三极管的两个 PN 结的偏置方式不同时,三极管的工作状态也不同。当发射结和集电结加不同的偏置电压时,三极管有放大、饱和以及截止三种工作状态。

(1) 放大状态

当外接电路保证三极管的发射结正向偏置,集电结反向偏置时,如图 8-15 所示,三极管具有电流放大作用,即工作在放大状态。

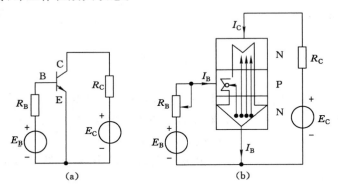

图 8-15 三极管放大状态时的电路与载流子的运动

图中基极电源 E_B 和基极电阻 R_B 构成的基极回路保证发射结处于正向偏置,集电极电源 E_C 和集电极电阻 R_C 构成的集电极回路保证集电结处于反向偏置($E_C > E_B$)。由于发射极是基极回路和发射极回路的公共端,故这种电路称为共发射极电路。若三极管为 PNP 型,只需将两电源的极性颠倒即可。

由于发射结处于正向偏置,发射区的多子(自由电子)就会源源不断地向基区扩散(形成 I_E),发射区的电子注入基区后,除一小部分与基区的空穴复合(形成 I_B)外,大部分电子将继续向集电结扩散。扩散到集电结边沿的电子在集电结反向电压的作用下,被拉入集电区(形成 I_C)。以上讨论中忽略了基区的多子空穴(因基区很薄,掺杂浓度很低,空穴数量很少)向发射区的扩散运动和集电区的少子(空穴)及基区的少子(电子)的漂移运动。在上述载流子的运动过程中,可得到基极电流、集电极电流和发射极电流关系如下:

$$I_E = I_C + I_B$$

三极管制成后,其内部尺寸和杂质浓度是确定的,所以发射区所发射的电子在基区复合的百分数和被集电区收集的电子的百分数大体上是确定的。因此,三极管内部的电流存在一定的比例分配关系。I_C 接近于 I_E,远大于 I_B。I_B 和 I_C 之间也存在一定的比例关系,称之为静态电流放大系数 β。

$$\bar{\beta} = \frac{I_C}{I_B}$$

当发射结外加电压的变化引起基极电流 I_B 的微小变化时,集电极电流 I_C 必将会发生较大的变化,这就是三极管的电流放大作用,也就是通常所说的基极电流对集电极电流的控制作用。集电极电流的变化量与基极电流的变化量之比称为动态电流放大系数 β。

$$\beta = \frac{\Delta I_C}{\Delta I_B} = \bar{\beta}$$

综上所述,三极管工作在放大状态的内部条件是制造时使基区薄且掺杂浓度低,发射区掺杂浓度远高于集电区;外部条件是发射结正偏,集电结反偏。若为共发射极接法,对 NPN 管:$V_C > V_B > V_E$;对 PNP 管:$V_E > V_B > V_C$。三极管工作在放大状态时,有

$$I_C = \beta I_B$$

（2）饱和状态

在图 8-16 所示电路中,当三极管的发射结和集电结都处于正向偏置时,若减少基极电阻 R_B,使发射结电压 U_{BE} 增加,则基极电流 I_B 增加,集电极电流 I_C 随之增加。但当 I_C 增加到 I_B 时,I_C 已成为该电路中可能达到的最大值,$I_C \approx E_C / R_B$,再增加 I_B,I_C 也不会增加了,三极管处于饱和状态。此时 $U_{CE} < U_{BE}$ 集电结处于正向偏置。

三极管工作在饱和状态的条件是:发射结正偏,集电结正偏,即 $|U_{CE}| < |U_{BE}|$。工作在饱和状态的特点是:I_C 与 I_B 不存在比例关系,I_C 取决于外电路,管压降 U_{CE} 很低,接近于 0,三极管相当于短路的开关,如图 8-16(a)所示。

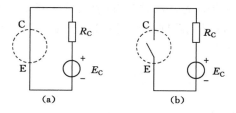

图 8-16　三极管的开关状态

（3）截止状态

当三极管的发射结处于反向偏置时,理想状态下基极电流为 0,集电极电流亦为 0,此时的三极管处于截止状态。三极管工作在截止状态的条件是:发射结反偏,集电结反偏;三极管工作在截止状态的特点是:$I_B = 0$,$I_C \approx 0$,管压降 $U_{CE} \approx U_C$ 三极管相当于断开的开关,如图 8-16(b)所示。

当三极管工作在截止、饱和状态时起开关作用,称之为三极管的开关状态。

8.5.3　三极管的特性曲线

晶体管的特性曲线是用来表示该晶体管各级电压和电流之间相互关系的,它反映晶体管的性能,是分析放大电路的主要依据。通常描述三极管特性的曲线有输入特性曲线和输出特性曲线。

（1）输入特性曲线

三极管的输入特性曲线是指在 U_{CE} 一定时,测得三极管基极与发射极之间的电压 U_{BE} 和基极电流 I_B 之间的关系曲线。测试电路如图 8-17 所示。

从图中不难看出,只要适当调节 R_{P2},使 U_{CE} 保持一个定值,再调节 R_{P1},从零开始增加 U_{BE} 的值,就得到相应的 I_B 值。连接每组相对应的数据,便可得到三极管的输入特性曲线。

每给定一个 U_{CE} 的值便可以得到一条相应的特性曲线,如图 8-18(a)所示。从图中我们可以看出,三极管的输入特性曲线和二极管的伏安特性曲线十分相似,因为三极管的发射结本身就相当于一个二极管,而 U_{BE} 和 I_B 也呈非线性关系,同样也存在着死区。其中,硅管的死区电压为 0.5 V,锗管的为 0.2 V。三极管正常导通时,硅管的 U_{BE} 约为 0.7 V,锗管的约为 0.3 V。

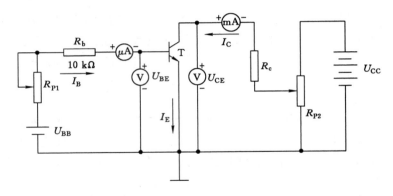

图 8-17　三极管的特性曲线测试电路

（2）输出特性曲线

三极管的输出特性是指当 I_B 为常数时，三极管的管压降 U_{CE} 和集电极电流 I_C 之间的关系曲线，即 $I_C = f(U_{CE})$。其测试电路同样如图 8-17 所示。每给定一个 I_B 值，就会得到一条 $I_C\text{-}U_{CE}$ 曲线，如图 8-18（b）所示。

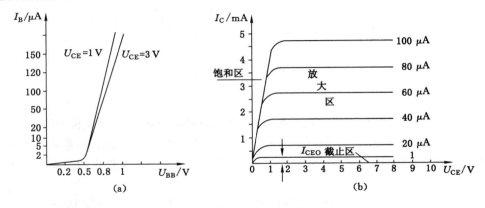

图 8-18　三极管的特性曲线

从图中可以看出，每一条输出曲线都分为上升、弯曲和平坦三个部分。对应于三极管的三个工作状态，在输出特性曲线中可分为三个区域。

放大区是指输出特性曲线中间间距接近相等且互相平行的区域。在该区 U_{CE} 足够大，发射结正向偏置，集电结反向偏置。此区域内，I_C 与 I_B 成正比例增长，也就是说 I_B 有一个微小的变化，就会使 I_C 按比例发生很大的变化，即三极管的电流放大作用。图 8-18（b）中，因为不同的 I_B 对应着不同的曲线，在垂直于横轴方向作任意直线，从该直线上可以找出 I_C 的变化量 ΔI_C 和与之对应的 I_B 的变化量 ΔI_B，即可得到该管的电流放大倍数 β，$\beta = \Delta I_C / \Delta I_B$。曲线越平坦，间距越均匀，管子性能越好。曲线间距越大则表示 β 值越大。

经过实验得到的数据证明，三极管内的电流分配关系为 $I_E = I_B + I_C$。

饱和区，是指输出特性曲线的上升部分与纵轴之间的区域。在这个区域中，U_{CE} 比较小（$U_{CE} < U_{BE}$），所以发射结和集电结均处于反向偏置。另外在此区域内，I_B 增大时，I_C 不会明显增加，这就是所谓的"饱和"现象。I_C 不再受 I_B 的控制，三极管失去电流放大作用。饱和

区内的 U_{CE} 很小,称为饱和压降 U_{CES}。

截止区,是指输出特性曲线中 $I_B \leqslant 0$ 的部分。在该区 U_{BE} 很小并处在死区电压以内。所以发射结反向偏置,集电结也反向偏置。无论 U_{BE} 怎样变化,I_C 都很小,只有发射区的少数载流子穿过基区到达集电区形成的穿透电流 I_{CEO},如图中所示。穿透电流会随温度的升高而迅速增大,会导致三极管工作不稳定,所以在使用时应选择穿透电流小的三极管。通常硅管的穿透电流小一些,只有几微安;而锗管的稍大一些,有几十到几百微安。

8.5.4　三极管的主要参数

(1) 共射极电流放大倍数 $\bar{\beta}$、β

β 是在三极管正常放大状态下分析和设计电路的重要参数,静态电流放大系数 $\bar{\beta} = \dfrac{I_C}{I_B}$,动态电流放大系数 $\beta = \dfrac{\Delta I_C}{\Delta I_B}$,今后估算时常用 $\bar{\beta} = \beta$ 这一近似关系。在选用管子的时候,要注意 β 值应恰当,过大的管子工作稳定性差。一般 β 值为几十到几百。

(2) 穿透电流 I_{CEO}

I_{CEO} 是基极开路($I_B = 0$)时的集电极电流。I_{CEO} 随温度的升高而增大,硅管的 I_{CEO} 比锗管的小 $2 \sim 3$ 个数量级。I_{CEO} 越小,其温度稳定性越好。

(3) 集电极最大允许电流 I_{CM}

当三极管的集电极电流增大时,β 下降,当 β 下降到正常值的 $2/3$ 时,对应的集电极电流为 I_{CM}。

(4) 反向击穿电压 $V_{(BR)CEO}$

$V_{(BR)CEO}$ 是基极开路时,集电极和发射极之间允许施加的最大电压。若 $U_{CE} > V_{(BR)CEO}$,集电结将被反向击穿。

(5) 集电极最大允许耗散功率 P_{CM}

三极管工作时,集电极功率损耗为

$$P_C = I_C \cdot U_C \tag{8-3}$$

P_C 的存在使集电结的温度上升,若 $P_C > P_{CM}$ 将会导致三极管过热而损坏。根据 P_{CM} 可以在输出特性上做出过损耗曲线,如图 8-18(b)所示。

8.6　绝缘栅场效应管

8.6.1　基本结构与工作原理

场效应管是一种利用半导体表面的电场效应,由感应电荷的多少改变导电沟道来控制漏极电流的一种半导体器件。按其结构可分为结型场效晶体管和绝缘栅场效晶体管两大类。由于绝缘栅场效晶体管的应用更为广泛,本节只介绍此种类型。

绝缘栅场效应管按其工作状态分为增强型和耗尽型两类,按其导电类型又分 N 沟道(电子导电)和 P 沟道(空穴导电)两种。

N 沟道绝缘栅场效应晶体管的结构如图 8-19(a)所示。它用一块杂质浓度较低的 P 型硅片做衬底,在其上面扩散两个杂质浓度很高的 N 区(称为 N⁺ 区),并引出两个电极,分别称为源极 S(Source)和漏极 D(Drain)。P 型硅片表面覆盖一层极薄的二氧化硅(SiO₂)绝缘层,在源极和漏极之间的绝缘层上制作一个金属电极称为栅极 G(Gate)。栅极和其他电极是绝缘的,故称为绝缘栅场效应晶体管。金属栅极和半导体之间的绝缘层目前常用二氧化硅,故又称为金属－氧化物－半导体场效应晶体管,简称 MOS(Metal Oxide Semiconductor)管。

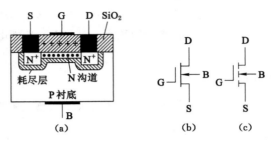

图 8-19　N 沟道绝缘栅场效应晶体管结构示意
(a) 结构图;(b) 耗尽型 NMOS 管图形符号;(c) 增强型 NMOS 管图形符号

　　如果在制造 N 沟道 MOS 管时,在二氧化硅绝缘层中掺入大量的正离子,就会在 P 型衬底的表面产生足够大的正电场,这个强电场将会排斥 P 型衬底中的空穴(多数载流子),并把衬底中的电子(少数载流子)吸引到表面,形成一个 N 型薄层,将两个 N^+ 区即源极和漏极沟通。这个 N 型薄层称为 N 型导电沟道。这种 MOS 管在制造时导电沟道就已形成,称为耗尽型场效晶体管。如果在制造时二氧化硅绝缘层中的正离子很少,不足以形成导电沟道,必须在栅极和源极之间外加一定的电压才能形成导电沟道,则称为增强型场效晶体管。N 沟道耗尽型和增强型 MOS 管的图形符号分别如图 8-19(b)和(c)所示。在增强型 MOS 管的符号中,源极 S 和漏极 D 之间的连线是断开的,表示 UGS=0 时导电沟道没有形成。

　　P 沟道 MOS 管是用 N 型硅片做衬底,在衬底上面扩散两个杂质浓度很高的 P 区(称为 P^+ 区),两个 P^+ 区之间的表面覆盖二氧化硅,然后分别加上金属电极作为源极、漏极和栅极。P 沟道 MOS 管工作时连通两个 P^+ 区的是一条 P 型导电沟道。P 沟道 MOS 管也分为耗尽型和增强型,它们的图形符号分别如图 8-20(a)和(b)所示。由于场效晶体管工作时只有一种极性的载流子(N 沟道是电子、P 沟道是空穴)参与导电,故亦称为单极晶体管。

　　和双极晶体管的共发射极接法相类似,MOS 管常采用共源极接法。图 8-21 是用 N 沟道耗尽型 MOS 管构成的共源极电路。图中 MOS 管的 P 型衬底和源极 S 相连,使 P 型衬底的电位低于 N 型导电沟道的电位,P 型衬底和 N 型沟道之间的 PN 结始终处于反向偏置,保证 MOS 管的正常工作。

　　图 8-21 中,在正电源 U_{DD} 的作用下,耗尽型 MOS 管 N 型沟道中的电子就从源极侧向漏极运动,形成漏极电流 I_D。如果栅极和源极间的电压 U_{GS} 增加(或降低),则垂直于衬底的表面电场强度加强(或减弱),从而使导电沟道加宽(或变窄),引起漏极电流 I_D 增大(或减小)。因此 MOS 管是利用半导体表面的电场效应来改变导电沟道的宽窄而控制漏极电流的。或者说,是利用栅源电压 U_{GS} 来控制漏极电流 I_D。

　　和晶体管相比,场效应晶体管的源极相当于晶体管的发射极、漏极相当于集电极、栅极相当于基极。晶体管的集电极电流受基极电流 I_B 控制,是一种电流控制型器件。而场效应晶体管的漏极电流 I_D 受栅源电压 U_{GS} 的控制,是一种电压控制型器件。场效应晶体管具有输入电阻大、耗电少、噪声低、热稳定性好、抗辐射能力强等优点,在低噪声放大器的前级或环境条件变化较大的场合常被采用。MOS 管的制造工艺比较简单,占用芯片面积小,特别适用于制作大规模集成电路。

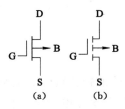

图 8-20　P 沟道 MOS 管的图形符号

（a）耗尽型 NMOS 管图形符号；

（b）增强型 NMOS 管图形符号

图 8-21　共源极电路

8.6.2　特性曲线

（1）特性曲线

由于 MOS 管的栅极是绝缘的,栅极电流 $I_G \approx 0$,因此不研究 I_G 和 U_{GS} 之间的关系。I_D 和 U_{DS}、U_{GS} 之间的关系可用输出特性和转移特性来表示。

输出特性是指以 u_{GS} 为参变量时,i_D 和 U_{DS} 之间的关系,即

$$i_D = f(u_{DS}) \mid u_{GS} = 常数 \tag{8-4}$$

图 8-22（a）是 N 沟道耗尽型 MOS 管的输出特性曲线,也称为漏极特性曲线。它是以 u_{GS} 为参变量的一组曲线。由图可见,当 u_{DS} 较小时,在一定的 u_{GS} 下,i_D 几乎随 u_{DS} 的增大而线性增大,i_D 增长的斜率取决于 u_{GS} 的大小。在这个区域内,场效晶体管 D、S 间可看作一个受 u_{GS} 控制的可变电阻,故称为可变电阻区。当 u_{DS} 较大时,i_D 几乎不随 u_{DS} 的增大而变化,但在一定的 u_{DS} 下,i_D 随 u_{GS} 的增加而增长,故这个区域称为线性放大区或恒流区,场效晶体管用于放大时就工作在这个区域。当 u_{GS} 减小（即向负值方向增大）到某一数值时,N 型导电沟道消失,$i_D \approx 0$,称为场效晶体管处于夹断状态（即截止）。通常定义 i_D 为某一微小电流（几十微安）时的栅源电压为栅源夹断电压 $u_{GS}(Off)$。

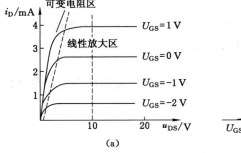
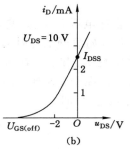

图 8-22　N 沟道耗尽型 MOS 管的特性曲线

（a）输出特性；（b）转移特性

转移特性是指以 u_{DS} 为参变量时,i_D 和 u_{GS} 之间的关系,即

$$i_D = f(u_{GS}) \mid u_{DS} = 常数 \qquad (8-5)$$

转移特性直接反映了 u_{GS} 对 i_D 的控制作用。

图 8-22(a)是 N 沟道耗尽型 MOS 管的转移特性曲线,它可由输出特性曲线求得。$u_{GS}=0$ 时的漏极电流用 I_{DSS} 表示,称为饱和漏极电流。在 $u_{GS}>U_{GS(Off)}$ 的范围内,转移特性可近似表示为

$$i_D = I_{DSS}\left(1 - \frac{U_{GS}}{U_{GS(Off)}}\right)^2 \qquad (8-6)$$

图 8-23(a)和(b)分别是 N 沟道和 P 沟道增强型 MOS 管的转移特性。增强型 MOS 管在制成后不存在导电沟道,使用时必须外加一定的 u_{GS} 才会出现导电沟道。使漏极和源极之间开始有电流流过的栅源电压称为开启电压 $U_{GS(th)}$。通常把 $|i_D|=10\ \mu A$ 时的 U_{GS} 值规定为开启电压。P 沟道增强型 MOS 管漏极电源、栅极电源的极性均和 N 沟道增强型 MOS 管相反,故其转移特性在第三象限。也就是说,P 沟道增强型 MOS 管漏极和源极间要加负极性电源,栅极电位比源极电位低 $|U_{GS(th)}|$ 时,管子才导通。

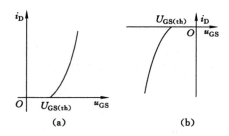

图 8-23　增强型 MOS 管的转移特性

(a) NMOS 管;(b) PMOS 管

(2) 主要参数

① 夹断电压 $U_{GS(Off)}$ 和开启电压 $U_{GS(th)}$:$U_{GS(Off)}$ 是耗尽型 MOS 管的参数,$U_{GS(th)}$ 是增强型 MOS 管的参数。

② 饱和漏极电流 I_{DSS}:它是耗尽型 MOS 管的参数。

③ 栅源直流输入电阻 R_{GS}:它是栅源电压和栅极电流的比值。MOS 管的 R_{GS} 一般大于 $10^9\ \Omega$。

④ 最大漏源击穿电压 $U_{(BR)DS}$:它是漏极和源极之间的击穿电压(漏区和衬底间的 PN 结反向击穿),即 I_D 开始急剧上升时的 U_{DS} 值。

⑤ 最大漏极电流 I_{DM} 和最大耗散功率 P_{DM}。

⑥ 低频跨导 g_m:在 U_{DS} 为某一固定值时,漏极电流的微小变化量 ΔI_D 和相应的栅源输入电压变化量 ΔU_{GS} 之比,即

$$g_m = \frac{\Delta I_D}{\Delta U_{GS}} \mid u_{DS} = 常数$$

其单位常采用 μS 或 mS(S 即西[门子],是电导的单位)。它的大小就是转移特性曲线在工作点处的斜率,工作点位置不同,g_m 值也不同。g_m 是表征栅源电压对漏极电流控制作用的大小,即衡量场效晶体管放大能力的参数。

8.6.3　场效应管使用注意事项

使用场效应管时除注意它的参数外,根据它的结构,还要注意以下几点:

① 场效应管的漏极与源极可以互换,其伏安特性没有明显变化。但有些产品出厂时已将源极与衬底连在一起,这时源极与漏极就不能对调。

② 有些场效应管将衬底引出(管子有四个管脚),让使用者根据需要连接。连接方式视 N 沟道、P 沟道而异。一般 P 衬底接低电位,N 衬底接高电位。然而对于某些特殊的电路,当源极电位很高或很低时,为了减少源衬间电压对管子导电性能的影响,可将源极与衬底连在一起。

③ 绝缘栅场效应管不使用时,由于它的输入电阻很高,须将各电极短路,以免栅极感应电压将绝缘层击穿损坏管子。

④ 焊接场效应管时,电烙铁应有良好的接地,以屏蔽交流电场,最好是将电烙铁的电源拔掉,用余热焊接。

8.7　光电器件

8.7.1　发光二极管

发光二极管简称为 LED,由含镓(Ga)、砷(As)、磷(P)、氮(N)等的化合物制成。当电子与空穴复合时能辐射出可见光,因而可以用来制成发光二极管。在电路及仪器中作为指示灯,或者组成文字或数字显示。砷化镓二极管发红光,磷化镓二极管发绿光,碳化硅二极管发黄光,氮化镓二极管发蓝光。因化学性质又分有机发光二极管 OLED 和无机发光二极管 LED。发光二极管电路符号如图 8-24 所示。

发光二极管与普通二极管一样是由一个 PN 结组成,也具有单向导电性。当给发光二极管加上正向电压后,从 P 区注入 N 区的空穴和由 N 区注入 P 区的电子,在 PN 结附近的数微米以内分别与 N 区的电子和 P 区的空穴复合,产生自发辐射的荧光。不同的半导体材料中电子和空穴所处的能量状态不同。当电子和空穴复合时释放出的能量多少不同,释放出的能量越多,则发出的光的波长越短。发光二极管的反向击穿电压大于 5 V。它的正向伏安特性曲线很陡,使用时必须串联限流电阻以控制通过二极管的电流。发光二极管常用作数字仪表和音响设备中的显示器。

8.7.2　光电二极管

光电二极管又称光敏二极管,是一种能将光信号转换成电信号的特殊二极管。符号如图 8-25 所示。

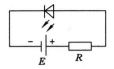
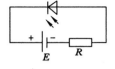

图 8-24　发光二极管电路图　　　　　图 8-25　光电二极管电路图

光电二极管的基本结构也是一个 PN 结。它的管壳上开有一个嵌着玻璃的窗口,以便于光线射入。光电二极管在设计和制作时尽量使 PN 结的面积相对较大,以便接收入射光。光电二极管是在反向电压作用下工作的,没有光照时,反向电流极其微弱,叫暗电流;有光照时,反向电流迅速增大到几十微安,称为光电流。光的强度越大,反向电流也越大。光的变化引起光电二极管电流变化,这就可以把光信号转换成电信号,成为光电传感器件。

8.7.3 光电三极管

光电三极管又称光敏三极管,是在光电二极管的基础上发展起来的光电器件,也是一种能将光信号转换成电信号的半导体器件。一般光电三极管只引出两个管脚(E,C)极,基极 B 不引出,管壳上也开有方便光线射入的窗口。电路符号如图 8-26 所示。

光电三极管本身具有放大功能。与普通三极管一样,光电三极管也有两个 PN 结,且有 PNP 型和 NPN 型之分。光电三极管的部分参数与普通三极管相似。其他主要参数还有暗电流、光电流、最高工作电压等。其中暗电流、光电流均指集电极电流,最高工作电压指集电极和发射极之间允许施加的最高电压。

8.7.4 光电耦合器

光电耦合器是一种光电结合的半导体器件,它是将一个发光二极管和一个光电三极管封装在同一个管壳内组成的。其符号如图 8-27 所示。

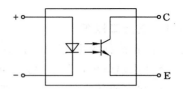

图 8-26　光电三极管符号　　　　　　图 8-27　光电耦合器的符号

当在光电耦合器的输入端加电信号时,发光二极管发光,光电三极管受到光照后产生光电流,由输出端引出,于是实现了电—光—电的传输和转换。

光电耦合器的主要特点是:以光为媒介实现电信号传输,输入端与输出端在电气上是绝缘的,因此能有效地抗干扰、隔噪声。此外,它还具有速度快、工作稳定可靠、寿命长、传输信号失真小、工作频率高等优点以及完成电平转换、实现电位隔离等功能。因此,在电子技术中得到越来越广泛的应用。

8.8　集成电路

集成电路(Integrated Circuit)是一种微型电子器件或部件。采用一定的工艺,把一个电路中所需的晶体管、电阻、电容和电感等元件及布线互连一起,制作在一小块或几小块半导体晶片或介质基片上,然后封装在一个管壳内,成为具有所需电路功能的微型结构;其中所有元件在结构上已组成一个整体,这使电子元件向着微小型化、低功耗、智能化和高可靠性方面迈进了一大步。它在电路中用字母"IC"表示。

集成电路是 20 世纪 60 年代初发展起来的一种新型电子器件。它是经过氧化、光刻、扩散、外延、蒸铝等半导体制造工艺,把构成具有一定功能的电路所需的半导体、电阻、电容等元件及它们之间的连接导线全部集成在一小块硅片上,然后焊接封装在一个管壳内的电子器件。其封装外壳有圆壳式、扁平式或双列直插式等多种形式。集成电路技术包括芯片制造技术与设计技术,主要体现在加工设备,加工工艺,封装测试,批量生产及设计创新的能力上。

集成电路的迅速发展,促使电子电路日益微型化。按照集成度(每块半导体晶片上所包含的元、器件数)的大小划分,集成电路可分为小规模、中规模、大规模和超大规模集成电路几种。其中,大规模和超大规模集成电路已实现了器件、电路和系统三者在半导体晶片上的结合。

集成电路在制造工艺方面具有以下特点:

① 集成电路中,所有元、器件处于同一晶片上,由同一工艺做成,易做到电气特性对称、温度特性一致。

② 集成电路中,高阻值的电阻制作成本高,占用面积大。若需要高阻值电阻可以外接。

③ 集成电路中,不易制作大电容。电容通常在 200 pF 以下,且很不稳定,若需大电容时可以外接。

④ 集成电路中,难以制造电感。

⑤ 集成电路中,制作三极管比制作二极管容易,所以集成电路中的二极管都是用三极管基极与集电极短接后的发射结代替的。

在本书下面的章节中,会分别讨论有关集成电路的基本单元电路和主要集成电路产品。学习集成电路时,对其内部电路不必详细了解,应着重掌握其功能、外接线和使用方法。

习　题

8-1　当温度升高时,晶体管的参数和电流应按如下变化(　　)(　　)(　　)(　　)。

A. $\beta\uparrow$　　B. $\beta\downarrow$　　C. $I_{CEO}\uparrow$　　D. $U_{BE}\downarrow$　　E. $I_C\uparrow$　　F. $U_{BE}\uparrow$

8-2　三极管的 I_{CEO} 大,说明其(　　)。

A. 工作电流大　　　B. 击穿电压高　　　C. 寿命长　　　D. 热稳定性差

8-3　用直流电压表测得放大电路中某晶体管电极 1、2、3 的电位各为 $V_1=2$ V、$V_2=6$ V、$V_3=2.7$ V,则(　　)。

A. 1 为 e 、2 为 b,3 为 c　　　　B. 1 为 e、2 为 c,3 为 b

C. 1 为 b,2 为 e,3 为 c　　　　D. 1 为 b,2 为 c,3 为 e

8-4　某晶体管共发射极电流等于 1 mA,基极电流等于 20 μA,则它的集电极电流等于(　　)mA。

A. 0.98　　　　B. 1.02　　　　C. 0.8　　　　D. 1.2

8-5　晶体管具有电流放大功能,这是由于它在电路中采用(　　)接法。

A. 共发射极　　　B. 共基极　　　C. 共集电极　　　D. 任何接法

8-6　N 型半导体中的多数载流子是电子,P 型半导体中的多数载流子是空穴,能否说 N 型半导体带负电,P 型半导体带正电? 为什么?

8-7　晶闸管导通的条件是什么? 已经导通的晶闸管在什么条件下才能从导通转为截止?

8-8　已知某三极管的 $I_{B1}=10\ \mu$A 时,$I_{C1}=0.38$ mA,当 $I_{B2}=40\ \mu$A 时,$I_{C2}=2.38$ mA,求该三极管的 β 值为多少?

8-9　已知各三极管的各个电极对地的电位如图 8-28 所示。试判断各三极管处于何种工作状态?(NPN 为硅管,PNP 为锗管)

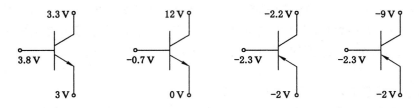

图 8-28　习题 8-9 图

8-10　图 8-29 中设 D_1、D_2 为理想二极管，直流毫安表内阻 $R_A = 0$，$U_{S1} = U_{S2} = 10$ V，$R = 2$ kΩ。试求：当开关 S 分别接通"1"和"2"时的电流 I，I_A，并说明二极管 D_1、D_2 是导通还是截止。

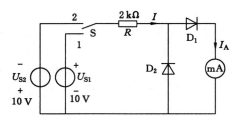

图 8-29　习题 8-10 图

8-11　在图 8-30 所示各电路中，二极管为理想二极管，判断各图二极管的工作状态并求 U_o。

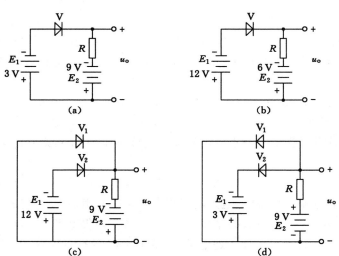

图 8-30　习题 8-11 图

8-12　晶体管的输入特性曲线会随温度的升高或降低而向左或向右移动。今有一个硅晶体管，在 $U_{CE} = 2$ V，$I_B = 40$ μA 的状态下，温度 $T = -70$ ℃时 $U_{BE} = 90$ mV，$T = 150$ ℃时 $U_{BE} = 470$ mV。试问从 −70 ℃到 +150 ℃，温度每升高 1 ℃，U_{BE} 平均下降多少？ T 为 0 ℃ 和 100 ℃时，U_{BE} 约为多少？

8-13　晶体管的输出特性曲线会随温度的升高而向上移动。今有一硅晶体管，在 U_{CE}

为 8 V,I_B 分别为 20 μA 和 40 μA 的状态下,温度 $T=20$ ℃时 I_C 分别为 0.85 mA 和 1.61 mA,$T=45$ ℃时 I_C 分别为 1.08 mA 和 2.12 mA。试求温度为 20 ℃,45 ℃时的交流电流放大系数 β 以及 45 ℃时 β 比 20 ℃时增加的百分数。

8-14 在图 8-31 中。试求下列几种情况下输出端电位 U_Y 及各元件中通过的电流:

(1) $U_A=+10$ V,$U_B=0$ V;(2) $U_A=+6$ V,$U_B=+5.8$ V;(3) $U_A=U_B=+5$ V。设二极管的正向电阻为零,反向电阻为无穷大。

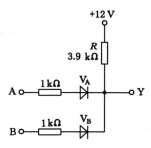

图 8-31 习题 8-14 图

8-15 图 8-32 中,已知 $\Delta U_I=0.12$ V,$g_m=1.2$ ms,$R_1=20$ kΩ,$R_2=100$ Ω,$R_3=10$ Ω,$R_4=20$ Ω,求 ΔU_o。

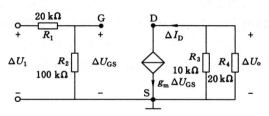

图 8-32 习题 8-15 图

第9章　基本放大电路

　　基本放大电路放大的本质是能量的转换与控制的过程，是在输入信号作用下，通过放大电路将直流电源的能量转换成负载所获得的能量，使负载从电源获得的能量大于信号源所提供的能量。电子电路放大的基本特征是功率放大，即负载上总是获得比输入信号大得多的电压或电流。这样，在放大电路中必须存在能够控制能量的元件，即有源元件，如三极管和场效应管等。

9.1　基本放大电路概述

9.1.1　基本放大电路的结构

　　放大电路作为电子设备中应用最广泛的电子电路，可以分为很多种类。例如，根据信号的强弱来分的电压放大电路和功率放大电路；根据被放大信号的频率不同来分的直流放大电路、低频放大电路和高频放大电路等。

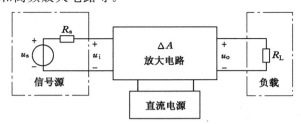

图 9-1　基本放大电路的结构

　　如图 9-1 所示，基本放大电路的结构主要由输入信号源，放大电路和负载三部分组成。需要把放大的信号加到放大电路的输入端，经放大电路放大后从输出端输出。通常，只要保证输出信号的功率大于输入信号的功率以及输出信号的波形与输入信号的波形相同这两个条件具备,就可以说该信号已经被很好地放大。

由此可以看出,放大电路主要用于放大微弱信号,输出电压或电流在幅度上得到了放大,输出信号的能量得到了加强。输出信号的能量实际上是由直流电源提供的,只是经过三极管的控制,使之转换成信号能量,提供给负载。

9.1.2　基本放大电路的组成

(1)组成放大电路的原则

要不失真地放大输入信号,放大电路的构成必须遵循下列原则:一是电源极性必须使放大电路中的三极管工作在放大状态,即发射结正偏,集电结反偏(对于 NPN 管应满足 $V_C > V_B > V_E$,对于 PNP 管应满足 $V_C < V_B < V_E$);二是信号的变化能引起三极管的输入电流的变化,三极管的输出电流的变化能方便地转换成输出电压,即为输入输出信号提供通路。

(2)基本放大电路的组成

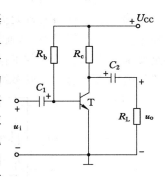

基本放大电路主要有三种形式,即共发射极放大电路、共基极放大电路和共集电极放大电路。共发射极放大电路的信号从基极输入,集电极输出公共端为发射极;共基极放大电路的信号从发射极输入,集电极输出公共端为基极;共集电极放大电路的信号从基极输入,发射极输出,公共端为集电极。这三种电路中,最常见的是共发射极放大电路(如图 9-2 所示),由 NPN 型三极管组成。信号从晶体管的基极、发射极输入,经放大后由集电极和发射极输出。由于发射极既作为信号的输入端又作为输出端,所以称这种放大电路形式为共发射极放大器。我们将在下一节详细介绍其工作原理和工作过程分析。

图 9-2　基本放大电路

9.1.3　放大电路的主要技术指标

如图 9-3 所示为放大电路示意图。可以将其看作一个两端口网络。不同放大电路在 $\dot{U}_S$ 和 R_L 相同的条件下 $\dot{I}_i$、$\dot{U}_o$、$\dot{I}_o$ 将不同,说明不同放大电路从信号源索取的电流不同,且对同样的信号的放大能力也不同;同一放大电路在幅值相同、频率不同的 $\dot{U}_S$ 作用下 $\dot{U}_o$ 也不同。因此说,放大电路各方面的性能是不一样的,其主要指标如下:

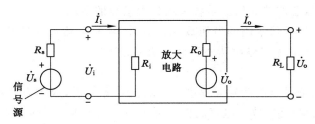

图 9-3　放大电路示意图

(1)电压放大倍数(或增益)A_u

电压放大倍数是衡量放大电路对输入信号放大能力的主要指标。它定义为输出电压变化量与输入电压变化量之比,用 A_u 表示,即

$$A_u = \frac{\Delta U_o}{\Delta U_i} \tag{9-1}$$

当输入信号为正弦交流信号时，可表示为

$$A_u = \frac{\dot{U}_o}{\dot{U}_i}$$

其绝对值为

$$|A_u| = \frac{U_o}{U_i} \tag{9-2}$$

若用电压增益表示，其分贝值为：

$$|A_u|dB = 20\lg|A_u|$$

放大电路放大倍数的大小反映了放大电路对信号的放大能力，其大小取决于放大电路的结构和组成电路的各元器件的参数。一个单级放大电路的放大倍数是有限的，放大器的输入信号一般都很微弱，通常为毫伏或微伏数量级，因此单级放大器的放大倍数往往不能满足要求。为了推动负载工作，需提高放大倍数。提高放大倍数的方法通常是将若干个放大单元电路级联起来组成多级放大电路。图 9-4 为两级放大电路的组成框图。

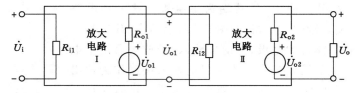

图 9-4　两级放大电路组成框图

由图 9-4 所示两级放大电路组成框图经多级扩展，可得到多级放大电路：

$$A_u = \frac{\dot{U}_o}{\dot{U}_i} = \frac{\dot{U}_{o1}}{\dot{U}_{i1}} \cdot \frac{\dot{U}_{o2}}{\dot{U}_{i2}} \cdots \frac{\dot{U}_{on}}{\dot{U}_{in}}$$

因为 $\qquad \dot{U}_i = \dot{U}_{i1}, \dot{U}_{o1} = \dot{U}_{i2}, \dot{U}_{o2} = \dot{U}_{i3} = \cdots = \dot{U}_{on} = \dot{U}_o$

所以 $\qquad A_u = A_{u1} \cdot A_{u2} \cdot A_{u3} \cdots A_{un}$

即在多级放大电路中，总的放大倍数是各单级放大倍数的乘积。

放大电路的性能指标除常用的电压放大倍数外，还有电流放大倍数（输出电流与输入电流之比）和功率放大倍数（输出功率和输入功率之比）。

（2）输入电阻 R_i

放大电路的输入信号是由信号源提供的。对信号源来说，放大电路相当于它的负载电阻，如图 9-5 所示，也就是说，放大电路的作用可用一个电阻 R_i 来表示，这个电阻就是从放大电路的输入端看进去的等效动态电阻，称为放大器的输入电阻。

输入电阻 R_i 在数值上等于放大器的输入电压的变化量与输入电流的变化量之比，即

$$R_i = \frac{\Delta \dot{U}_i}{\Delta I_i}$$

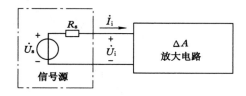

图 9-5 放大电路的输入电阻

当输入信号为正弦交流时,有

$$R_i = \frac{\Delta \dot{U}_i}{\Delta \dot{I}_i} \tag{9-3}$$

设信号源电压为 $\dot{U}_s$,内阻为 R_s,则放大电路的输入端所获得的信号电压为:

$$\dot{U}_i = \frac{R_i}{R_i + R_s}\dot{U}_s$$

放大电路从信号源获取的输入电流为:

$$\dot{I} = \frac{\dot{U}_i}{R_i} \tag{9-4}$$

由以上两式可以看出,在 $\dot{U}_s$ 和 R_s 一定时,R_i 越大,放大电路从信号源得到的输入电压 $\dot{U}_i$ 越大;R_i 越大,信号源中流过的电流 $\dot{I}_i$ 越小。因此,一般都希望输入电阻尽量大一些,最好能远远大于信号源内阻 R_s。

在多级放大电路中,因为第一级直接与信号源相接,所以,整个放大电路的输入电阻就是第一级的输入电阻,即

$$R_i = R_{i1}$$

(3) 输出电阻 R_o。

放大电路的输出信号要送给负载,因而对负载来说,放大电路相当于负载的信号源,如图 9-6 右边所示。放大电路可以用一个等效电压源来代替,这个等效电压源的内阻就是放大电路的输出电阻,如图中的 R_o,它等于负载开路时,从放大器的输出端看进去的等效电阻。

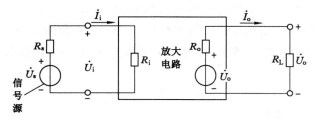

图 9-6 放大电路的输出电阻

输出电阻可以通过实验的方法测得。当负载开路时,测得的输出电压为 $\dot{U}'_o$;接上负载,测得的输出电压为 $\dot{U}_o$。根据图 9-6 的右边,可得

$$\dot{U}_{\mathrm{o}} = \dot{U}'_{\mathrm{o}} \frac{R_{\mathrm{L}}}{R_{\mathrm{o}} + R_{\mathrm{L}}}$$

即

$$R_{\mathrm{o}} = \frac{\dot{U}'_{\mathrm{o}} - \dot{U}_{\mathrm{o}}}{\dot{U}_{\mathrm{o}}} R_{\mathrm{L}} \qquad (9\text{-}5)$$

由上式可知,由于 R_{o} 的存在,放大器接入负载后输出电压下降。当 R_{o} 很小时,负载电阻变化而输出电压基本不变,放大器的带负载能力强;R_{o} 越大,输出电压下降得越多,说明放大器的带负载能力差。因此,一般希望放大器的输出电阻越小越好,最好远小于负载电阻 R_{L}。

在多级放大电路中,因为末级直接与负载相连,所以整个放大器的输出电阻就是最后一级的输出电阻,即

$$R_{\mathrm{o}} = R_{\mathrm{on}}$$

（4）通频带

通频带用于衡量放大电路对不同频率信号的放大能力。通常放大电路的输入信号不是单一频率的正弦波,而是包括各种不同频率的正弦分量,输入信号所包含的正弦分量的频率范围称为输入信号的频带。由于放大电路中有电容存在,电容的容抗随频率变化,因此,放大电路的输出电压也随频率的变化而变化。对于低频段的信号,串联电容的分压作用不可忽视;对于高频段的信号,并联电容的分流作用不可忽视。所以,同一放大电路对不同频率的输入信号电压放大倍数不同,电压放大倍数与频率的关系称为放大器的幅频特性。放大器的幅频特性如图 9-7 所示。

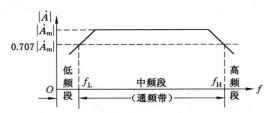

图 9-7　放大电路的幅频特性

从图中可以看出,在中频段的电压放大倍数最大,且几乎与频率无关,用 $|\dot{A}_{um}|$ 表示。当频率很低或很高时,$|\dot{A}_u|$ 都将下降。通常将 $|\dot{A}_u|$ 下降到时低频段所对应的频率 f_1 称为下限截止频率,将高频段对应的频率 f_2 称为上限截止频率。两者之间的频率范围 $f_2 \sim f_1$ 称为通频带 B_{w},即

$$B_{\mathrm{w}} = f_2 - f_1$$

（5）最大不失真输出电压

最大不失真输出电压定义为当输入电压再增大就会使输出波形产生非线性失真时的输出电压。

（6）最大输出功率 P_{OM}

在输出信号不失真的情况下,负载上能够获得的最大功率称为最大输出功率 P_{OM}。此时,输出电压达到最大不失真电压。

9.2　共发射极放大电路

9.2.1　电路组成

如图 9-8 所示,电路的输入回路与输出回路以发射极为公共端,故称之为共发射极放大电路,并称公共端为"地"。电路中各元件的作用分述如下。

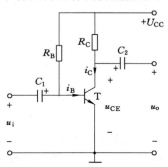

图 9-8　单管共发射极放大电路

图 9-8 中,T 是 NPN 型晶体管,它具有电流放大作用,是整个电路的核心,直流电源 $+U_{CC}$ 为晶体管提供放大所需的能量,为使晶体管实现电流放大作用,必须使其发射结处于正向偏置,集电结处于反向偏置。电阻 R_B 称为偏置电阻,调节 R_B 的大小,就可调整基极电流的大小。电阻 R_C 是晶体管的集电极负载电阻。输入信号 u_i 的变化,会引起晶体管基极电流 i_B 的变化,从而引起集电极电流 i_C 的变化;而 i_C 的变化又引起 R_C 上的电压降 $R_C i_C$ 的变化,使晶体管集电极与发射极之间的电压 u_{CE} 发生变化。因此 R_C 的作用是将集电极电流的变化转换成电压的变化送到输出端,以实现将晶体管的电流放大作用转换为电路的电压放大作用。若没有 R_C,则晶体管集电极的电位始终等于直流电源电压 $+U_{CC}$,而不会随输入信号变化,就不会有信号输出。电容 C_1 称为耦合电容,只要电容量足够大(一般为几微法到几十微法),对信号呈现的容抗就很小,这样,就可将输入信号 u_i 的绝大部分传送到晶体管的基极,同时可隔断信号源与晶体管基极之间的直流联系,因此 C_1 也称为隔直电容。电容 C_2 的作用与 C_1 类同,它将 u_{CE} 中的交流分量传递到输出端作为输出电压,同时隔断放大电路与负载之间的直流联系。这种由电容耦合的放大电路在放大一定频率的交流信号时被广泛采用,而对放大频率低的信号就不合适。因频率低,电容的容抗就大,信号在传送过程中损失就大。另外,在电子电路中,常把输入与输出的公共端称为"地"端,符号如图中"⊥"所示(注意实际上这一点并不真正接到大地上),并以"地"端作为零电位点。这样电路中各点的电位实际上就是该点与"地"之间的电压。

9.2.2　静态分析

当放大器没有输入信号($u_i = 0$)时,电路中各处的电压、电流都是直流恒定值,称为直流工作状态或静止状态,简称静态。静态分析就是分析放大电路的直流工作情况,以确定晶体管各电极的直流电压和直流电流的数值。静态分析的主要方法是图解法和估算法。

在静态时,由于电容 C_1、C_2 的隔直作用,因此只要考虑 C_1 和 C_2 和之间的电路。将这部分改画为图 9-9 所示,称为直流通路。为分析方便,在图中把直流电源 U_{CC} 分别画于输入电路和输出电路中。

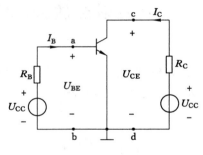

图 9-9　直流通路

对输入电路，其电压方程为

$$U_{BE} = U_{CC} - R_B \cdot I_B \tag{9-6}$$

其描述的 I_B 和 U_{BE} 的关系是一条直线（称为偏置线）。它可以由两个特殊点来确定：当 $I_B = 0$ 时，$U_{BE} = U_{CC}$；当 $U_{BE} = 0$ 时，$I_B = U_{CC}/R_B$。另一方面，I_B 和 U_{BE} 的关系又要符合晶体管的输入特性曲线。故偏置线和输入特性曲线的交点 Q_B 就称为输入电路的静态工作点，如图 9-10(a) 所示，静态工作点对应的基极电流为 I_B。

输出电路的电压方程式为：

$$U_{CE} = U_{CC} - R_C \cdot I_C \tag{9-7}$$

其描述的 I_C 和 U_{CE} 的关系也是一条直线（称为负载线），它同样可以由两个特殊点来确定。负载线与基极电流 I_C 所对应的晶体管输出特性曲线交点 Q_C 就是输出电路的静态工作点，如图 9-10(b) 所示。

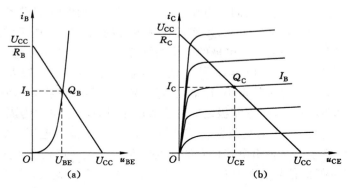

图 9-10　静态工作情况图解分析

(a) 输入电路；(b) 输出电路

显然，当 R_B 或 U_{CC} 变化时，Q_B 和 Q_C 的位置都要发生变化，即 I_B、I_C、U_{BE}、U_{CE} 都要变化。

图 9-10 形象地表示了放大电路的静态工作情况，能更清楚地理解静态工作点。但由于晶体管的输入特性比较陡直，故可近似地认为发射结导通后的电压基本上为一定值（硅管约为 0.7 V，锗管约为 0.3 V）。也就是说，在静态分析时可以近似地认为输入特性是一条垂直于横轴的直线，U_{BE} 为恒定值，不随 I_B 变化。这样就可方便地对静态值进行估算，用估算方法可得基极电流

$$I_{\mathrm{B}} = \frac{U_{\mathrm{CC}} - U_{\mathrm{BE}}}{R_{\mathrm{B}}} \tag{9-8}$$

集电极电流

$$I_{\mathrm{C}} = \beta I_{\mathrm{B}} \tag{9-9}$$

集电极与发射极之间的电压 U_{CE} 可用输出电路的电压方程式求得。

9.2.3　动态分析

当放大电路有信号输入时,电路中各处的电压、电流都处于变动的工作状态,简称动态。动态分析输入信号变化时电路中各种变化量的变动情况和相互关系。动态分析的主要工具是微变等效电路,但在分析放大电路的输出幅度和波形的失真情况时,用图解法比较直观。

由于正弦信号是一种基本信号,在对放大电路进行动态性能的分析或测试时,常以它作为输入信号。因此下面以输入正弦信号为例分析放大电路的动态工作情况。

（1）图解法

当图 9-8 的电路输入正弦信号 u_{i} 后,电路中的电压和电流将如何变化呢？对于输入电路,由于 C_1 的耦合作用,使晶体管基极－发射极之间的电压 u_{BE} 在原来静态值的基础上加上 u_{i},如图 9-11 所示。u_{i} 的加入使 u_{BE} 发生变化,导致基极电流 i_{B} 变化。当 u_{i} 达到最大值时,i_{B} 也达到最大值 i'_{B}；当 u_{i} 变到负的最大值时,i_{B} 变到最小值 i''_{B}。在 u_{i} 作用下,u_{BE} 与 i_{B} 在输入特性曲线的 $a \sim b$ 之间变动,因此可画出 i_{B} 的波形如图中所示。可见 i_{B} 也是在原来静态值的基础上叠加一变化的 i_{b}。于是有：

$$u_{\mathrm{BE}} = U_{\mathrm{BE}} + u_{\mathrm{i}}$$
$$i_{\mathrm{B}} = I_{\mathrm{B}} + i_{\mathrm{b}}$$

上两式表明,u_{BE}、i_{B} 可视为由直流分量 U_{BE}、I_{B} 和交流分量 u_{be}（即 u_{i}）、i_{b} 组成。其中直流分量就是由直流电源 $+U_{\mathrm{CC}}$ 建立起来的静态工作点,而交流分量则是输入信号 u_{i} 引起的。当 u_{i} 按正弦变化时,i_{b} 也按正弦变化（由于输入特性曲线的非线性,故只有在动态范围较小时,才可认为 i_{b} 随 u_{i} 按正弦变化）。需要说明的是,为了便于区分,通常直流分量用大写字母和大写下标表示,交流分量用小写字母和小写下标表示,总的电压、电流瞬时值用小写字母和大写下标表示。因此,图 9-11 中的坐标用 u_{BE}、i_{B}。对于输出电路,由于放大器的负载线是不变的,故当 i_{B} 变动时,负载线与输出特性曲线的交点也会随之而变。当 i_{B} 在 i'_{B} 与 i''_{B} 的范围内变化时,相应的工作点也会在 Q' 与 Q'' 之间变化,因此直线段 $Q'Q''$ 是工作点移动的轨迹,称为"动态工作范围"。相应的 i_{C} 和 u_{CE} 的变化规律如图 9-12 所示。

由图 9-12 可见,集电极电流 i_{C} 也包含直流分量 I_{C} 和交流分量 i_{c} 两部分,即

$$i_{\mathrm{C}} = I_{\mathrm{C}} + i_{\mathrm{c}}$$

集电极－发射极之间的电压 u_{CE} 也包含直流分量 U_{CE} 和交流分量 u_{ce},即

$$u_{\mathrm{CE}} = U_{\mathrm{CE}} + u_{\mathrm{ce}}$$

由于电容的隔直和交流耦合作用,u_{CE} 中的直流分量 U_{CE} 被电容 C_2 隔断,而交流分量 u_{ce} 则可经 C_2 传送到输出端,故输出电压

$$u_{\mathrm{o}} = u_{\mathrm{CE}} - U_{\mathrm{CE}} = u_{\mathrm{ce}}$$

如果忽略耦合电容 C_1、C_2 对交流分量的容抗和直流电源 U_{CC} 的内阻,即认为 C_1、C_2 和直流电源对交流信号不产生压降,可视为短路,就可以画出只考虑交流分量传递路径的交流

通路,如图 9-13 所示。由图可见,晶体管集电极－发射极电压的交流分量

$$u_{ce} = -R_C \cdot i_c$$

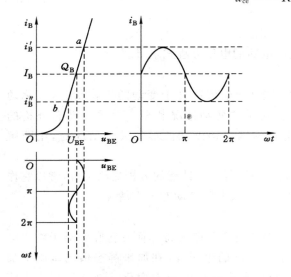

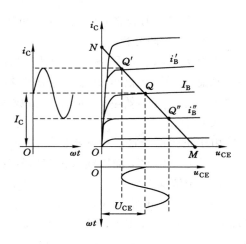

图 9-11　输入电路的图解　　　　　　　　　　　图 9-12　输出电路的图解

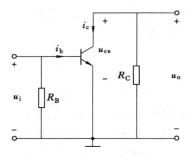

图 9-13　电路的交流通路

综上所述,可以总结以下几点:

① 无输入信号时,晶体管的电流、电压都是直流量。当放大电路输入信号电压后,i_B、i_C 和 u_{CE} 都在原来静态值的基础上叠加了一个交流量。虽然 i_B、i_C 和 u_{CE} 的瞬时值是变化的,但它们的方向始终是不变的。

②输出电压 u_o 为与 u_i 同频率的正弦波,且输出电压 u_o 的幅度比输入电压 u_i 大得多。

③ 电流 i_b、i_c 与输入电压 u_i 同相,而输出电压 u_o 与输入电压反相,即共发射极放大电路具有倒相作用。

④ 静态工作点的选择必须合适。若选得过高,如图 9-14 所示的 Q' 点,则输入信号较大时,在 u_i 的正半周,晶体管很快进入饱和区,输出波形就产生失真,这种失真称为饱和失真,如图中的 i'_c 和 u'_o 波形;若选得过低,如图 9-14 所示的 Q'' 点,则在输入信号的负半周,i_B 波形出现失真,因而晶体管进入截止区,输出波形也产生失真,如图中的 i''_c 和 u''_o 波形,这种失真称为截止失真。为了得到最大不失真输出,静态工作点应选择在适当的位置,而且输入信号 u_i 的大小亦要合适。当输入信号幅度不大时,为了降低直流电源的能量消耗及降低噪声,

在保证不产生截止失真和保证一定的电压放大倍数的前提下,可把 Q 点选择得低一些。

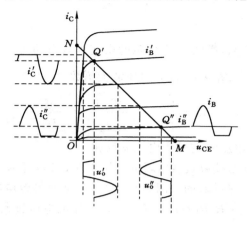

图 9-14　工作点与波形失真

（2）微变等效电路分析法

由图解分析法可以看到,当放大电路的输入信号较小,且静态工作点选择合适时,晶体管的工作情况接近于线性状态,电路中各电流、电压的波形基本上是正弦波,因而可以把晶体管这个非线性元件组成的电路当作线性电路来处理,这就是微变等效电路分析法。所谓"微变"就是变化量微小的意思,即晶体管在小信号情况下工作。微变等效电路分析法是分析电压放大电路动态工作情况的有力工具。

采用微变等效电路对放大电路进行动态分析时,应先画出与放大电路相对应的微变等效电路,然后按线性电路的一般分析方法进行求解。对图 9-8 所示的共发射极放大电路,它的交流通路如图 9-13 所示,再把晶体管进行小信号模型来代替,就可得到微变等效电路,如图 9-15 所示。设输入为正弦信号,故图中的电流、电压用相量形式表示。下面对电路的动态指标做定量分析。

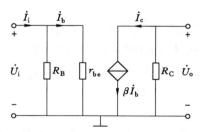

图 9-15　电路的微变等效电路

① 电压放大倍数。电压放大倍数是衡量放大电路对输入信号放大能力的主要指标。它定义为输出电压变化量 $\Delta U_\circ$ 与输入电压变化量 ΔU_i 之比,用 A_u 表示,即

$$A_u = \frac{\Delta U_\circ}{\Delta U_i}$$

放大电路输入正弦信号时,可表示为

$$A_u = \frac{\Delta \dot{U}_o}{\dot{U}_i} \tag{9-10}$$

对于共发射极放大电路,由图 9-15 所示的微变等效电路可得输入电压 $\dot{U}_i = r_{be} \cdot \dot{I}_b$,输出电压 $\dot{U}_o = -R_C \cdot \dot{I}_c = -\beta R_C \cdot \dot{I}_b$,因此电压放大倍数

$$A_u = \frac{\dot{U}_o}{\dot{U}_i} = \frac{-\beta R_C \dot{I}_b}{r_{be} \dot{I}_b} = \frac{-\beta R_C}{r_{be}} \tag{9-11}$$

式中,负号表示输出电压 u_o 与输入电压 u_i 反相。

放大电路的输出端通常接有负载电阻 R_L,如图 9-16(a)所示。此时在交流通路中负载电阻 R_L 和集电极电阻 R_C 是并联的。图 9-16(b)是其微变等效电路。R_C 和 R_L 并联后的等效负载电阻 $R'_L = R_C // R_L = R_C R_L/(R_C + R_L)$。故电路的电压放大倍数

$$A_u = \frac{\dot{U}_o}{\dot{U}_i} = -\beta \frac{R'_L}{r_{be}} \tag{9-12}$$

可见接上负载后,电压放大倍数将下降。

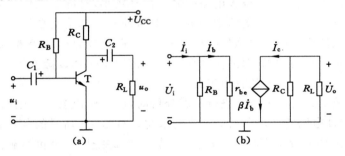

图 9-16 输出端接有负载的情况

(a) 放大电路;(b) 微变等效电路

② 输入电阻。当输入信号电压加到放大电路的输入端时,放大电路就相当于信号源的一个负载电阻,这个负载电阻就是放大电路本身的输入电阻。它定义为放大电路输入电压变化量与输入电流变化量之比,用符号 r_i 表示。在输入正弦信号时

$$r_i = \frac{\dot{U}_i}{\dot{I}_i} \tag{9-13}$$

输入电阻 r_i 就是从放大电路输入端看进去的等效电阻,如图 9-17 所示。在图中,把一个内阻为 R_S,源电压为 $\dot{U}_S$ 的正弦信号源加到放大电路的输入端,由于输入电阻 r_i 的存在,实际加到放大电路的输入信号 $\dot{U}_i$ 的幅度比 $\dot{U}_S$ 小,即

$$\dot{U}_i = \frac{r_i}{R_S + r_i} \dot{U}_S \tag{9-14}$$

其说明输入电压受到一定的衰减。因此 r_i 是衡量放大电路对输入电压衰减程度的重要指标。

对图 9-16(b)所示的共射极放大电路,其输入电阻

$$r_i = R_B // r_{be} = \frac{R_B r_{be}}{R_B + r_{be}} \tag{9-15}$$

通常 R_B 的阻值比 r_{be} 大得多，所以 $r_i \approx r_{be}$，但注意 r_i 和 r_{be} 意义不同，不能混淆，r_{be} 代表晶体管的输入电阻，r_i 则代表放大电路的输入电阻。

③ 输出电阻。对负载来说，放大电路的输出端相当于一个信号源，此信号源的内阻就是放大电路的输出电阻，如图 9-17 所示。也就是说，从输出端看，整个放大电路可看成是一个内阻为 r_o、源电压为 $\dot{U}'_o$ 的电源。因此只要知道电路的结构，就可用求有源二端网络等效电阻的办法计算放大电路输出电阻。

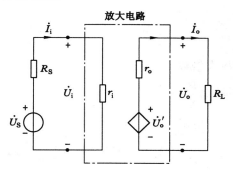

图 9-17　输入电阻和输出电阻

但是，在不知放大器电路结构或电路结构虽然已知，但相当复杂时，往往用实验测量的办法来得到 r_o。放大电路的输出端在空载和带负载 R 时，其输出电压将有所改变。如果在输入端加正弦电压信号，用电压表测得空载时的输出电压 $\dot{U}'_o$ 和接入已知负载电阻 R_L 时的输出电压 U_o，则有：

$$U_o = \frac{R_L}{r_o + R_L} \dot{U}'_o$$

故

$$r_o = \frac{\dot{U}'_o}{U_o} - 1 \tag{9-16}$$

从上式可知，$U_o < \dot{U}'_o$，这是因为输出电流 I_o 在 r_o 上产生压降的缘故。这说明 r_o 越小，接入负载前后输出电压相差越小，亦即放大电路受负载影响的程度越小，所以一般用 r_o 来衡量放大电路带负载的能力。r_o 越小，则放大电路带负载的能力越强。

根据电工学部分求有源二端网络等效电阻的方法，可以求出图 9-16 所示的共射极放大电路的输出电阻等于集电极负载电阻 R_C，即

$$r_o = R_C$$

注意以上所讨论的 r_i 和 r_o 都是就静态工作点附近的变化信号而言的，属"动态电阻"，所以不能用 r_i 和 r_o 来计算静态工作点。

在多级放大电路中，前级放大电路相当于后级放大电路的信号源，前级放大电路的输出电阻就是该信号源的内阻。而后级放大电路的输入电阻就是前级放大电路的负载电阻。因此输出电阻和输入电阻是联系前、后级放大电路的重要参数。

【例 9-1】 共发射极放大电路如图 9-16(a)所示,设 u_i 为正弦信号,$U_{CC} = 12$ V,$R_B = 470$ kΩ,$R_C = 3$ kΩ,$R_L = 5.1$ kΩ,晶体管的 $U_{BE} = 0.7$ V,$\beta = 80$,试求:(1) 放大电路输出端不接负载时的电压放大倍数;(2) 放大电路输出端接负载 RL 时的电压放大倍数;(3) 放大电路的输入电阻和输出电阻。

解: 先求出 r_{be}。由于

$$I_B = \frac{U_{CC} - U_{BE}}{R_B} = \frac{12 - 0.7}{470 \times 10^3} = 0.024 \text{（mA）}$$

$$I_E = (1 + \beta)I_B = 81 \times 0.024 = 1.94 \text{（mA）}$$

所以

$$r_{be} = 200 \text{ Ω} + (1 + \beta)\frac{26}{I_E} = 200 + 81 \times \frac{26}{1.94} = 1.286 \text{ kΩ}$$

(1) 不接 R_L 时的电压放大倍数

$$A_{uo} = -\beta\frac{R_C}{r_{be}} = -80 \times \frac{3 \times 10^3}{1.286 \times 10^3} = -186.6$$

(2) 接入 R_L 时的等效负载电阻

$$R'_L = \frac{R_C R_L}{R_C + R_L} = \frac{3 \times 5.1}{3 + 5.1} = 1.89 \text{（kΩ）}$$

电压放大倍数

$$A_u = -\beta\frac{R'_L}{r_{be}} = -80 \times \frac{1.89}{1.286} = -117.6$$

(3) 输入电阻

$$r_i = \frac{R_B r_{be}}{R_B + r_{be}} = \frac{470 \times 1.286}{470 + 1.286} = 1.28 \text{（kΩ）}$$

输出电阻

$$r_o = R_C = 3 \text{ kΩ}$$

9.2.4 静态工作点的稳定

由前面的讨论可知,静态工作点在放大电路中是很重要的。它不仅关系到波形的失真,而且对放大倍数也有很大影响。要使放大电路正常而稳定地工作,除了必须选取合适的静态工作点外,还应保持所选的静态工作点基本不变,即要求静态工作点稳定。然而,由于晶体管的参数 β、I_{CEO}、U_{BE} 会随着环境温度而变,电路其他参数也会随着温度或其他因素而变。对于图 9-16(a)的电路,$I_B = (U_{CC} - U_{BE})/R_B$,当 U_{CC}、R_B 一定时,I_B 基本固定,因此也称为固定偏置电路。当 β 随温度而变化时,$I_C = \beta I_B$ 也随之变化,因此这个电路的静态工作点是不稳定的,往往会移动,甚至移到不合适的位置而使放大电路无法正常工作。在影响静态工作点的诸因素中,以温度的影响最大。当温度升高时,由于晶体管的 I_{CEO} 和 β 的增大以及 U_{BE} 的减小,会使 I_C 增大,静态工作点将沿直流负载线上移。因此需要采取措施,使环境温度改变时,静态工作点能够自动稳定在合适的位置,电路仍能正常工作。

图 9-18 是一种常用的静态工作点稳定的放大电路。它和图 9-16(a)固定偏置电路的区别在于基极电路采用 R_{B1}、R_{B2} 组成分压电路,并在发射极接入电阻 R_E 和电容 C_E。只要 R_{B1}、R_{B2} 取值适当,使 I_1 远大于 I_B(即 $I_1 \approx I_2$),则基极对地电压

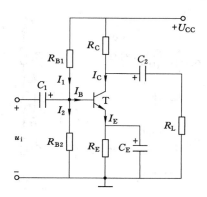

图 9-18　静态工作点稳定的电路

$$U_B \approx \frac{R_{B2}}{R_{B1} + R_{B2}} U_{CC}$$

即可近似地认为基极电压 U_B 不随温度改变。由于接入发射极电阻 R_E，故发射极电流

$$I_E = \frac{U_E}{R_E} = \frac{U_B - U_{BE}}{R_E}$$

当 U_B、R_E 一定且 U_B 远大于 U_{BE} 时，I_E 就基本不变，且与晶体管的参数 β、U_{BE}、I_{CEO} 几乎无关，不仅很少受温度的影响，而且当换用不同的晶体管时，静态工作点也可近似不变，而只取决于外电路参数。其稳定静态工作点的物理过程简述如下：当 I_C 由于某种原因增加时，I_E 也增加，发射极电压 $U_{BE} = R_E \cdot I_E$ 就升高，使外加于晶体管的 U_{BE} 减小(因 $U_{BE} = U_B - U_E$，而 U_B 被 R_{B1}、R_{B2} 固定)，从而使 I_B 自动减小，抑制了 I_C 的增加，达到稳定 I_C 的目的。

从上分析可知，要使静态工作点稳定，必须有 I_1 远大于 I_B 及 U_B 远小于 U_{BE}。但是考虑到其他指标，I_1、U_B 并不是越大越好。假如 I_1 越大，R_{B1} 和 R_{B2} 就要取得越小，这不但会使电路静态损耗增大，且会造成放大电路的输入电阻 r_i 下降。一般可选取

$$I_1 = (5 \sim 10)I_B, U_B = 3 \sim 5 \text{ V(硅管)}$$
$$I_1 = (10 \sim 20)I_B, U_B = 1 \sim 3 \text{ V(锗管)}$$

为使 R_E 对输入的交流信号不起作用，故在 R_E 两端并联一个容量足够大(一般为几十微法)的电容器 C_E，使 X_{CE} 远小于 R_E。这样，R_E 只起稳定静态工作点的作用，而对交流信号，由于 C_E 的容抗很小，R_E 相当于被短路，即 R_E 对交流信号不起负反馈作用，因此 C_E 称为发射极旁路电容。

【例 9-2】　图 9-19 所示电路中，设 $U_{CC} = 12$ V，$R_{B1} = 47$ kΩ，$R_{B2} = 22$ kΩ，$R_C = 3.3$ kΩ，$R_E = 2.2$ Ω，$R_L = 5.1$ kΩ，晶体管 $U_{BE} = 0.7$ V，$\beta = 80$。试求：(1) 电路的静态工作点；(2) 电压放大倍数；(3) 输入电阻和输出电阻。

解：

(1) 求静态工作点。即确定晶体管的 I_B、I_C、U_{CE}。画出直流通路如图 9-19(a)所示。从晶体管基极端与接地端往左看，R_{B1}、R_{B2} 和电源 U_{CC} 组成一个有源二端网络。应用戴维宁定理，该网络可用一个等效电压源表示，如图 9-19(b)所示。

其中 U_{BB} 和 R'_B 分别为有源二端网络的开路电压和等效电阻，即

$$U_{BB} = \frac{R_{B2}}{R_{B1} + R_{B2}} U_{CC} = \frac{22 \times 10^3}{(47 + 22) \times 10^3} \times 12 = 3.83 \text{ (V)}$$

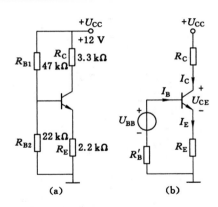

图 9-19　例 9-2 的直流通路

$$R'_{\text{B}} = \frac{R_{\text{B1}}R_{\text{B2}}}{R_{\text{B1}} + R_{\text{B2}}} = \frac{47 \times 22}{47 + 22} = 14.99 \ (\text{k}\Omega)$$

因此可列出输入回路的 KVL 方程

$$U_{\text{BB}} = U_{\text{BE}} + R'_{\text{B}} I_{\text{B}} + (1+\beta) R_{\text{E}} I_{\text{B}}$$

故

$$I_{\text{B}} = \frac{U_{\text{BB}} - U_{\text{BE}}}{R'_{\text{B}} + (1+\beta) R_{\text{E}}} = \frac{3.83 - 0.7}{(14.99 + 81 \times 2.2) \times 10^3} = 0.016\ 2 \ (\text{mA})$$

$$I_{\text{C}} = \beta I_{\text{B}} = 80 \times 0.0162 = 1.30 \ (\text{mA})$$

$$I_{\text{E}} = (1+\beta) I_{\text{B}} = 81 \times 0.0162 = 1.31 \ (\text{mA})$$

$$U_{\text{CE}} = U_{\text{CC}} - R_{\text{C}} I_{\text{C}} - R_{\text{E}} I_{\text{E}}$$
$$= 12 - 3.3 \times 10^3 \times 1.30 \times 10^{-3} - 2.2 \times 10^3 \times 1.31 \times 10^{-3} = 4.83 \ (\text{V})$$

晶体管输入电阻

$$r_{\text{be}} = 200 \ (\Omega) + (1+80) \frac{26}{1.31} (\Omega) = 1.81 \ (\text{k}\Omega)$$

（2）求电压放大倍数

画出微变等效电路如图 9-20 所示。

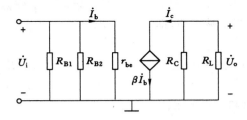

图 9-20　的微变等效电路

由于旁路电容 C_{E} 的作用，发射极电阻 R_{E} 被交流短路。因此对交流信号而言，可看成是发射极直接接地。电路的等效负载电阻

$$R'_{\text{B}} = R_{\text{C}} / / R_{\text{L}} = \frac{3.3 \times 5.1}{3.3 + 5.1} = 2 \ (\text{k}\Omega)$$

电压放大倍数

$$A_u = -\beta \frac{R'_L}{r_{be}} = -80 \times \frac{2}{1.81} = -88.4$$

（3）求输入电阻和输出电阻

输入电阻

$$r_i = R_{B1} // R_{B2} // r_{be} = 1.61 \ (k\Omega)$$

输出电阻

$$r_o = R_C = 3.3 \ (k\Omega)$$

9.3　多级放大电路

　　在实际应用中,由于基本放大电路的放大倍数有限,不能满足实际需要。为此,需要把几个交流放大电路连接起来,组成所谓多级放大电路。图 9-21 为多级放大电路框图。框图表明,信号源的微弱信号经输入级和中间级放大后,可以得到足够的电压信号,再经过末前级和输出级的功率放大,以得到负载所需要的功率。

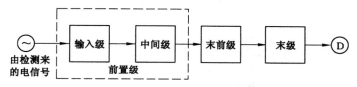

图 9-21　多级放大电路的方框图

　　在多级放大电路中,"级"与"级"之间的连接称为耦合。耦合的方式有三种,即阻容耦合、变压器耦合和直接耦合。限于篇幅,本书只介绍阻容耦合和直接耦合的多级放大电路。

9.3.1　阻容耦合多级放大电路

　　图 9-22 为两级阻容耦合放大电路。C_2 和后级放大电路的输入电阻为两级之间的耦合电容和电阻。由于 C_1、C_2 和 C_3 的"隔直传交"作用,级与级之间的直流被隔开,静态工作点互相独立,可以单独调整和计算。各电容对交流分量的容抗可以忽略,相当于短路。因此,它的微变等效电路,如图 9-22(b)所示。

　　由图 9-22(b)的微变等效电路可见,第二级的输入电阻即为第一级的负载电阻,第一级的输出信号即为第二级的输入信号,因此两级放大电路总的电压放大倍数为

$$\dot{A}_u = \frac{\dot{U}_o}{\dot{U}_i} = \frac{\dot{U}_o}{\dot{U}_{o1}} \cdot \frac{\dot{U}_{o1}}{\dot{U}_i} = \dot{A}_{u1} \cdot \dot{A}_{u2}$$

【例 9-3】　电路如图 9-22 所示,其参数为 $E_C = 12$ V,$\beta_1 = 50$,$\beta_2 = 80$,$r_{be1} = 1.6$ kΩ,$r_{BE2} = 1.4$ kΩ,$R_{B1} = 600$ kΩ,$R_{C1} = 7.1$ kΩ,$R_{B21} = 45$ kΩ,$R_{B22} = 15$ kΩ,$R_{C2} = 2$ kΩ,$R_{E2} = 1.2$ kΩ,$R_L = 3.9$ kΩ。

　　求:(1)总电压放大倍数;(2)输入电阻 r_i;(3)输出电阻 r_o。

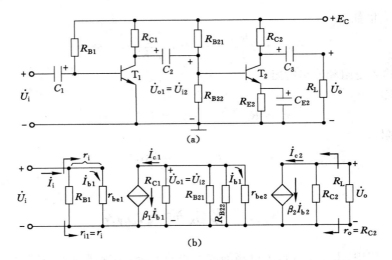

图 9-22　阻容耦合放大电路及其微变等效电路

(a) 两级放大电路；(b) 微变等效电路

解：　(1) 由图 9-22(b)微变等效电路可见，第二级的输入电阻 r_{i2} 就是第一级放大电路的负载电阻

$$r_{i2} = \frac{\dfrac{R_{B21} \cdot R_{B22}}{R_{B21} + R_{B22}} \times r_{be2}}{\dfrac{R_{B21} \cdot R_{B22}}{R_{B21} + R_{B22}} + r_{be2}} \ \text{k}\Omega \approx 1.4 \ \text{k}\Omega$$

而

$$\dot{A}_{u1} = \frac{\dot{U}_{o1}}{\dot{U}_i} = -\frac{\beta_1 R'_{L1}}{r_{be1}} = -\frac{50 \times 1.2}{1.6} \approx -38$$

其中

$$R'_{L1} = \frac{R_{C1} \cdot r_{i2}}{R_{C1} + r_{i2}} \approx \frac{7.5 \times 1.4}{7.5 + 1.4} \approx 1.2 \ (\text{k}\Omega)$$

而

$$\dot{A}_{u2} = \frac{\dot{U}_o}{\dot{U}_{o1}} = -\frac{\beta_2 R'_{L2}}{r_{be2}} = -\frac{80 \times 1.3}{1.4} \approx -74$$

其中

$$R'_{L2} = \frac{R_{B1} \cdot r_{be1}}{R_{C1} + r_{be1}} \approx \frac{2 \times 3.9}{2 + 3.9} \approx 1.3 \ (\text{k}\Omega)$$

故总的电压放大倍数

$$\dot{A}_u = \dot{A}_{u1} \cdot \dot{A}_{u2} = (-38) \times (-74) = 2\,812$$

两级总电压放大倍数为正数，这表明 $\dot{U}_o$ 与 $\dot{U}_i$ 同相。

(2) 从放大器的输入端看，多级放大电路的输入电阻就是第一级的输入电阻 r_{i1}，即

$$r_i = r_{i1} = R_{B1}//r_{be1} \approx r_{be1} = 1.6 \ (\text{k}\Omega)$$

（3）放大电路的输出电阻即为第二级的输出电阻

$$r_{\mathrm{o}} = R_{\mathrm{C2}} = 2 \; (\mathrm{k\Omega})$$

9.3.2　直接耦合多级放大电路

前面介绍的阻容耦合放大电路只能放大和传递交流信号，因此这种放大电路又称为交流放大电路。

当该电路输入变化缓慢乃至极性不变的电压信号时（又称直流电压信号），就会被耦合电容隔离而不能传递。因此要放大某些实际测量和自动控制系统中微弱的直流信号（例如用热电偶测温或用压力传感器测量所得的毫伏级直流电压信号），必须采用直接耦合放大电路（又称直流放大电路）。

图 9-23 为两级直接耦合放大电路。静态时（$u_{\mathrm{i}} = 0$）由于直接耦合，第一级集电极电阻 R_{C1} 中流过的电流等于 T_1 管集电极电流与 T_2 基极电流之和。由此可见，两级的静态工作点是互相关联的。特别是 $U_{\mathrm{CE1}} = U_{\mathrm{BE2}} = 0.7 \mathrm{~V}$，这使 T_1 管的静态工作点接近饱和区，正常线性放大范围很小。另外，当放大电路没有输入信号时，由于温度等因素影响，在输出端会出现变化缓慢的输出电压，产生偏离初始值的变化量，如图 9-23（b）所示，这种现象称为零点漂移。零点漂移会影响放大电路的正常工作。

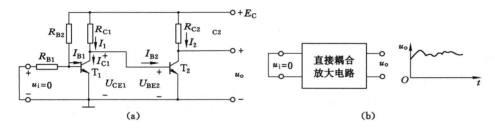

图 9-23　直接耦合放大电路及其零点漂移现象

（1）静态工作点的设置

直接耦合时，为使各级都有合适的静态工作点，常用的办法之一是提高后级的发射极电位，如在 T_2 管发射极串接电阻、二极管或稳压管等。

图 9-24 给出了在 T_2 管发射极串接稳压管的电路。稳压管 D_{z} 工作在稳压区，稳压值 U_{z} 视电路需要确定。由于 T_2 管发射极电位提高到 U_{z}，使两级都有合适的静态工作点。并且由于 D_{z} 工作在稳压区时动态电阻很小，对信号的分压作用也很小。因此，基本不影响第二级的电压放大倍数。图中 R_{z} 是稳压管的限流电阻，通过 R_{z} 提供 D_{z} 正常工作所需的稳定电流 I_{z}。

图 9-25 是采用 NPN-PNP 管混合式直接耦合电路。这种电路利用 NPN 型晶体管和PNP 型晶体管电源极性相反的特点，将前级较高的集电极电压转移到后级的管子和负载电阻上去，输出电压有较大的变化范围。

【例 9-4】　在图 9-24 所示的电路中，$R_{\mathrm{B1}} = 20 \mathrm{~k\Omega}$，$R_{\mathrm{B2}} = 150 \mathrm{~k\Omega}$，$R_{\mathrm{C1}} = 3.3 \mathrm{~k\Omega}$，$R_{\mathrm{C2}} = 0.75 \mathrm{~k\Omega}$，$\beta_1 = 50$，$\beta_2 = 30$，电源 $E_{\mathrm{C}} = 12 \mathrm{~V}$，稳压管稳定电压 $U_{\mathrm{z}} = 4.3 \mathrm{~V}$。试计算各级静态工作点。

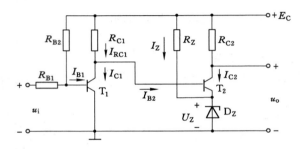

图 9-24 改进的直接耦合电路

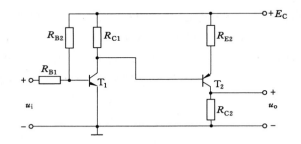

图 9-25 采用 NPN-PNP 管的直接耦合电路

解:

由图 9-24 可知

$$I_{B1} = \frac{E_C - U_{BE1}}{R_{B2}} - \frac{U_{BE1}}{R_{B1}} = \frac{12 - 0.7}{150} - \frac{0.7}{20} = 40 \ (\mu A)$$

$$I_{C1} = \beta_1 I_{B1} = 50 \times 0.040 = 2.0 \ (mA)$$

$$U_{CE} = U_Z + U_{BE2} = 4.3 + 0.7 = 5.0 \ (V)$$

由于 R_{C1} 中流过的电流为

$$I_{RC1} = \frac{E_C - U_{CE1}}{R_{C1}} = \frac{12 - 5}{3.3} = 2.12 \ (mA)$$

所以

$$I_{B2} = I_{RC1} - I_{C1} = 2.12 - 2.0 = 0.12 \ (mA)$$

$$I_{C2} = \beta_2 I_{B2} = 30 \times 0.12 = 3.6 \ (mA)$$

$$U_{CE2} = E_C - U_Z - I_{C2} R_{C2} = 12 - 4.3 - 3.6 \times 0.75 = 5.0 \ (V)$$

(2) 零点漂移

引起零点漂移的主要原因是晶体管的参数 I_{CBO}、β 和 U_{BE} 随温度的变化,另外还有电源电压的波动,电路参数变化等。由于上述原因,无论是交流放大电路还是直流放大电路,静态工作点都不是绝对不变,而是移动的。在交流放大电路中有隔直电容,静态工作点变化量不能传递到下一级。在直流放大电路中,因为是直接耦合,静态工作点的缓慢变化量同需要放大的直流信号混在一起逐级传递,并被放大,因而直流放大电路即使没有输入信号,输出端的电压也不会稳定在初始值,而是随时间和温度的变化不断变化。因此零点漂移问题是直接耦合放大电路的一个突出问题。

由于零点漂移是逐级传递的,并被逐级放大。因此放大电路级数愈多,放大倍数愈高,在输出端的零点漂移现象也愈严重。尤其第一级放大电路的漂移电压对整个放大电路的影响最大。

为了衡量零点漂移的程度,通常将输出端的漂移电压折算到输入端,以便同输入电压信号比较,即:

$$u_{id} = \frac{u_{od}}{A_u} \tag{9-17}$$

式中　u_{id}——输入端等效漂移电压;

　　　　u_{od}——输出端漂移电压;

　　　　A_u——电压放大倍数。

显然当输入信号 u_i 与漂移电压在一个数量级时,那么输入信号将被漂移信号所淹没,在放大电路的输出端真假信号混杂在一起,将无法分辨。如果输入信号在毫伏级以下,那么放大电路将无法正常工作。只有当 $u_i \gg u_{id}$ 时,放大电路才能正常工作。

由此可见,克服零点漂移是直流放大电路要解决的主要问题。除采用稳压电源并对晶体管和电阻进行老化处理和筛选外,最常用的方法是采用差分式放大电路。

9.4　其他类型的放大电路

在生产实践中放大电路需放大的往往不只是正弦交流信号,还有缓慢变化的直流信号;同时,也不只是电压信号的放大,有时还需要放大电流、功率。放大器为了完成不同的功能,电路结构也有所不同,即放大电路有不同的类型。除了前面讲的几种放大电路以外,还有以下几种。

9.4.1　差分放大电路

差分放大电路通常用于直流放大电路(放大直流信号)的输入级,电路如图 9-26 所示。

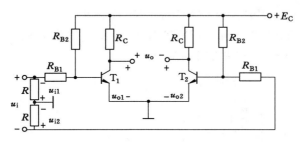

图 9-26　基本差分放大电路

其结构特点是:① 电路对称,即要求左右两边的元件特性及参数尽量一致;② 双端输入,可以分别在两个输入端与地之间接输入信号 u_{i1},u_{i2};③ 双电源,即除了集电极电源 U_{CC} 外,还有一个发射极电源 U_{EE},一般取 $|U_{CC}| = |U_{EE}|$。

差分放大电路的两个输入信号 u_{i1} 与 u_{i2} 间存在三种可能:① u_{i1} 与 u_{i2} 大小相等,方向相同,称为共模输入;② u_{i1} 与 u_{i2} 大小相等,方向相反,称为差模输入;③ u_{i1} 与 u_{i2} 既非共模,又非差模时,称为比较输入。比较输入时,可将输入信号分解为一对共模信号 u_{ic} 和一对差模信号 $\pm u_{id}$。

$$u_{\text{ic}} = \frac{u_{\text{i1}} + u_{\text{i2}}}{2}$$

$$u_{\text{id}} = \pm \frac{u_{\text{i1}} - u_{\text{i2}}}{2} \tag{9-18}$$

差分放大电路对共模信号有很强的抑制作用,理想情况下的共模放大倍数 $A_{\text{c}} = \dfrac{U_{\text{oc}}}{U_{\text{ic}}} = 0$;对差模信号有很大的放大作用,差模放大倍数 $A_{\text{d}} = \dfrac{U_{\text{od}}}{U_{\text{id}}}$,较大。差分放大电路实际上是将两个输入端信号的差放大后输出到负载上,即差分放大电路的输出 $u_{\text{o}} = A_{u}(u_{\text{i1}} - u_{\text{i2}})$。按图中所示 u_{o} 的正方向,输出与输入 u_{i1} 同相位,称 u_{i1} 对应的输入端为同相输入端;输出与输入的 u_{i2} 反相位,称 u_{i2} 对应的输入端为反相输入端。

对差分放大电路而言,差模信号是有用的信号,通常要求对它有较大的放大倍数;而共模信号则是由于温度变化或干扰产生的无用信号,需要对它进行抑制。共模抑制比全面地反映了直流放大电路放大差模信号和抑制共模信号的能力,是一个很重要的指标。在理想对称的情况下,差分放大电路 $K_{\text{CMRR}} \to \infty$。

$$K_{\text{CMRR}} = \frac{A_{\text{d}}}{A_{\text{c}}} \tag{9-19}$$

9.4.2 互补对称功率放大电路

放大电路的输出信号要驱动负载,如扬声器,电动机的控制绕组等。所以多级放大电路除了应有较高放大倍数的电压放大级外,还要有能输出一定信号功率的输出级。这种以功率放大为目的的放大电路称为功率放大电路。

因为功率放大电路是多级放大电路的末级,通常工作在大信号状态,因此既要使输出不失真,又要获得大的输出功率和高的效率。一种有效的电路是采用如图 9-27 所示的互补对称放大电路,该电路是由两个射极输出器(一个由 NPN 管组成,另一个由 PNP 管组成)组成的。当输入信号为正半周时,NPN 管导通、PNP 管截止,负载上的输出波形为正半周;当输入信号为负半周时,PNP 管导通、NPN 管截止,负载上的输出波形为负半周。由于两管对称,轮流工作,互相补充,故称为互补对称电路。

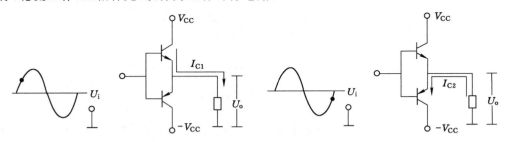

图 9-27　互补对称功率放大电路

因为互补对称电路在无信号输入时,$I_{\text{B}} \approx 0$,$I_{\text{C}} \approx 0$,管子本身的损耗很小,所以电路的效率高;有信号输入时,两管交替工作,并且管子往往在接近极限运用状态下工作,输出功率大;由于两管都是射极输出,所以输出电阻低也是它的主要特点。

习　题

9-1　在共发射极交流放大电路中,(　　)是正确的。

A. $\dfrac{u_{BE}}{i_B}=r_{be}$　　　　B. $\dfrac{U_{BE}}{I_B}=r_{be}$　　　　C. $\dfrac{u_{be}}{i_b}=r_{be}$

9-2　射极输出器(　　)

A. 有电流放大作用,没有电压放大作用

B. 有电流放大作用,也有电压放大作用

C. 没有电流放大作用,也没有电压放大作用

9-3　直接耦合多级放大电路(　　)。

A. 只能放大直流信号　　　　　　B. 只能放大交流信号

C. 既能放大交流信号,又能放大直流信号

9-4　在甲类工作状态的功率放大电路中,在不失真的条件下增大输入信号,则电源供给的功率(　　),管耗(　　)。

电源供给的功率:A. 增大　B. 不变　C. 减小

管耗:A. 减小　B. 增大　C. 不变

9-5　简述放大的概念,放大电路有哪些主要技术指标?

9-6　简述共射极放大电路的静态分析和动态分析过程。

9-7　为什么要设置静态工作点,共射极放大电路静态工作点的求法是什么?

9-8　试画出图 9-28 所示几个电路的直流通路和交流通路。说明能否起电压放大作用?(提示:从静态工作点是否正常和交流信号能否传递到负载 R_L 这两个方面加以考虑。)

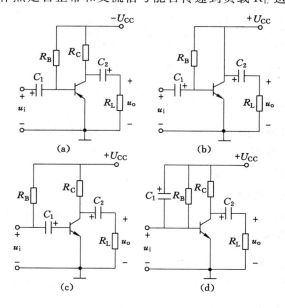

图 9-28　题 9-8 图

9-9　在图 9-29 中晶体管是 PNP 锗管,(1)在图上标出 U_{CC} 和 C_1,C_2 的极性;(2)设

$U_{CC}=-12$ V$,R_C=3$ kΩ$,\beta=75$,如果静态值 $I_C=1.5$ mA$,R_B$ 应调到多大？（3）在调整静态工作点时,如果不慎将 R_B 调到零,对晶体管有无影响？为什么？通常采取何种措施来防止这种情况发生？（4）如果静态工作点调整合适后,保持 R_B 固定不变,当温度变化时,静态工作点将如何变化？这种电路能否稳定静态工作点？

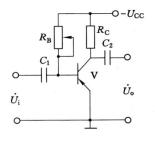

图 9-29　题 9-9 图

9-10　在图 9-30(a)所示电路中,已知晶体管的 $U_{BE}=0.7$ V$,\beta=50,r'_{bb}=100$ Ω。

（1）计算静态工作点 Q；

（2）计算动态参数 $\dot{A}_u,\dot{A}_{us},R_i,R_o$；

（3）若将图 9-30(a)中晶体管射极电路改为图 9-30(b)所示,说明（2）中哪些参数会发生变化并计算之。

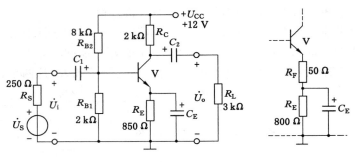

图 9-30　题 9-10 图

9-11　单管放大电路如图 9-31 所示,其中 $R_B=400$ kΩ$,R_C=R_L=5.1$ kΩ。试求：

（1）电路的静态工作点。

（2）计算电路的电压放大倍数。

（3）计算电路的输入电阻 r_i,输出电阻 r_o。

9-12　放大电路如图 9-32 所示,已知晶体管的 $\beta=60$,输入电阻 $r_{be}=1.8$ kΩ$,U_s=15$ mV,其他参数如图中所示。求：

（1）放大电路的输入电阻 R_i、输出电阻 R_o 和电压放大倍数 $\dot{A}_u$；

（2）信号源内阻 $R_s=0$,计算放大电路带负载和不带负载时的输出电压 U_o、U_{oo}。

（3）设 $R_s=0.85$ kΩ,求带负载时的输出电压 U_o。

9-13　共集电极放大电路如图 9-33 所示,已知 $U_{CC}=12$ V$,R_B=220$ kΩ$,R_E=2.7$ kΩ$,R_L=2$ kΩ$,\beta=80,r_{be}=1.5$ kΩ$,U_s=200$ mV$,R_s=500$ Ω。

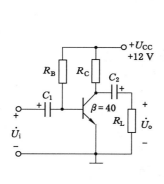

图 9-31　题 9-11 图

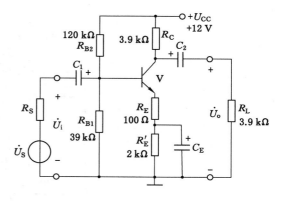

图 9-32　题 9-12 图

（1）画出直流通路并求静态工作点（I_{BQ}、I_{CQ}、U_{CEQ}）；

（2）画出放大电路的微变等效电路；

（3）计算电压放大倍数 $\dot{A}_u$，输入电阻 R_i，输出电阻 R_o 和源电压放大倍数 $\dot{A}_{us}$。

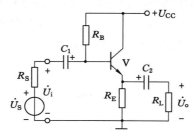

图 9-33　题 9-13 图

9-14　两级阻容耦合放大电路如图 9-34 所示，晶体管的 $\beta_1=\beta_2=\beta=100$，计算 R_i，R_o，$\dot{A}_u$。

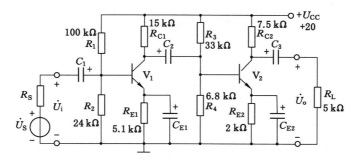

图 9-34　题 9-14 图

9-15　电路如图 9-35 所示，晶体管的 $\beta_1=\beta_2=\beta=60$，输入电阻 $r_{be1}=r_{be2}=1$ kΩ，$U_{BE}=0.7$ V，电位器的滑动触头在中间位置。试求：

（1）静态工作点；

（2）差模电压放大倍数 A_d；

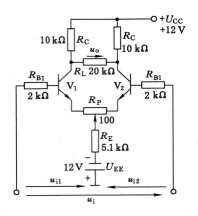

图 9-35　题 9-15 图

(3)差模输入电阻 R_{id},输出电阻 R_o。

9-16　图 9-36 是 OTL(无变压器耦合)乙类互补对称功放电路。试求:

(1) 忽略管 V_1、V_2 的饱和压降 U_{CES} 时的最大输出信号功率 P_{om};

(2) 若 $U_{CES}=1$ V,为保证 $P_{om}=8$ W,电源电压 U_{CC} 应为多少?

(3) 将该电路改为 OCL(无输出电容)功放,且令 $+U_{CC}=24$ V,$-U_{CC}=-24$ V,忽略 U_{CES} 时的 P_{om}。

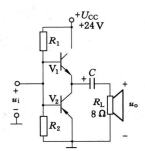

图 9-36　题 9-16 的图

第 10 章　集成运算放大器及其应用

学习目标
(1) 了解典型集成运放的组成及各部分的特点。
(2) 了解集成运放的电压传输特性和理想运放的特点。
(3) 了解集成运放的应用时的注意事项。
(4) 掌握比例运算、加法运算、减法运算和积分运算电路的计算。
(5) 了解比例积分运算,微分运算电路。
(6) 了解有源滤波电路的基本概念,了解低通滤波电路工作原理和幅频特性。

集成运算放大器(简称集成运放)是模拟集成电路中发展最早、应用最广的一种集成器件,早期应用于模拟信号的运算。随着集成技术的发展,集成运放的品种除了通用型外,还出现了多种专用型。因此,目前集成运放的应用已远远超出数学运算范围,而广泛应用于信号的处理和测量、信号的产生和转换以及自动控制等许多方面,成为电子技术领域中广泛应用的基本电子器件。本章主要介绍集成运放的有关知识。

10.1　集成运算放大器概述

10.1.1　集成运算放大器的组成

集成运放是一种具有很高的电压放大倍数、性能优越、集成化的多级放大器。由于集成运放的类型、性能和用途不同,因此,内部电路结构也有很大差别。总的来说,其基本组成主要有四个部分:输入级、中间级、输出级和偏置电路,如图 10-1 所示。

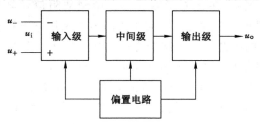

图 10-1　集成运放的组成

输入级与信号源相连,通常要求有很高的输入电阻,能有效地抑制共模信号,且有很强的抗干扰能力。因此,集成运放的输入级通常采用差动放大电路,有同相和反相两个输入端,其输入电阻大,共模抑制比高。

中间级完成电压放大功能,使集成运放获得很高的电压放大倍数,常由一级或多级共射电路构成。

输出级直接与负载相连,使集成运放有较强的带负载能力,一般采用互补对称放大电路。其输出电阻低,能提供较大的输出电压和电流。

偏置电路的作用是为各级电路提供偏置电流。

多级放大电路的前一级与后一级通过一定的方式相连接,使前一级的输出信号有效地传送到后一级,这种级与级之间的连接称为级间耦合。常用的级间耦合方式有阻容耦合、变压器耦合和直接耦合。

阻容耦合是通过电容器将前级的交流信号传送到后级。变压器耦合是利用变压器把前后级连接起来,通过电磁感应将前级的交流信号传送到后级。它们都只能传递交流信号而不能传递直流信号或变化缓慢的信号。在集成电路工艺中,也难以制造电感和大容量的电容元件。因此在集成运放中,主要采用直接耦合。

直接耦合方式是把前后级电路直接用导线连接起来,直接耦合方式电路结构简单,但前后级之间静态工作点相互影响,在设计电路时,要考虑前后级之间的电位配合。直接耦合电路的主要问题是零点漂移现象。对一个电压放大倍数很高的多级直接耦合放大电路,由于晶体管特性、参数随温度变化或电源电压不稳定等影响,即使输入端短路,在输出端也会出现电压波动,即输出端电压会偏离原来的值而上下变动,这种现象称为零点漂移。在多级直接耦合放大电路中,由于输入级本身的波动会因直接耦合而逐级放大,因此当放大电路有输入信号时,这种电压波动会与有用信号混合而无法辨别,严重时使放大电路丧失工作能力。

为了减小直接耦合放大电路的零点漂移,工程上除了采用高质量的电路元件和高稳定性的电源外,常采用温度补偿电路、信号调制放大等方法或从电路结构上采取措施。

10.1.2 集成运算放大器的特点

集成运算放大器与基本放大器等分立元件电路相比,有许多无法比拟的优点。它体积小、重量轻、功耗小、特性好,高密度的集成使得外部引线大为减少,减少了故障、提高了可靠性。具体来说,集成运算放大器有以下特点:

① 由于所有元件同处于一块硅片上,距离非常接近,因此对称性很好,适用于要求对称性高的电路,例如前面讨论的差动放大电路。

② 由于制造工艺的限制,在集成运算放大器中制造阻值较高和较低的电阻有一定困难,通常限制在几千欧到几十千欧之间。对于高阻值常采用三极管有源元件来代替。

③ 集成运算放大器的工艺不适于制造容量在几十皮法以上的电容器,至于电感就更困难了,所以多采用直接耦合的方式。大电容采取外接的方法。

④ 集成运算放大器中,常采用将三极管的集电极与基极短接后用发射结来代替二极管的方法,从而使其正向压降的温度系数接近于同类三极管 VBE 的温度系数,具有较好的温度补偿作用。

⑤ 由于制造工艺的特点,为提高性能,电路结构往往很复杂,非一般分立件电路所能做到。

由以上特点可知,集成运算放大器是一种元件密度高、特性好的固体组件。对使用者来说,重要的不是像分立元件电路那样去了解内部电路每一细节,而主要是了解集成运算放大器的功能、外部接线及如何应用。

10.1.3　集成运算放大器的工作原理及符号

上节已经提及,集成运放的产品型号较多,内部电路也较复杂。下面通过图 10-2 所示三级直接耦合放大电路来说明集成运放的基本工作原理。

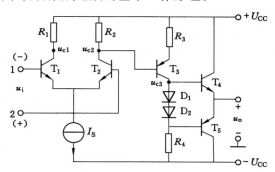

图 10-2　三级直接耦合放大电路

图 10-2 电路中由 T_1、T_2、I_S 和 R_1、R_2 组成的差分放大电路作为输入级,由 T_3 和 R_3、R_4 等组成的共发射极放大电路作为中间放大级,由 T_4、T_5 和 D_1、D_2 组成的互补对称电路作为输出级。当输入信号 $u_i = 0$ 时,输出信号 $u_o = 0$。当 u_i 加在输入端 1 而输入端 2 接地时,u_{c2} 与 u_i 同相,u_{c3} 与 u_{c2} 反相,u_o 与 u_{c3} 同相,因此 u_i 与 u_o 反相,故把输入端 1 称为反相输入端。若 u_i 加于输入端 2 而输入端 1 接地时,则 u_i 与 u_o 同相,故输入端 2 称为同相输入端。

集成运放的内部电路比图 10-2 要复杂得多,但工作原理相似。它有两个输入端,一个输出端,其图形符号如图 10-3 所示。图中 IN$_-$ 端为反相输入端,用"$-$"号表示;IN$_+$ 端为同相输入端,用"$+$"号表示;O 为输出端。图中正、负电源端未画出。

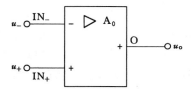

图 10-3　集成运放的图形符号

集成运放在实际使用时,其信号有三种基本输入方式。若同相输入端接地,信号从反相端与地之间输入,称为反相输入方式;若反相输入端接地,信号从同相端与地之间输入,称为同相输入方式;若信号从两输入端之间输入或两输入端都有信号输入,称为差分输入方式。感兴趣的读者可以查阅相关的资料。

10.1.4　集成运放的电压传输特性和电路模型

集成运放的电压传输特性是指开环输出时输出电压与输入电压的关系曲线,如图 10-4 所示,包含一个线性区和两个饱和区。

当运放工作在线性区时,输出电压 U_o 与输入电压($u_+ - u_-$)是线性关系。线性区的斜率取决于 A_{uo} 的大小。由于受电源电压的限制,输出电压不可能随输入电压的增加而无限增加,因此,当 U_o 增加到一定值后,就进入了饱和区。正、负饱和区的输出电压 $\pm U_{om}$ 一般略低于正、负电源电压。

由于集成运放的开环电压放大倍数很大,而输出电压为有限值,所以线性区很窄。因此,要使集成运放能稳定地工作在线性区,必须引入深度负反馈。

集成运放对输入信号源来说,相当于一个等效电阻,此等效电阻即为集成运放的输入电阻 r_i;对输出端负载来说,集成运放可以视为一个电压源。从图 10-4 的电压传输特性可知,集成运放工作在线性区时,其输出电压与输入电压成比例,即输出电压受输入电压控制,因此集成运放工作在线性区时,可用电压控制电压源的模型来等效,如图 10-5 所示。

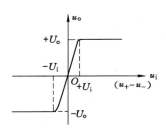

图 10-4 电压传输特性

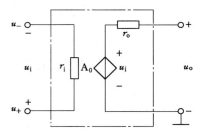

图 10-5 集成运放的电路模型

10.1.5 集成运放的理想特性及分析依据

常用集成运放具有很高的开环电压增益和共模抑制比以及很大的输入电阻和很小的输出电阻。因此,在实际应用中可将集成运放理想化,即认为:

开环电压放大倍数:$A_{uo} \to \infty$;

差模输入电阻:$r_{id} \to \infty$;

开环输出电阻:$r_o \to 0$;

共模抑制比:$K_{CMRR} \to \infty$;

由于实际运算放大器的上述技术指标接近理想条件,因此在分析运放的应用电路时,用理想运算放大器代替实际运算放大器所产生的误差并不大,在工程上是允许的,这样可以使分析过程大大简化。若无特别说明,后面对运算放大器的分析均认为集成运放是理想的。

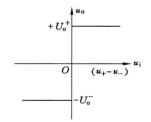

图 10-6 理想运算放大器的
传输特性图

因为理想运算放大器的开环电压放大倍数 $A_{uo} \to \infty$,所以,理想运算放大器开环应用时不存在线性区,其输出特性如图 10-6 所示。当 $u_+ > u_-$ 时,输出电压为 $+U_{om}$ 当 $u_+ < u_-$ 时,输出电压为 $-U_{om}$。

因为运算放大器的差模输入电阻 r_{id} 很大,所以图 10-6 所示的运算放大器的两输入端的电流为零,即

$$i_+ = i_- \approx 0 \tag{10-1}$$

由于运算放大器的开环电压放大倍数很大,而输出电压为有限值,所以,在运算放大器线性应用时,有:

$$u_+ - u_- = \frac{u_o}{A_{uo}} \approx 0$$

即

$$u_+ = u_-\qquad\qquad(10\text{-}2)$$

如果信号自反相输入端输入,且同相输入端接地时,$u_+ = 0$。由上式可得,u_- 也等于零。也就是说,反相输入端是一个不接"地"的"地"电位,通常称之为"虚地"。

运算放大器工作在饱和区时,运算放大器的两输入端的电压为不为零($u_+ - u_- \neq 0$),因此不能用上面公式($u_+ = u_-$)对运算放大器进行分析。这时,两输入端的电压取决于外加电压,输出电压只能是 $\pm U_{om}$。这说明上述公式只适用于运算放大器的线性工作状态。运算放大器工作在饱和区时,式 $i_+ = i_- \approx 0$ 仍然满足,即两输入端的电流近似为零。可见,上述两公式是分析运算放大器线性应用时的两个重要依据。

10.1.6　集成运放的主要参数

运算放大器的性能主要通过它的参数表示,为了合理地选用和正确地使用运算放大器,必须了解其主要参数的意义。

(1) 最大输出电压 U_{om}

U_{om} 为能使输出电压和输入电压保持不失真关系的最大输出电压,一般略低于电源电压。当电源电压为 ± 15 V 时,U_{om} 一般为 ± 13 V 左右。

(2) 开环电压放大倍数 A_{uo}

A_{uo} 指集成运放的输出端和输入端之间无外加回路(开环)时的差模电压放大倍数。常用的运放 A_{uo} 很高,通常在 $10^4 \sim 10^7$ 之间,即开环增益为 80 140 dB。A_{uo} 越高,所构成的运算电路越稳定,运算精度也越高、越理想。

(3) 差模输入电阻 r_{id} 与输出电阻 r_o

运算放大器的差模输入电阻很高,一般为 $10^5 \sim 10^{11}$ Ω,输出电阻很低,通常为几十欧至几百欧。

(4) 共模抑制比 K_{CMRR}

因为运放的输入级采用差动放大电路,所以有很高的共模抑制比,一般为 $70 \sim 130$ dB。

(5) 最大共模输入电压 U_{iCM}

U_{iCM} 是指运放所能承受的共模输入电压的最大值。超出此值,将会造成共模抑制比下降,甚至造成器件损坏。

(6) 最大差模输入电压 U_{idm}

U_{idm} 是指运放两输入端之间所能承受的最大电压值。超过此值,将会使输入级的三极管损坏,从而造成运算放大器性能下降甚至损坏。

(7) 输入失调电压 U_{io}

对于理想的运算放大器,当两输入端的信号为 0(即把两输入端同时接地)时,输出电压为 0。但由于制造中输入级差分电路不可能做得完全对称,所以当输入电压为 0 时,输出电压不为 0。若要输出电压为 0,必须在输入端加一个很小的补偿电压,它就是输入失调电压,一般为几毫伏。

以上所介绍的是集成运放的几个主要参数,另外还有温度漂移、静态功耗等,这里不一一介绍了,需要时可查阅相关手册。

10.2 集成运放的输入输出电路

10.2.1 集成运放的输入级电路——差分放大电路

集成运放的输入级采用差分放大电路,它能较好地抑制零点漂移,图 10-7 是基本的差分放大电路原理图。上一章已经对差分放大电路的结构和特点做了一个简要的介绍,下面主要对差分放大电路的静态和动态过程进行分析。

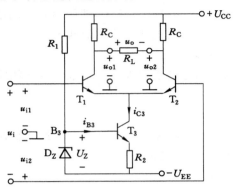

图 10-7 基本差分放大电路

图中晶体管 T_1 和 T_2 特性相同,组成对称电路。T_3、D_Z 和 R_1、R_2 组成恒流源,其中 R_1 和稳压管 D_Z 使 T_3 基极电位固定。当因某种因素(例如温度变化)使 i_{C3} 增加(或减小)时,R_2 两端的电压也增加(或减小),但因 U_{B3} 固定,所以 U_{BE3} 将减小(或增加),i_{B3} 也随之减小(或增加),因此起到抑制 i_{C3} 变化的作用,使 i_{C3} 基本不变,故具有恒流源的作用。输入信号从 T_1 和 T_2 的基极加入,输出信号在 T_1 和 T_2 的集电极之间取出,电路具有两个输入端和两个输出端,常称双端输入—双端输出。

(1)静态分析

当输入信号 u_{i1} 和 u_{i2} 为零(即静态)时,T_1 和 T_2 的基极对地电位为零,此时 T_1 和 T_2 的基极相当于对地短接,由直流电源 $-U_{EE}$ 提供基极电流 I_{B1} 和 I_{B2}。由于电路两边对称,T_1 和 T_2 的静态集电极电流为

$$I_{C1} = I_{C2} \approx \frac{1}{2}I_{C3} \approx \frac{1}{2}I_{E3} = \frac{1}{2}\frac{U_Z - U_{BE3}}{R_2} \tag{10-3}$$

静态集电极对地电压为

$$U_{C1} = U_{C2} = U_{CC} - R_C I_{C1} \tag{10-4}$$

故静态时输出电压为

$$u_o = U_{C1} - U_{C2} = 0 \tag{10-5}$$

此外,晶体管 T_1 和 T_2 由于温度等因素引起的漂移也相同,即 $i'_{B1} = i'_{B2}$,$i'_{C1} = i'_{C2}$,$U'_{C1} = U'_{C2}$,所以由漂移引起的输出电压 $u'_o = U'_{C1} - U'_{C2} = 0$。可见电路采用对称结构和双端输出后,可保证输入为零时输出也为零,并且能很好地抑制零点漂移。

(2)动态分析

如果信号是差模信号输入,当两个输入端对地分别加输入信号 u_{i1} 和 u_{i2} 时,若 u_{i1} 和 u_{i2}

大小相等、极性相反,即 $u_{i1} = -u_{i2}$,则称为差模信号。由于晶体管 T_3 的恒流作用(i_{C3} 恒定)和 T_1、T_2 特性的对称,使得在差模信号作用下,T_1 和 T_2 的集电极电流变化量大小相等而方向相反,集电极对地的电压变化量 u_{o1} 和 u_{o2} 亦大小相等、极性相反,从而在晶体管 T_1 和 T_2 的集电极之间得到输出电压 u_o。

由于 T_1 和 T_2 的集电极对地电位变化量大小相等而极性相反,则负载电阻 R_L 的中点电位不变,电位变化量为零,故对差模信号 R_L 的中点相当于接地;此外,因 T_3 等组成恒流源,i_{C3} 恒定不变,T_3 集电极电流的变化量为零,故 T_3 支路相当于断路。因此可得图 10-7 基本差分放大电路差模输入时的交流通路和微变等效电路如图 10-8 所示。

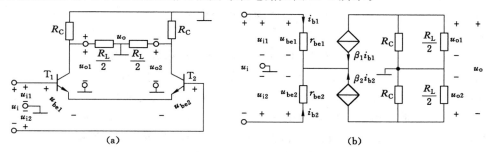

图 10-8　电路差模输入时的交流通路和微变等效电路
(a) 交流通路;(b) 微变等效电路

在差模信号输入时,$u_{i1} = -u_{i2}$,故 $u_i = u_{i1} - u_{i2} = 2u_{i1}$,即 $u_{i1} = u_i/2$,$u_{i2} = -u_i/2$。由图 10-8(b)的输入回路可写出

$$i_{b1} = -i_{b2}, u_i = r_{be1} i_{b1} - r_{be2} i_{b2}$$

因 $r_{be1} = r_{be2} = r_{be}$,$\beta_1 = \beta_2 = \beta$,故

$$u_i = 2r_{be1}, i_{b1} = 2u_{be1}, u_{be1} = u_{i1}$$

在输出回路中 $\beta_1 i_{b1} = -\beta_2 i_{b2}$,则

$$u_o = -\beta_1 i_{b1} \times R_C // \frac{R_L}{2} + \beta_2 i_{b3} \times R_C // \frac{R_L}{2} = -2\beta_1 i_{b1} \times R_C // \frac{R_L}{2} = 2u_{o1}$$

可得差模电压放大倍数为

$$A_d = \frac{u_o}{u_i} = \frac{2u_{b1}}{2u_{i1}} = \frac{u_{b1}}{u_{i1}} = A_{u1} = -\beta \frac{R_C // \dfrac{R_L}{2}}{r_{be}} \tag{10-6}$$

即与单管放大电路的电压放大倍数相同。式中负号表示在图示参考方向下输出电压与输入电压极性相反。

如果信号是共模信号输入。在差分放大电路中,两个输入端输入大小相等、极性相同的信号(即 $u_{i1} = -u_{i2}$)称为共模信号。通常亦可以把零点漂移用输入端施加共模信号来模拟。差分放大电路在共模信号作用下的输出电压与输入共模电压之比称为共模电压放大倍数,用 A_c 表示。

在理想情况下,电路完全对称,共模信号作用时,由于恒流源的作用,每管集电极电流和集电极电压均不变化,因此,$u_o = 0$,即 $A_c = 0$。

实际上由于每管的零点漂移依然存在,电路不可能完全对称,因此共模放大倍数并不为零,即共模抑制比不为零。共模抑制比反映了差分放大电路抑制共模信号的能力,其值越大,电路抑制共模信号(零点漂移)的能力越强。

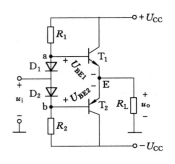

图 10-9 互补对称式电路

10.2.2 集成运放的输出级电路——互补对称电路

集成运放的输出级通常采用互补对称电路。射极输出器的输出电阻很小,带负载能力较强。因此,通常把 NPN 晶体管组成的射极输出器(加正电源)和 PNP 晶体管组成的射极输出器(加负电源)组合起来,构成互补对称式电路(如图 10-9 所示)作为集成运放输出级电路的基本形式。

在图 10-9 所示电路中,T_1 和 T_2 的特性相同,D_1、D_2 和 R_1、R_2 组成偏置电路(D_1、D_2 特性相同,$R_1 = R_2$),在 D_1、D_2 上的电压 U_{ab} 作为 T_1 和 T_2 的发射结偏置电压,即 $U_{ab} = U_{BE1} + (-U_{BE2})$。通常 U_{BE} 仅略大于死区电压,T_1 和 T_2 的静态基极电流较小。在输入信号 $u_i = 0$(即静态)时,两管的发射极对地电位 $U_E = 0$,故负载上无电压。在输入信号 $u_i \neq 0$(即动态)时,当 u_i 为正,则 T_1 导通,T_2 截止,电流由 $+U_{CC} \rightarrow T_1 \rightarrow R_L$ 形成回路,使输出电压 u_o 为正;当 u_i 为负,则 T_2 导通,T_1 截止,电流由 $-U_{CC} \rightarrow R_L \rightarrow T_2$ 形成回路,使 u_o 为负。可见,在 u_i 正、负极性变化时,T_1、T_2 轮流导通,互补对方的不足,使负载上合成一个与 u_i 相应的波形,且两管的工作情况完全对称,所以称这种电路为互补对称电路。

互补对称电路结构对称,采用正、负对称电源,静态时无直流电压输出,故负载可直接接到发射极,实现了直接耦合,在集成电路中得到了广泛的应用。

10.3 放大电路中的负反馈

10.3.1 反馈的概念

所谓反馈就是将电路的输出信号(电压或电流)的一部分或全部通过一定的电路(反馈电路)送回到电路的输入回路。放大电路的反馈框图如图 10-10 所示。其中基本放大电路和反馈电路构成一个闭合环路,常称为闭环。它们均如箭头所示,单方向传递信号。

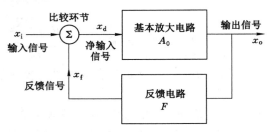

图 10-10 反馈放大电路的框图

图中,用 x 表示信号,它既可以表示电压,也可以表示电流。x_i,x_o 和 x_f 分别表示输入、输出和反馈信号,x_i 和 x_f 在输入端比较(叠加)后得净输入信号 x_d。若引回的反馈信号 x_f 使得净输入信号 x_d 减小则为负反馈,此时

$$x_d = x_i - x_f \tag{10-7}$$

若引回的反馈信号 x_f 使得净输入信号 x_d 增大则为正反馈,此时

$$x_d = x_i + x_f \tag{10-8}$$

放大电路中一般引入负反馈。

基本放大电路的输出信号与净输入信号之比称为开环放大倍数,用 A_o 表示,即

$$A_o = \frac{X_o}{X_d} \tag{10-9}$$

反馈信号与输出信号之比称为反馈系数,用 F 表示,即

$$F = \frac{x_f}{x_o} \tag{10-10}$$

引入反馈后的输出信号与输入信号之比称为闭环放大倍数,用 A_f 表示,即

$$A_f = \frac{x_o}{x_i} \tag{10-11}$$

10.3.2　反馈的类型及判断

(1) 反馈的类型

根据反馈电路与基本放大电路在输入、输出端连接方式的不同,可将负反馈分为四种类型:电压串联负反馈、电压并联负反馈、电流串联负反馈、电流并联负反馈。下面分别进行介绍。

① 电压串联负反馈

电压串联负反馈的电路如图 10-11 所示。R_f 和 R 构成反馈环节,输入信号 u_i 通过 R_b 加于集成运放同相输入端。输出电压 u_o 通过 R_f 和 R 分压,分在 R 上的电压即为反馈信号 u_f。从图 10-11 中可以得出

$$u_f = u_o \cdot \frac{R}{R_f + R} \tag{10-12}$$

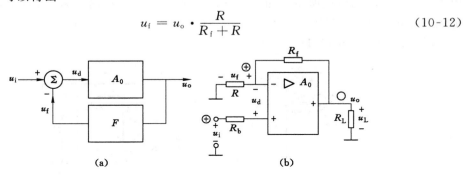

图 10-11　电压串联负反馈电路

(a) 电路框图;(b) 典型电路

可见,反馈电压正比于输出电压,所以为电压反馈。设输入信号瞬时极性为"+"(图中用 ⊕ 符号表示),则输出信号的瞬时极性为"+"(同相输入端输入信号),因此反馈信号 u_f 也为"+",根据净输入信号 $u_d = u_i - u_f$,又因为 u_i 与 u_f 瞬时极性相同,反馈信号削弱了净输入信号,所以为负反馈。此式还表示反馈信号 u_f 与输入信号 u_i 是串联关系(电压相加减),所以为串联反馈。因此图 10-11 所示电路为电压串联负反馈。引入电压负反馈可以稳定输出电压。假定由于负载的变化使得 u_o 下降,根据上式可知反馈信号 u_f 随之下降,因而净输入信号增加,输出信号 u_o 上升,使得输出电压稳定。

② 电压并联负反馈

电压并联负反馈电路的框图和典型电路如图 10-12 所示。在图 10-12(b)电路中,用瞬时极性法标出了 u_i 和 u_o 的相对极性以及各电流的方向,显然在输入回路中,反馈信号(i_f)、输入信号(i_i)和净输入信号(i_d)都以电流量进行比较求和,即 $i_d = i_i - i_f$,且引入反馈后使净输入电流减小,称为并联负反馈;而反馈电流

$$i_f = -\frac{u_o}{R_f} \tag{10-13}$$

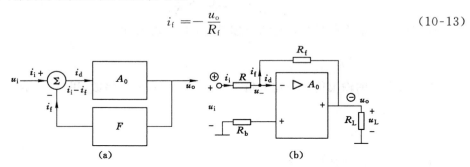

图 10-12 电压并联负反馈电路

(a) 电路框图;(b) 典型电路

由于 u_- 很小,因此 i_f 取决于输出电压 u_o,而和 R_L 接入与否无关,故为电压反馈。因此该电路为电压并联负反馈电路。

③ 电流串联负反馈

图 10-13 所示为电流串联负反馈电路的框图和典型电路。在图 10-13(b)所示电路中,R_L 为负载电阻。为了取出与负载电流成正比的反馈电压,用一个电阻值小于 R_L 的取样电阻 R 与 R_L 串联,构成反馈环节,把 R 上的电压降 u_f 引入反相输入端。用瞬时极性法标出各电压极性和电流方向如图。显然 $u_d = u_i - u_f$,故为串联负反馈;由于流入反相端的电流很小,故反馈电压,从图 10-13 中可知

$$U_f = i_o \cdot R_f \tag{10-14}$$

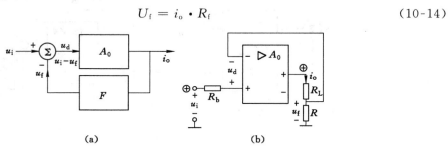

图 10-13 电流串联负反馈电路

(a) 电路框图;(b) 典型电路

为了判别是电压反馈还是电流反馈,可假设负载电阻 R_L 不接(开路),则 $i_o = 0$,这时,只要有输入电压 u_i,仍会有输出电压 u_o,但 $u_f \approx R_{io} = 0$,反馈量消失,可见反馈电压 u_f 取自于输出电流 i_o,称为电流反馈。因此这个电路为电流串联负反馈电路。

④ 电流并联负反馈

电流并联负反馈电路的框图和典型电路如图 10-14 所示。在图 10-14(b)中,R_L 为负载

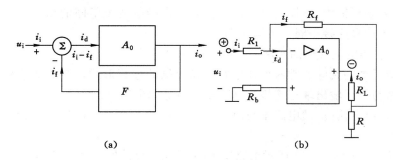

图 10-14　电流并联负反馈电路

(a) 电路框图；(b) 典型电路

电阻，它和 R_f、R 构成反馈网络。用瞬时极性法可标出输入、输出端的电压极性和对应的各电流方向，可见 $i_d = i_i - i_f$，故为并联负反馈；由于 u_{i-} 很小（接近零），集成运放反相输入端与电阻 R 的下端视为同电位，从电流的大小关系来看，R_f 与 R 相当于并联。因此 i_f 可以看成由 i_o 对 R_f 和 R 分流得到，即

$$i_f = i_o \cdot \frac{R}{R_f + R} \tag{10-15}$$

显然，反馈电流 i_f 取决于输出电流 i_o，故为电流反馈。所以此电路为电流并联负反馈电路。

综上所述，反馈电路在输入回路中的接法决定了是串联反馈还是并联反馈，而在输出回路中的接法则决定是电压反馈还是电流反馈；在单个集成运放组成的反馈放大电路中，反馈信号接到反相输入端便构成负反馈。

（2）反馈类型的判断

由反馈的基本概念可知，反馈有正、负反馈之分，串联反馈与并联反馈之分，电压反馈与电流反馈之分。因此在分析反馈电路时，往往根据反馈的概念归纳出的一些常用方法判断反馈的类型。

① 正、负反馈的判断

正、负反馈的判断通常采用瞬时极性法。此种方法是假定输入电压 u_i 增加而使净输入信号增加时，分析输出电压 u_o 的变化（若输入信号自反相端输入，输出与输入瞬时极性相反；若输入信号自同相端输入，输出与输入瞬时极性相同），比较反馈信号和输入信号的关系，找出它对净输入信号的影响。若反馈信号使净输入信号减小，为负反馈；若反馈信号使净输入信号增加，为正反馈。在图 10-11 所示的电路中，设输入端瞬时极性为"＋"，则输出端瞬时极性为"＋"，经 R_f 传递到反相输入端的反馈信号 u_f 瞬时极性也为"＋"，从图中很容易得到净输入信号 $u_d = u_i - u_f$，又因为 u_i 与 u_f 瞬时极性相同，反馈信号使净输入信号减小，所以为负反馈。根据瞬时极性法很容易得出，对于由单个集成运放组成的本级反馈电路，若反馈电路接到反相输入端，为负反馈；若反馈电路接到同相输入端，则为正反馈。

② 串联反馈和并联反馈的判断

串、并联反馈的判断通常看反馈电路与输入端的连接形式。若反馈信号与净输入信号串联（反馈信号以电压的形式出现），则为串联反馈，图 10-11 所示电路为串联反馈，若反馈信号与净输入信号并联（反馈信号以电流的形式出现），则为并联反馈，如图 10-12 所示电路

为并联反馈。串联反馈中,反馈信号与输入信号分别接于两个不同的输入端,并联反馈中,反馈信号与输入信号连接于同一个输入端。

③ 电压反馈和电流反馈的判断

电压、电流反馈的判断通常看反馈电路与输出端的连接形式。若反馈信号正比于输出电压(反馈电路与电压输出端相连接),则为电压反馈,图 10-12 所示电路为电压反馈;若反馈信号正比于输出电流(反馈电路不与电压输出端相连接),则为电流反馈,图 10-14 所示电路为电流反馈。

【例 10-1】 判断图 10-15 所示电路中 R_f 所形成的反馈的类型。

解: 首先根据输入、输出的极性关系,标出各输入、输出端的瞬时极性,如图 10-15 所示。利用瞬时极性法,可知 R_f 引入的反馈为负反馈;因为输入信号与反馈信号连接于不同的输入端,反馈信号以电压的形式出现并与输入电压比较,所以为串联负反馈,由于反馈电路连接于输出电压端,反馈信号正比于输出电压,因此为电压负反馈。综上所述,R_f 引入的反馈为电压串联负反馈。

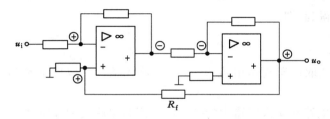

图 10-15　例 10-1 的电路图

【例 10-2】 判断图 10-16 所示电路中 R_f 所形成的反馈的类型。

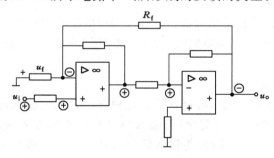

图 10-16　例 10-2 的电路图

解: 首先根据输入、输出的极性关系,标出各输入、输出端的瞬时极性,如图 10-16 所示。利用瞬时极性法,可知 R_f 引入的反馈为正反馈;输入信号与反馈信号连接于不同的输入端,为串联反馈;反馈信号正比于输出电压,为电压反馈。所以,R_f 引入的反馈为电压串联正反馈。

10.3.3　负反馈对放大电路性能的影响

在放大电路中引入负反馈可以改善放大电路的工作性能。负反馈对放大器性能的改善是以降低电压放大倍数为代价换来的。但放大倍数的下降容易弥补。

（1）降低放大倍数

由图 10-7 所示的反馈放大电路的框图和式(10-7)容易得出,引入负反馈后,其闭环电压放大倍数为

$$A_{\mathrm{f}} = \frac{x_{\mathrm{o}}}{x_{\mathrm{i}}} = \frac{x_{\mathrm{o}}}{x_{\mathrm{d}} + x_{\mathrm{f}}} = \frac{\dfrac{x_{\mathrm{o}}}{x_{\mathrm{d}}}}{\dfrac{x_{\mathrm{d}} + x_{\mathrm{f}}}{x_{\mathrm{d}}}} = \frac{A_{\mathrm{o}}}{1 + A_{\mathrm{o}} F} \tag{10-16}$$

通常,将 $1 + A_{\mathrm{o}} F$ 称为反馈深度,其值越大,反馈作用越强。因为 $|1 + A_{\mathrm{o}} F| > 1$,所以引入负反馈后放大倍数降低。反馈越深,放大倍数下降越大。

(2) 提高放大倍数的稳定性

在放大电路中,由于温度的变化等因素会引起放大倍数的变化,而放大倍数的不稳定会影响放大电路的准确性和可靠性。放大倍数的稳定性通常用它的相对变化率来表示。无反馈时放大倍数的变化率为 $\dfrac{\mathrm{d}A_{\mathrm{o}}}{A_{\mathrm{o}}}$,有反馈时的变化率为 $\dfrac{\mathrm{d}A_{\mathrm{f}}}{A_{\mathrm{f}}}$,可得

$$\frac{\mathrm{d}A_{\mathrm{f}}}{\mathrm{d}A_{\mathrm{o}}} = \frac{\mathrm{d}\dfrac{A_{\mathrm{o}}}{1 + A_{\mathrm{o}} F}}{\mathrm{d}A_{\mathrm{o}}} = \frac{1}{1 + A_{\mathrm{o}} F} \frac{A_{\mathrm{o}} F}{(1 + A_{\mathrm{o}} F)^2} = \frac{1}{(1 + A_{\mathrm{o}} F)^2} = \frac{A_{\mathrm{f}}}{A_{\mathrm{o}}} \cdot \frac{1}{1 + A_{\mathrm{o}} F}$$

因此

$$\frac{\mathrm{d}A_{\mathrm{f}}}{A_{\mathrm{f}}} = \frac{1}{1 + A_{\mathrm{o}} F} \frac{\mathrm{d}A_{\mathrm{o}}}{A_{\mathrm{o}}} \tag{10-17}$$

上式表明,引入负反馈后,放大倍数的相对变化率是未引入负反馈时的开环放大倍数的相对变化率的 $\dfrac{1}{1 + A_{\mathrm{o}} F}$。例如,$1 + A_{\mathrm{o}} F = 100$ 时,如果 A_{o} 变化了 $\pm 10\%$,则 A_{f} 只变化 $\pm 0.1\%$,反馈越深,放大倍数越稳定。当 $|1 + A_{\mathrm{o}} F| \gg 1$ 时,闭环放大倍数:

$$A_{\mathrm{f}} = \frac{1}{F} \tag{10-18}$$

此式说明,在深度负反馈的情况下,闭环放大倍数仅与反馈电路的参数有关,基本上不受开环放大倍数的影响。这时,放大电路的工作非常稳定。

(3) 改善非线性失真

由于放大电路中含有非线性元件,因此输出信号会产生非线性失真,尤其是输入信号幅度较大时,非线性失真更严重,引入负反馈后,可以减小非线性失真。这可用图 10-17 定性说明。设输入信号 u_{i} 为正弦波,无反馈时,输出波形产生失真,正半周大而负半周小,如图 10-7(a) 所示。引入负反馈后,由于反馈电路由电阻组成,反馈系数 F 为常数,故反馈信号 u_{f} 是和输出信号 u_{o} 一样的失真波形,u_{f} 与输入信号 u_{i} 相减后使净输入信号 u_{d} 波形变成正半周小而负半周大的失真波形,这使输出信号 u_{o} 的正负半周幅度趋于对称,即在与无反馈同样的输出幅度时减小了波形失真,如图 10-17(b) 所示。

(4) 扩展通频带

通频带是放大电路的技术指标之一,通常要求放大电路有较宽的通频带。引入负反馈是展宽通频带的有效措施之一。图 10-18 是集成运放电路的幅频特性,由于集成运放采用直接耦合,因此在频率从零开始的低频段放大倍数基本上为常数。在无负反馈(开环)时,在信号的高频段,随着频率的增高,开环电压放大倍数下降较快。当集成运放外部引入负反馈后,由于负反馈强度(反馈量)随输出信号幅度变化,输出信号幅度大时负反馈强,输出信号

幅度小时负反馈弱,因此在高频段,输出信号幅度减小(电压放大倍数减小),负反馈也随之减弱,从而使幅频特性趋于平坦,扩展了电路的通频带。

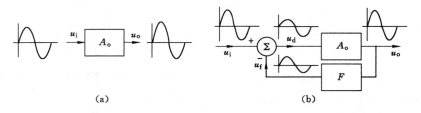

图 10-17　非线性失真的改善

(a) 无反馈时的波形;(b) 有反馈时的波形

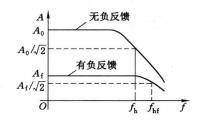

图 10-18　集成运放电路的幅频特性

(5) 对输入输出电阻的影响

引入负反馈后,放大电路的输入电阻和输出电阻都将受到一定的影响,反馈类型不同,这种影响也不同。

放大电路引入负反馈后,对输入电阻的影响取决于反馈电路与输入端的连接方式。串联负反馈使输入电阻增加;并联负反馈使输入电阻减小。

引入负反馈后对放大电路输出电阻的影响取决于反馈电路与输出端的连接方式。对于电压负反馈,由于反馈信号正比于输出电压,在一定的输入情况下,当输出电压由于某种原因增大(或减小)时,反馈信号也增大(或减小),导致净输入信号减小(或增大),从而使输出电压减小(或增大)。因此电压负反馈具有稳定输出电压的作用,即使输出电压趋向于恒定,故使输出电阻减小。对于电流负反馈,反馈信号正比于输出电流,具有稳定输出电流的作用,即使输出电流趋向于恒定,故使输出电阻增大。

10.4　基本运算电路

10.4.1　比例运算电路

(1) 反相比例运算电路

电路如图 10-19 所示。输入信号 u_o 经电阻 R_1 引到运算放大器的反相输入端,同相输入端经电阻 R_2 接地,反馈电阻 R_F 引入电压并联负反馈。前面已经分析过,这是一电压并联负反馈电路。

由图可知:$i_1 = i_- + i_F$,由于 $i_- = i_+ \approx 0$,所以,$i_1 = i_F$;又因 $u_+ \approx u_-$,而 $u_+ = -i_+ R_2 \approx 0$,所以 $u_- \approx 0$。

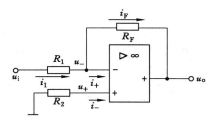

图 10-19　反相比例运算电路

即反相输入端近似为"地"电位,因此在反相输入时又常把反相输入端称为"虚地"端。于是有

$$i_1 = \frac{u_i - u_-}{R_1} \approx \frac{u_i}{R_1} \tag{10-19}$$

$$i_F = \frac{u_- - u_o}{R_F} \approx \frac{u_o}{R_F} \tag{10-20}$$

$$所以\ u_o = -\frac{R_F}{R_1} u_i \tag{10-21}$$

闭环电压放大倍数 A_{uf} 为:

$$A_{uf} = \frac{u_o}{u_i} = -\frac{R_F}{R_1} \tag{10-22}$$

上式表明,反相输入电路的闭环电压放大倍数只由电阻 R_F 和 R_1 决定,而与集成运算放大器元件本身无关,式中的负号表示输出与输入反相。

该电路可以完成反相比例运算,比例系数为 $-\dfrac{R_F}{R_1}$,比例系数的绝对值可以是小于、等于或大于 1 的任何值,改变 R_F 和 R_1 的大小,就可使输出与输入满足不同的比例关系。只要 R_F 和 R_1 的阻值精确、稳定,输出和输入的比例关系就是非常精确、稳定的线性关系。

当 $R_F = R_1$ 时,$u_o = -u_i$ 称为反号器或反相器,这是反相输入电路的一个特例,实际中常用。

电路中的 R_2 为平衡电阻,以保证运算放大器输入级差动放大器的对称性,其阻值等于反相输入端各支路电阻的并联等效电阻,这里取

$$R_2 = \frac{R_1 \cdot R_F}{R_1 + R_F} \tag{10-23}$$

(2)同相比例运算电路

图 10-20 为经典同相输入比例运算电路。输入电压 u_i 经 R_2 从同相端输入,反相端经 R_1 接地,反馈电阻 R_F 仍跨接于输出端与反相输入端之间。前已分析,这是一电压串联负反馈电路。

由于

$$i_- = i_+ \approx 0 \quad u_- \approx u_+ = u_i$$

所以

$$i_1 = i_F$$

又

$$i_1 = \frac{u_-}{R_1} = \frac{u_i}{R_1} \qquad i_F = \frac{u_o - u_-}{R_F} = \frac{u_o - u_i}{R_F}$$

故

$$\frac{u_i}{R_1} = \frac{u_o - u_i}{R_F}$$

所以

$$u_o = (1 + \frac{R_F}{R_1})u_i \qquad (10\text{-}24)$$

闭环电压放大倍数 A_{uf} 为:

$$A_{uf} = \frac{u_o}{u_i} = 1 + \frac{R_F}{R_1} \qquad (10\text{-}25)$$

可见同相输入电路仍为一比例运算电路,输出与输入之间的关系仍取决于 R_1 和 R_F。比例系数为 $1 + \frac{R_F}{R_1}$,为正值,表明输出与输入同相,且总是大于或等于 1。

R_2 仍为平衡电阻,其值为 $\frac{R_1 \cdot R_F}{R_1 + R_F}$。

当 $R_F = 0$ 或 $R_1 = \infty$,由闭环电压放大倍数 A_{uf} 公式可知此时 $A_{uf} = 1$,因此

$$u_o = u_i \qquad (10\text{-}26)$$

这是同相输入电路的一个特例,称为射极跟随器或同号器。

10.4.2　加法运算电路

图 10-21 是一个具有三个输入信号的加法运算电路。图中平衡电阻 $R_b = R_1 // {}_{12} // R_3 // R_F$。

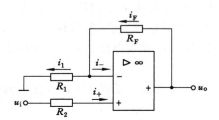

图 10-20　同相输入电路

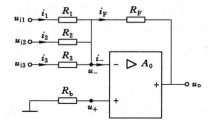

图 10-21　加法运算电路

由于理想运放输入电流 $i_- = 0$,因此

$$i_1 + i_2 + i_3 = i_F$$

即

$$\frac{u_{i1} - u_-}{R_1} + \frac{u_{i2} - u_-}{R_2} + \frac{u_{i3} - u_-}{R_3} = \frac{u_- - u_o}{R_F}$$

根据反相输入方式反相端"虚地"的概念有

$$\frac{u_{i1}}{R_1} + \frac{u_{i2}}{R_2} + \frac{u_{i3}}{R_3} = -\frac{u_o}{R_F}$$

故

$$u_\text{o} = -\left(\frac{R_\text{F}}{R_1}u_\text{i1} + \frac{R_\text{F}}{R_2}u_\text{i2} + \frac{R_\text{F}}{R_3}u_\text{i3}\right) \tag{10-27}$$

上式表示输出电压等于各输入电压按不同比例相加。当 $R_1 = R_2 = R_3 = R$ 时，

$$u_\text{o} = -\frac{R_\text{F}}{R_1}(u_\text{i1} + u_\text{i2} + u_\text{i3}) \tag{10-28}$$

即输出电压与各输入电压之和成比例，实现"和放大"。

若 $R_1 = R_2 = R_3 = R_\text{F}$，则

$$u_\text{o} = -(u_\text{i1} + u_\text{i2} + u_\text{i3}) \tag{10-29}$$

即输出电压等于各输入电压之和，实现加法运算。

加法电路的输入信号也可以从同相端输入，但由于运算关系和平衡电阻的选取比较复杂，并且同相输入时集成运放的两输入端承受共模电压，它不允许超过集成运放的最大共模输入电压。因此一般很少使用同相输入的加法电路。

【**例 10-3**】　在图 10-22 所示电路中，已知 $u_\text{i1} = 1$ V，$u_\text{i2} = 0.5$ V，求输出电压 u_o。

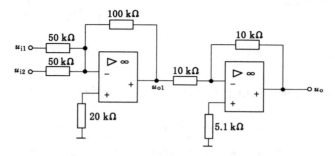

图 10-22　例 10-3 的电路图

解：　第一级为反相输入的加法运算电路，其输出电压为

$$u_\text{o1} = -\frac{100}{50}(u_\text{i1} + u_\text{i2}) = -2(u_\text{i1} + u_\text{i2}) = -2 \times (1 + 0.5) = -3 \text{ (V)}$$

第二级为反相器，其输入为第一级的输出，故输出电压为

$$u_\text{o} = u_\text{o1} = 2(u_\text{i1} + u_\text{i2}) = 2 \times (1 + 0.5) = 3 \text{ (V)}$$

10.4.3　减法运算电路

在基本运算电路中，如果两个输入端都有信号输入，则为减法输入，电路实现减法运算。减法运算被广泛地应用在测量和控制系统中，其运算电路如图 10-23 所示。

根据叠加原理，u_i1 单独作用时，有

$$u'_\text{o} = -\frac{R_\text{F}}{r_\text{i}} \cdot u_\text{i1} \tag{10-30}$$

u_i2 单独作用时，有

$$u'_\text{o} = \left(1 + \frac{R_\text{F}}{R_1}\right)\frac{R_3}{R_2 + R_3}u_\text{i2} \tag{10-31}$$

u_i1，u_i2 共同作用时，有

$$u_\text{o} = u'_\text{o} + u'_\text{o} = \left(1 + \frac{R_\text{F}}{R_1}\right)\frac{R_3}{R_2 + R_3}u_\text{i2} - \frac{R_\text{F}}{R_1}u_\text{i1} \tag{10-32}$$

若取 $R_1 = R_2$，$R_3 = R_\text{F}$，则

$$u_o = \frac{R_F}{R_1}(u_{i2} - u_{i1}) \tag{10-33}$$

输出电压与两输入电压之差成正比,称为差动放大电路。若取 $R_1 = R_2 = R_3 = R_F$,则

$$u_o = u_{i2} - u_{i1} \tag{10-34}$$

此时电路就是减法运算电路。

10.4.4 积分运算电路

若将反相比例运算电路中的反馈元件 R_F 用电容 C_F 替代,就可以实现积分运算。积分运算电路如图 10-24 所示。其中,平衡电阻 $R_2 = R_1$。

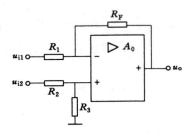

图 10-23 减法运算电路

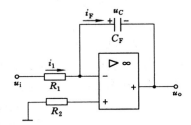

图 10-24 积分运算电路

并且,通过前面的分析可知由于 $i_- \approx 0$、$u_+ = u_- = 0$,则有 $i_1 \approx i_F$,且 $i_1 = \dfrac{u_i}{R_1}$,所以有

$$u_o = -u_C = -\frac{1}{C_F}\int i_F dt = -\frac{1}{R_1 C_F}\int u_i dt \tag{10-35}$$

上式表明输出电压 u_o 与输入电压 u_i 的积分成比例,负号表示它们在相位上是反相的。

当输入信号 u_i 为图 10-25(a)所示的正阶跃电压,在 $t \geqslant 0$ 时,有

$$u_o \approx -\frac{U_i}{R_1 C_F}t = -\frac{U_i}{\tau}t \tag{10-36}$$

式中,$\tau = R_1 C_F$,只要运放工作在线性区,输出电压 u_o 与时间 t 就存在上述线性关系。这是由于反馈电容在这种情况下以近似恒定的电流 $\dfrac{U_i}{R_1}$ 充电的缘故,这与阻容串联电路在阶跃电压作用下,充电电流以指数曲线减少不同。

由于输出电压 $|u_o|$ 的线性增加受饱和电压限制,故输出电压达到饱和值后不再随时间变化,如图 10-25(b)所示。

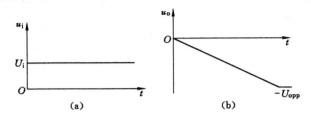

图 10-25 RC 积分电路的阶跃响应
(a) 输入波形;(b) 输出波形

以上分析说明此电路能完成积分运算,一般取 $R_2 = R_1$。积分电路除用于信号运算外,

在控制和测量系统中也得到了广泛的应用。将比例运算和积分运算结合在一起，就构成了比例积分运算电路，如图 10-26(a)所示。

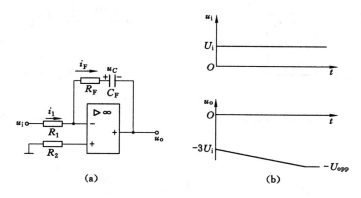

图 10-26　比例积分运算电路

(a) 比例—积分运算电路；(b) 电路的阶跃响应

电路的输出电压为

$$u_o = -(i_F R_F + u_C) = -\left(i_F R_F + \frac{1}{C_F}\int i_C \mathrm{d}t\right) \tag{10-37}$$

因为

$$i_1 = i_F = i_C = \frac{u_i}{R_1}$$

所以

$$u_o = -\left(\frac{R_F}{R_1}u_i + \frac{1}{R_1 C_F}\int u_i \mathrm{d}t\right) \tag{10-38}$$

当输入电压为直流，即 $u_i = U$，且在 $t = 0$ 时加入，则输出电压为

$$u_o = -\left(\frac{R_F}{R_1}U + \frac{U}{R_1 C_F}t\right) \tag{10-39}$$

输入输出波形如图 10-26(b)所示。可以将其视为由比例、积分、保持三部分组成，比例积分电路又称为比例—积分调节器(PI 调节器)，广泛地应用于自动控制系统中。

若将加法运算与积分运算相结合，就构成和—积分运算电路，如图 10-27 所示。

电路的输出电压为

$$u_o = -\left(\frac{1}{R_{11} C_F}\int u_{i1} \mathrm{d}t + \frac{1}{R_{12}} C_F\int u_{i2} \mathrm{d}t\right) \tag{10-40}$$

当 $R_{11} = R_{12} = R$ 时，为

$$u_o = -\frac{1}{R C_F}\int (u_{i1} + u_{i2}) \mathrm{d}t \tag{10-41}$$

10.4.5　微分运算电路

微分是积分的逆运算，只需将反相输入端的电阻和反馈电容调换位置，就可得到微分运算电路，图 10-28 所示为微分运算电路。利用集成运放的理想特性可得

$$u_o = -i_F R_F$$

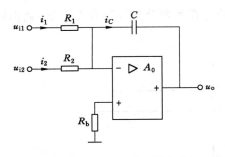 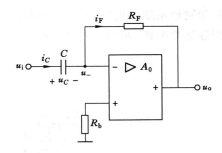

图 10-27　和—积分运算电路　　　　图 10-28　微分运算电路

而

$$i_C = i_F = C \frac{\mathrm{d}\, u_C}{\mathrm{d}t} = C \frac{\mathrm{d}u_i}{\mathrm{d}t}$$

故

$$u_o = - R_F C \frac{\mathrm{d}u_i}{\mathrm{d}t} \tag{10-42}$$

可见,输出电压与输入电压的微分成比例。

与积分电路类似,微分电路和比例电路结合,可构成比例—微分运算电路;微分电路和加法电路结合,便组成微分—求和运算电路。此外,还可组成比例—积分—微分电路。

10.5　运算放大器在信号处理方面的应用

10.5.1　有源滤波器

滤波器是一种选频电路,它能使一定频率范围内的信号顺利通过,而在此频率范围以外的信号衰减很大。根据所选择频率的范围,滤波器可分为低通、高通、带通、带阻等类型。低通滤波器只允许低频率信号通过,高通滤波器只允许高频率信号通过,带通滤波器允许某一频率范围内的信号通过;带阻滤波器只允许某一频率范围之外的信号通过,而该频率范围内的信号衰减很大。

由电阻和电容组成的滤波电路称为无源滤波器。无源滤波器无放大作用,带负载能力差,特性不理想。由有源器件运算放大器与 RC 组成的滤波器称为有源滤波器。与无源滤波器比较,有源滤波器具有体积小、效率高、特性好等一系列优点,因而得到了广泛的应用。

若滤波器输入为 $\dot{U}_i(\mathrm{j}\omega)$,输出为 $\dot{U}_o(\mathrm{j}\omega)$,则输出电压与输入电压之比是频率的函数,即

$$f(\mathrm{j}\omega) = \frac{U_o(\mathrm{j}\omega)}{U_i(\mathrm{j}\omega)}$$

输出电压与输入电压的大小之比称为滤波器的幅频特性,即

$$\left| f(\mathrm{j}\omega) \right| = \left| \frac{\dot{U}_o(\mathrm{j}\omega)}{\dot{U}_i(\mathrm{j}\omega)} \right|$$

根据幅频特性就可以判断滤波器的通频带,图 10-29 所示是一个有源低通滤波器电路。因为

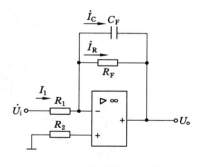

$$\dot{U}_+ = \dot{U}_- = \dot{U}_i \cdot \frac{\frac{1}{j\omega C}}{R + \frac{1}{j\omega C}} = \dot{U}_i \cdot \frac{1}{1 + j\omega RC}$$

又根据同相比例运算电路的输入输出关系式,得

$$\dot{U}_o = \left(1 + \frac{R_F}{R_1}\right)\dot{U}_+ = (1 + \frac{R_F}{R_1}) \cdot \frac{1}{1 + j\omega RC}\dot{U}_i$$

故

图 10-29　有源低通滤波器

$$\frac{\dot{U}_o}{\dot{U}_i} = (1 + \frac{R_F}{R_1}) \cdot \frac{1}{1 + j\omega RC} \tag{10-43}$$

令 $\frac{1}{RC} = \omega_0$,称为截止角频率,则其幅频特性为:

$$\frac{U_o}{U_i} = \left(1 + \frac{R_F}{R_1}\right) \cdot \frac{1}{\sqrt{1 + \left(\frac{\omega}{\omega_0}\right)^2}} \tag{10-44}$$

当 $\omega < \omega_0$ 时,$\frac{U_o}{U_i} \approx 1 + \frac{R_F}{R_1}$

当 $\omega = \omega_0$ 时,$\frac{U_o}{U_i} = \frac{1 + \frac{R_F}{R_1}}{\sqrt{2}}$

当 $\omega > \omega_0$ 时,$\frac{U_o}{U_i}$ 随 ω 的增加而下降

当 $\omega \to \infty$ 时,$\frac{U_o}{U_i} = 0$。

10.5.2　采样保持电路

在数字电路、计算机及程序控制的数据采集系统中常常用到采样保持电路。采样保持电路的功能是将快速变化的输入信号按控制信号的周期进行“采样”,使输出准确地跟随输入信号的变化,并能在两次采样的间隔时间内保持上一次采样结束的状态。

图 10-30(a)所示是一种基本的采样保持电路,包括模拟开关 S、存储电容 C 和由运算放大器构成的跟随器。采样保持电路的模拟开关 S 的开与合由一控制信号控制。当控制信号为高电平时,开关 S 闭合,电路处于采样状态,此时,u_i 对存储电容 C 充电,$u_o = u_C = u_i$,输出电压跟随输入电压变化,当控制信号为低电平时,开关 S 断开,电路处于保持状态,由于存储电容无放电回路,所以,在下一次采样之前,$u_o = u_C$,并保持一段时间。输入、输出波形如图 10-30(b)所示。

10.5.3　信号变换电路

(1) 电压—电压变换器

图 10-31 所示电路可以将稳压管稳压电路得到的固定基准电压转换为需要的电压数值。其输出电压为:

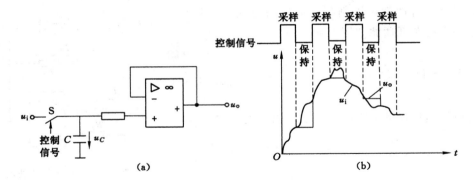

图 10-30　采样保持电路

$$u_o = -\frac{R_F}{R_1} \cdot U_Z \tag{10-45}$$

改变反馈电阻 R_F，可以方便地改变输出电压的大小。

（2）电压—电流变换器

在需要产生与电压成比例的电流的场合，可以应用由运算放大器组成的电压—电流变换器。电路如图 10-32 所示。

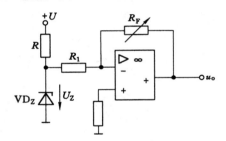

图 10-31　电压—电压变换器

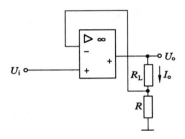

图 10-32　电压—电流变换器

其输出电流为

$$I_o = \frac{U_i}{R} \tag{10-46}$$

输出电流与输入电压成正比，与负载电阻无关。当输入电压是一固定值时，输出电流恒定不变，也称为恒流源电路。

（3）电流—电压变换器

电流—电压变换器的作用是将输入电流转换为与其成正比的输出电压。例如将光电管产生的光电流转换为与其成正比的电压的电路，如图 10-33 所示。电路中 $-E$ 的作用是使光电二极管工作在反向状态。当有光照时，光电二极管产生光电流 I_L，运算放大器的输出电压正比于 I_L，即

$$U_o = I_L \cdot R_F \tag{10-47}$$

光照越强，I_L 越大，U_o 越大。

（4）电流—电流变换器

图 10-34 是电流—电流变换器。电路输入为电流信号，输出为流过负载电阻的电流 I_o。

因为

$$I_f = I_o \cdot \frac{R}{R + R_F}$$

$$I_F + I_S = 0$$

所以

$$I_o = -I_S\left(1 + \frac{R_F}{R}\right) \tag{10-48}$$

实现了电流—电流变换功能。

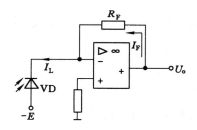

图 10-33　电流—电压变换器图

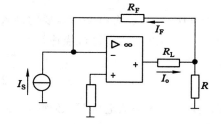

图 10-34　电流—电流变换器

10.6　运算放大器在 RC 正弦波振荡电路的应用

10.6.1　自激振荡

振荡电路通常在接通电源后,就有按一定规律变化的信号输出。这种在没有外加输入信号的情况下,依靠电路自身的条件而产生一定频率和幅度的交流输出信号的现象称为自激振荡。电路满足什么条件才能产生自激振荡呢? 这就是首先要讨论的问题。

图 10-35(a)所示为一接有反馈的放大电路的框图,其中 A_o 是放大电路的放大倍数,F 是反馈电路的反馈系数。若引入正反馈且反馈信号 $\dot{U}_f = \dot{U}_i$,去掉输入信号后,反馈信号替代了输入信号,在输出端仍有稳定的信号输出,如图 10-35(b)所示。此时,称电路产生了自激振荡。因为

$$\dot{U}_i = \frac{\dot{U}_o}{\dot{A}_o}$$

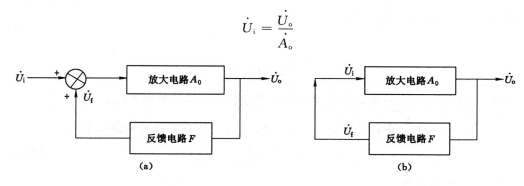

图 10-35　自激振荡原理框图

并且

$$\dot{U}_f = F\dot{U}_o$$

只有 $\dot{U}_f = \dot{U}_i$ 时，才能建立起自激振荡，所以

$$\frac{\dot{U}_o}{A_o} = F\dot{U}_o \tag{10-49}$$

由此得电路产生自激振荡的条件是：

$$A_o F = 1$$

反馈电压 $\dot{U}_f$ 与放大电路所需要的输入电压 $\dot{U}_i$ 在大小和相位两方面都相等时，自激振荡的条件可以用以下两点进行描述。

① 相位条件

$$\varphi_A + \varphi_F = 2n\pi, n = 0, 1, 2, \cdots$$

相位条件要求反馈电压 $\dot{U}_f$ 必须与输入电压 $\dot{U}_i$ 的相位相同，即必须是正反馈。

② 幅值条件

$$|A_o| |F| = 1 \tag{10-50}$$

幅值条件要求有足够的反馈幅度，可以通过调整放大电路的放大倍数达到。

当电路满足自激振荡的条件时，只要接通电源，不需要外接输入信号，电路就可以产生振荡。这是因为振荡电路与电源接通时，在电路中激起了一个微小的扰动信号，这就是起始信号，这个起始信号是一个非正弦周期量，其中含有各种不同频率的正弦量。为了得到单一频率的正弦输出电压，振荡电路还必须具有选频性，即只对一个特定频率的信号满足自激振荡条件。其中的选频电路通常由 RC 电路或 LC 电路组成。

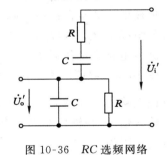

图 10-36　RC 选频网络

10.6.2　RC 选频电路

选频电路用来选择振荡电路的振荡频率。常用的 RC 文氏桥选频电路如图 10-36 所示。RC 选频电路的输入 $\dot{U}_i'$ 是振荡电路的输出 $\dot{U}_o$，RC 选频电路的输出 $\dot{U}_o'$ 是振荡电路的反馈信号 $\dot{U}_f$，即

$$\dot{U}_o = \dot{U}_i'$$

$$\dot{U}_f = \dot{U}_o'$$

容易得出当 $f_0 = \dfrac{1}{2\pi RC}$ 时，$\varphi_F = 0$ 若 $\varphi_A = 0$ 满足自激振荡的相位条件 $F = \dfrac{U_f}{U} = \dfrac{1}{3}$

若 $A_o = 0$，则满足自激振荡的幅度条件。此时，选频电路选择的振荡频率是：

$$f_0 = \frac{1}{2\pi RC} \tag{10-51}$$

10.6.3　振荡电路

由集成运算放大器和 RC 文氏桥选频电路组成的正弦波振荡电路如图 10-37 所示。运算放大器组成同相比例运算电路，其放大倍数 $A_o = 1 + \dfrac{R_f}{R_1}$，改变 R_f，可以方便地调整放大倍

数的大小。RC 选频电路是放大器的反馈网络,反馈网络的输出与运算放大器的同相输入端相连,即引入正反馈。u_f 是 RC 选频电路的输出,从上式可知,对频率 $f_0 = \dfrac{1}{2\pi RC}$ 的信号,$F = \dfrac{1}{3}$,只需使 $R_F = 2R_1$,即 $A_o = 3$,就满足了自激振荡的振幅条件,电路在 f_0 的频率上产生振荡并能稳定输出。

在接通电源时,为了保证起振,必须使 $A_oF > 1$。因为满足振荡条件的起始信号很小,所以该信号需要被放大后反馈至输入端,使输入信号增加,再放大,再增加,如此反复,输出电压才会逐渐增大起来。当输出电压增大到一定幅度时,电路的 A_o 下降,稳定在 $A_oF = 1$,振荡稳定。

在图 10-38 所示电路中,将图 10-36 中的 R_f 分为 R_{f1} 和 R_{f2} 两部分。在 R_{f2} 上并联两个方向相反的二极管。在刚开始起振时,输出电压较小,两个二极管不通,此时 $R_f = R_{f1} + R_{f2} > 2R_1$,保证起振;当输出电压上升到一定幅度时,二极管导通,反馈电阻减小,直到 $R_f = 2R_1$ 时,振荡自动稳定下来。

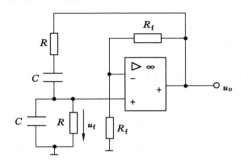

图 10-37　RC 桥式正弦波振荡电路图

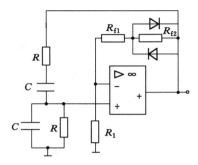

图 10-38　能够自动稳幅的振荡电路

10.7　集成运算放大器在其他方面的应用

10.7.1　电压比较器

电压比较器的基本功能是对两个输入端的信号进行比较,以输出端的正、负表示比较的结果,在测量、通信和波形变换等方面应用广泛。

（1）基本电压比较器

如果在运算放大器的一个输入端加上输入信号 u_i,另一输入端加上固定的基准电压 U_R,就构成了基本电压比较器,如图 10-39(a)所示。此时,$u_- = U_R$,$u_+ = u_i$。

当 $u_i > U_R$ 时,$u_0 = +U_{om}$;当 $u_i < U_R$ 时,$u_0 = -U_{om}$。

电压比较器的传输特性如图 10-39(b)所示。

若取 $u_- = u_i$,$u_+ = U_R$,则当 $u_i > U_R$ 时,$u_o = -U_{om}$;当 $u_i < U_R$ 时,$u_o = +U_{om}$ 电路图与传输特性如图 10-40 所示。

【例 10-4】　图 10-41 所示为过零比较器(基准电压为零),试画出其传输特性。当输入为正弦电压时,画出输出电压的波形。

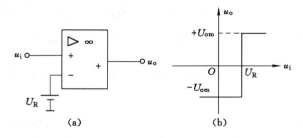

图 10-39　基本电压比较器及传输特性

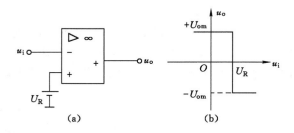

图 10-40　电压比较器

解： 过零比较器的传输特性如图 10-42(a)所示,波形图如图 10-42(b)所示。由图可见,通过零比较器可以将输入的正弦波转换成矩形波。

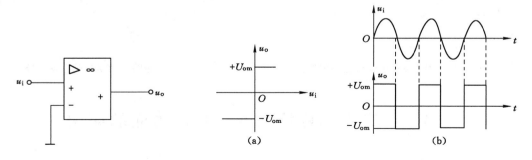

图 10-41　过零比较器图　　　　　图 10-42　过零比较器的传输特性和波形图

(2) 有限幅电路的电压比较器

有时为了与输出端的数字电路的电平配合,常常需要将比较器的输出电压限制在某一特定的数值上,这就需要在比较器的输出端接上限幅电路。限幅电路是利用稳压管的稳压功能,将稳压管稳压电路接在比较器的输出端,如图 10-43(a)所示。图中的稳压管是双向稳压管,其稳定电压为 $\pm U_Z$。电路的传输特性如图 10-43(b)所示。电压比较器的输出被限制在 $+U_Z$ 和 $-U_Z$ 之间。这种输出由双向稳压管限幅的电路称为双向限幅电路。

如果只需要将输出稳定在 $+U_Z$ 上,可采用正向限幅电路。设稳压管的正向导通压降为 0.6 V。电路和传输特性如图 10-44 所示。请读者自行分析负向限幅电路。

(3) 迟滞电压比较器

输入电压 u_i 加到运算放大器的反相输入端,通过 R_2 引入串联电压正反馈,就构成了迟滞电压比较器。电路如图 10-45(a)所示。其中,U_R 是比较器的基准电压,该基准电压与输

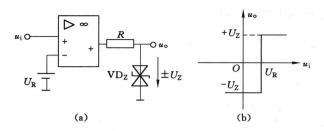

图 10-43　双向限幅电路及其传输特性

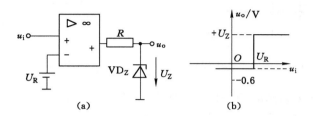

图 10-44　正向限幅电路及其传输特性

出有关。当输出电压为正饱和值时 $u_o = +U_{om}$，则

$$U_R{}' = U_{om} \cdot \frac{R_1}{R_1 + R_2} = U_{+H} \tag{10-52}$$

当输出电压为负饱和值时 $u_o = -U_{om}$，则

$$U_R^n = -U_{om} \cdot \frac{R_1}{R_1 + R_2} = U_{+L} \tag{10-53}$$

设某一瞬间，$u_o = +U_{om}$，基准电压为 U_{+H}，输入电压只有增大到 $u_i \geqslant U_{+H}$ 时，输出电压才能由 $+U_{om}$ 跃变到 $-U_{om}$。此时，基准电压为 U_{+L}，若 u_i 持续减小，只有减小到 $u_1 \leqslant U_{+L}$ 时，输出电压才会又跃变至 $+U_{om}$。由此，得出迟滞比较器的传输特性如图 10-45(b) 所示。$U_{+H} - U_{+L}$ 称为回差电压。改变 R_1 或 R_2 的数值，就可以方便地改变 U_{+H}，U_{+L} 和回差电压。

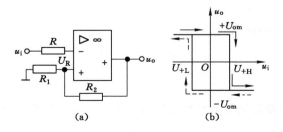

图 10-45　迟滞电压比较器图

迟滞电压比较器由于引入了正反馈，可以加速输出电压的转换过程，改善输出波形；由于回差电压的存在，提高了电路的抗干扰能力。

当输入电压是正弦波时，输出矩形波如图 10-46 所示。

10.7.2　信号产生电路

（1）方波发生器

图 10-47 所示电路为方波发生器,D_Z 为双向稳压管。两个输入端的电位 u_- 和 u_+ 相比较,其差值决定输出电压的极性,$U_{opp}=\pm U_Z$,而 $u_+=\pm\dfrac{R_1}{R_1+R_2}U_Z=U_T$。

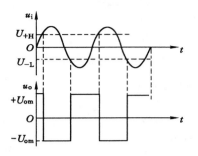

图 10-46 迟滞电压比较器的输出电压波形

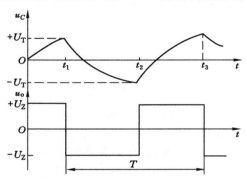

图 10-47 方波发生器

设 $t=0$ 时,$u_o=+U_Z$,则 $u_+=+U_T$,u_o 通过 R_F 对电容 C 充电,u_C 即 u_- 升高,一旦 $u_->U_T$,u_o 就从 $+U_Z$ 翻转到 $-U_Z$,$u_o=-U_Z$ 而 $u_+=-U_T$,此后电容 C 又反向充电,当 $u_-<-U_T$ 时到达新的翻转点。这样周而复始,电路产生自激振荡,即电路无外加输入电压,而在输出端也有一定频率和幅度的信号输出。图 10-48 为振荡波形曲线。

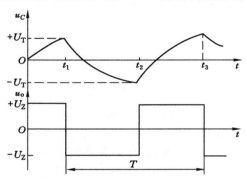

图 10-48 方波振荡曲线

可以计算,输出方波的周期为

$$T = 2R_F C \ln\left(1+\frac{R_1}{R_2}\right) \tag{10-54}$$

(2)三角波发生器

图 10-49 所示三角波发生器由两级运算放大器组成,A_1 为滞回比较器,A_2 为积分器。

$$u_{o1}=\pm U_Z$$

$$u_o=-\frac{1}{RC}\int u_{o1}\,\mathrm{d}t$$

两级输出电压分别通过 R_2 和 R_3 反馈到 A_1 的同相端,受正反馈影响,u_{o1} 为方波,对方波积分后,u_o 输出三角波。为简单起见,设 $R_2=R_3$,则十分明显,当 $|u_{o1}|=|U_o|$ 时,振荡器发生翻转。设 $t=0$ 时 $u_{o1}=+U_Z$,$u_o=0$,$t=t_1$ 时积分器输出 $u_o=-U_Z$,这时两输出端反馈到 A_1,同相端的电压之和刚好等于零,只要 $|U_o|$ 稍大于 U_Z 则比较器立刻翻转到 $u_{o1}=$

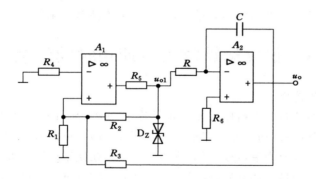

图 10-49　三角波发生器

$-U_Z$，积分器开始反向积分，当 $t=t_2$ 时，$u_o=+U_Z$ 再次使 u_{o1} 翻转。重复上述过程，因此电路产生自激振荡。调节 R 可以调节振荡频率。可以证明，在此情况下，振荡频率为：

$$f = \frac{1}{4RC} \tag{10-55}$$

u_{o1} 和 u_o 的波形图如图 10-50 所示。

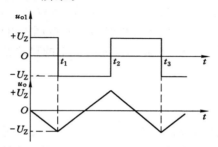

图 10-50　三角波发生器的波形图

（3）锯齿波发生器

将图 10-49 所示的三角波发生器的积分电路做一下改动，使正、负向积分时间常数大小不同，故积分速率明显不等，这样所产生的输出波形就不再是三角波而是锯齿波。电路如图 10-51(a)所示。

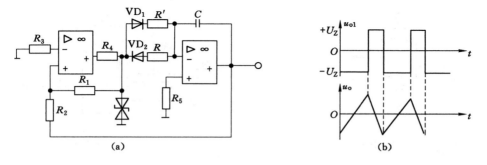

图 10-51　锯齿波发生器

当 u_{o1} 为 $+U_Z$ 时，二极管 VD_1 导通，积分时间常数为 $R'C$，当 u_{o1} 为 $-U_Z$ 时，二极管 VD_2 导通，积分时间常数为 RC。可见，正、负积分速率不一样，所以输出电压 u_o 为锯齿波。输出波形如图 10-51(b)所示。在示波器等电子设备中,锯齿波常用来扫描波形。

10.8　集成运算放大器使用时的注意事项

10.8.1　元件的选择

集成运算放大器按其技术指标可分为通用型、高速型、高阻型、低功耗型、大功率型和高精度型等,接其内部电路结构可分为双极型(三极管组成)和单极型(场效应管组成),按每一片中集成运放的个数可分为单运放、双运放和四运放。在使用运算放大器之前,首先要根据具体要求选择合适的型号。选好后,根据手册中查阅到的管脚图和设计的外部电路连线。

10.8.2　消振和调零

由于集成运放的放大倍数很高,内部三极管存在着极间电容和其他寄生参数,所以容易产生自激振荡,影响运放的正常工作。为此,在使用时应注意消振。通常通过外接 RC 消振电路破坏自激振荡的条件。目前由于集成工艺水平的提高,大部分集成运放内部已设置消振电路不须外接消振元件。

由于集成运放的内部电路不可能做到完全对称,所以在两输入端都接地($u_i=0$)时,仍有电压输出($u_o \neq 0$)。为此,有的运放在使用时需要外接调零电路。需要调零的运放通常有专用的引脚接调零电位器 R_{RP}。在应用时,应先按规定的接法接入调零电路,再将两输入端接地,调整 R_{RP},使 $u_o=0$。

10.8.3　保护

(1)电源保护

为了防止正、负电源接反造成运放损坏,通常接入二极管进行电源保护,如图 10-52 所示。当电源极性正确时,两二极管导通,对电源无影响,当电源接反时,二极管截止,电源与运放不能接通。

(2)输入端保护

当运放的输入电压过高时会损坏输入级的三极管。为此,应用时应在输入端接入两个反向并联的二极管,如图 10-53 所示,将输入电压限制在二极管的正向压降以下。

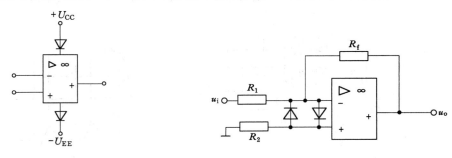

图 10-52　电源保护图　　　　　　　　　图 10-53　输入端保护

(3)输出端保护

为了防止运放的输出电压过大,造成器件损坏,可应用限幅电路将输出电压限制在一定的幅度上。电路如图 10-54 所示。

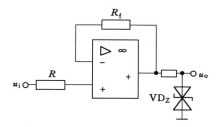

图 10-54　输出保护

10.9　集成运算放大器的应用举例

集成运算放大器的应用领域非常广泛。一个由运放构成的温度检测、控制电路如图 10-55 所示。电路的组成有:温度传感器、跟随器、加法电路、迟滞比较器、反相器、光电耦合器、继电器和加热器。

各部分工作原理如下:温度传感器由具有负温度系数(温度升高,阻值减小)的热敏电阻 R_T(放置于温度监控处)、固定电阻 R_1 和电源$-U_{CC}$组成。其中 R_T 是 MF57 型热敏电阻,当温度从 0 ℃变化到 100 ℃时,R_T 的阻值从 7 355 Ω 变化至 153 Ω,相应的电压U_T就从-0.97 V 变至-11.54 V,将温度的变化转换成了电压的变化。

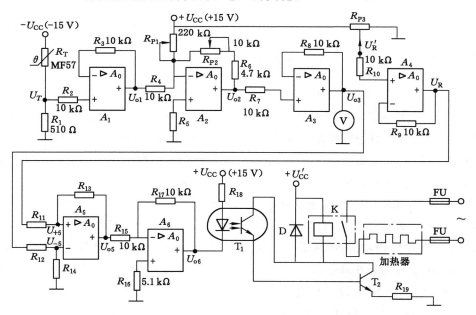

图 10-55　温度监测控制电路

集成运放 A_1 和电阻 R_2,R_3 构成跟随器,起隔离作用,避免后级对 U_T 的影响。显然,$U_{o1}=U_T$。在实际测量控制中,通常要对输出电压进行变换和定标,使被测温度和输出电压相对应,因此,接入由集成运放 A_2、电阻 $R_4\sim R_6$ 和电位器 R_{P1},R_{P2} 构成的反相加法运算电路。当温度为下限值时,$U_{o1}=U_{o1L}\neq 0$,若要求此时的 $U_{o2}=U_{o2L}=0$,则应使 R_{P2}、R_6 支路的

电流为零,因此可得

$$\frac{U_{o1L}}{R_4} + \frac{U_{CC}}{R_{P1}} = 0$$

即

$$R_{P1} = -\frac{U_{CC}}{U_{o1L}} R_4 \tag{10-56}$$

上式确定了 R_{P1} 和 R_4 的大小关系。当被测温度下限值为 0 时,$U_{o1L} = -0.97$ V,则 R_{P1} 调至 154.6 kΩ 即可。当被测温度为上限值时,$U_{o1} = U_{o1H}$。若要求此时的 $U_{o2} = U_{o2H}$,即输入变化量

$\Delta U_{o1} = U_{o1H} - U_{o1L}$,输出电压变化量 $\Delta U_{o2} = U_{o2H} - U_{o2L} = U_{o2H}$,则电路的电压放大倍数

$$A_f = \frac{U_{o2}}{U_{o1}} = \frac{U_{o2H}}{U_{o1H} - U_{o1L}} = -\frac{R_6 + R_{P2}}{R_4} \tag{10-57}$$

上式表示可根据被测温度范围所对应的传感器输出电压变化量和定标电压确定反馈支路电阻 $R_6 + R_{P2}$ 与 R_4 的阻值关系。图 10-55 中被测温度的上限值是 100 ℃,$U_{o1H} = -11.54$ V,要求此时 $U_{o2H} = -10$ V,则 $R_6 + R_{P2} = 9.64$ kΩ。

集成运放 A_3 和 R_7,R_8 构成跟随器,起隔离作用。显然 $U_{o3} = U_{o2}$,其电压表的读数按温度标定后即可直接指示被检测温度。

集成运放 A_4 和 R_{10},R_{12} 等构成迟滞比较器,A_4 的反相输入端的电压

$$U_{-4} = \frac{R_{11}}{R_9 + R_{11}} U_{o3} \tag{10-58}$$

设 $R_P = R'_{P3} // R''_{P3}$,则同相输入端电压:

$$U_{+4} = \frac{R_{12}}{R_{10} + R_{12}} U_R + \frac{R_{10} + R_P}{R_{10} + R_P + R_{12}} U_{o4} \tag{10-59}$$

U_{-4} 与 U_{+4} 比较后决定集成运放 U_4 的输出电平。图中 U_R 可以通过电位器 R_{P3} 来调节,从而调节 U_{+4},达到调节温度控制范围的目的。$R_9 \sim R_{12}$ 的阻值由控温要求确定。

集成运放 A_5 构成反相器,VT_1 为光电耦合管,起耦合和隔离作用。当发光二极管导通发光时,光电三极管导通。VT_2 为功率三极管,光电三极管导通时,VT_2 随之导通。K 为继电器,当继电器线圈通电时,常开触点闭合。VD 为续流二极管,其作用是当 VT_2 由导通变截止时,为 K 的线圈提供续流回路,防止线圈产生很高的感应电压损坏器件。

综合上述各部分的功能,可概括整个电路的工作原理:被监控点的温度较低时,R_T 阻值较大,U_T,U_{o1} 的绝对值较小,U_{o2},U_{o3} 亦较小,使 $U_{-4} < U_{+4}$,A_4 输出正饱和电压,经 A_5 反相,输出 U_{o5} 为低电平,使 VT_1 和 VT_2 饱和导通,继电器线圈通电,触点闭合,加热器通电加热,使被监控点的温度上升。随着温度的上升,R_T 减小,U_T,U_{o1} 的绝对值增大,U_{o2},U_{o3} 亦增大。当温度上升至上限值时(由 U_{+4H} 设定),使 $U_{-4H} > U_{+4H}$,A_4 输出负饱和值,经 A_5 反相,输出 U_{o5} 为高电平,使 VT_1 和 VT_2 截止,继电器线圈断电,触点断开,加热器停止加热,温度下降。随着温度的下降,U_{o2},U_{o3},U_{-4} 下降。当温度下降至下限值时,$U_{-4} < U_{+4L}$,A_4 输出正饱和,重新加热。

因此,该电路能直接检测温度,并能将检测点的温度自动控制在一定的范围内。

习 题

10-1 理想运算放大器的开环放大倍数 A_u 为( ),输入电阻 R_{id} 为( ),输出电阻为( )。

  A. ∞   B. 0   C. 不定

10-2 理想运算放大器的两个重要结论是( )。

  A. 虚地与反相   B. 虚短与虚地

  C. 虚短与虚断   D. 断路和短路

10-3 集成运放一般分为两个工作区,它们是( )工作区。

  A. 线性区与非线性区   B. 正反馈与负反馈   C. 虚短与虚断

10-4 施加深度负反馈可使运放进入( );使运放开环或加正反馈可使运放进入( )。

  A. 非线性区   B. 线性工作区

10-5 集成运放的线性应用电路存在( )的现象,非线性应用电路存在( )的现象。

  A. 虚短   B. 虚断   C. 虚短和虚断

10-6 在图 10-56 中,已知 $R_F = 2R_1$,$u_i = -2\text{ V}$,试求输出电压 u_o。

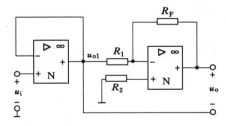

图 10-56 习题 10-6 图

10-7 求图 10-57 所示电路中 u_o 与三个输入电压的运算关系式。

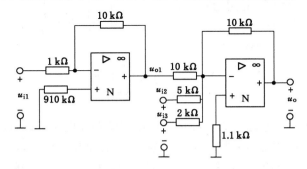

图 10-57 习题 10-7 图

10-8 图 10-58 所示电路是一种求和积分电路,设集成运放为理想元件,当取 $R_1 = R_2 = R$ 时,证明输出电压信号 u_o 与两个输入信号的关系为:

$$u_o = -\frac{1}{RC_F} \int (u_{i1} + u_{i2}) \, dt$$

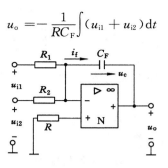

图 10-58   习题 10-8 图

10-9   电路如图 10-59 所示,求 u_o。

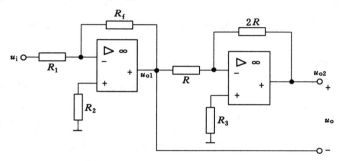

图 10-59   习题 10-9 的图

10-10   设电路如图 10-60(a)所示,已知 $R_1 = R_2 = R_F$,u_{i1} 和 u_{i2} 的波形如图 10-60(b)所示,试画出输出电压的波形。

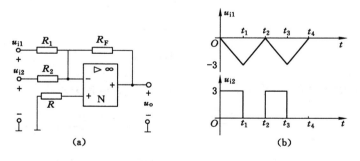

图 10-60   习题 10-10 图
(a) 电路图;(b) 波形图

10-11   图 10-61 是一个输出无限幅措施的施密特触发电路。设电路从 $u_o = U_{0+}$ 的时候开始分析(U_{0+} 接近正电源电压),求其上下门限电平,并画出电路的输入输出关系。

10-12   电压比较器的电路如图 10-62(a),(b),(c)所示,输入电压波形如图 10-62(d)所示,运放的最大输出电压为 ± 10 V。试画出下列两种情况下的电压传输特性和输出电压的波形:(1) $U_R = 3$ V;(2) $U_R = -3$ V。

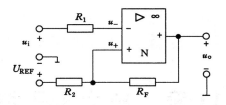

图 10-61　习题 10-11 图

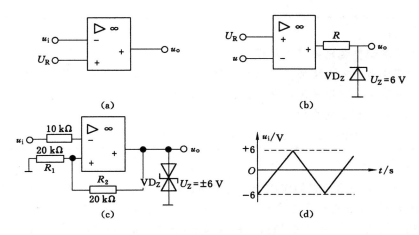

图 10-62　习题 10-12 的图

10-13　图 10-63 所示电路中,运放的最大输出电压为 ± 12 V,$u_1 = 0.04$ V,$u_2 = -1$ V,电路参数如图示。问经过多长时间 u_o 将产生跳变?

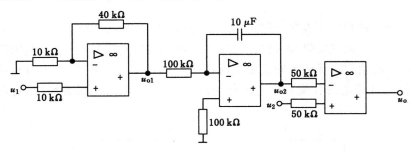

图 10-63　习题 10-13 的图

10-14　已知运算电路的输入输出关系如下:

(1) $u_o = u_{i1} + u_{i2}$

(2) $u_o = u_{i1} - u_{i2}$

(3) $u_o = -10 \int (u_{i1} + u_{i2}) \mathrm{d}t$

试画出运算电路,并计算出电路中所用元件的参数。设 $R_f = 100$ kΩ,$C_f = 0.1$ μF。

第 11 章　电力电子技术

电力电子技术是一门新兴的应用于电力领域的电子技术,是使用电力电子器件(如晶闸管,GTO,IGBT 等)对电能进行变换和控制的技术。电力电子技术所变换的"电力"功率可大到数百兆瓦甚至吉瓦,也可以小到数瓦甚至以下,它和以信息处理为主的信息电子技术不同,电力电子技术主要用于电力变换。

11.1　半导体直流稳压电源

各种放大器及各种电子设备,还有各种自动控制装置,都需要稳定的直流电源供电。虽然直流电源可以由直流发电机和各种电池提供,但比较经济实用的方法是利用具有单向导电性的电子器件将使用广泛的工频正弦交流电转换成直流电。如图 11-1 所示是把工频正弦交流电转换成直流电的直流稳压电源的原理框图,它一般由 4 部分组成,各部分的功能如下。

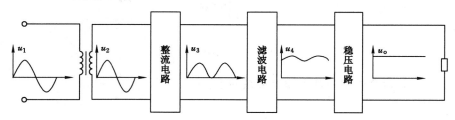

图 11-1　半导体直流稳压电源的原理框图

①　电源变压器:将正弦工频电源电压 u_1 变为符合用电设备所需要的正弦工频交流电压 u_2。

②　整流电路:利用具有单向导电性能的整流元件(如二极管、晶闸管),将正负交替变化的正弦交流电压 u_2 变为单方向脉动的直流电压 u_3。

③ 滤波电路：尽可能地将单向脉动直流电压 u_3 中的脉动部分（交流分量）减小，使输出电压成为比较平滑的直流电压 u_4。

④ 稳压电路：清除电网波动及负载变化的影响，保持输出电压 u_o 的稳定。

11.1.1　整流电路

整流电路就是利用二极管的单向导电性将交流电转换成脉动的直流电的电路。如果整流电路输入的是单相交流电，则称为单相整流电路，如果整流电路输入三相交流电，则称为三相整流电路。下面只介绍单相桥式整流电路。

图 11-2 所示为单相桥式整流电路。图中的电源变压器将交流电网电压 u_1 变换为整流电路所要求的交流电压 u_2（设 $u_2 = 2U_2 \sin \omega t$）；四个整流二极管 $D_1 \sim D_4$ 组成电桥，故称为桥式整流电路，R_L 是负载电阻。

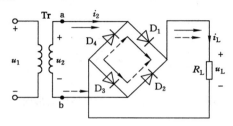

图 11-2　单相桥式整流电路

由图 11-2 可知，当 u_2 在正半周时，a 点电位高于 b 点电位，二极管 D_1、D_3 处于正向偏置而导通，D_2、D_4 处于反向偏置而截止，电流由 a 点经 $D_1 \rightarrow R_L \rightarrow D_3 \rightarrow$ b 点形成回路，如图中实线箭头所示。当 u_2 在负半周时，b 点电位高于 a 点，二极管 D_2、D_4 因正向偏置而导通，D_1、D_3 处于反向偏置而截止，电流由 b 点经 $D_2 \rightarrow R_L \rightarrow D_4 \rightarrow$ a 点形成回路，如图中虚线箭头所示。由此可见，尽管 u_2 的方向是交变的，但流过 R_L 的电流方向却始终不变，因此在负载电阻 R_L 上得到的电压 u_L 是大小变化而方向不变的脉动电压。在二极管为理想元件的条件下，u_L 的幅值就等于 u_2 的幅值，即 $U_{Lm} = 2U_2$。整流电路各元件上的电压和电流波形如图 11-3 所示。

从图 11-3 可知，负载电阻 R_L 上所得单向脉动电压的平均值（即直流分量）

$$U_L = \frac{1}{\pi} \int_0^\pi 2U_2 \sin \omega t \, d(\omega t) = \frac{22}{\pi} U_2 = 0.9 U_2 \qquad (11\text{-}1)$$

流过负载电阻 R_L 的电流 i_L 的平均值

$$I_L = \frac{U_L}{R_L} = 0.9 \frac{U_2}{R_L} \qquad (11\text{-}2)$$

通过每个二极管的电流平均值为负载电流平均值的一半，即

$$I_D = \frac{1}{2} I_L = 0.45 \frac{U_2}{R_L} \qquad (11\text{-}3)$$

每个整流二极管所承受的最大反向电压为

$$U_{DRM} = 2U_2 \qquad (11\text{-}4)$$

可用以上公式选择整流二极管。

从图 11-3 还可看出，通过变压器二次侧的电流 i_2 仍为正弦波，其有效值

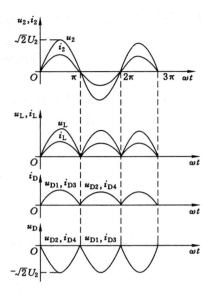

图 11-3　单相桥式整流电路的波形图

$$I_2 = \frac{U_2}{R_L} = \frac{U_L}{0.9R_L} = 1.11\,I_L \qquad (11\text{-}5)$$

电源变压器的容量(即视在功率)

$$S = U_2\,I_2 \qquad (11\text{-}6)$$

可利用上两式选择变压器,考虑到二极管的正向压降和变压器绕组中电阻的影响,在实际电路中应适当增加变压器输出电压 U_2 与容量 S。

【例 11-1】　某负载需要 36 V、2 A 的直流电源供电,如采用单相桥式整流电路,试计算:(1)变压器副边的电压和电流的有效值。(2)流过二极管的电流平均值和二极管承受的最高反向工作电压,并选择二极管。

解:

(1)变压器副边的电压和电流的有效值为

$$U_2 = \frac{U_o}{0.9} \approx 1.11U_o = 1.11 \times 36 \approx 40\ (\text{V})$$

$$I_2 = 1.11\,I_o = 1.11 \times 2 = 2.22\ (\text{A})$$

(2)流过二极管的电流平均值为

$$I_{VD} = \frac{1}{2}\,I_o = 1\ (\text{A})$$

每个二极管上承受的最高反向工作电压为

$$U_{VDRM} = \sqrt{2}\,U_2 \approx 56\ (\text{V})$$

因此可选择最大整流电流大于 1 A、最大反向电压大于 56 V 的二极管。例如可选择 2CZ12B,其最大整流电流为 3 A、最大反向电压为 100 V。

11.1.2　滤波电路

前面所讨论的整流电路,可以把交流电转变为直流电,但从波形上看,负载上得到的却是单方向脉动直流,这些脉动电压作为电源对某些负载如蓄电池充电还可以使用。而对于大多数电子设备来说,所需电源则是波动程度很小的较为理想的直流电源,这就要在整流之后加以滤波,尽量减小输出电压的交流成分。下面介绍几种常用的滤波电路。

(1) 电容滤波电路

最简单的滤波电路,就是把一个电容器 C 与负载并联,称为电容滤波电路。图 11-4(a) 为单相桥式整流电容滤波电路。

当 u_2 为正半周且 $u_2 > u_C$ 时,1 导通,电容 C 被充电,当充电电压达到最大值 U_{2m} 后,u_2 开始下降,电容放电,经过一段时间后,$u_C > u_2$,D_1、D_3 截止,u_C 按指数规律下降。当 u_2 为负半周时,工作情况类似,只不过是在 $|u_2| > u_C$ 时导通的二极管是 D_2、D_4。图 11-4(a)是经电容滤波后的 u_L 波形。由图可见经电容滤波后,负载电压 u_L 的脉动减小,平均值提高。在 $R_L C \geqslant (3 \sim 5) T/2$($T$ 为 u_2 的周期)时,负载电压的平均值可按下式估算

$$U_L \approx 1.2 U_2$$

式中 U_2 为 u_2 的有效值。

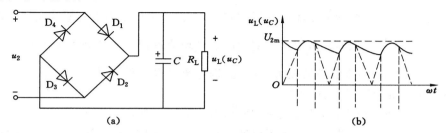

图 11-4　电容滤波电路

(a) 电路图;(b) 波形图(不考虑 $D_1 \sim D_4$ 的压降)

由上分析可以看出,电容滤波的特点是:

① 二极管的导通角减小

所谓导通角,就是一个周期(2π)中,二极管导通时间所对应的角度。在没加滤波电容时,二极管的导通角是 π,而加了滤波电容之后,由图 11-4(b)可以看出导通角总是小于 π。

② 输出电压 u_o 的平均值

当电容量 C 较小时,滤波作用几乎为 0,输出电压平均值 $U_o = 0.9 U_2$;当电容量 C 较大,且 $R_L = \infty$ 时,$I_o = 0$,$U_o = \sqrt{2} U_2$,因此输出电压 u_o 大小范围为

$$0.9 U_2 \leqslant U_o \leqslant \sqrt{2} U_2$$

当取

$$R_L C = (3 \sim 5) T/2$$

时,输出电压平均值 U_o 的大小取中间值,这时滤波效果基本满足要求。因此一般取

$$U_o = 1.2 U_2 (全波)$$

$$U_o = U_2 (半波)$$

显然输出电压 u_o 的平均值 U_o 较无电容滤波时增加。

③ 外特性比较差

电路的外特性是指输出电压 U_o 随输出电流 I_o 变化的关系,如图 11-5 所示。由图可见,

与无电容滤波时比较,随着负载电流 I_o 的增加,输出电压 U_o 下降较大。这样的外特性比较差,即带负载能力较差,当负载变动较大时,输出电压不稳定。所以电容滤波电路一般适用于负载电流较小且变化不大的场合。

一般电容 C 的选择,要满足式 $R_L C = (3 \sim 5) T/2$,这样电容的容量就比较大,常取几十微法到几百微法的电解电容器,其耐压要大于输出电压最大值。

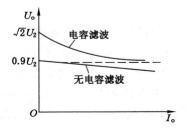

图 11-5 电阻负载和电容滤波的单相桥式整流电路的外特性

此外,由于二极管的导通角小或导通时间短,而在一个周期内电容器的充电电荷等于放电电荷,即二极管导通期间其电流在一周期内的平均值近似等于负载电流的平均值 $I_o = \dfrac{U_o}{R_L}$ 的二分之一,所以, i_D 的峰值必然较大。因此,选整流二极管的参数时,必须考虑到这一点,否则容易使管子损坏。

从前面的分析可以看出,整流电路的输出电压虽然是单方向的直流,但还是包含了很多脉动成分(交流分量),这些交流分量可以通过滤波电路去掉,使其变成比较平滑的电压、电流波形。常用的滤波电路有电容滤波器、电感滤波器和 Ⅱ 型滤波器等。

【例 11-2】 单相桥式整流电容滤波电路中,输入交流电压的频率 $= 50$ Hz,负载电阻 $R_L = 200$ Ω,要求直流输出电压 $U_o = 24$ V。试选择整流二极管和滤波电容器。

解:

(1)选择整流二极管

流过二极管的平均电流

$$I_{VD} = \frac{1}{2} I_o = \frac{1}{2} \times \frac{U_o}{R_L} = \frac{1}{2} \times \frac{24}{200} = 0.06 \ (A)$$

二极管承受的最高反向工作电压

$$U_{VDRM} = \sqrt{2} \, U_2 = \sqrt{2} \times \frac{24}{1.2} \approx 28 \ (V)$$

因此可选整流二极管 2CZ11A,它的最大整流电流 $I_{OM} = 1$ A,反向工作峰值电压 $U_{RM} = 100$ V。

(2)选择滤波电容器

根据公式 $R_L C = (3 \sim 5) T/2$,取

$$R_L C = 5 \times \frac{T}{2}$$

所以

$$R_L C = 5 \times \frac{1}{50 \times 2} = 0.05 \ (S)$$

$$C = \frac{0.05}{R_{\mathrm{L}}} = \frac{0.05}{200} = 250 \times 10^{-6}(\mathrm{F}) = 250\,(\mu\mathrm{F})$$

取 C 耐压为 50 V。

因此,可以选择容量为 250 μF、耐压为 50 V 的电容器。

(2) 电感滤波器

电感滤波电路如图 11-6 所示。将电感 L 和负载 R_{L} 串联,可减小输出电压 u_{L} 的脉动程度。

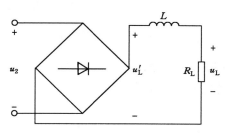

图 11-6　电感滤波器

整流输出电压 u'_{L} 是脉动直流,根据富氏级数可以分解为直流分量和谐波分量(交流分量)之和。由于电感对交流分量具有感抗(ωL),在感抗比负载电阻 R_{L} 大得多的情况下,则可认为 u'_{L} 的交流分量基本上都降落在电感上。如果忽略电感线圈本身的电阻,则直流分量主要降落在负载电阻 R_{L} 上。因此负载电流和负载电压的脉动程度大为减小。

电感滤波的特点:

① 输出电压 u_{L} 的平均值基本上等于无滤波时的平均值,也就是说有:

$$U_{\mathrm{L}} \approx 0.9 U_2$$

② 外特性较硬。当负载电阻量 R_{L} 变化时,只要 R_{L} 比电感线圈电阻大得多,则输出电压平均值变化较小。

③ 铁芯电感线圈体积大、成本高。因此电感滤波一般适用于负载电流较大且变化较大的场合。

(3) Ⅱ型滤波电路

为了减小负载电压的脉动程度,通常将电感和电容组合应用,其滤波效果更好,图 11-7 为Ⅱ型连接的 LC 滤波电路。由于交流分量被 C_1 和 C_2 旁路,而且电感 L 上也产生交流压降,所以负载上可以得到脉动很小的电压。但这种电路对整流管的冲击电流也很大,同时铁芯电感也笨重。

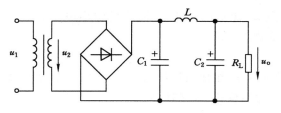

图 11-7　LC 型滤波器

更常用的一种Ⅱ型滤波电路是用电阻 R 代替电感 L 组成Ⅱ型 RC 滤波电路。如图 11-8所示。

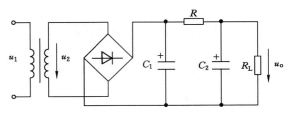

图 11-8 RC 型滤波器

电阻对于交、直流电流都具有同样的降压作用,当 $R_L \gg R$ 时,直流压降主要降落在 R_L 两端,这种电路适用于负载电流较小的场合。

11.1.3 稳压电路

经整流和滤波后,一般可得到较平滑的直流电压,但它往往会随电网电压的波动或负载的变化而变化。稳压电路的作用就是使输出直流电压稳定,最简单的稳压电路可由稳压管构成,其电路及稳压原理已在 8.4 和 8.5 节介绍。稳压管稳压电路具有电路简单、安装调试方便等优点,但因输出电流受最大稳定电流的限制,稳压管的稳定电压又不能随意调节,且稳压性能又不太理想,故目前使用较多的是串联型稳压电路,这也是集成稳压电源的基础。

1. 串联型稳压电路

稳压二极管稳压电路虽然十分简单,但是也有以下不足之处:① 由于受稳压二极管最大稳压电流的限制,负载电流不能太大;② 负载电压不可调节且稳定性不够理想。串联型稳压电路能解决上述缺点,其电路如图 11-9 所示,它由下述四部分组成。

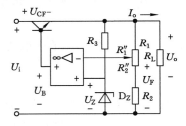

图 11-9 串联型稳压电路

(1)采样环节

由电位器 R_1 和电阻 R_2 组成的分压电路,它将输出电压 U_o 分出一部分作为采样电压 U_F,送到运算放大器的反相输入端。

(2)基准电压

由稳压二极管 D_Z 和电阻 R_3 组成的稳压电路,它提供一个稳压的基准电压 U_Z,送到运算放大器的同相输入端,作为调整和比较的标准。

(3)比较放大电路

图 11-9 中运算放大器作比较放大之用,它将 U_Z 和 U_F 之差放大后去控制调整管 T。

（4）调整环节

由工作在线性放大区的功率管 T 组成，T 称为调整管，其基极电压 U_B 即为运算放大器的输出电压，由它来改变调整管的集电极电流 I_C 和管压降 U_{CE}，从而达到自动调整稳定输出电压的目的。设由于电源电压或负载电阻的变化而使输出电压 U_o 升高时，由图 11-9 可见

$$U_F = U_- = \frac{R_1'' + R_2}{R_1 + R_2} U_o \qquad (11-7)$$

U_F 升高，而由式 $u_o = A_{uo}(u_+ - u_-)$ 得

$$U_B = A_{uo}(U_Z - U_F) \qquad (11-8)$$

可见 U_B 随着减小，其稳压过程如下所示：

$$U_o \uparrow\uparrow \rightarrow U_F \uparrow\uparrow \rightarrow U_B \uparrow\uparrow \rightarrow I_C \uparrow\uparrow \rightarrow U_{CE} \uparrow\uparrow \rightarrow U_o \uparrow\uparrow$$

————————————— 补偿 —————————————

使 U_o 保持稳定。当输出电压降低，其稳压过程相反。这个自动调整过程实质上是一负反馈过程，U_F 即为反馈电压。图 11-9 中引入的是串联电压负反馈，故称为串联型稳压电路。

改变电位器就可调节输出电压。根据同相比例运算电路可知

$$U_o \approx U_B = (1 + \frac{R_1'}{R_1'' + R_2})U_Z \qquad (11-9)$$

2．集成稳压电路

如果将调整管、比较放大环节、基准电源、取样环节和各种保护环节以及连接导线均制作在一块硅片上，就构成了集成稳压电路。由于集成稳压电路具有体积小、可靠性高、使用方便、价格低廉等优点，所以得到了广泛的应用。本节主要讨论 W7800 系列和 W7900 系列集成稳压器的应用。

图 11-10 所示是塑料封装的 W7800 系列（输出正电压）和 W7800 系列（输出负电压）稳压器的引脚排列图。这种稳压器只有三个管脚：一个电压输入端（通常为整流滤波电路的输出），一个稳定电压输出端和一个公共端，故称之为三端集成稳压器。对于具体器件，"00"用数字代替，表示输出电压值，如：W7815 表示输出稳定电压 +15V。W7915 表示输出稳定电压 -15 V。W7800 和 W7900 系列稳压器的输出电压系列有 5 V、8 V、12 V、15 V、18 V、24 V 等，最大输出电流是 1.5 A。使用时除了要考虑输出电压和最大输出电流外，还必须注意输入电压的大小。为保证稳压，输入电压的绝对值必须高于输出电压的 2～3 V，但也不能超过最大输入电压（一般为 35 V 左右）。

三端集成稳压器的应用十分方便、灵活。下面介绍几种常用电路。

① 输出固定正电压的电路

电路如图 11-11 所示。其中，U_I 为整流滤波后的直流电压；C_I 用于改善纹波特性，通常取 0.33 μF；C_o 用于改善负载的瞬态响应，一般取 1 μF。

② 输出固定负电压的电路

电路如图 11-12 所示。当要求输出负电压时，应选择相应的 W7900 集成稳压器，并注意电压极性及管脚功能。

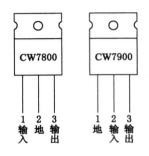

图 11-10　CW7800、CW7900 系列的引脚排列图

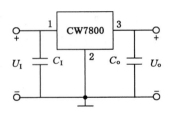

图 11-11　输出固定正电压的电路图

③ 正、负电压同时输出的电路

可以将上述的两种电路进行组合,可得到正、负电压同时输出的电路。其电路如图 11-13所示。

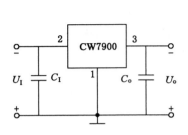

图 11-12　输出固定电压的电路

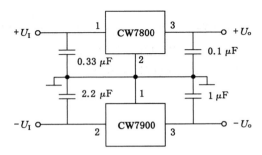

图 11-13　输出正负电压的电路图

④ 提高输出电压的电路

图 11-14 所示的电路能使输出电压高于集成稳压器的固定输出电压。图中,U_{XX} 为 W7800 稳压器的固定输出电压。

⑤ 扩大输出电流的电路

当所需的负载电流超过稳压器的最大输出电流时,可采用外接功率管的方法扩大输出电流,接法如图 11-15 所示。图中,I_2 为稳压器的输出电流,I_C 是功率管的集电极电流,I_R 是电阻 R 上的电流。一般 I_3 很小,可忽略不计。

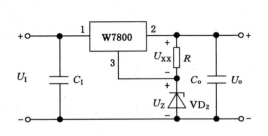

图 11-14　提高输出电压的电路

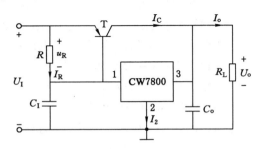

图 11-15　扩大输出电流的电路

⑥ 输出电压可调的电路

图 11-16 所示电路中，$U_o = U_o' + U_o''$，由于 U_o' 是固定的，故调节电位器可改变 U_o''，从而实现了输出电压的可调。

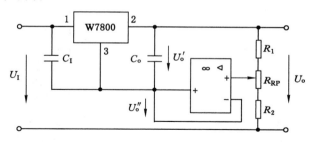

图 11-16 输出电压可调的电路

11.2 晶闸管

11.2.1 晶闸管概述

晶闸管又称可控硅，是一种大功率半导体可控开关元件。它的出现实现了弱电对强电的控制，使电子工业从弱电扩大到强电领域。

晶闸管具有体积小、重量轻、效率高、控制灵活等优点，故在电路中得到广泛应用。按照不同的用途，它们可以组成多种电能变换和调节装置。

① 整流器。把交流电变换成大小可调的直流电，如晶闸管直流传动系统。

② 逆变器。把直流电变换成交流电。

③ 变频器。把一种频率的交流电变换成另一种频率或频率可调的交流电，如用于冶炼、热处理的中频电源，用于交流电动机调速的变频电源等。

④ 交流调压器。把有效值固定的交流电压变换成有效值可调的交流电压。

⑤ 无触点开关。代替交流接触器，可实现系统中的通断控制。

我国现已能大量生产大容量的普通晶闸管（额定值已达到 6 000 V，4 000 A），并已广泛应用于各种电源装置、无功补偿、电力传动、电力牵引、家用电器以及冶炼、焊接、电镀和电解等各生产领域。

晶闸管属于半导体器件，与晶体二极管和三极管类似，也有过载能力差、工作中易受干扰、控制电路复杂等缺点。本节主要介绍晶闸管的基本结构、工作原理、主要特性及其主要参数等方面的内容。目前广泛应用的可控整流与交流调压电路的原理及应用。

11.2.2 晶闸管的基本结构

目前大量生产的晶闸管元件主要有两种结构：额定电流小的为螺栓型和电流在 100 A 以上的大电流器件，则多为平板型，如图 11-17 所示。不论哪种形式的晶闸管元件，都具有一个阴极、一个阳极和一个控制极（又称门极）。其中，螺栓式晶闸管，螺栓的那一端是阳极引线，并利用它与散热器固定，另一端粗引线是阴极，细引线是控制极；平板式晶闸管上，中间金属环的引线为控制极，两侧平面分别为阳极和阴极。

两种晶闸管虽然外形不同，但它们的内部结构和符号是完全一样的，如图 11-18 所示。

从图中可以看出,可控硅是一个三极四层半导体器件,从阳极到阴极共有三个 PN 结。

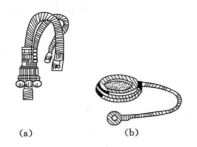

图 11-17　晶闸管的外形结构

(a) 螺栓型;(b) 平板型

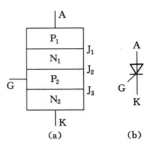

图 11-18　晶闸管结构与符号

(a) 结构示意图;(b) 图形符号

为了说明晶闸管在什么条件下可以导通,什么条件下关断,按图 11-19 装一个演示电路。图中 E_a 为晶闸管的直流工作电源,E_g 为控制极电源,L 为灯泡;R_P 为可变电阻,试验开始时,$R_P=0$,开关 S_1、S_2 均打开。

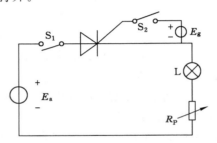

图 11-19　晶闸管实验电路

设电源的极性如图 11-19 所示,先将 S_1 闭合,晶闸管承受正向电压,但灯泡并不亮,说明晶闸管没有导通。如果再把 S_2 也闭合,灯泡就亮了,即晶闸管处于导通状态

晶闸管导通之后,再把 S_2 打开,或反接 E_g 晶闸管仍继续导通,灯泡仍然会亮。

上述试验说明:晶闸管阳、阴极之间,加上正向电压后还必须在控制极和阴极间加正向电压(触发电压),晶闸管才会导通;晶闸管导通后,触发电压失去控制作用,所以,触发电压也可以采用脉冲信号(又称为触发脉冲)。

当晶闸管阳极接 E_a 的负极,阴极接 E_a 的正极(晶闸管加反向电压)时,不管控制极和阴极之间所加控制电压 E_g 的极性如何,晶闸管均不导通,灯不会亮。因此,晶闸管阳极与阴极之间加反向电压时,晶闸管处于关断状态。

在晶闸管加上正向电压,触发导通后,调节 R_P,随着 R_P 阻值的增加,灯泡亮度逐渐减弱,当电流减小到某一数值时,晶闸管也会自行关断。

综上所述,可以得出晶闸管导通和关断条件。

① 晶闸管导通需同时具备以下条件:晶闸管阳极和阴极之间加正向电压;控制极和阴极之间加适当的正向电压和电流(称为触发电压和电流)。

② 可控硅关断仅需满足下列条件之一:在晶闸管阳极和阴极之间加反向电压;流过晶闸管的电流小于某一电流(称为维持电流)。

上面所说是晶闸管正常工作情况。若正向电压超过允许值,虽然控制极没加触发电压,晶闸管也会导通。当反向电压超过允许值时,晶闸管也会因过压而突然导通,造成永久性损坏。

11.2.3　晶闸管的工作原理

从图 11-20 可以看出:当 $U_{AK}<0$ 时,由于晶闸管内部 PN 结 J_1、J_3 均处于反向偏置,无论控制极是否加电压,晶闸管都不导通,晶闸管呈反向阻断状态;当 $U_{AK}>0$、$U_{GK}\leqslant0$ 时,PN 结 J_2 处于反向偏置,故晶闸管不能导通,晶闸管处于正向阻断状态;当 $U_{AK}>0$、$U_{GK}>0$ 且为适当数值时,就产生相应的门极电流 I_G,经 T_2 放大后形成集电极电流 $I_{C2}=\beta_2 I_{B2}$,由于 $I_{C2}=I_{B1}$,经 T_1 放大后得 $I_{C1}=\beta_1\beta_2 I_{B2}$(在这里要求 $\beta_1\beta_2>1$),而 I_{C1} 又流入 T_2 管的基极再放大,经过这种正反馈,使 T_1、T_2 迅速饱和导通,即晶闸管全导通。晶闸管一旦导通后,即使去掉 U_{GK},依然能依靠内部正反馈维持导通,因而在实际应用中,U_{GK} 常为触发脉冲。晶闸管导通后阳极与阴极间的正向压降很小,导通电流的大小由外电路决定。必须指出,晶闸管内部的正反馈必须由一定的阳极电流 I_A 来维持,一旦外电路使 I_A 降低到小于某一数值 I_H 时,正反馈就不能维持,晶闸管恢复到正向阻断状态。I_H 称为晶闸管的维持电流。

综上所述,要使晶闸管从阻断状态变为导通状态,必须在晶闸管阳极与阴极之间加一定大小的正向电压,门极与阴极之间加一定大小的正向触发电压。晶闸管一旦导通后门极就失去了控制作用,这时只要阳极电流大于晶闸管的维持电流 I_H,晶闸管就能维持导通。要使已导通的晶闸管关断,只要使阳极电流 I_A 小于维持电流 I_H,晶闸管就能自行关断,这可以通过增大负载电阻、降低阳极电压至接近于零或施加反向电压来实现。

11.2.4　晶闸管的伏安特性

晶闸管的伏安特性是指阳极电流 I_A 和阳极与阴极间电压 U_{AK} 的关系,如图 11-21 所示。

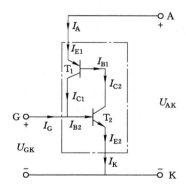

图 11-20　晶闸管的等效模型

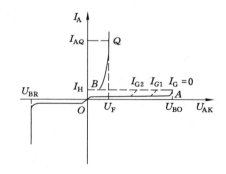

图 11-21　晶闸管的伏安特性

$U_{AK}>0$ 时,为正向特性。在 $I_G=0$(控制极开路)时,晶闸管只有很小的正向漏电流通过,呈正向阻断状态。当 $U_{AK}>U_{BO}$ 时,晶闸管将被击穿而导通,这是不允许的,U_{BO} 称为正向转折电压。

若控制极加正向触发电压使 $I_G>0$,则正向转折电压降低,I_G 越大,正向转折电压越小,即晶闸管从阻断到导通需要的正向电压越小。正常工作时,必须在控制极与阴极间加合适的触发电压使其导通。导通后的晶闸管特性与二极管的正向特性类似。在晶闸管导通后,若减小正向电压,I_A 就逐渐减小。当减小至维持电流 I_H 时,晶闸管又从导通状态转为阻断状态。

$U_{AK} < 0$ 时,为反向特性。晶闸管的反向特性与二极管的反向特性类似。当晶闸管处于反向阻断状态时,只有很小的反向漏电流通过。当反向电压达到击穿电压 U_{BR} 时,晶闸管被反向击穿,正常使用时,晶闸管上加的反向电压要远离反向击穿电压。

11.2.5　晶闸管的主要参数

为了正确地选择和使用晶闸管,必须了解它的主要参数。

(1) 正向重复峰值电压 U_{FRM}

U_{FRM} 是在控制极断路和晶闸管正向阻断的情况下,可以重复加在晶闸管两端的正向电压。一般取正向转折电压的 80%。

(2) 反向重复峰值电压 U_{RRM}

U_{RRM} 是在控制极断路和晶闸管正向阻断的情况下,可以重复加在晶闸管两端的反向电压。一般取反向转折电压的 80%。通常取 U_{FRM} 与 U_{RRM} 中的较小者作为晶闸管的额定电压。额定电压通用系列为:1 000 V 以下的每 100 V 为一级,1 000～3 000 V 之间的每 200 V 为一级。

(3) 正向平均电流 I_F

I_F 是在环境温度不高于 40 ℃和标准散热及全导通的条件下,允许晶闸管通过的工频正弦半波电流的平均值。将此电流按晶闸管标准电流系列取相应的电流等级。其标准电流系列为 1,5,10,20,30,50,100,200,300,400,500,600,800,1 000 A 等规格。

(4) 正向平均管压降 U_F

U_F 是在晶闸管正向导通状态下,A、K 两极间的电压平均值。其等级一般用字母 A～I 表示。0.4～1.2 V 范围内每 0.1 V 为一级。

(5) 维持电流 I_H

在规定的环境温度和控制极开路的条件下,晶闸管触发导通后维持导通状态所需的最小阳极电流。

除了以上参数外,还有最小触发电压 U_G(一般为 1～5 V)和最小触发电流 I_G(一般为几十到几百毫安)以及控制极最大反向电压等。晶闸管工作时控制极所用的触发脉冲要由专门的触发电路来提供。当晶闸管工作于快速开关状态时,还必须考虑开关时间、电压上升率和电流上升率等参数。

11.3　变流电路

11.3.1　可控整流电路

将交流电转换成大小可调的单一方向直流电的过程称为可控整流。可控整流电路在工业生产中应用很广,如直流电动机的调压调速、电解及电镀用的直流电源等。可控整流电路的主电路结构形式很多,有单相半波、单相桥式、三相半波、三相桥式等。这里仅介绍单相桥式可控整流电路。

在单相桥式整流电路中,如把四只整流二极管全部换成某一种可控功率器件,就构成了单相桥式可控整流电路。由于整流电路比较简单,对器件的要求较低,所以可控整流电路常由晶闸管构成。

图 11-22 是单相桥式全控整流电路带电阻负载时的原理图。图中 T_1、T_2、T_3、T_4 均为晶闸管,所以称为全控式电路;若 T_1、T_2 采用晶闸管而 T_3、T_4 采用功率二极管,则叫半控式整流电路。

在图 11-22 所示电路中,当 u_2 为正半周时,在 $\omega t = \alpha$(α 称为控制角)的瞬间给 T_1 和 T_4 的门极加触发脉冲,由于此时 a 点电位高于 b 点电位,T_1 和 T_4 立即导通,电流从 a 端经 T_1 → R_L → T_4 流回 b 端。这期间 T_2、T_3 均承受反压而截止。当电源电压 u_2 过零时,电流也降到零,T_1 和 T_4 阻断。当 u_2 为负半周时,在 $\omega t = \pi + \alpha$ 瞬间给 T_2、T_3 门极加触发脉冲,由于此时 b 点电位高于 a 点电位,T_2、T_3 立即导通,T_1 和 T_4 因承受反压而截止,电流从 b 端经 T_2 → R_L → T_3 流回 a 端。当电源电压 u_2 过零时,T_2、T_3 阻断,此后循环工作。图 11-23 给出了电压、电流的波形图。

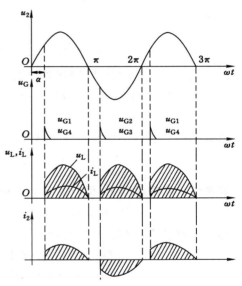

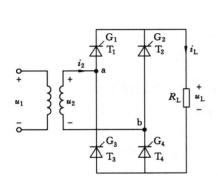

图 11-22　单相桥式全控整流电路　　　图 11-23　单相桥式全控整流电路波形图

为了简化分析,可以认为晶闸管正向导通时的正向压降为零,正向和反向阻断时漏电流为零,于是从图 11-23 的波形图可以得到负载电压 u_L 的平均值

$$u_L = \frac{1}{\pi} \int_\alpha^\pi 2 U_2 \sin \omega t \, \mathrm{d}\omega t = 0.9 U_2 \frac{1 + \cos \alpha}{2} \tag{11-10}$$

负载电流 i_L 的平均值

$$i_L = \frac{u_L}{R_L} = 0.9 \frac{U_2}{R_L} \times \frac{1 + \cos \alpha}{2} \tag{11-11}$$

从以上分析可知,u_L 的平均值与控制角 α 有关,即与晶闸管的导通角 $\theta(\theta = \pi - \alpha)$ 有关。当 $\alpha = 0$ 时,导通角 $\theta = \pi$,晶闸管处于全导通状态,$u_L = 0.9 U_2$,与不可控桥式整流相同;当 $\alpha = \pi$ 时,$\theta = 0$,$u_L = 0$。因此 u_L 的可调范围为 $0 \sim 0.9 U_2$。

同样可以得到其他物理量的数值关系:每个晶闸管的平均电流为 $i_L/2$;每个晶闸管承受的最大反向电压为 $2U_2$;变压器二次侧绕组电流 i_2 的有效值

$$i_2 = \frac{1}{\pi}\int_\alpha^\pi \frac{2U_2}{R_L}\sin\omega t\,\mathrm{d}(\omega t) = \frac{U_2}{R_L}\sqrt{\frac{1}{2\pi}\sin 2\alpha + \frac{\pi-\alpha}{\pi}} \tag{11-12}$$

这些数值为选择变压器及晶闸管提供了依据。从图 11-23 还可以看出，u_L、i_L、i_2 的波形谐波分量比较大，对电网的干扰也比较大。

半控桥式整流电路的工作过程与全控桥式整流电路的工作过程基本类似，读者可以根据全控桥式整流电路自行分析，下面以例题说明半控式整流电路的用法。

【例 11-3】 有一纯电阻负载需要可调的直流电源供电，电压 $U_o = 0 \sim 180\ \mathrm{V}$，电流 $I_o = 0 \sim 6\ \mathrm{A}$，采用单相全控桥式整流电路，试求输入交流电压的有效值，并选择整流元件。

解：

设晶闸管导通角 $\theta = 180°$（控制角 $\alpha = 0°$）时，$U_o = 180\ \mathrm{V}$，$I_o = 6\ \mathrm{A}$，因为

$$U_o = 0.9U_2\frac{1+\cos\alpha}{2}$$

所以

$$U_2 = \frac{U_o}{0.9} = \frac{180}{0.9} = 200\ （\mathrm{V}）$$

考虑到电网电压的波动、管压降以及导通角实际上到不了 180°，交流电压的选取应比实际计算的加大 10% 左右。取 $U_2 = 220\ \mathrm{V}$，可以不用变压器，直接接到 220 V 的交流电源上。

流过晶闸管和二极管的平均电流为

$$I_{VT} = I_{VD} = \frac{1}{2}I_o = 3\ （\mathrm{A}）$$

晶闸管承受的最高正、反向工作电压和二极管承受的最高反向工作电压为

$$U_{FM} = U_{RM} = U_{DRM} = \sqrt{2}U_2 = 310\ （\mathrm{V}）$$

选择晶闸管 $I_F = (1.5\sim2)I_{VT} = 5\ （\mathrm{A}）$

$$U_{FRM} = (2\sim3)U_{FM} = (620\sim930)\ （\mathrm{V}）$$

$$U_{RRM} = (2\sim3)U_{RM} = (620\sim930)\ （\mathrm{V}）$$

可选择额定电压为 700 V、额定电流为 5 A 的晶闸管和二极管，即选择晶闸管 KP5-7、二极管 2CZ5/700。

11.3.2 晶闸管交流调压

交流调压就是改变交流电压有效值的大小，但其频率不变的过程。在实际生产中，交流调压也得到了广泛的应用，如工业加热、灯光控制、感应电动机的调速等。

图 11-24 所示是由晶闸管组成的单相交流调压电路原理图，图 11-25 是其波形图。负载为电阻性质。

从图 11-24 可以得出负载电阻上交流电压 u_L 的有效值

$$u_L = \sqrt{\left(\frac{1}{\pi}\int_0^\pi \sqrt{2}U\sin\omega t\right)^2\mathrm{d}\omega t} \tag{11-13}$$

即

$$u_L = U_1\sqrt{\frac{1}{2\pi}\sin 2\alpha + \frac{\pi-\alpha}{\pi}} \tag{11-14}$$

其中，U_1 为输入交流电压的有效值。由上式可知，输出电压的有效值与控制角 α 有关，调节

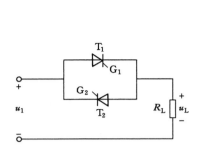

图 11-24　单相交流调压电路原理图

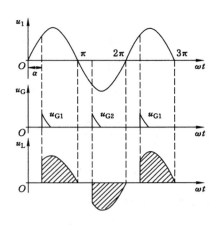

图 11-25　单相交流调压电路波形图

控制角 α 的大小就可以实现调压的目的。

　　上述交流调压电路,由于晶闸管只能单方向触发导通,因此用了两只晶闸管反向并联以实现交流控制。实际上,若采用正、反两个方向都能触发导通的双向晶闸管更为方便。双向晶闸管的图形符号和伏安特性如图 11-26 所示。它相当于两只普通晶闸管的反向并联,但共用一个门极,触发脉冲加于门极 G 与 A_1 极之间(既可以用正脉冲,也可以用负脉冲),若外加电压的极性如图 11-26(b)中所示,则在门极加触发脉冲时,导通方向从 A_2 极至 A_1 极;若外加电压的极性相反,门极加触发脉冲时,导通方向就从 A_1 极至 A_2 极。

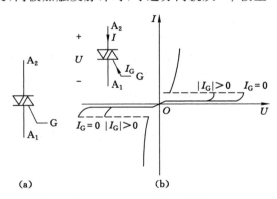

图 11-26　双向晶闸管

(a) 图形符号;(b) 伏安特性

　　【例 11-4】　图 11-27 所示是用双向晶闸管等元件构成的调光台灯电路,试分析其工作原理。其中 D 为双向触发二极管,当两端电压达到一定数值时便迅速导通,导通后的压降变小,伏安特性如图 11-28 所示,图中 R_2 为限流电阻。

　　解:　开关接通后,电容 C 通过 R_1、R_2 充电,充电时间常数 $\tau = (R_1 + R_{RP})C$。当电容上电压充至触发二极管的导通电压时,触发二极管导通,晶闸管触发导通,灯亮。当交流电源过零时,双向晶闸管自行关断。调节 R_{RP} 可改变 C 的充电时间常数,以改变触发二极管的导通时间,从而改变双向晶闸管在交流电源正、负半周内的导通角,改变台灯上电压的有效值,以达到调整灯光亮度的目的。

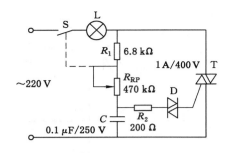

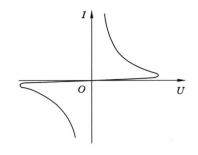

图 11-27　调光台灯电路　　　　　　图 11-28　双向触发二极管的伏安特性

11.3.3　晶闸管的保护

晶闸管的主要缺陷是承受过电压和过电流的能力很差。为了避免晶闸管的损坏,在各种晶闸管装置中必须采取适当的保护措施。

(1) 晶闸管的过电流保护

晶闸管的热容量很小,承受其电流的能力很差。一旦发生过电流时,温度就会急剧上升,可能把 PN 结烧坏,造成元件内部开路或短路。

晶闸管产生过电流的原因主要有:负载过载或短路,某个整流元件被击穿造成短路,晶闸管误导通。过流保护的作用就是当晶闸管产生过电流时,在允许的时间内将过电流切断,保护晶闸管不被损坏。

最常用的晶闸管的过流保护措施是采用快速熔断器。快速熔断器是最简单过流保护器件。它是一种特制的银质熔丝,具有快速熔断特性。在通常的短路过流时,熔断时同小于 20rns,能保证在晶闸管损坏之前,快速切断短路故障。

快速熔断器的接入方式一般有三种:接在输出端(直流侧),对输出回路的短路和过载起保护作用,但对元件本身故障引起的过电流不起保护作用;桥臂与晶闸管串联(元件侧),这时流过快熔的电流就是流过晶闸管的电流,保护最直接可靠,但所用快熔数量多;接在输入端(交流侧)时不管电路的哪一部分发生过流都可以进行保护,但不容易判断故障原因。

还可以采用在输出端和输入端接入过流继电器的方法进行过电流保护,但过流继电器对短路过流不是很有效。

(2) 晶闸管的过电压保护

晶闸管的过电压能力极差。当元件承受的反向电压超过其反向击穿电压时,即使时间很短,也会造成元件反向击穿损坏。如果正向电压超过晶闸管的正向转折电压,会引起晶闸管的硬开通,多次硬开通后,也可能使晶闸管损坏或特性下降。因此必须抑制晶闸管上出现的过电压,采取过压保护措施。

晶闸管产生过电压的主要原因是电路中存在感性元件。当电路中的晶闸管从导通到阻断时,或者在切断或接通电路时,电感释放能量会产生过电压;雷击和干扰也会引起过电压。

简单有效的过压保护措施是采用阻容吸收进行过电压保护。阻容吸收进行过电压保护的原理是利用电容吸收过电压,将造成过电压的能量变成电场能量储存到电容器中,然后释放到电阻中消耗掉。阻容吸收元件通常并联在整流装置的交流侧、元件侧和直流侧。

习　　题

11-1　直流稳压电路的组成有哪几部分,各部分作用是什么?

11-2　滤波电路有哪几种? 分别简要说明每种电路的特点。

11-3　既然稳压可以输出直流,能否不经过整流滤波利用稳压电路直接把工频交流电直接转换成直流电? 为什么?

11-4　若要求负载电压 U_o＝30 V,负载电流 I_o＝150 mA,采用单相桥式整流电容滤波电路。试画出电路图,并选择合适的元件。已知输入交流电压的频率为 50 Hz,当负载电阻断开时,输出电压为多少?

11-5　如图 11-29 所示的单相桥式整流电路中,如果:(1) VD_1 接反;(2) 因过电压 VD_1 被击穿短路;(3) VD_1 断开,说明其后果如何?

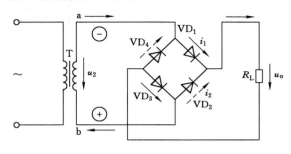

图 11-29　题 11-5 电路图

11-6　在图 11-30 中,已知直流电压表 V_2 的读数为 90 V,负载电阻 R_L＝100 Ω,二极管的正向压降忽略不计。试求:(1) 直流电流表 A 的读数;(2) 交流电压表 V_1 的读数;(3) 变压器二次侧电流有效值。

11-7　图 11-31 为变压器二次侧绕组有中心抽头的单相整流电路,二次侧电压有效值为 U,试分析:

(1) 标出负载电阻 R_L 上电压 u_o 和滤波电容 C 的极性。

(2) 分别画出无滤波电容和有滤波电容两种情况下 u_o 的波形。整流电压平均值 U_o 与变压器二次侧电压有效值 U 的数值关系如何?

(3) 有无滤波电容两种情况下,二极管上所承受的最高反向电压 U_{DRM} 各为多大?

(4) 如果二极管 V_2 虚焊,极性接反,过载损坏造成短路,电路会出现什么问题?

(5) 如果变压器二次侧中心抽头虚焊,输出端短路两种情况下电路又会出现什么问题?

11-8　在图 11-31 的单相桥式整流电路中,已知变压器二次侧电压有效 U＝100 V,R_L＝1 kΩ,试求 U_o、I_o,并选择整流二极管型号。

11-9　如图 11-32 是单相桥式整流电路,带电容滤波。已知变压器二次电压 U_2＝20 V,试分析在下述情况下,R_L 两端的电压平均值 U_L 大约为多少(忽略二极管压降)?

(1) 电路正常工作;

(2) 负载 R_L 断开;

(3) 电容 C 断开;

（4）某一个二极管和电容 C 同时断开。

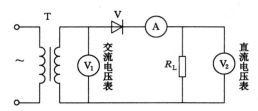

图 11-30　题 11-6 图

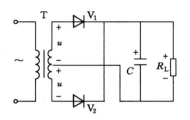

图 11-31　题 11-7 图

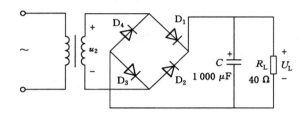

图 11-32　题 11-9 电路图

11-10　某稳压电源电路如图 11-33 所示试问：

（1）输出电压的极性和大小如何？

（2）电容 C_1 和 C_2 的极性如何？它们的耐压应选多高？

（3）负载电阻 R_L 的最小值约为多少？

（4）如将稳压二极管 V_Z 接反，后果如何？

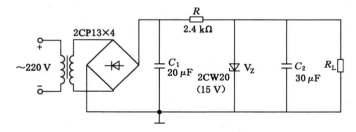

图 11-33　题 11-10 电路图

11-11　单相半波可控整流电路，负载电阻 $R_L = 10\ \Omega$，直接由 220 V 交流电网供电，控制角 $\alpha = 60°$，试计算输出电压、电流的平均值，并选择晶体管。

11-12　有一电阻负载，它需可调直流电压 $U_o = 0 \sim 60$ V，电流 $I_o = 0 \sim 10$ A，现采用单相半控桥式整流电路，试计算变压器二次侧电压，并选用整流元件。如果不用变压器，输入接 220 V 交流电网，试选用整流元件。

第四模块

数字电子技术

第 12 章　门电路与组合逻辑电路

学习目标

(1) 掌握与门、或门、非门、与非门、异或门的逻辑功能，了解三态门的概念。

(2) 了解逻辑代数的基本运算法则和逻辑函数的化简。

(3) 掌握简单组合逻辑电路的分析和设计。

(4) 了解加法器、8421 编码器和二进制译码器的工作原理，了解 LED 显示译码驱动器的功能。

(5) 掌握数据选择器、数据分配器和数据比较器的功能和应用。

　　用数字信号对数字量进行算术运算和逻辑运算的电路称为数字电路，或数字系统。由于它具有逻辑运算和逻辑处理功能，所以又称数字逻辑电路。现代的数字电路由半导体工艺制成的若干数字集成器件构造而成，逻辑门是数字逻辑电路的基本单元，存储器是用来存储二进制数据的数字电路。从整体上看，数字电路可以分为组合逻辑电路和时序逻辑电路两大类。

12.1　数字电路概述

12.1.1　模拟信号和数字信号

1. 模拟信号

　　前面章节主要讲的模拟电路，模拟电路中使用的信号都是模拟信号。一般来说，模拟信号主要是指信息参数在给定范围内表现为一贯的、连续的信号或在一段连续的时间间隔内，其代表信息的特征量可以在任意瞬间呈现为任意数值的信号。也就是说，模拟信号一般是用连续变化的物理量所表达的信息，因此，我们通常又把模拟信号称为连续信号，它在一定的时间范围内可以有无限多个不同的取值。实际生产生活中的各种物理量，如摄像机摄下的图像、录音机录下的声音、车间控制室所记录的压力、流量、流速、转速、湿度等都是模拟信号。

　　模拟信号的主要优点是其精确的分辨率，在理想情况下，它具有无穷大的分辨率。与数字信号相比，模拟信号的信息密度更高。由于不存在量化误差，它可以对自然界物理量的真实值进行尽可能逼近的描述。模拟信号的另一个优点是，为达到相同的效果，模拟信号处理比数字信号处理更简单。模拟信号的处理可以直接通过模拟电路组件（例如运算放大器等）实现，而数字信号处理往往涉及复杂的算法，常需要专门的数字信号处理器。

2. 数字信号

数字信号指自变量是离散的、因变量也是离散的信号,这种信号的自变量用整数表示,因变量用有限数字中的一个数字来表示。

在数字电路中,由于数字信号只有0、1两种状态,它的值是通过中央值来判断的,在中央值以下规定为0,以上规定为1,所以,即使混入了其他干扰信号,只要干扰信号的值不超过阈值范围,就可以再现出原来的信号。即使因干扰信号的值超过阈值范围而出现了误码,只要采用一定的编码技术,也很容易将出错的信号检测出来并加以纠正,因此,与模拟信号相比,数字信号在传输过程中具有更高的抗干扰能力和更远的传输距离,且失真幅度小。数字信号在传输过程中不仅具有较高的抗干扰性,还可以通过压缩占用较少的带宽,实现在相同的带宽内传输更多、更高音频、视频等数字信号的效果。在现代技术的信号处理中,数字信号发挥的作用越来越大,几乎复杂的信号处理都离不开数字信号,或者说,只要能把解决问题的方法用数学公式表示,就能用计算机来处理代表物理量的数字信号。正因为数字信号具有上述突出的优点,它正在迅速发展而且已经取得了十分广泛的应用。

12.1.2　数字电路的特点

前面已经提及,数字电路中出现的都是脉冲数字信号,这里包括脉冲的形成、放大、整形、控制、记忆、计数和显示等。数字电路的特点是:

(1) 信号是两个离散量,反映在电路上就是低电平和高电平两种状态,这两种状态可用逻辑0和逻辑1这两个数字表示。

(2) 稳态时三极管一般都是工作在开、关状态。

(3) 研究的主要问题是输入信号的状态和输出信号的状态之间的逻辑关系,即电路的逻辑功能。

(4) 使用的主要方法是逻辑分析和逻辑设计,主要工具是逻辑代数。

数字电路中的两种相反的状态用数字0和1来表示,有两种表示方法,一种是用1表示高电平,用0表示低电平,这就是正逻辑系统;另一种是用1表示低电平,用0表示高电平,这就是负逻辑系统。本书如无特殊说明,一律采用正逻辑。

由于温度变化、电源电压波动、元器件特性变化、干扰等原因的影响,实际的高电平和低电平都不是一个固定的值,它们表示的都是一定的电压范围。如果在此范围内,就判定为逻辑1或逻辑0,如图12-1中高电平可在3～5 V之间波动,低电平可在0～0.4 V间波动。在实际应用中,对于各种集成与非门电路,规定了一个高电平的下限值和低电平的上限值。这是因为高电平过低或者低电平过高都会破坏电路的逻辑功能,因此高电平不能低于其下限值,而低电平不能高于其上限值。

由于数字电路具有速度快、精度高、抗干扰能力强等优点,在计算技术、数字通讯、测量仪表、电视和生产过程的自动控制等领域中得到广泛应用。因此,研究电子数字技术是本书的重要内容之一。

12.1.3　进制与代码

数字量的计数方法称为数制,数制规定了数字量每一位的组成方法和从低位到高位的进位方法。如人们在日常生活和工作中常使用十进制数。十进制数的计数法则是:计数的基数为10,每一位的系数用0、1、2、3、4、5、6、7、8、9这10个数字中的一个来表示,从低位到高位的进位法则是"逢十进一"。常用的数制还有二进制和十六进制。

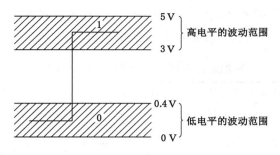

图 12-1　高低电平变化范围

（1）二进制

二进制有两个数码 0 和 1,与组成计算机的电子元件只能表示"通"或"断"两个稳定的状态相对应。二进制数的计数法则是:计数的基数为 2,每一位的系数用 0 或 1 这两个数字中的一个来表示,从低位到高位的进位法则是"逢二进一"。

例如:

$(10\ 011.11)_2 = 1 \times 2^4 + 1 \times 2^1 + 1 \times 2^0 + 1 \times 2^{-1} + 1 \times 2^{-2} = (19.75)_{10}$

利用上面关系,可以将一个十进制数转换成二进制数,可分整数和小数两部分来转换。整数部分转换的法则是"除 2 取余",小数部分转换的法则是:"乘 2 取整"。

例如:将 $(19.75)_{10}$ 转换成二进制数的运算过程如图 12-2 所示。

图 12-2　十进制数转换为二进制数的运算图

将运算结果合并为 $(19.75)_{10} = (10\ 011.11)_2$。

（2）十六进制

同样,十六进制数的计数法则是:计数的基数是 16,每一位的系数用 0～9、A、B、C、D、E、F 这 16 个数字中的一个来表示,从低位到高位的进位法则是"逢十六进一"。

例如: $(A3B.C)_{16} = 10 \times 16^2 + 3 \times 16^1 + 11 \times 16^0 + 12 \times 16^{-1} = (2\ 619.75)_{10}$

将一个十进制数转换成十六进制数的方法与十进制转二进制的方法相似,所不同的地方是转换的法则为"除 16 取余"和"乘 16 取整"。

例如: $(2\ 619.75)_{10}$ 转换成二进制数的运算过程如图 12-3 所示。

图 12-3　十进制数转换为十六进制数的运算图

将运算的结果合并为$(2\ 619.75)_{10}=(A3B.C)_{16}$，几种进制的对应表如表 12-1 所示。

常用的有十进制、二进制、八进制和十六进制。

表 12-1   **十进制、二进制、八进制和十六进制对应表**

数值	十进制	二进制	八进制	十六进制	数值	十进制	二进制	八进制	十六进制
0	0	0000	0	0	4	4	0100	4	4
1	1	0001	1	1	5	5	0101	5	5
2	2	0010	2	2	6	6	0110	6	6
3	3	0011	3	3	7	7	0111	7	7
数值	十进制	二进制	八进制	十六进制	数值	十进制	二进制	八进制	十六进制
8	8	1000	10	8	12	12	1100	14	C
9	9	1001	11	9	13	13	1101	15	D
10	10	1010	12	A	14	14	1110	16	E
11	11	1011	13	B	15	15	1111	17	F

（3）代码

所谓代码就是用一定规则组合而成的若干位二进制码来表示数或字符（字母或符号），用以表示十进制数码、字母、符号等信息的一定位数的二进制数称为二进制代码。

二一十进制代码：用 4 位二进制数来表示十进制数中的 0～9 等 10 个数码。简称 BCD 码。用 4 位自然二进制码中的前 10 个码字来表示十进制数码，因各位的权值依次为 8、4、2、1，故称 8421BCD 码。

2421 码的权值依次为 2、4、2、1；余 3 码由 8421 码加 0011 得到；余 3 循环码（格雷码）是一种循环码，其特点是任何相邻的两个码字，仅有一位代码不同，其他位相同，如表 12-2 所示。

表 12-2   **几种常用的 BCD 代码**

十进制数	8421 码	余 3 码	2121 码	5211 码	余 3 循环码
0	0000	0011	0000	0000	0010
1	0001	0100	0001	0001	0110
2	0010	0101	0010	0100	0111
3	0011	0110	0011	0101	0101
4	0100	0111	0100	0111	0100
5	0101	1000	1011	1000	1100
6	0100	1001	1100	1001	1101
7	0111	1010	1101	1100	1111
8	1000	1011	1110	1101	1110
9	1001	1100	1111	1111	1010
权	8421		2421	5211	

12.2 逻辑代数与逻辑函数

12.2.1 逻辑代数运算规则

研究数字电路的数学工具是逻辑代数,也称布尔代数(1849 年由英国数学家乔治·布尔提出)。逻辑代数用二值函数进行逻辑运算,利用逻辑代数可以将客观事物之间复杂的逻辑关系用简单的代数式描述出来,从而方便地研究各种复杂的逻辑问题。

逻辑代数与普通代数一样,也是用字母表示变量,但是变量的取值只有 0 和 1。这里的 0 和 1 表示相互联系又相互对立的两种逻辑状态,例如,"是"与"不是","通"与"断"等。0 和 1 的含义要根据所研究的具体事件来确定。

逻辑代数有三种基本的逻辑运算:与运算、或运算和非运算。与运算可表示为 $F = A \cdot B$(其中的"·"表示逻辑乘,一般可以省略不写);或运算可表示为 $F = A + E$;非运算可表示为 $F = \overline{A}$。基本逻辑运算的法则如表 12-3 所示。

表 12-3　　　　　　　　　　　　　　基本逻辑运算的法则

逻辑与	逻辑或	逻辑非
$A \cdot 1 = A$	$A + 0 = A$	
$A \cdot 0 = 0$	$A + 1 = 1$	$\overline{\overline{A}} = A$
$A \cdot \overline{A} = 0$	$A + \overline{A} = 1$	
$A \cdot A = A$	$A \cdot A = A$	

根据逻辑代数的基本运算法则,可以推导出如下基本定律:

交换律
$$A + B = B + A$$
$$AB = BA \tag{12-1}$$

结合律
$$A + B + C = A + (B + C)$$
$$ABC = A(BC) = (AB)C \tag{12-2}$$

分配律
$$A(B + C) = AB + AC$$
$$A + BC = (A + B)(A + C) \tag{12-3}$$

吸收律
$$AB + A\overline{B} = A$$
$$(A + B)(A + \overline{B}) = A$$
$$A + AB = A$$
$$A(A + B) = A$$
$$A + \overline{A}B = A + B$$
$$A + (\overline{A} + B) = AB \tag{12-4}$$

反演律
$$\overline{A + B} = \overline{A}\,\overline{B}$$
$$\overline{AB} = \overline{A} + \overline{B} \tag{12-5}$$

以及以下几种运算:

与非运算
$$F = \overline{AB} \tag{12-6}$$

或非运算
$$F = \overline{A + B} \tag{12-7}$$

异或运算 $\qquad\qquad\qquad F=A\overline{B}+\overline{A}B$ $\qquad\qquad\qquad$ (12-8)

同或运算 $\qquad\qquad\qquad F=AB+\overline{A}\overline{B}$ $\qquad\qquad\qquad$ (12-9)

上述运算规则都可以用逻辑状态表加以证明,即等号两边表达式的逻辑状态表完全相同,等式成立。例如表 12-4 是对含有两个变量的反演律的证明。

表 12-4 　　　　　　　　　　　　　**证明反演律的逻辑状态表**

A	B	$\overline{A+B}$	$\overline{A}\,\overline{B}$	$\overline{AB}$	$\overline{A}+\overline{B}$
0	0	1	1	1	1
0	1	0	0	1	1
1	0	0	0	1	1
1	1	0	0	0	0

12.2.2 逻辑函数的表示及简化

当一组输出变量(因变量)与一组输入变量(自变量)之间的函数关系是一种逻辑关系时,称为逻辑函数。一个具体事物的因果关系就可以用逻辑函数表示。

(1)逻辑函数的表示方法

逻辑函数可以分别用逻辑状态表、逻辑表达式及逻辑图来表示。下面通过一个例子加以说明。

设有一个三输入变量的偶数判别电路,输入变量用 A、B、C 表示,输出变量用 F 表示。$F=1$,表示输入变量中有偶数个 1;$F=0$,表示输入变量中有奇数个 1。

三个输入变量共有 $2^3=8$ 个组合状态,将这些状态的所有输入、输出变量值(即函数值)一一列举出来,就构成了逻辑状态表,如表 12-5 所示。

表 12-5 　　　　　　　　　　　　　**偶数判别电路的逻辑状态表**

输入			输出
A	B	C	F
0	0	0	1
0	0	1	0
0	1	0	0
0	1	1	1
1	0	0	0
1	0	1	1
1	1	0	1
1	1	1	0

用逻辑状态表来表示一个逻辑关系是比较直观的,能比较清楚地反映一个逻辑关系中输出和输入之间的关系。

逻辑状态表表示的逻辑函数也可用逻辑表达式来表示。最常用的是与—或表达式。即将逻辑状态表中输出等于 1 的各状态表示成全部输入变量（正变量及反变量）的与函数（例如表 12-5 中，当 $ABC=011$ 时，$F=1$，可写成 $F=\overline{A}BC$，因为 $ABC=011$ 时，只有 $\overline{A}BC=1$），并把总输出表示成这些与项的或函数（称为与-或表达式）。对于表 12-5，其逻辑表达式为

$$F = \overline{A}BC + A\,\overline{B}C + AB\overline{C} + \overline{A}\,\overline{B}\,\overline{C}$$

逻辑函数用逻辑表达式表示，可便于用逻辑代数的运算规则进行运算。

将逻辑表达式中的逻辑运算关系用相应的图形符号表示并适当加以连接就构成逻辑图。上式的逻辑图是图 12-4，逻辑图这种表示方法便于逻辑函数的电路实现。

上述各种表示方法之间都可以相互转换。

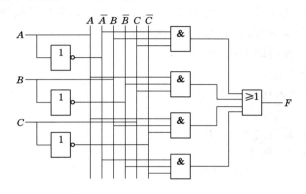

图 12-4　偶数判别电路的逻辑图

（2）逻辑函数的代数化简

一个确定的逻辑关系如能找到最简的逻辑表达式，不仅能够更方便、更直观地分析其逻辑关系，而且在设计具体的逻辑电路时所用的元件数也会最少，从而可以降低成本，提高可靠性。常用的化简方法有代数化简法和卡诺图化简法，这里仅介绍代数化简法。

代数化简法就是利用逻辑代数的基本运算规则来化简逻辑函数。代数化简法的实质就是对逻辑函数作等值变换，通过变换，使与一或表达式的与项数目最少，以及在满足与项最少的条件下，每个与项的变量数最少。下面是代数化简法中经常使用的办法。

① 合并项法

利用公式 $AB+A\overline{B}=A$，把两项合并成一项。例如：

$$F=ABC+AB\overline{C}+A\,\overline{B}=AB(C+\overline{C})+A\,\overline{B}=AB++A\,\overline{B}=A$$

② 吸收法

利用公式 $A+AB=A$，消去多余项。例如：

$$F=AC+\overline{A}C+\overline{B}D=\overline{A}+\overline{B}+\overline{A}C+\overline{B}D=\overline{A}(1+C)+\overline{B}(1+D)=\overline{A}+\overline{B}$$

以上化简过程中应用反演律将 $\overline{AB}$ 变换为 $(\overline{A}+\overline{B})$。

③ 消去法

利用公式 $A+\overline{A}B=A+B$，消去多余变量。例如：

$$F=AC+\overline{A}B+B\overline{C}+\overline{B}D=AC+(\overline{A}+\overline{C})B+\overline{B}D$$
$$=AC+\overline{AC}B+\overline{B}D=AC+B+\overline{B}D=AC+B+D$$

以上化简也用到反演律，将 $\overline{A}+\overline{C}$ 变换为 $\overline{AC}$。

④ 配项法

利用 $A+\overline{A}=1$，可在某一与项中乘以 $A+\overline{A}$，展开后消去多余项。也可利用 $A+A=A$，将某一与项重复配置，分别和有关与项合并，进行化简。例如：

$$F = A\overline{C}+\overline{A}C+\overline{B}C+B\overline{C}=A\overline{C}(B+\overline{B})+\overline{A}C+\overline{B}C(A+\overline{A})+B\overline{C}$$
$$= AB\overline{C}+A\overline{B}\,\overline{C}+\overline{A}C+A\overline{B}C+\overline{A}\,\overline{B}C+B\overline{C}$$
$$= B\overline{C}(A+1)+A\overline{B}(\overline{C}+C)+\overline{A}C(1+\overline{B})$$
$$= B\overline{C}+A\overline{B}+\overline{A}C$$

如果在本例中对第二项 $\overline{A}C$ 及第四项 $B\overline{C}$ 进行配项，则化简结果为：$A\overline{C}+\overline{B}C+\overline{A}B$。可见，对于一个逻辑函数的简化，可以得到不同的结果，每个结果都是最简的。

在代数化简时，经常需要综合运用上述几种方法。

【例 12-1】 化简表达式 $F=ABC+\overline{A}BC$。

解： $F = ABC+\overline{A}BC$
　　　 $= BC(A+\overline{A})$（利用 $A+\overline{A}=1$）
　　　 $= BC$

【例 12-2】 化简表达式 $F=A\overline{B}+B+BCD$。

解： $F = A\overline{B}+B+BCD$
　　　 $= A\overline{B}+B(1+CD)$（利用 $1+A=1$）
　　　 $= A\overline{B}+B$　　　　　　　　　　　　（利用 $A+\overline{A}B=A+B$）
　　　 $= A+B$

【例 12-3】 化简表达式 $F=AB+\overline{A}\,\overline{C}+B\overline{C}$。

解： $F = AB+\overline{A}\,\overline{C}+B\overline{C}$
　　　 $= AB+\overline{A}\,\overline{C}+(A+\overline{A})B$　　　　　　　　　　（填项 $A+\overline{A}$）
　　　 $= AB+\overline{A}\,\overline{C}+AB\overline{C}+\overline{A}B\overline{C}$
　　　 $= (AB+AB\overline{C})+(\overline{A}\,\overline{C}+\overline{A}\,\overline{C}B)$
　　　 $= AB+\overline{A}\,\overline{C}$

（3）逻辑表达式的变换

对于一个逻辑函数，当用不同电路来实现时，其逻辑表达式的形式也不同，这时就需要将逻辑表达式进行变换。

【例 12-4】 将与或表达式 $F=AB+CD$ 变成与非—与非表达式。

解： $F = AB+CD = \overline{\overline{AB+CD}}$（利用 $\overline{\overline{A}}=A$）
　　　 $= \overline{\overline{AB}\,\overline{CD}}$（利用 $\overline{A+B}=\overline{A}\,\overline{B}$）

变换后的表达式中只含有与非关系。

【例 12-5】 将与非—与非表达式 $F=\overline{\overline{AB}\,\overline{BC}}$ 表示成与或表达式。

解： $F = \overline{\overline{AB}\,\overline{BC}}$（利用 $\overline{AB}=\overline{A}+\overline{B}$）
　　　 $= AB+BC$

12.3　分立元件逻辑门电路

12.3.1　与门电路

如今,分立元件门电路已经被复杂的集成门电路所替代,但集成电路都是以分立元件门电路为基础,经过改造而演变过来的。

二极管与门电路如图 12-5(a)所示。由图可知,在输入(A、B)中只要有一个(或一个以上)为低电平,则与输入端相连的二极管必然因获得正偏电压而导通,使输出 F 为低电平。只有所有输入(A、B)同时为高电平,输出 F 才是高电平。可见,输入对输出呈现与逻辑关系,即 $F=A\cdot B$,其图形符号如图 12-5(b)所示,其真值表如表 12-6 所示。

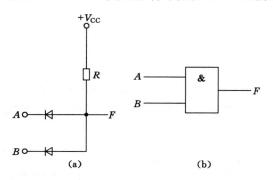

表 12-6　与门真值表

A	B	F
0	0	0
0	1	0
1	0	0
1	1	1

图 12-5　二极管与门电路

12.3.2　或门电路

二极管或门电路如图 12-6(a)所示,只要输入(A、B)中有一个为高电平,相应的二极管就会导通,输出 F 就是高电平;只有输入(A、B)同时为低电平,F 才是低电平。显然,F 和(A、B)间呈现或逻辑关系,逻辑式为 $F=A+B$。图形符号如图 12-6(b)所示。其真值表如表 12-7 所示。

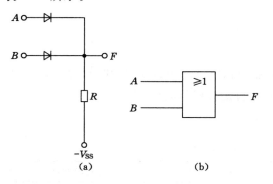

表 12-7　或门真值表

A	B	F
0	0	0
0	1	1
1	0	1
1	1	1

图 12-6　二极管或门电路

12.3.3　非门电路

对图 12-7(a)的三极管开关电路分析可知,当输入为高电平时,输出为低电平;当输入为低电平时,输出为高电平,所以输出与输入之间呈现非逻辑关系,是一个非门,也称为反相器。非门的图形符号如图 12-7(b)所示,其真值表如表 12-8 所示。

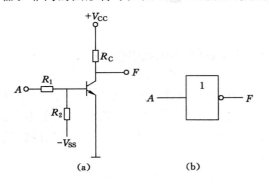

表 12-8　　　非门真值表

A	F
0	1
1	0

图 12-7　三极管非门电路

12.3.4　与非门电路

将二极管与门和反相器连接起来,就构成图 12-8(a)的与非门,从前面分析不难得出与非门电路的真值表如表 12-9 所示,由表 12-9 知,其逻辑表达式为 $F=\overline{AB}$,图形符号如图 12-8(b)所示。

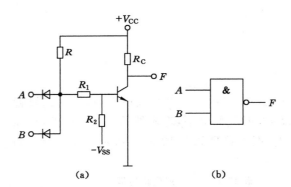

表 12-9　　　与非门真值表

A	B	F
0	0	1
0	1	1
1	0	1
1	1	0

图 12-8　与非门的电路及图形符号

表 12-10 列出了几种门电路的图形符号、逻辑表达式及其功能说明,其中与门、或门、与非门、或非门可以有两个以上的输入端。为了正确应用集成门电路,除了掌握各种门的逻辑功能以外,还必须了解它们的基本特性和主要参数。

表 12-10　　　　　　　　几种门电路的图形符号和逻辑功能

名称	图形符号	逻辑表达式	功能说话
与门	A —[&]— F B	$F=AB$	输入全1,输出为1 输入有0,输出为0
或门	A —[≥1]— F B	$F=A+B$	输入全1,输出为1 输入有0,输出为0

续表 12-10

名称	图形符号	逻辑表达式	功能说话
非门	A —⊐1⊳○— F	$F=\overline{A}$	输入全 1,输出为 0 输入有 0,输出为 1
与非门	A B —⊐&⊳○— F	$F=\overline{AB}$	输入全 1,输出为 0 输入有 0,输出为 1
或非门	A B —⊐≥1⊳○— F	$F=\overline{A+B}$	输入全 1,输出为 0 输入有 0,输出为 1
异或门	A B —⊐=1⊳— F	$F=A\overline{B}+\overline{A}B$ $=A\oplus B$	输入相异,输出为 1 输入相同,输出为 0

12.4　集成逻辑门电路

12.4.1　TTL 门电路

TTL 门电路是晶体管—晶体管逻辑(Translator-Translator Logic)门电路的简称。由于它具有工作速度快、带负载能力强、抗干扰性能好等优点,所以一直是数字系统普遍采用的器件之一。TTL 门电路有多种类型,这里主要介绍 TTL 与非门电路。

图 12-9 是一个 TTL 与非门电路,它包含输入级、中间级和输出级三个部分。图中的 T_1、R_1 组成输入级。输入信号通过多发射极晶体管 T_1 实现与的功能。T_2、R_2、R_3 组成中间级,由于 T_2 管的集电极和发射极送给 T_3 和 T_5 的基极信号是反相的,因此又称它为倒相级。T_3、T_4、T_5、R_4 和 R_5 组成推拉式输出级。T_3、T_4 构成复合管,作为 T_5 管的负载。采用这种输出级使门电路有较好的带负载能力,并提高开关速度。

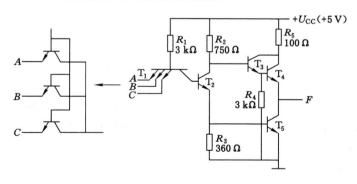

图 12-9　TTL 与非门电路

(1) 工作原理

若输入端 A、B、C 全部为高电平(设输入电压 $U_{IH}=3.6$ V),这时电源 U_{CC} 通过 T_1、R_1 的集电极使 T_2 和 T_5 的发射结均获正向电压而饱和导通。因为每个 PN 结的正向压降约为 0.7 V,故 T_2 和 T_5 饱和导通以后,T_2 的基极电位约为 1.4 V,T_1 的基极电位被钳制在 2.1 V 左右,同时由于 T_1 的各发射极的电位为 3.6 V,故各发射结均处于反向偏置。假设 T_2 的饱和压降为 0.3 V,则 T_2 的集电极电位约为 $U_{CES2}+U_{BE5}=(0.3+0.7)V=1.0$ V,由于 T_3 发射极通过 R_4 接地,故 T_3 导通,其发射结有 0.7 V 的压降,T_4 的基极电位约为 $(1-0.7)$ V $=0.3$ V,因而 T_4 截止。由于 T_4 截止,T_5 的集电极电流很小,但 T_5 的基极电流比较大,因此 T_5 处于深度饱和状态,$U_O=U_{CES}=0.3$ V,输出端 F 为低电平。

若输入端有一个或几个为低电平(设 $U_{IL}=0.3$ V),此时 T_1 接低电平的发射极和基极 B_1 之间的发射结处于正向偏置而导通,使 T_1 的基极电位被钳制在 1 V(设 $U_{BE}=0.7$ V),T_1 处于深度饱和状态。由于 T_1 的饱和压降 U_{CES} 很小,T_1 集电极的电位接近于发射极中的低电平电位,仅略高于 0.3 V,故 T_2、T_5 截止。电源 U_{CC} 通过 R_2 使 T_3、T_4 发射结均获得正向偏置,T_3、T_4 导通,此时 $U_O=U_{CC}-U_{BE3}-U_{BE4}-U_{R2}$。由于 T_2 截止,流过 R_2 仅仅是 T_3 的基极电流,又由于 R_2 的数值比较小,故 U_{R2} 的压降较小,可近似认为 $U_O \approx U_{CC}-U_{BE3}-U_{BE4}=(5-0.7-0.7)$ V $=3.6$ V,输出 F 为高电平。

综上所述,图 12-9 所示电路具有与非功能。即只有输入全是高电平时,输出才为低电平;若输入有一个或几个为低电平,输出就为高电平。

(2) 电压传输特性

电压传输特性描述了与非门的输出电压与输入电压之间的关系,是使用 TTL 与非门电路时必须要了解的基本特性曲线。如果把与非门的一个输入端接一个可变的直流电源,其余输入端接高电平,当输入电压 U_I 从零逐渐增加到高电平,输出电压便会做出相应的变化,就可以得到如图 12-10 所示的 TTL 与非门的电压传输特性曲线。

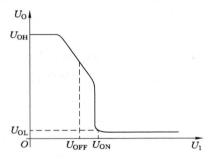

图 12-10 TTL 与非门的电压传输特性

由图可见,当 U_I 从零开始增加时,在一定范围内输出的高电平基本不变,当 U_I 上升到一定数值后,输出很快下降为低电平,如 U_I 继续增加,输出低电平基本不变。

(3) 主要参数

① 输出高电平 U_{OH} 和输出低电平 U_{OL}

U_{OH} 是指输入至少有一个为低电平时的输出电平,U_{OL} 是指输入端全为高电平时的输出电平。在实际应用中,通常规定了高电平的下限值及低电平的上限值。例如 TTL 与非门当 $U_{CC}=5$ V 时,$U_{OH} \geqslant 2.4$ V,$U_{OL} \leqslant 0.4$ V。

② 开门电平 U_{ON} 和关门电平 U_{OFF}

开门电平 U_{ON} 是指输出电平刚刚下降到输出低电平的上限值时的输入电平,它是保证与非门的输出为低电平时的输入高电平下限值。

关门电平 U_{OFF} 是指输出电平刚刚上升到输出高电平的下限值时的输入电平,它是保证与非门的输出为高电平时的输入低电平上限值。对 TTL 与非门,一般规定 $U_{ON}=1.8$ V, $U_{OFF}=0.8$ V。

③ 输入低电平噪声容限 U_{NL} 和输入高电平噪声容限 U_{NH}

噪声容限表征了与非门电路的抗干扰能力。

当输入低电平($U_{IL}=U_{OL}$)时,只要干扰信号与输入低电平叠加起来的数值小于 U_{OFF},输出仍为高电平,逻辑关系正常。表征这一干扰信号的极限值(最大值)即为输入低电平噪声容限 U_{NL},显然

$$U_{NL} = U_{OFF} - U_{OL} \tag{12-10}$$

U_{NL} 越大表示输入低电平时的抗干扰能力越强。

当输入高电平($U_{IH}=U_{OH}$)时,只要干扰信号(负向)与输入高电平叠加起来的数值大于 U_{ON},输出仍为低电平,逻辑关系正常。表征这一干扰信号的极限值(最大值)即为输入高电平噪声容限 U_{NH},显然

$$U_{NH} = U_{OH} - U_{ON} \tag{12-11}$$

U_{NH} 越大表示输入高电平时的抗干扰能力越强。

④扇出系数 N_o。

扇出系数 N_o 是指一个与非门能带同类门的最大数目,它表示与非门的带负载能力。对 TTL 与非门而言,手册给定 $N_o \geqslant 8$。

⑤平均传输延迟时间 t_{pd}

TTL 与非门工作时,由于晶体管从导通到截止或者从截止到导通都需要一定的时间,因此输出脉冲相对于输入脉冲来说总有一定的延迟,称为传输延迟,如图 12-11 所示。

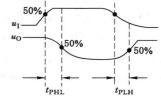

图 12-11　与非门的传输延迟时间

平均传输延迟时间

$$t_{pd} = (t_{PHL} + t_{PLH})/2 \tag{12-12}$$

它表示门电路的开关速度,t_{pd} 越小,开关速度越快。

12.4.2　MOS 门电路

由于 MOS 集成电路具有输入电阻高、功耗小、负载能力强、抗干扰能力强、电源电压范围宽、集成度高等优点,所以目前大规模数字集成系统中,广泛使用的集成门电路是 MOS 型集成电路。MOS 型集成电路可分为 NMOS,PMOS 和 CMOS 等几类。

图 12-12 所示是一个 CMOS 非门(反相器)。图中,T_2 是 N 沟道增强型 MOS 管,此处作驱动管,T_1 是 P 沟道增强型 MOS 管,此处作负载管。

当输入为低电平时,T_1 截止,T_2 饱和导通,输出为高电平(约为 U_{DD})1,当输入为高电平时,T_1 饱和导通,T_2 截止,输出为低电平(约为 0)。由分析可见,该电路具有非门,即反相器的功能。

图 12-13 所示是一个 CMOS 或非门。T_1 和 T_2 是 N 沟道增强型 MOS 管,T_3 和 T_4 是 P 沟道增强型 MOS 管。

当 A 和 B 均为低电平时,T_3 和 T_4 饱和导通,T_1 和 T_2 截止,F 为高电平;当 A 和 B 中有一个为高电平时,T_3 和 T_4 中有一个截止,T_1 和 T_2 中有一个饱和导通,F 为低电平,当 A 和 B 均为高电平时,T_1 和 T_2 饱和导通,T_3 和 T_4 截止,F 为低电平。由以上分析可见,该电

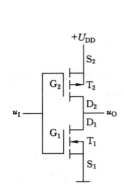

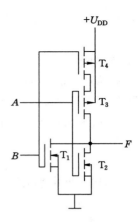

图 12-12　CMOS 反相器　　　　　　　　　图 12-13　CMOS 或非门

路只有在输入全为低电平时,输出才是高电平,实现了或非门的功能。

　　CMOS 门电路的主要缺点是工作速度低于 TTL 门电路,但经过改进的高速 CMOS 门电路 HCMOS,其工作速度与 TTL 门电路差不多。

12.4.3　三态与非门电路

　　三态输出与非门简称三态门。所谓三态门,是指其输出有三种状态,即高电平、低电平和高阻态(开路状态),在高阻态时,其输出与外接电路呈断开状态。三态门有 TTL 型的,也有 MOS 型的,不论是哪种类型,其逻辑图是相同的。

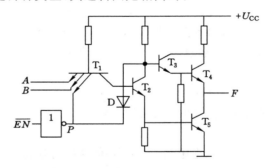

图 12-14　TTL 三态与非门电路

　　图 12-14 所示是一个 TTL 三态与非电路,其中 $\overline{EN}$ 即为控制端或称为使能端。当控制信号 $\overline{EN}=0$ 时,$P=1$,D 截止,与普通与非门一样,$F=\overline{AB}$。当控制信号 $\overline{EN}=1$ 时,$P=0$,多发射极晶体管 T_1 有一个输入端为低电平,所以 T_2、T_5 截止,同时二极管 D 导通,T_3 基极电位也变低,所以 T_4 截止。因 T_4、T_5 都截止,输出端 F 便被悬空,呈现高阻状态。所以三态门有三种状态:高阻态、低电平和高电平。

　　图 12-14 所示三态与非门的图形符号如图 12-15(a)所示。这种三态门在 $\overline{EN}=1$ 时 F 为高阻态,在 $\overline{EN}=0$ 时 $F=\overline{AB}$,故称为控制端 $\overline{EN}$ 低电平时有效的三态与非门。另有一类三态与非门,控制端 $\overline{EN}$ 高电平时有效,其图形符号如图 12-15(b)所示。即 $\overline{EN}=0$ 时 F 为高阻态,$\overline{EN}=0$ 时 $F=\overline{AB}$。

　　集成三态门除了三态与非门外,还有三态非门、三态缓冲门等,三态门在信号传输中是非常有用的。图 12-16 是一个通过控制三态门的控制端利用一条总线把多组数据送出去的例子。当 $\overline{EN_1}=0, \overline{EN_2}=\overline{EN_3}=1$ 时,总线上的数据为 $\overline{A_1B_1}$,即把 G_1 的输入数据送到了总线;同样,当 $\overline{EN_2}=0, \overline{EN_1}=\overline{EN_3}=1$ 时,把 G_2 的输入数据送到总线;$\overline{EN_3}=0, \overline{EN_1}=\overline{EN_2}=1$ 时,把 G_3 的输入数据送到总线。在这里,G_1、G_2、G_3 三个三态门必须分时工作,即在同一时刻只能有一个门处在导通状态,其他的三态门应处于高阻状态,这就要求在同一时刻 $\overline{EN_1}$、$\overline{EN_2}$、$\overline{EN_3}$ 只能有一个为低电平。

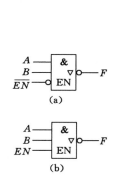

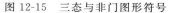

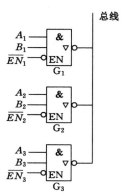

图 12-15　三态与非门图形符号　　　　　　图 12-16　三态门应用举例

12.4.4　对集成门电路输入端和输出端的处理

在使用集成门电路时,对不用的输入端可按以下几种方法处理:

① 将不用的输入端接高电平。

② 将不用的输入端与使用的输入端接在一起。

③ 对 TTL 与非门,可将不用的输入端悬空,悬空端相当于接高电平(但有时悬空端会引入干扰,从而造成电路的逻辑错误)。而 MOS 门的输入端不可悬空,只能将其接 $+U_{DD}$。

当与非门只用一个输入端时可以作为非门使用,请注意这种用法。

另外,除了三态门、OC 门(一种 TTL 集电极开路门)之外,门电路的输出端不允许并联,而且输出端不允许直接接电源或地,否则可能造成器件损坏。

12.5　逻辑门电路的分析与设计

12.5.1　组合逻辑电路的分析

根据需要将逻辑门电路进行组合,可以构成具有各种逻辑功能的电路,即组合逻辑电路。组合电路的特点是:其输出状态只取决于当前的输入状态,而与原输出状态无关。本节介绍组合逻辑电路的分析与设计。

组合逻辑电路分析的任务是分析一个组合逻辑电路的逻辑功能。其一般方法为:根据逻辑电路图写出逻辑表达式→化简或变换逻辑表达式→根据逻辑表达式填写真值表→由真值表分析电路的逻辑功能,如图 12-17 所示。

【例 12-6】　分析图 12-13(a)所示电路的逻辑功能。

解:　首先逐级写出各门电路输出端的逻辑表达式,如图 12-18 所示。由此得出该组合

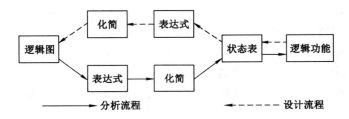

图 12-17　组合逻辑电路分析和设计的流程图

门电路总输出的逻辑表达式为

$$F = \overline{\overline{\overline{ABA}\ \overline{\overline{ABB}}}}$$

化简该逻辑表达式

$$
\begin{aligned}
F &= \overline{\overline{\overline{ABA}\ \overline{\overline{ABB}}}} \\
&= \overline{AB}A + \overline{AB}B \\
&= (\overline{A} + \overline{B})A + (\overline{A} + \overline{B})B \\
&= A\overline{B} + \overline{A}B \\
&= A \oplus B
\end{aligned}
$$

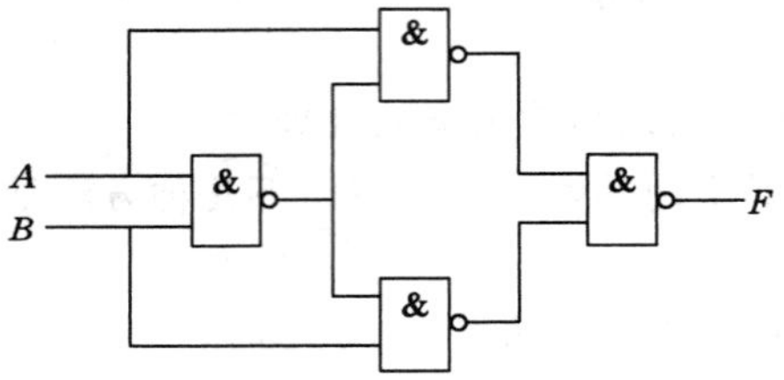

图 12-18　例题 12-6 的逻辑图

由化简后的表达式填写真值表 12-11 所示。

表 12-11　　　　　　　　　　　例题 12-6 的逻辑状态表

A	B	F
0	0	0
0	1	1
1	0	1
1	1	0

从真值表可以看出,当输入 A 与 B 相同时,输出为 0;当 A 与 B 不同时,输出为 1,这种逻辑关系符合异或逻辑运算。由于例 12-6 的逻辑电路实现了异或逻辑运算,所以该逻辑电路叫作异或门电路,可以用表 12-10 中的异或逻辑图表示。

12.5.2　组合逻辑电路的设计

在组合逻辑电路分析完成后,就可以根据实际的逻辑问题设计出能实现该逻辑要求的电路,这是组合逻辑电路设计的任务。其一般流程为:设定事物不同状态的逻辑值,根据逻辑要求列出真值表→由真值表写出逻辑表达式→化简或变换逻辑表达式→根据逻辑表达式画出逻辑电路图。

【**例 12-7**】　某系统中有三盏指示灯 H_1, H_2, H_3，当 H_1 与 H_2 全亮或 H_2 与 H_3 全亮时，应发出报警。请设计一个报警电路，并用与非门组成逻辑电路。

表 12-12　　　　　　　　　　　　　　　　　报警的真值表

A	B	C	F
0	0	0	0
0	0	1	0
0	1	0	0
0	1	1	1
1	0	0	0
1	0	1	1
1	1	0	1
1	1	1	1

解：　在解决一个实际的逻辑问题时，首先必须设定各种事物不同状态的逻辑值，以便于填写真值表。

对本例，设灯 H_1, H_2, H_3 所对应的状态变量分别为 A, B, C，并设灯亮为 1，灯灭为 0，设报警状态变量为 F，报警时为 1，不报警时为 0。根据题意列出的真值表如表 12-12 所示。

由真值表可见，有三种情况（$F=1$ 的情况）需要报警。对这三种情况，写出报警的逻辑表达式并进行化简如下

$$F = \overline{A}BC + AB\overline{C} + ABC = BC(\overline{A} + A) + AB\overline{C}$$
$$= BC + AB\overline{C} = B(C + A\overline{C}) = BC + AB$$
$$= \overline{\overline{BC + AB}}$$
$$= \overline{\overline{BC}\,\overline{AB}}$$

由于题目要求用与非门组成逻辑电路，所以化简结果应为与非—与非形式。根据化简后的逻辑表达式画出的逻辑电路图如图 12-19 所示。

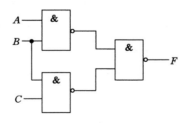

图 12-19　报警的逻辑电路

【**例 12-8**】　设计一个能实现两个 n 位二进制数加法运算的逻辑电路。

解：　两个 1 位的二进制数进行相加运算，若不考虑低位进位，称为半加运算，例如两个二进制数的最低位相加。实现半加运算的逻辑电路叫作半加器。

半加运算的真值表如表 12-13 所示。由真值表可知,当两个加数不相同时本位和为 1,否则本位和为 0。可见本位和的运算是将两个加数进行逻辑异或。用 S 表示本位和,则本位和可表示为 $S＝B＋A$。因此,可以用一个异或门电路来实现本位求和的运算。

表 12-13   半加运算的真值表

加数	被加数	和数	进位数
A	B	S	C
0	0	0	0
0	1	1	0
1	0	1	0
1	1	0	1

由真值表可以看出本位进位的规律。当两个加数均为 1 时本位进位为 1,否则本位进位为 0。可见本位进位是将两个加数进行逻辑与。用 C 表示本位进位,则本位进位可表示为 $C＝AB$,因此可以用一个与门电路来实现本位进位的运算。

由上述分析可知,完成半加运算的半加器可以由一个异或门和一个与门电路组成,如图 12-20 所示。

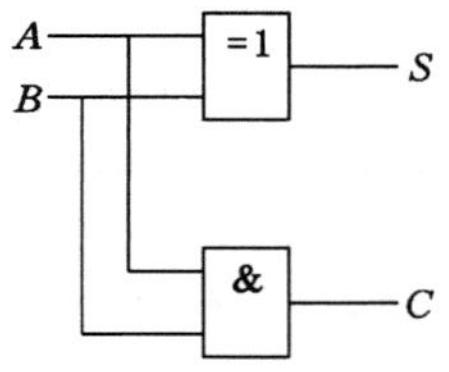

图 12-20 半加逻辑电路

两个二进制数相加运算,若考虑低位进位时称为全加运算。例如,两个 n 位二进制数相加时,除了最低位之外,其他各位的相加运算都是全加运算。实现全加运算的逻辑电路叫全加器。表 12-14 是全加运算的真值表。

表 12-14   全加运算的真值表

输 入			输 出	
加数 A_n	被加数 B_n	低位来的进位 C_{n-1}	和数 S_n	进位数 C_n
0	0	0	0	0
0	0	1	1	0
0	1	0	1	0
0	1	1	0	1
1	0	0	1	0
1	0	1	0	1
1	1	0	0	1
1	1	1	1	1

由表 12-14 可以写出本位和 S_n 与本位进位 C_n 的逻辑表达式为

$$S_n = \overline{A_n B_n} C_{n-1} + \overline{A_n} B_n \overline{C_{n-1}} + A_n \overline{B_n C_{n-1}} + A_n B_n C_{n-1}$$

$$C_n = \overline{A_n} B_n C_{n-1} + A_n \overline{B_n} C_{n-1} + A_n B_n \overline{C_{n-1}} + A_n B_n C_{n-1}$$

经化简为

$$S_n = (A_n \oplus B_n) \oplus C_{n-1}$$
$$C_n = A_n B_n + (A_n \oplus B_n) \oplus C_{n-1}$$

由化简的表达式可知，求本位和 S_n 需经过两次半加运算，第一次是两个加数进行半加，第二次是两个加数半加的和再与低位进位进行半加，而不论哪一次半加有进位时，都会形成本位进位。因此实现全加运算需要两个半加器和一个或门电路。图 12-21 所示是全加器的电路图及其逻辑符号。

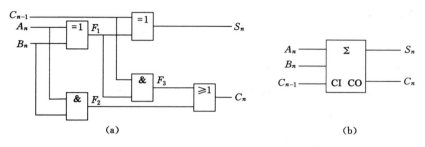

图 12-21　全加器的逻辑电路图及逻辑符号

（a）逻辑图；（b）图形符号

一个全加器只能完成两个 1 位的二进制数的加法运算，用多个全加器可以实现两个多位的二进制数的加法运算，即组成加法器。图 12-22 所示是三个全加器组成的加法器，可以实现三位二进制数 $A_2 A_1 A_0$ 与 $B_2 B_1 B_0$ 相加的运算。其中，S_0，S_1，S_2 是各位的本位和，C 是最高位的进位。由于最低位没有低位进位，所以将最低位进位处接地。

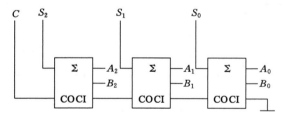

图 12-22　三个全加器组成的加法器

12.6　常用的组合逻辑模块

中等规模集成模块，如全加器、编码器、译码器、数据分配器、数据选择器和数据比较器等是常用的组合逻辑电路模块。上一节中已介绍了全加器的功能与设计方法，本节介绍其他常用电路模块的原理和功能。

12.6.1　编码器

编码器是用来将任何一个数字系统的信息或数据变换为二进制代码的装置。例如，把十进制数的 0 编成二进制代码 0000；把十进制数 1 编成二进制代码 0001；把十进制数 2 编成二进制代码 0010 等。

下面举例来说明如何实现 0～9 这十个十进制数码变换成二进制代码的编码电路，这种电路叫作二—十进制编码器。

因为输入有十个数码,要求有十种状态,而三位二进制代码只有八种状态(组合),所以输出需要四位二进制代码。四位二进制代码共有十六种状态,其中任何十种状态都可表示 0~9 十个数码,方案很多。最常用的是 8421 编码方式,就是在四位二进制代码的十六种状态中取出前面十种状态,表示 0~9 十个数码,后面六种状态去掉,见表 12-15。二进制代码各位的 1 所代表的十进制数从高位到低位依次为 8、4、2、1 称之为"权",而后把每个数码乘以各位的"权"相加,即得出该二进制代码所表示的一位十进制数。例如"1001",这个二进制代码表示的十进制数为

$$1 \times 8 + 0 \times 4 + 0 \times 2 + 1 \times 1 = 8 + 0 + 0 + 1 = 9$$

表 12-15   8421 码编码表

十进制数	8421BCD 码			
	D	C	B	A
0	0	0	0	0
1	0	0	0	1
2	0	0	1	0
3	0	0	1	1
4	0	1	0	0
5	0	1	0	1
6	0	1	1	0
7	0	1	1	1
8	1	0	0	0
9	1	0	0	1

图 12-23 所示电路为 8421BCD 码编码器的逻辑图。只要将拨码开关拨到需编码的十进制数对应的位置,输出端 $DCBA$ 就会输出相应的 8421BCD 码。

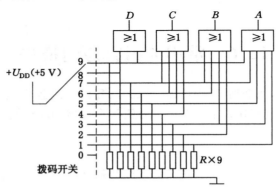

图 12-23   8421BCD 码编码器逻辑图

12.6.2　译码器

译码器是一个将二进制代码转换为其他任意数字系统的电路。它将每一个代码"翻译"为一定的输出信号,这个输出信号可以是脉冲,也可以是电平。

例如将两位二进制代码 00、01、10 和 11"翻译"成对应的十进制数的原理如下:二进制数代码 00、01、10 和 11 是四种组合状态,进行译码时,必须有四条输出线,分别用来表示四个十进制数 0、1、2、3,如图 12-24 所示。某输出线为高电平即代表该输出线表示的十进制数。例如当 $BA=00$ 时,四条输出线当中只有 0 号线是高电平,表示输出十进制数 0。同理,当 $BA=11$ 时,则只有 3 号线为高电平,表示输出 3,其余类推。这就实现了将二进制代码 00、01、10、11 译成对应的十进制数 0、1、2、3 四个数字。

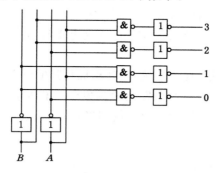

图 12-24　译码器

下面介绍两种集成电路译码器:

(1) 三线—八线译码器 74LS138 芯片

它有三位输入端、八位输出端,其引脚及逻辑关系如图 12-25 所示。G_1、$\overline{G_{2A}}$、$\overline{G_{2B}}$ 地为三个片选端,只有当 $G_1=1$、$\overline{G_{2A}}=0$、$\overline{G_{2B}}=0$ 时,芯片才能有效工作,否则输出全为高电平。A、B、C 为三位输入端,$\overline{F_0}\sim\overline{F_7}$ 为八根输出端。由逻辑关系表可见,仅仅与输入代码对应的输出线为低电平(有效),其余的输出线为高电平。这种译码器就是用来将一组二进制代码译为一个特定的输出信号。

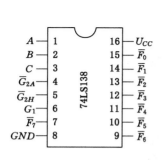

$G_1\ \overline{G_{2A}}\overline{G_{2B}}$	$C\quad B\quad A$	输出
1　0　0	0　0　0	$\overline{F_0}=0$ 其余为 1
1　0　0	0　0　1	$\overline{F_1}=0$ 其余为 1
1　0　0	0　1　0	$\overline{F_2}=0$ 其余为 1
1　0　0	0　1　1	$F_3=0$ 其余为 1
1　0　0	1　0　0	$\overline{F_4}=0$ 其余为 1
1　0　0	1　0　1	$\overline{F_5}=0$ 其余为 1
1　0　0	1　1　0	$\overline{F_6}=0$ 其余为 1
1　0　0	1　1　1	$F_7=0$ 其余为 1

图 12-25　74LS138 引脚及逻辑关系

（2）七段显示译码器

在数字系统中，常常需要将测量和运算的结果以十进制数字形式显示出来，为此，就要把二—十进制表示的结果送到译码器译码，并用译码器的输出驱动数码显示器件。

七段显示译码器的功能就是把"8421"二—十进制代码译成对应于数码管的七段信号、驱动数码管显示出相应的十进制数码。

图 12-26 是七段显示译码器 74LS47 的引脚图，输入端 D、C、B、A 用来输入 8421 码；a、b、c、d、e、f、g 为七段码输出端，低电平作用输出可直接驱动共阳极 LED 的相应各字段；LT（3 脚）为灯测试输入端；RBI（5 脚）为串行消隐输入控制端；BI/RBO（4 脚）为消隐输入（BI）和串行消隐输出（RBO）控制端。在要求正常输出功能时，LT、BI、RBI 的各个端口均处于高电平；当 BI 为低电平时，各段输出均被切断；当 RBI 和 A、B、C、D 均为低电平，LT 为高电平时，各段输出均被切断；当 LT 为低电平，RBO 为高电平时，各段输出均为导通状态。

12.6.3 显示器

数码显示器件有多种，目前在数字仪表、计算机和其他数字系统中广泛采用的是七段显示器件，其结构如图 12-27 所示。七个发光段的发光元件可以是发光二极管或液晶显示。选择不同字段发光，可显示出不同的字形。例如当 a、b、c、d、e、f、g 七段全亮时显示出 8，a、b、c、d、g 段亮时显示出 3。

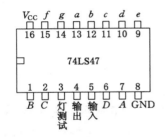

图 12-26　74LS47 的引脚图

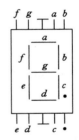

图 12-27　七段显示器

半导体数码管中七个发光二极管有共阴极和共阳极两种接法，如图 12-28 所示。图 12-28(a)某一段接高电平时发光；图 12-28(b)接低电平时发光。在实际使用时每个显示管要串联限流电阻，阻值大约 100 Ω。

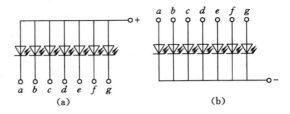

图 12-28　半导体发光数码管的内部接法
(a) 共阳极接法；(b) 共阴极接法

在用七段发光显示器件时，必须配合使用七段显示译码器，以便将二—十进制代码译成七段发光显示器在显示不同字符时所需要的各种控制电平。如果采用共阴极数码管，则七段显示译码器的状态表如表 12-16 所示。

表 12-16   **8421BCD 码-七段译码器逻辑状态表**

输 入				输 出							显示的十进制数
D	C	B	A	a	b	c	d	e	f	g	
0	0	0	0	1	1	1	1	1	1	0	0
0	0	0	1	0	1	1	0	0	0	0	1
0	0	1	0	1	1	0	1	1	0	1	2
0	0	1	1	1	1	1	1	0	0	1	3
0	1	0	0	0	1	1	0	0	1	1	4
0	1	0	1	1	0	1	1	0	1	1	5
0	1	1	0	1	0	1	1	1	1	1	6
0	1	1	1	1	1	1	0	0	0	0	7
1	0	0	0	1	1	1	1	1	1	1	8
1	0	0	1	1	1	1	1	0	1	1	9

图 12-29 为七段显示译码器与共阴极显示器的连接图。

12.6.4 数据分配器

数据分配器的功能是使一路输入信号得以从多路输出。图 12-30 所示是四路数据分配器电路，其功能可用表 12-17 描述。

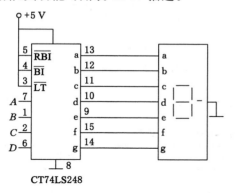

CT74LS248

图 12-29   七段显示译码器与共阴极显示器的连接图

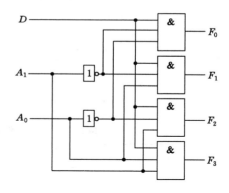

图 12-30   四路数据分配器的逻辑图

表 12-17   **图 12-30 的功能描述**

A_1	A_0	数据分配
0	0	$D \rightarrow F_0$
0	1	$D \rightarrow F_1$
1	0	$D \rightarrow F_2$
1	1	$D \rightarrow F_3$

图 12-30 中，D 是数据输入端，$F_0 \sim F_3$ 是数据输出端，A_1 和 A_0 是分配控制端，由 A_1 和 A_0 的状态来决定将数据分配到哪个输出端。

12.6.5　数据选择器

数据选择器是从多路输入数据中选择一路进行传输的组合逻辑模块。图 12-31 所示是用三态门组成的两路数据选择器(也称为 2 选 1)。图中,A 和 B 是两路数据输入端,W 是数据输出端。E 是选择控制端。当 $E=1$ 时,三态门 1 工作,数据 A 被传送到 W 端;当 $E=0$ 时,三态门 2 工作,数据 B 被传送到 W 端。

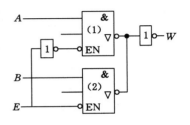

图 12-31　两路数据选择器

根据图 12-31 的原理,可以做成 4 选 1,8 选 1 和 16 选 1 等数据选择器。图 12-32 所示是集成双 4 选 1 数据选择器 74LS153 中的一个 4 选 1 数据选择器的电路。其组成及作用为:$D_0 \sim D_3$ 是数据输入端,$\overline{E}$ 是使能端,当 $\overline{E}=0$ 时,数据选择器工作,允许数据通过;A_0 和 A_1 是选择控制端,根据 A_0 和 A_1 的状态确定选择哪一路数据输出;W 是数据输出端。74LS153 的功能如表 12-18 所示。

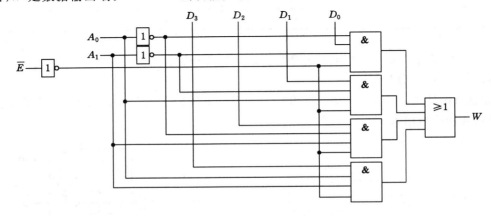

图 12-32　4 选 1 数据选择器

表 12-18　　　　　　　　　集成双 4 选 1 数据选择器 74LS153 的功能表

使能端	选择控制端		输出
$\overline{E}$	A_1	A_0	W
1	x	x	0
0	0	0	D_0
0	0	1	D_1
0	1	0	D_2
0	1	1	D_3

由图 12-30 和图 12-31 可见,数据选择器必须设置译码器。译码器的输入端即选择控制端的个数取决于欲传送的数据的个数。例如,2 选 1 时,选择控制端个数为 1;4 进 1 时,指挥控制端个数为 2;8 选 1 时,选择控制端个数为 3。

习　　题

12-1　若一个逻辑函数由三个变量组成,则最小项共有(　　　)个。

A. 3　　　　　　　　　　B. 4　　　　　　　　　　C. 8

12-2　下列各式中哪个是三变量 A、B、C 的最小项(　　　)。

A. $A+B+C$　　　　　B. $A+BC$　　　　　C. ABC

12-3　正逻辑是指(　　　)

A. 高电平用"1"表示,低电平用"0"表示

B. 高电平用"0"表示,低电平用"1"表示

C. 高低电平均用"1"或"0"表示

12-4　简述与非门、或非门和与或非门的逻辑功能,列写出它们的真值表,画出它们的逻辑符号。

12-5　列出 $F=\overline{A}BC+A$ 的真值表。

12-6　用逻辑代数的公式或真值表证明下列等式。

(1) $A\overline{B}+BD+AD+CDE+D\overline{A}=A\overline{B}+D$

(2) $AB+\overline{A}\,\overline{B}+\overline{A}BC=AB\overline{C}+\overline{A}\,\overline{B}+BC$

(3) $\overline{A\overline{B}+B\overline{C}+C\overline{A}}=ABC+\overline{A}\,\overline{B}\,\overline{C}$

12-7　用代数法将下列逻辑函数进行化简。

(1) $F=A\overline{B}C+\overline{A}BC+ABC+\overline{A}\,\overline{B}C$

(2) $F=\overline{A}\,\overline{B}+AB+\overline{A}\,\overline{B}C+ABC$

(3) $F=ABC+ABD+\overline{A}B\,\overline{C}+CD+B\overline{D}$

(4) $F=AB+\overline{B}C+B\overline{C}+\overline{A}B$

12-8　有三个门电路,它们的输入均为 A、B,输出分别为 F_1、F_2、F_3,波形图如图 12-33 所示,试根据波形图写出它们的逻辑状态表和逻辑表达式,并说明其逻辑功能。

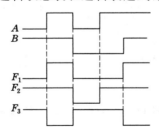

图 12-33　习题 12-8 的波形图

12-9　对应图 12-34 所示的电路及输入信号波形,分别画出 F_1、F_2、F_3、F_4 的波形。

12-10　写出并化简图 12-35 各逻辑图的逻辑表达式,列出逻辑状态表。

12-11　分析图 12-36 中各逻辑图的逻辑功能。

12-12　用与非门分别设计如下逻辑电路:

(1) 三变量的多数表决电路(三个变量中有多数个 1 时,输出为 1)。

(2) 三变量的判奇电路(三个变量中有奇数个 1 时,输出为 1)。

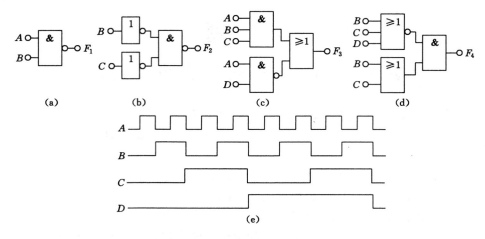

图 12-34 习题 12-9 图

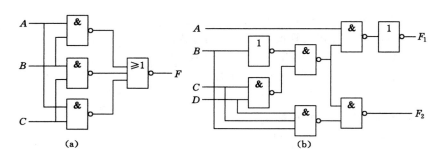

图 12-35 习题 12-10 的逻辑图

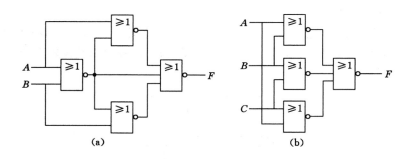

图 12-36 习题 12-11 的逻辑图

（3）四变量的判偶电路（四个变量中有偶数个 1 时,输出为 1）。

12-13 某港口对进港的船只分为 A、B、C 三类,每次只允许一类船只进港,且 A 类船优先于 B 类,B 类优先于 C 类。A、B、C 三类船只可以进港的信号分别是 F_A、F_B、F_C。设输入信号 1 表示船只要求进港,0 表示不要求进港;输出信号 1 表示允许进港,0 表示不允许进港。试设计能实现上述要求的逻辑电路。

12-14 已知一个三输入端的组合逻辑电路,不知其内部结构,在输入端加不同的信号时发现三个输入端的信号电平一致（全为高电平或全为低电平）时,输出为低电平,其他情况输出为高电平,试设计该逻辑电路,并用与非门实现。

12-15　已知全加器输入端的波形如图 12-37 所示，试画出 S_n 和 C_n 的波形图。

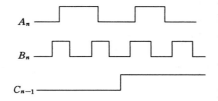

图 12-37　习题 12-15 的逻辑图

12-16　试按表 12-19 所示的编码表完成图 12-38 的连线。

表 12-19　　　　　　　　　　　　　习题 12-16 的表

开关位置	输　出		
	Q_2	Q_1	Q_0
0	0	0	0
1	0	0	1
2	0	1	0
3	0	1	1
4	1	0	0
5	1	0	1

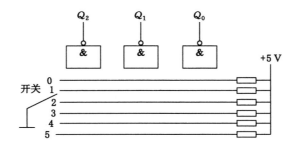

图 12-38　习题 12-16 的图

12-17　数据选择器是一种能在选择控制信号作用下将多个输入端的数据选择一个送至输出端的组合逻辑电路。图 12-39 是四选一数据选择器的逻辑图，其中 A_1、A_0 是选择控制端，$D_0 \sim D_3$ 是四个数据输入端，W 为输出端，试写出输出的逻辑表达式，分析 A_1、A_0 为不同组合时从输出端输出的分别是哪一个输入数据。

12-18　数据分配器可以根据地址控制信号，将一个输入端的信号送至多个输出端中的某一个。图 12-40 是四路数据分配器的逻辑图，D 为数据输入端，A_1、A_0 为地址控制端，$D_0 \sim D_3$ 为数据输出通道。试写出 $D_0 \sim D_3$ 的逻辑表达式，分析 A_1、A_0 为不同组合时，输入数据 D 分别是从哪一个输出通道输出的。

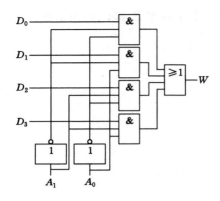

图 12-39 习题 12-17 的逻辑图

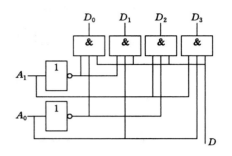

图 12-40 习题 12-18 的逻辑图

第 13 章　触发器与时序逻辑电路

学习目标
(1) 掌握 RS 触发器、JK 触发器和 D 触发器的逻辑功能。
(2) 理解寄存器的工作原理。
(3) 理解二进制计数器和十进制计数器的工作原理,掌握用中规模逻辑模块设计任意进制计数器的方法。
(4) 了解 555 集成定时器的工作原理,理解用 555 集成定时器组成的单稳态触发器和多谐振荡器的工作原理。

数字电路根据逻辑功能的不同特点,可以分成两大类,一类叫组合逻辑电路(简称组合电路),另一类叫作时序逻辑电路(简称时序电路)。组合逻辑电路在逻辑功能上的特点是任意时刻的输出仅仅取决于该时刻的输入,与电路原来的状态无关。而时序逻辑电路在逻辑功能上的特点是任意时刻的输出不仅取决于当时的输入,而且还取决于电路原来的状态,或者说,还与以前的输入有关。本章主要介绍触发器与时序逻辑电路的有关知识。

13.1　双稳态触发器

双稳态触发器有 0 和 1 两种稳定的输出状态,在一定条件下两种状态可以互相转换,也称为触发器状态的翻转。触发器的输出状态不仅和当时的输入有关,而且和以前的输出状态有关,这是触发器和门电路的最大区别。按电路结构上的不同,双稳态触发器可分为基本触发器、同步触发器、边沿触发器等;按逻辑功能来分,双稳态触发器可分为 RS 触发器、JK 触发器和 D 触发器等。

13.1.1　基本 RS 触发器

图 13-1(a)所示是由两个与非门组成的基本 RS 触发器,图 13-1(b)所示是其逻辑符号。表 13-1 是基本 RS 触发器的逻辑功能表。

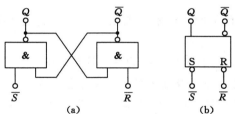

图 13-1　基本 RS 触发器的组成符号

表 13-1 与非门组成的基本 RS 触发器的特性表

$\overline{R}$	$\overline{S}$	Q^n	Q^{n-1}	功能
0	0	0	不用	不允许
0	0	1	不用	
0	1	0	0	$Q^{n+1}=0$ 置 0
0	1	1	0	
1	0	0	1	$Q^{n+1}=1$ 置 1
1	0	1	1	
1	1	0	0	$Q^{n+1}=Q^n$ 保持
1	1	1	1	

信号输出端 $Q=0$、$\overline{Q}=1$ 的状态称 0 状态，$Q=1$、$\overline{Q}=0$ 的状态称 1 状态，信号输入端低电平有效。

当 $\overline{R}=0$、$\overline{S}=1$ 时，由于 $\overline{R}=0$，不论原来 Q 为 0 还是 1，都有 $\overline{Q}=1$；再由 $\overline{S}=1$、$\overline{Q}=1$，可得 $Q=0$，即不论触发器原来处于什么状态都将变成 0 状态，这种情况称将触发器置 0 或复位。$\overline{R}$ 端称为触发器的置 0 端或复位端。

当 $\overline{R}=1$、$\overline{S}=0$ 时，由于 $\overline{S}=0$，不论原来 $\overline{Q}$ 为 0 还是 1，都有 $Q=1$；再由 $\overline{R}=1$、$Q=1$ 可得 $\overline{Q}=0$，即不论触发器原来处于什么状态都将变成 1 状态，这种情况称将触发器置 1 或置位。$\overline{S}$ 端称为触发器的置 1 端或置位端。

当 $\overline{R}=1$、$\overline{S}=1$ 时，根据与非门的逻辑功能不难推知，触发器保持原有状态不变，即原来的状态被触发器存储起来，这体现了触发器具有记忆能力。

当 $\overline{R}=0$、$\overline{S}=0$ 时 $Q=\overline{Q}=1$，不符合触发器的逻辑关系。并且由于与非门延迟时间不可能完全相等，在两输入端的 0 同时撤除后，将不能确定触发器是处于 1 状态还是 0 状态。触发器不允许出现这种情况，这就是基本 RS 触发器的约束条件。

如果用 Q^n 表示触发器原来的状态（称为原态），Q^{n+1} 表示新的状态（称为次态），可以列出基本 RS 触发器的逻辑状态转换表如表 13-1 所示，在该状态转换表中，将触发器的原状态 Q^n 作为一个输入变量，Q^{n+1} 的状态由 $\overline{R}$、$\overline{S}$ 和 Q^n 来确定。

基本 RS 触发器工作波形输出状态的变化也可以用波形图来描述，如图 13-2 所示。

根据以上分析，对基本 RS 触发器可以得出以下结论：

① 触发器的输出有两个稳态：$Q=0$、$\overline{Q}=1$ 和 $Q=1$、$\overline{Q}=0$。这种有两个稳态的触发器通常称为双稳态触发器。若令 $\overline{R}=1$、$\overline{S}=1$，触发器的状态就可以保持，说明双稳态触发器具有记忆功能。

② 利用加于 $\overline{R}$、$\overline{S}$ 端的负脉冲可使触发器由一个稳态转换为另一稳态。加入的负脉冲称触发脉冲。

③ 可以直接置位。当 $\overline{R}=0$、$\overline{S}=1$ 时，$Q=0$，所以 $\overline{R}$ 端称为置 0 端或复位端；而 $\overline{R}=1$、$\overline{S}=0$ 时，$Q=1$，所以 S 端称为置 1 端或置位端。$\overline{R}$、$\overline{S}$ 上方的"—"（非号）表示加负脉冲（低电平）时才有这个功能。图形符号中 $\overline{R}$、$\overline{S}$ 引线靠近方框处的小圆圈也表示该触发器是用低电平触发的。$\overline{Q}$ 引线靠近方框处的小圆圈表示该端状态和 Q 端相反。

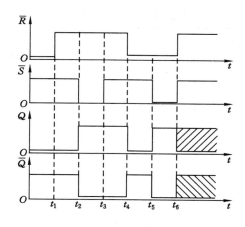

图 13-2　基本 RS 触发器工作波形

13.1.2　同步 RS 触发器

基本 RS 触发器的输入信号是直接加在输出门电路的输入端，在输入信号存在期间，因触发器的输出状态 Q 直接受输入信号的控制，所以，基本 RS 触发器又称为直接复位、置位触发器。其直接复位、置位触发器不仅抗干扰能力差，而且不能实施多个触发器的同步工作。为了解决多个触发器同步工作的问题，引进了同步触发器。即在基本 RS 触发器前面增加一级输入控制门电路，即可组成同步 RS 触发器。如图 13-3(a)所示，图 13-3(b)是同步 RS 触发器的图形符号。

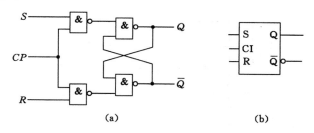

图 13-3　同步 RS 触发器结构与图形符号

因同步 RS 触发器的同步控制信号为脉冲方波信号，通常称为时钟脉冲，或称为时钟信号，简称时钟，用字母 CP 来表示，所以，同步 RS 触发器的同步控制信号输入端也称为 CP 控制端。

在图 13-3(a)所示的电路中，当 CP 信号为低电平"0"时，组成输入控制电路的两个与非门的输出信号为 1，该输出信号直接加在后级 RS 触发器的复位和置位端上，使电路的输出信号保持原态，触发器输出端的信号不随输入信号的变化而变化。当 CP 信号为高电平"1"时，该信号对组成输入控制电路的两个与非门的输出信号没有影响，同步触发器的输出状态随输入信号变化而变化的情况与基本 RS 触发器相同。

表 13-2 同步 *RS* 触发器的特性表

CP	R	S	Q^n	Q^{n+1}	功 能
0	×	×	×	Q^n	$Q^{n+1}=Q^n$ 保持
1	0	0	0	0	$Q^{n+1}=Q^n$ 保持
1	0	0	1	1	
1	0	1	0	1	$Q^{n+1}=1$ 置 1
1	0	1	1	1	
1	1	0	0	0	$Q^{n+1}=0$ 置 0
1	1	0	1	0	
1	1	1	0	不用	不允许
1	1	1	1	不用	

同步 *RS* 触发器的特性表如表 13-2 所示,由此可画出同步 *RS* 触发器的工作波形图如图 13-4 所示。

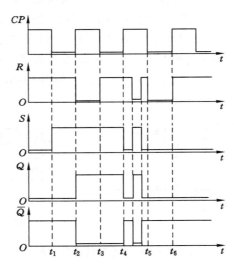

图 13-4　同步 *RS* 触发器的工作波形图

由图 13-4 可见,在 $0\sim t_1$ 时间段内,$CP=1$,$R=1$,$S=0$,触发器复位,$Q=0$,$\overline{Q}=1$;在 $t_1\sim t_2$ 时间段内,$CP=0$,触发器的输入信号对触发器的状态不影响,触发器保持 $Q=0$,$\overline{Q}=1$ 的原态;在 $t_2\sim t_3$ 时间段内,$R=0$,$S=1$,触发器置位,$Q=1$,$\overline{Q}=0$;在 $t_3\sim t_4$ 时间段内,$CP=0$,触发器保持 $Q=1$,$\overline{Q}=0$ 的原态;在 $t_4\sim t_5$ 时间段内,$CP=1$,R 和 S 经历从 0 到 1,从 1 到 0 的跳变,触发的输出信号 Q 和 $\overline{Q}$ 也经历了从 0 到 1,从 1 到 0 的跳变,最后的状态为 $Q=0$;在 $t_5\sim t_6$ 时间段内,$CP=0$,触发器保持 $Q=0$ 和 $\overline{Q}=1$ 的原态;在 $t>t_6$ 时间段内,$CP=1$,$R=1$,$S=0$,触发器处在复位的状态下,输出 $Q=0$,$\overline{Q}=1$ 的状态。

由以上的讨论可知,同步触发器在一个时钟脉冲时间内(如 $t_4\sim t_5$),输出状态有可能发生两次或两次以上的翻转,触发器的这种翻转现象在数字电路中称为空翻。因触发器正常工作的干扰信号可能会引起空翻,所以,触发器的空翻影响触发器的抗干扰能力。为了避免空翻现象,一般采用主从型触发器和维持阻塞型触发器。

13.1.3　上升沿触发的 D 触发器

图 13-5 所示是上升沿触发的 D 触发器的逻辑符号。图 13-5 中,Q 和 $\overline{Q}$ 是输出端,CP 是时钟脉冲输入端,符号"∧"表示触发器是边沿触发器,D 是信号输入端,S_D 和 R_D 是直接置 1 端和直接置 0 端,其作用和使用方法与可控 RS 触发器一样。

图 13-6 所示是上升沿触发的 D 触发器的工作波形。Q 的初始状态是 1,时钟脉冲没到之前,令 $S_D=1$,在 R_D 端加负脉冲使触发器复位。图中,触发器状态的翻转都发生在时钟脉冲的上升沿时刻,若要判断时钟脉冲作用之后触发器的状态,只需注意 CP 上升沿前一瞬间输入端 D 的状态,与其他时刻的 D 状态无关。例如,在第 2 个时钟脉冲作用期间的干扰信号(虚线所示脉冲)以及第 3 个时钟脉冲上升沿之前的干扰信号,都不影响触发器的状态。

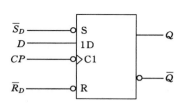

图 13-5　上升沿触发的 D 触发器符号

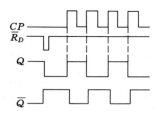

图 13-6　D 触发器的工作波形

图 13-7 中的 D 触发器将 D 端与 $\overline{Q}$ 端连接起来,即 $D=\overline{Q}$。这样,D 的状态总是与 Q 的状态相反,所以对应每个时钟脉冲的触发沿,触发器的状态都要翻转,可见此时 D 触发器具有计数功能。请读者注意 D 触发器的这种用法。

13.1.4　下降沿触发的 JK 触发器

常用的触发器除了 D 触发器外,还有 JK 触发器,例如 TTL 集成电路中 CT74LS76 就是下降沿触发的 JK 触发器。

图 13-8 是下降沿 JK 触发器的图形符号,其中图 13-8(b)中的 J、K 各有两个输入端(也可能为多个输入端),它们之间是与逻辑关系,即 $J=J_1J_2$,$K=K_1K_2$。图中 S_d 是直接置位端,R_d 是直接复位端,CP 是时钟脉冲输入端。CP 端靠近方框处有一小圆圈,加上方框内的符号"∧",表示 CP 信号从高电平到低电平时有效,即属负边下降沿触发。

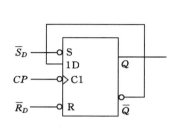

图 13-7　D 触发器的计数连接方式

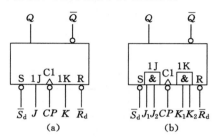

图 13-8　下降沿触发 JK 触发器的图形符号

JK 触发器的逻辑状态转换表如表 13-3 所示,也可以将 JK 触发器的逻辑状态进行简化,简化后的表如表 13-4 所示。从表可知,当 $J=K=0$ 时,CP 下降沿作用后 Q 状态不变;当 $J=K=1$,CP 下降沿作用后 Q 状态和原来相反;当 $J \neq K$ 时,CP 下降沿作用后 Q 状态和 J 端状态相同。

表 13-3   JK 触发器的逻辑状态转换表

J	K	Q^n	Q^{n+1}
0	0	0	0
0	0	1	1
0	1	0	0
0	1	1	0
1	0	0	1
1	0	1	1
1	1	0	1
1	1	1	0

表 13-4   JK 触发器的逻辑状态转换后的化简表

J	K	Q^{n+1}	功能
0	0	Q^n	保持
0	1	0	置 0
1	0	1	置 1
1	1	$\overline{Q^n}$	翻转

    下降沿 JK 触发器的波形图如图 13-9 所示,从图中可知,Q 的状态除了与原来的状态有关外,只取决于 CP 下降沿到来瞬间 J、K 的状态,和其他时刻 J、K 的状态无关。

    由于边沿触发的 JK 触发器功能比较完善,抗干扰能力较强,在数字系统中得到了广泛的应用。如果把 JK 触发器的 J、K 端连在一起,输入端用 T 表示,则称为 T 触发器,如图 13-10 所示。

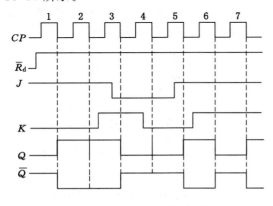

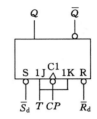

图 13-9 JK 触发器的波形图   图 13-10 T 触发器的逻辑图

当 $T=1$ 时，$Q^{n+1}=\overline{Q^n}$（此时又称为 T' 触发器），CP 每次作用，触发器都翻转；当 $T=0$ 时，$Q^{n+1}=Q^n$，Q 状态保持不变。$T(T')$ 触发器常用于计数电路中。

13.2 时序逻辑电路

若逻辑电路由触发器或触发器加组合逻辑电路组成，则它的输出不仅与当前时刻的输入状态有关，而且与电路原来状态（触发器的状态）有关，这种电路称为时序逻辑电路。这里的"时序"意即电路的状态与时间顺序有密切的关系。

时序逻辑电路根据时钟脉冲加入方式的不同，分为同步时序逻辑电路和异步时序逻辑电路。同步时序逻辑电路中各触发器共用同一个时钟脉冲，因而各触发器的动作均与时钟脉冲同步。异步时序逻辑电路中各触发器不共用同一个时钟脉冲，因而各触发器的动作时间不同步。

13.2.1 时序逻辑电路的分析方法

时序逻辑电路的分析就是分析给定逻辑电路的逻辑功能。由于时序电路的逻辑状态是按时间顺序随输入信号的变化而变化，因此，分析时序逻辑电路即是找出电路的输出状态随输入变量和时钟脉冲作用下的变化规律。其一般步骤大致为：

① 分析电路的组成。了解哪些是输入量，哪些是输出量。了解各触发器之间的连接方法和组合电路部分的结构（在不少时序逻辑电路中，都含有组合逻辑电路的部分）。

② 写出组合逻辑电路对外输出的逻辑表达式，称为输出方程。若没有则不写。

③ 写出各个触发器输入端的逻辑函数表达式，称为驱动方程。

④ 把各个触发器的驱动方程代入触发器的特性方程，得出各触发器的状态方程。

⑤ 根据状态方程和输出方程，列出逻辑状态转换表，画出波形图，确定该时序电路的状态变化规律和逻辑功能。

13.2.2 时序逻辑电路的类型

时序逻辑电路可分为同步时序逻辑电路和异步时序逻辑电路两类。

如果电路中所有触发器的时钟输入端都与同一个时钟脉冲源相连接，所有的触发器状态变化都与输入时钟同步，则称同步时序逻辑电路。

而异步时序逻辑电路中，有的触发器时钟输入端不是与时钟脉冲源相连接，而是与前一个触发器的输出端相连，因此它的状态变化必然要滞后一段时间。所以，异步时序逻辑电路的速度比同步时序逻辑电路慢。

时序逻辑电路的典型电路有寄存器，计数器等。在接下来的章节中就对这些典型的电路分别进行介绍。

13.3 寄存器

在数字电路中，常使用寄存器来暂时存放数据、运算结果或代码等。寄存器需使用具有记忆功能的触发器来组成。根据寄存器作用的不同，可分为数码寄存器和移位寄存器。

13.3.1 数码寄存器

数码寄存器用来暂时存放二进制数码。一个触发器只能存放 1 位二进制数，欲存放 N

位二进制数,需要用 N 个触发器组成的寄存器。存入和取出数码可由指令来控制。

图 13-11 所示是用 D 触发器组成的 4 位二进制数的数码寄存器,数码 $D_3 \sim D_0$ 依次接到触发器 $F_3 \sim F_0$ 的 D 端,工作过程如下:

存入数码之前,在 CP 端加负脉冲可使各位触发器复位。当寄存指令到来时,$D_3 \sim D_0$ 同步进入各位触发器。寄存指令消失后,寄存器保持存入的数码不变。当取数指令到来时,$D_3 \sim D_0$ 被同步取出送到 $Q_3 \sim Q_0$ 端。

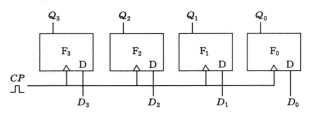

图 13-11　D 触发器组成的数码寄存器

在图 13-11 所示的数码寄存器中,数码是同步存入、同步取出的,这种工作方式称为并行输入、并行输出。

13.3.2　移位寄存器

在数字系统中,有时要求寄存器不仅具有存放数码的功能,而且还具有移位的功能,这种寄存器称为移位寄存器。所谓移位,就是在移位脉冲作用下使得寄存器的数码向左或向右移位。通过对数码移位,可以实现两个二进制数的串行相加、相乘和其他的算术运算。因此它在计算技术和数据处理技术等方面有着广泛的应用。

移位寄存器可分为单向移位寄存器和双向移位寄存器,按输入方式的不同,可分为串行输入和并行输入;按输出方式不同,可分为串行输出和并行输出。

（1）单向移位寄存器

单向移位寄存器可分为右移寄存器和左移寄存器两种。数码自左向右移称为右移寄存器,数码自右向左移称为左移寄存器。

图 13-12 是由 D 触发器组成的四位数码右移寄存器的逻辑图。输入只加至触发器 F_A 的 D 端,是串行输入方式。四位数码输出可以从四个触发器的 Q 端得到,即并行输出;也可以依次从最后一个触发器 F_D 的 Q_D 端得到,即串行输出。

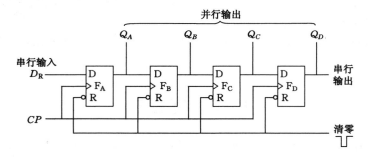

图 13-12　单向右移寄存器(串行输入、串行/并行输出)

根据图 13-12 可以写出各个触发器的状态方程为 $Q_A^{n+1} = D_R$,$Q_B^{n+1} = Q_A^n$,$Q_C^{n+1} = Q_B^n$,

$Q_D^{n+1} = Q_C^n$。图 13-13 是该寄存器的波形图。从状态方程和波形图可以看出,每加一个移位脉冲,数码就向右移动一位,故该寄存器是一个右移寄存器。

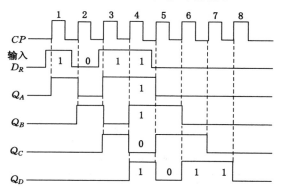

图 13-13　右移寄存器波形图

（2）双向移位寄存器

图 13-14 是 4 位双向移位寄存器的逻辑图。在该电路中,数码既可从 F_D 向 F_A 方向逐位移动即左移,也可以从 F_A 向 F_D 方向逐位移动即右移,故称为双向移位寄存器。图中 M 为移位方向控制端,D_R 和 D_L 分别为右移和左移串行输入端。

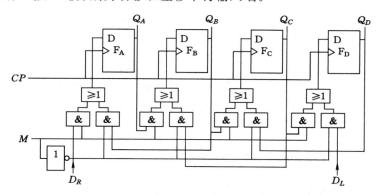

图 13-14　4 位双向移位寄存器

根据图 13-14 可以列出各触发器的状态方程为

$$Q_A^{n+1} = D_A = M D_R + \overline{M} Q_B^n$$
$$Q_B^{n+1} = D_B = M Q_A^n + \overline{M} Q_C^n$$
$$Q_A^{n+1} = D_C = M Q_B^n + \overline{M} Q_D^n$$
$$Q_A^{n+1} = D_D = M Q_C^n + \overline{M} D_L$$

当 $M=1$ 时,则 $Q_A^{n+1} = DR$,$Q_B^{n+1} = Q_A^n$,$Q_C^{n+1} = Q_B^n$,$Q_D^{n+1} = Q_C^n$,实现右移。当 $M=0$ 时,则 $Q_A^{n+1} = Q_B^n$,$Q_B^{n+1} = Q_C^n$,$Q_{DC}^{n+1} = Q_D^n$,$Q_D^{n+1} = D_L$,实现左移。

图 13-15 是集成 4 位双向通用移位寄存器 74LS194A 的外引线排列图。图中 D_A、D_B、D_C、D_D 为并行输入端;Q_A、Q_B、Q_C、Q_D 为对应的并行输出端;D_{SR} 和 D_{SL} 分别为右移和左移串行输入端;$\overline{CR}$ 为直接清零端;S_1、S_0 为工作模式控制端。74LS194A 的逻辑功能如表 13-5

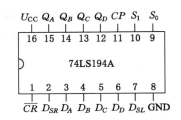

图 13-15　74LS194A 的外引线排列图

所示,它除了清零及保持功能外,既可左移又可右移,还可并行输入数据。

表 13-5　　　　　　　　　　74LS194A 的逻辑功能

$\overline{CR}$	S_1	S_0	功能	说　明
0	×	×	清零	$\overline{CR}$ 为低电平时,使 $Q_A Q_B Q_C Q_D = 0000$
1	1	1	并行送数	CP 上升沿作用后,并行输入的数据 $D_A D_B D_C D_D$ 送入寄存器,$Q_A Q_B Q_C Q_D = D_A D_B D_C D_D$
1	0	1	右移	串行数据送到右移输入端 D_{SR},在 CP 上升沿进行右移
1	1	0	左移	串行数据送到左移输入端 D_{SL},在 CP 上升沿进行左移
1	0	0	保持	CP 作用后寄存器内容不变

注:表中×表示任意状态。

　　移位寄存器的应用很广,可用作数据转换,如把串行数据转换为并行数据,或把并行数据转换为串行数据;也可构成寄存器型计数器、顺序脉冲发生器、串行累加器等。

13.4　计数器

　　在数字系统中,计数器的应用十分广泛。它不仅具有计数功能,还可以用于分频、产生序列脉冲、定时等操作。计数器必须由具有记忆功能的触发器组成,计数器可以由 D 触发器组成,也可以由 JK 触发器组成。目前,大量使用的是中规模集成计数器,因此本节将重点介绍中规模集成计数器的使用方法。

　　按引入计数脉冲方式的不同,可分为同步计数器和异步计数器;接计数器进制(也称计数器的模)的不同,可分为二进制和非二进制计数器;另外计数器还可分为加法、减法和可逆计数器。

13.4.1　异步二进制加法计数器

　　在异步计数器中,各个触发器不是受同一个时钟脉冲(CP)控制,而是有的触发器直接受输入计数脉冲控制,有的则是把其他触发器的输出作为自己的时钟脉冲。触发器状态的翻转有先有后,是异步的。

　　如图 13-16 所示是由 4 个 JK 触发器组成的 4 位异步二进制加法计数器。触发器 J、K 端全部悬空,相当于接 1(高电平),故具有计数的功能。图中右边第 1 个触发器 F_0 的 CP 端直接由输入计数脉冲控制,其他各触发器($F_1 \sim F_3$)的 CP 端由右邻触发器输出端(Q 端)的进位信号控制。

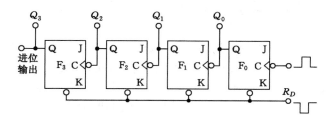

图 13-16 4 位异步二进制加法计数器

下面分析异步二进制加法计数器的计数功能:

计数脉冲输入前,先用负脉冲加到置 0 端 R_D 上,使各触发器置 0,然后加入计数脉冲。第 1 个计数脉冲下降沿来到触发器 F_0 端时,Q_0 由 0 变 1,此时,触发器 F_1 的 CP 端得到 Q_0 脉冲的上升沿,其输出端状态不变,触发器 F_2 和 F_3 的 CP 端信号无变化,故其输出端的状态也保持不变。第 2 个计数脉冲到来时,Q_0 由 1 变 0,F_1 的 CP 端得到 Q_0 脉冲的下降沿(进位信号),使 Q_1 由 0 变 1,而 F_2 和 F_3 的输出状态不变。计数脉冲不断加入,各触发器的状态按规律不断变化,其工作波形如图 13-17 所示。表 13-6 为 4 位二进制加法计数器的状态表。

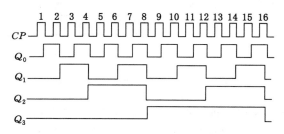

图 13-17 工作波形

表 13-6   **4 位二进制加法计数器的状态表**

计数脉冲	Q_3	Q_2	Q_1	Q_0	十进制数	计数脉冲	Q_3	Q_2	Q_1	Q_0	十进制数
0	0	0	0	0	0	9	1	0	0	1	9
1	0	0	0	1	1	10	1	0	1	0	10
2	0	0	1	0	2	11	1	0	1	1	11
3	0	0	1	1	3	12	1	1	0	0	12
4	0	1	0	0	4	13	1	1	0	1	13
5	0	1	0	1	5	14	1	1	1	0	14
6	0	1	1	0	6	15	1	1	1	1	15
8	1	0	0	0	8						

由图 13-17 可知,从 $Q_0 \sim Q_3$ 输出信号的周期逐次增加 1 倍,脉冲频率依次是减半,故又可称分频器。由表 13-6 可知,4 位二进制加法计数器能计的最大十进制数为 $2^4 - 1 = 15$。

同理，n 位二进制加法计数器能计的最大十进制数为(2^n-1)。

13.4.2 同步二进制加法计数器

在同步计数器中，各触发器的 CP 端同时受输入计数脉冲的控制，触发器状态的翻转是同步的。

若用 JK 触发器，只需对各触发器的 J、K 端进行适当的控制，使触发器正确翻转即可。第 1 个触发器 F_0 在每来一个计数脉冲时都翻转 1 次，为此，应使 $J_0=K_0=1$；第 2 个触发器 F_1，只有当 $Q_0=1$ 时，在计数脉冲作用下才翻转，故可使 $J_1=K_1=Q_0$；第 3 个触发器 F_2，只有当 Q_0 和 Q_1 同时为 1 时，才允许在计数脉冲作用下翻转，故应使 $J_2=K_2=Q_0Q_1$；同理，对于第 4 个触发器 F_3，需使 $J_3=K_3=Q_0Q_1Q_2$。

由以上分析，由 JK 触发器组成 4 位同步二进制加法计数器如图 13-18 所示。因同步计数器的状态变换与计数脉冲同步，故其计数的速度比异步计数器快。

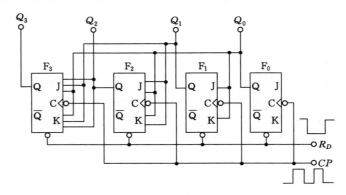

图 13-18　4 位同步二进制加法计数器

图 13-19 是集成同步 4 位二进制加法计数器 CT74LS163 的外引线排列图。图中 Q_D、Q_C、Q_B、Q_A 为计数输出端；C_A 为进位输出端；P、T 为控制（使能）输入端，当 $P=T=1$ 时计数器进行 4 位二进制加法计数。$\overline{CR}$ 为清零端，当 $\overline{CR}=0$ 且在 CP 上升沿作用之后，计数器被清零（这种清零方式称为同步清零），不清零时应使 $\overline{CR}=1$。D、C、B、A 为预置数输入端；$\overline{LD}$ 为置数控制端。当 $\overline{CR}=1$，$\overline{LD}=0$ 时，在 CP 上升沿作用后，加在 D、C、B、A 的数码被置入 Q_D、Q_C、Q_B、Q_A。有了置数功能，计数器就可以从任意状态开始计数。

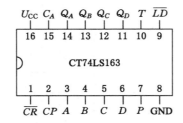

图 13-19　CT74LS163 的外引线排列图

表 13-7 是 CT74LS163 的功能表。

表 13-7　　　　　　　　　　　　　　　CT74LS163 功能表

输　入								输　出				说明
CP	$\overline{CR}$	$\overline{LD}$	P	T	D	C	B	A	Q_D	Q_C	Q_B	Q_A	
↑	0	×	×	×	×	×	×	×	0	0	0	0	清 0
↑	1	0	×	×	d	c	b	a	d	c	b	a	置数
↑	1	1	1	1	×	×	×	×	按四位二进制数规律加 1				计数
×	1	1	0	×	×	×	×	×	状态不变化				保持
×	1	1	×	0	×	×	×	×	状态不变化				保持

注:表中×表示任意状态。

　　利用集成 4 位二进制加法计数器 CT74LS163 可以组成十六进制以内的任意进制加法计数器。例如图 13-20 是一个十二进制计数器,因为当计数器计数到 11 个脉冲时,输出状态 $Q_D Q_C Q_B Q_A = 1011$,与非门输出为 0,即 $\overline{LD} = 0$,计数器处于预置状态。当第 12 个时钟脉冲到来之后,计数器预置数据,由于 $DCBA = 0000$,故计数器输出回到 0000,计数器重新从 0 开始计数。即计数器从 0000 至 1011 循环变化,12 个状态为一次循环。

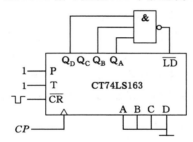

图 13-20　用 CT74LS163 组成十二进制计数器

13.4.3　二进制减法计数器

　　图 13-21 所示是用 JK 触发器组成的二进制减法计数器。计数脉冲 CP 直接连在 F_0 和 F_1 的时钟脉冲输入端,F_0 和 F_1 的状态翻转几乎可在同一时刻发生,所以称该计数器为同步计数器。

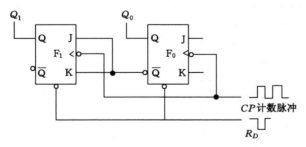

图 13-21　同步二进制减法计数器电路图

　　计数开始之前,令各位触发器的 $S_D = 1$(图中省略其接线),在 R_D 端加负脉冲将各位触发器清零。F_0 的 J 端和 K 端悬空,即 $J_0 = K_0 = 1$,故对每个计数脉冲,F_0 都会发生状态翻转。F_1 的 J 端和 K 端接在一起与 Q_0 相连,即 $J_1 = K_1 = \overline{Q_0}$。当 $\overline{Q_0} = 1$ 时,F_1 发生状态翻转。根据这个原则画出计数器的工作波形如图 13-22 所示。

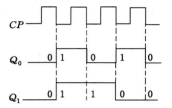

图 13-22 同步二进制减法计数器波形图

由波形图可见:

① 触发器的状态 $Q_1 Q_0$ 从 00 开始,经过 $4(2^2)$ 个计数脉冲恢复为 00,所以称其为二进制计数器。

② 随着计数脉冲的输入,触发器 $Q_1 Q_0$ 的状态所表示的二进制数依次递减 1,所以称其为减法计数器。

③ Q_0 波形的频率是 CP 的二分之一,从 Q_0 输出时称为 2 分频;Q_1 波形的频率是 CP 的四分之一,从 Q_1 输出时称为 4 分频。显然,减法计数器可以作为分频器使用。

分析同步计数器时,由于计数脉冲直接送到每一个触发器的时钟输入端,所以对应每一个计数脉冲,只需要注意每一位触发器输入信号的状态是否符合翻转条件,用状态表或波形图记录计数器的状态转换过程。根据状态表或波形图归纳出计数器的功能。

图 13-22 所示是用 JK 触发器组成的同步减法计数器,当然也可以用 D 触发器和 JK 触发器做成异步减法计数器。

13.4.4　十进制计数器

二进制计数器的优点是电路简单、易于理解和掌握,但当二进制数位数较多时,读数就比较困难。因此在数字系统中,凡是需要直接观察计数结果的,如数字式显示仪表,几乎都采用十进制计数器。在数字系统中,用二进制数码来表示十进制数码的方法称为二—十进制编码。其中最常用的是 8421BCD 码十进制加法计数器。表 13-8 是 8421 编码表。

表 13-8　　　　　　　　　　　　8421 编码表

十进制数	8421			
0	0	0	0	0
1	0	0	0	1
2	0	0	1	0
3	0	0	1	1
40	1	0	0	
5	0	1	0	1
6	0	1	1	0
7	0	1	1	1
8	1	0	0	0
9	1	0	0	1
权	8	4	2	1

由表 13-8 可见,这种编码方式是取 4 位二进制数 16 个状态中的前 10 个状态来表示 0～9 这 10 个数码。8、4、2、1 是指这种编码每一位所对应的"权"。

如图 13-23 所示是由 4 个 JK 触发器组成的 8421 码异步十进制加法计数器。下面分析电路的计数过程:

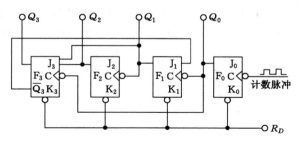

图 13-23　8421 码异步十进制加法计数器逻辑电路图

计数前先清 0,使 $Q_3 = Q_2 = Q_1 = Q_0 = 0$,即计数器为 0000 状态。这时各个触发器的输入条件为:$J_0 = K_0 = 1$;$K_1 = 1$,$J_1 = \overline{Q_3} = 1$;$J_2 = K_2 = 1$;$K_3 = 1$,$J_3 = Q_1 Q_2 = 0$。

F_3 翻转前,前三级(F_2、F_1、F_0)均处于计数触发状态,组成 3 位二进制计数器。计数开始后,前 7 个脉冲输入时,$\overline{Q_3}$ 均为 0,$J_1 = \overline{Q_3} = 1$。计数器的状态转换和普通二进制计数器相同,$Q_3 Q_2 Q_1 Q_0$ 由 0000→0001→0010→0110…0111。在这过程中,Q_0 的输出脉冲虽然也同时送到 CP_3 端,但由于当 Q_0 由 1 变成 0 时,$J_3 = Q_1 Q_2 = 0$,故触发器 F 仍维持 0 态不变。

当第 8 个计数脉冲的下降沿到来时,F_0 翻转,Q_0 由 1 变成 0,使 F_1 翻转,Q_1 由 1 变成 0,Q_1 使 F_2 翻转,Q_2 由 1 变成 0。与此同时,因第七个计数脉冲已使 $J_3 = Q_1 Q_2 = 1$,故当 Q_0 由 1 变成 0 时,也使 F_3 翻转,Q_3 由 0 变成 1。整个计数器转换为 1000 状态。此时,$J_1 = \overline{Q_3} = 0$。

第 9 个计数脉冲下降沿使 F_0 翻转,计数器的状态为 1001。第 10 个计数脉冲下降沿又使 F_0 翻转到 0 态,并作用于 F_1、F_3 的 CP 端,此时 F_1 的 $J_1 = \overline{Q_3} = 0$,故 F_1 仍维持 0 态不变;与此相应,F_2 也维持 0 态不变;F_3 的 $K_3 = 1$,$J_3 = Q_1 Q_2 = 0$,故在 CP 作用后,F_3 翻转到 0 态。于是计数器由 1001 转换成 0000 状态。完成了十进制计数。由图 13-24 的波形图可知,每输入 10 个 CP 脉冲,Q_3 输出一个脉冲,故这个电路也是一种十分频电路。

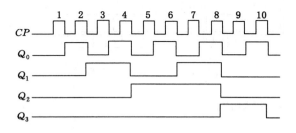

图 13-24　8421 码异步十进制加法计数器波形图

13.5 中规模集成计数器组件及其应用

13.5.1 中规模集成计数器组件

中规模集成计数器产品的类型很多,如 4 位二进制加法计数器 74LSL61,双时钟 4 位二进制可逆计数器 74LS193,单时钟 4 位二进制可逆计数器 74LS191,单时钟十进制可逆计数器 74LS190,取时钟二一五一十进制计数器 74LS90 等。由于集成计数器功耗低、功能灵活、体积小,所以在一些小型数字系统中得到了广泛应用。

图 13-25 所示是 74LS90 的内部电路原理图,图 13-26 是其引脚图。

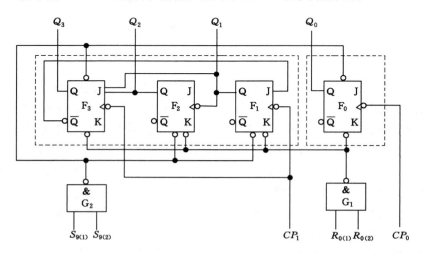

图 13-25 74LS90 的内部电路原理图

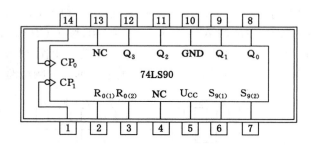

图 13-26 74LS90 的引脚图

表 13-9 中列出了其逻辑功能。

表 13-9　　　　　　　　　　　　　　　　74LS90 的功能表

输　入				输　出				功　能
清　0		置　9		时钟		Q_D　Q_C　Q_B　Q_A		
$R_0(1)$、$R_0(2)$		$S_9(1)$、$S_9(2)$		CP_1　CP_2				
1　　1		0　　× ×　　0		×　　×		0　0　0　0		清　0
0　　× ×　　0		1　　1		×　　×		1　0　0　1		置　9
0　　× ×　　0		0　　× ×　　0		↓　　1		Q_A 输出		二进制计数
				1　　↓		$Q_DQ_CQ_B$ 输出		五进制计数
				↓　　Q_A		$Q_DQ_CQ_BQ_A$ 输出 8421BCD 码		十进制计数
				Q_D　↓		$Q_AQ_DQ_CQ_B$ 输出 5421BCD 码		十进制计数
				1　　1		不变		保持

由图 13-26 和表 13-9 可以看出 74LS90 具有如下功能:

① F_0 的计数脉冲由 CP_0 输入,构成一位二进制计数器,即逢 2 进 1;$F_1 \sim F_3$ 构成五进制计数器,计数脉冲由 CP_1 输入,每输入 5 个计数脉冲其状态循环一次。单独使用 F_0 即为二进制计数器;单独使用 $F_1 \sim F_3$ 即为五进制计数器;将 Q_0 与 CP_1 连接起来,由 CP_0 输入计数脉冲,就构成十进制计数器。

② 门 G_1 用于为计数器清零,当门 G_1 的输入 $R_0(1)$ 和 $R_0(2)$ 全 1 时,计数器的各位触发器被清零。门 G_2 用于为计数器置 9,当门 G_2 的输入:$S_9(1)$ 和 $S_9(2)$ 全 1 时,F_0 和 F_3 被置 1,F_1 和 F_2 被清零,此时 $Q_3Q_2Q_1Q_0 = 1001$。

③ 当计数器工作时,$R_0(1)$ 和 $R_0(2)$ 中应该至少有一个为 0,$S_9(1)$ 和 $S_9(2)$ 中也应该至少有一个为 0。

④ 表 13-9 中的箭头"↓"表示下降沿触发。

13.5.2　任意进制计数器

能够实现 N 进制计数功能的计数器称为任意进制的计数器。在集成计数器中,只有二进制和十进制计数器两大系列,但常要用到如七,十二,二十四和六十进制计数等。一般将二进制和十进制以外的进制统称为任意进制,利用集成二进制或十进制计数器反馈置零或反馈置数法来实现所需的进制计数。表 13-10 给出了 4 位同步二进制计数器 74160 的主要功能。

表 13-10　　　　　　　　　　　　　　二进制计数器 74160 功能

CP	$\overline{R_D}$	$\overline{LD}$	$\overline{EP}$	$\overline{ET}$	工作状态
×	0	×	×	×	置零
⊓	1	0	×	×	预置数

续表 13-10

CP	$\overline{R_D}$	$\overline{LD}$	$\overline{EP}$	$\overline{ET}$	工作状态
×	1	1	0	1	保持
×	1	1	×	0	保持(但 $C=0$)
⊓	1	1	1	1	计数

该集成计数器除具有二进制加法计数功能外,还具有预置数、保持和异步置零等附加功能。其中 $\overline{LD}$ 为预置数控制端,$D_0 \sim D_3$ 为数据输入端,C 为进位输出端,$\overline{R_D}$ 为异步置零(复位)端,EP 和 ET 为工作状态控制端。

假设已有 N 进制计数器,而需要得到的是 M 进制计数器。这时有 $M<N$ 和 $M>N$ 两种可能的情况,下面分别讨论两种情况下构成任意一种进制计数器的方法。

(1) $M<N$ 的情况

在 N 进制计数器的顺序计数过程中,设法跳越 $(N\sim M)$ 个状态,就可以得到 M 进制计数器了。实现跳越的方法有置零法和置数法两种。

如图 13-27(a)所示的置零法适用于有异步置零输入端的计数器。它的工作原理为:设原有的计数器为 N 进制,当它从全零状态 S 开始计数并接收了 M 个计数脉冲后,电路进入 S_M 状态。如果将 S_M 状态译码产生一个置零信号加到计数器的异步置零输入端,则计数器将立刻返回 S_0 状态,这样就可以跳过 $(N\sim M)$ 个状态而得到 M 进制计数器。

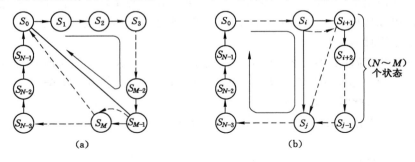

图 13-27 获得任意进制计数器的两种方法

由于电路一进入 S_M 状态后立即又被置成 S 状态,所以 S_M 状态仅在极短的瞬时出现,在稳定的状态循环中不包括 S_M 状态。

如图 13-27(b)所示的置数法和置零法不同,它是通过给计数器重复置入某个数值的方法跳越 $(N\sim M)$ 个状态,置数操作可以在电路的任何一个状态下进行。这种方法适用于有预置数功能的计数器电路。

【例 13-1】 试利用同步十进制计数器 74160 接成同步六进制计数器。

解: 因为 74160 兼有异步置零和预置数功能,所以置零法和置数法均可采用。如图 13-28 所示电路是采用异步置零法接成的六进制计数器。当计数器计成 $Q_3Q_2Q_1Q_0=0110$ 状态时,担任译码器的门 G 输出低电平信号给 $\overline{R_D}$ 端,将计数器置零,回到 0000 状态。

采用置数法时可以从计数循环中的任何一个状态置入适当的数值而跳越 $(N\sim M)$ 个状

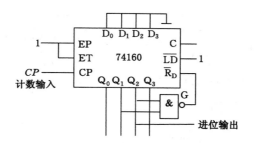

13-28　用置零法将 74160 接成六进制计数器

态,得到 M 进制计数器。图 13-29 给出了两个不同的方案。其中图 13-29(a)是用 0100 状态译码产生 $\overline{LD}=0$ 信号,下一个 CP 信号到来时置入 1001,从而跳过 0101～1000 这 4 个状态,得到六进制计数器。图 13-29(b)的接法是用 $Q_3Q_2Q_1Q_0=0101$ 状态译码产生 $\overline{LD}=0$ 信号,下一个 CP 信号到达时置入 0000 状态,从而跳过 0110～1001 这 4 个状态,得到六进制计数器。

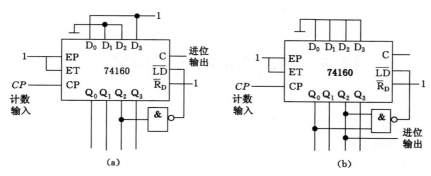

图 13-29　用置数法将 74160 接成六进制计数器

(a) 置入 1001;(b) 置入 0000

(2) $M>N$ 的情况

$M>N$ 时,必须用多片 N 进制计数器组合起来,才能构成 M 进制计数器。各片之间的连接方式可分为串行进位方式、并行进位方式、整体置零方式和整体置数方式几种。下面仅以两级之间的连接为例加以说明。

【例 13-2】　试用两片同步十进制计数器接成百进制计数器。

解:　如图 13-30 所示电路是并行进位方式的接法。以第(1)片的进位输出 C 作为第(2)的 EP 和 ET 输入,每当第(1)片计成 9(1001)时,C 变为 1,下个 CP 信号到达时,第(2)片为计数工作状态,计入 1,而第(1)片计成 0(0000),它的 C 端回到低电平。第(1)片的工作状态控制端 EP 和 ET 恒为 1,使计数器始终处在计数工作状态。

如图 13-31 所示电路是串行进位方式的连接方法。两片的 EP 和 ET 恒为 1,都工作在计数状态。第(1)片每计到 9(1001)时,C 端输出变为高电平,经反相器后使第(2)片的 CP 端为高电平。下个计数输入脉冲到达后,第(1)片计成 0(0000)状态,1 端跳回低电平,经反相后使第(2)片的输入端产生一个正跳变,于是第(2)片计入 1。

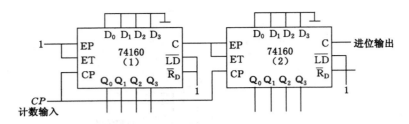

图 13-30 电路的并行进位方式

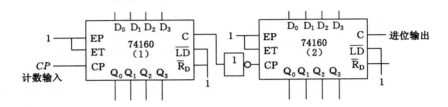

图 13-31 电路的串行进位方式

13.6 脉冲波形的产生和整形

在数字系统中,有时需要解决脉冲信号的产生、整形、延时等问题,解决这些问题的单元电路有:多谐振荡器、单稳态触发器、施密特触发器等。

13.6.1 多谐振荡器

多谐振荡器是一种能产生方波的电路,它没有稳态,所以又叫作无稳态触发器。利用逻辑门传输延迟时间,将非门 1、2、3 首尾相接,组成闭环电路,就构成多谐振荡器,又称为环形多谐振荡器,如图 13-32 所示。

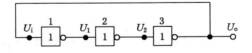

图 13-32 多谐振荡器电路

下面结合图 13-33 所示的波形图,说明多谐振荡器的工作原理。

假设在时间 $t=0$ 时,输入电压 U_i 突然跳变为高电平,经过门的传输延迟时间 T_{pd1},门 1 输出低电平,然后再经过门 2 的延迟 T_{pd2},门 2 输出高电平,再经门 3 的延迟 T_{pd3},门 3 输出低电平 U_o,即 U_i 经过三个非门的传输延迟后变成低电平,经过三个非门延迟后,U_i 又变成高电平了。从图 13-33 中可见,反馈信号 U_o 与原来假设的输入信号 U_i 一致,如此周而复始地进行下去,就形成了多谐振荡器,它常被用作时钟脉冲发生器。其振荡周期为:

$$T = 2(T_{pd1} + T_{pd2} + T_{pd3})$$

如各门的延迟时间相等,即 $T_{pd1} + T_{pd2} + T_{pd3} = T_{pd}$,则振荡周期和频率为:

$$T = 2 \times 3T_{pd} = 6T_{pd}$$

$$f = \frac{1}{T} = \frac{1}{6T_{pd}}$$

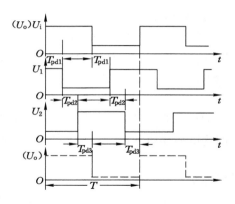

图 13-33　多谐振荡器波形图

必须强调,非门的个数必须为奇数,否则电路将不能产生自激振荡。

此种多谐振荡器优点是电路简单,但因每个门的延迟时间 T_{pd} 很短(只有几十纳秒),所以,振荡频率很高,而且不可调。为了克服这一缺点,引入 RC 延时电路,组成 RC 环形多谐振荡器,如图 13-34 所示。

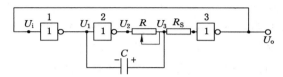

图 13-34　RC 环形多谐振荡器电路图

RC 环形多谐振荡器的工作原理与上述多谐振荡器基本相同。不同的是利用 RC 充放电过程来控制门 3 的输入。由于 RC 电路的延迟时间比逻辑门的延迟时间 T_{pd} 大得多,因此,在分析其工作原理时,可将 T_{pd} 忽略。参看图 13-35,分析其工作原理。

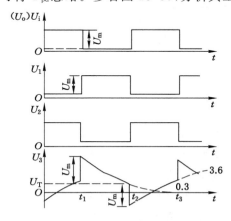

图 13-35　RC 环形多谐振荡器波形图

（1）（$t_1 \sim t_2$）为第一种暂稳状态

当 $t < t_1$ 时,U_i 为高电平,门 1 开启,所以 U_1 为低电平,门 2 关闭,输出 U_2 为高电平,此时,电容 C 处于充电状态。充电路径是门 2 的输出端→R→C→门 1 的输出端,电容 C 上电

压(U_3)按指数规律上升,极性如图 13-35 所示。

当 $t=t_1$ 时,U_3 上升到门 3 的门限电压 U_T(因为 R_S 很小,U_3 近似等于门 3 的输入电压),门 3 开启,输出低电平,使 $U_o=U_i$。门 1 关闭,U_1 上跳变 U_m。因为电容 C 上电压不能突变,所以,电压 U_3 跟着上跳变 U_m。这时,门 1 输出高电平,门 2 输出低电平。电路处于第一种暂稳状态。

当 $t>t_1$ 时,U_1 为高电平,U_2 为低电平,电容 C 通过门 1 的输出端→C→R→门 2 的输出端放电。U_3 随着电容 C 的放电而逐渐降低,但 U_3 未降到门 3 的门限电压 U_T 以前,仍为第一种暂稳状态。

(2)($t_2 \sim t_3$)为第二种暂稳状态

当 $t=t_2$ 时,U_3 下降到门 3 的门限电压 U_T,门 3 关闭,输出电压 U_o 跳变为高电平,门 1 开启,输出 U_1 变为低电平,下跳变 U_m;门 2 关闭,U_2 为高电平,因为电容 C 上电压不能突变,所以,U_3 也随 U_1 下跳 U_m。电路翻转一次,门 1 输出低电平,门 2 输出高电平。电路进入第二种暂稳状态。

当 $t>t_2$ 之后,和 $t<t_1$ 状态相同,电容 C 又开始充电,U_3 按指数曲线上升。

当 $t=t_3$ 时,又重复 $t=t_1$ 的过程。上述过程周而复始地进行下去就形成多谐振荡器。

R、C 为定时元件,改变 R、C 值,可以改变振荡器频率 f。对于 TTL 与非门,R 值一般应小于 1 000 Ω,否则,电路将不能正常工作。R_S 为隔离电阻(比开门电阻小得多,通常取 100 Ω 左右),在 RC 充放电回路和门 3 的输入端起隔离作用,若没有 R_S,门 3 的输入端与电容 C 相连,由于电容 C 的充放电,可能使门 3 的输入端变为负电位,这样就使通过门 3 中 T_1 管基极串联的限流电阻 R_1 的电流大大增加,功耗可能过大。

为获得更宽的频率调节范围,可以在门 3 前面增加一级射极输出器起隔离作用,这样,R 的值可以取得较大。如图 13-36 所示,门 4 用来整形,使输出更接近理想方波。

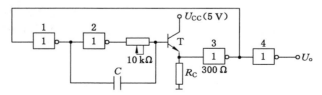

图 13-36　改进的 RC 环形多谐振荡器

13.6.2　单稳态触发器

单稳态触发器具有下列特点:它有一个稳定状态和一个暂稳状态;在外来触发脉冲的作用下,能够由稳定状态翻转到暂稳状态;暂稳状态维持一定时间以后,将自动返回到稳定状态。暂稳状态维持时间的长短与触发脉冲无关,仅取决于电路本身的参数。

单稳态触发器在数字系统和设备中,一般用于定时(产生一定宽度的方波)、整形(把不规则的波形转换成宽度、幅度都相等的脉冲)和延时(使输入信号延迟一定时间之后输出)等。

(1)微分型单稳态触发器

图 13-37 为微分型单稳态触发器电路。图中门 1 和门 2 起开关作用,R、C 是定时元件,R_i、C_i 组成输入微分电路,门 1 和门 2 之间采用 RC 微分电路耦合,从门 2 输出到门 1 输入之间直接耦合。

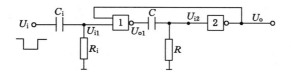

图 13-37　TTL 微分型单稳电路

初始状态,门 1 开启,门 2 关闭。要求 R_i 值选得较大,使 $U_{i1} > U_T$,门 1 开启;R 值选得较小,使 $U_{i2} < U_T$,门 2 关闭。通常取 $U_{i2} \approx 0.5$ V。

门 1 开启,U_{o1} 为低电平;门 2 关闭,U_o 为高电平,电路处于稳定状态。

当外来触发信号 U_i 的负跳变到来时,经 R_i、C_i 的微分,产生一个负的尖脉冲 U_{i1},使门 1 关闭,U_{o1} 为高电平。因为电容 C 两端电压不能突变,所以,U_{i2} 也跳变为高电平,使门 2 开启,U_o 为低电平。U_o 反馈到门 1 的输入端,此时即使外加触发信号 U_i 消失,也能维持门 1 输出为高电平。这是一个强烈的正反馈过程,即:

$$U_i \downarrow \rightarrow U_{i1} \downarrow \rightarrow U_{o1} \uparrow U_{i2} \uparrow \rightarrow U_o \downarrow$$

这个过程很快结束,电路进入暂稳状态。

在暂稳态期间,门 1 的输出端经 R 对电容 C 充电,随着电容 C 两端电压不断升高,充电电流不断减小,U_{i2} 按指数规律下降。当 U_{i2} 降低到门限电压 U_T 之后,门 2 输出高电平,又产生一个正反馈的连锁反应过程,即

$$U_{i2} \downarrow \rightarrow U_o \uparrow \rightarrow U_{o1} \downarrow$$

使门 2 迅速关闭,U_o 为高电平;门 1 迅速开启,U_{o1} 为低电平,暂稳态结束,电路又返回到稳定状态。

这样,在输出端可以得到一定宽度的输出脉冲,改变 R 和 C 值,即可改变脉冲宽度 T_W,各点电压波形如图 13-38 所示。

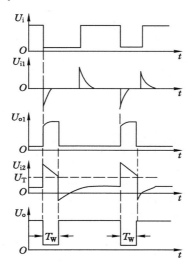

图 13-38　微分型单稳电路中各点电压的波形

暂稳态结束后，U_{o1} 为低电平，U_{i2} 也跟着 U_{o1} 下跳同样的幅度，电容 C 开始放电到稳态值。T_W 为输出脉冲宽度。

此种单稳电路，U_{i2} 必须小于 U_T，R 取值只能在较小的范围内变化，所以脉宽的可调范围小。图 13-39 是一种改进电路，用增加一级射极跟随器把 R 和门 2 的输入端隔离，从而扩大 R 的取值范围。

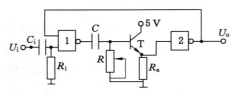

图 13-39　带射极跟随器的微分型单稳电路

当外加触发信号的脉冲宽度小于单稳态输出脉冲宽度时，由 R_i 和 C_i 组成的输入微分电路可以省略。

（2）积分型单稳态触发器

图 13-40 为积分型单稳态触发器电路，图中门 1 和门 2 之间接有 R、C 积分延时环节，输入的触发信号 U_i 同时加到门 1 和门 2 的输入端。

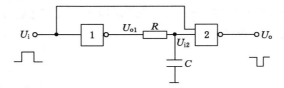

图 13-40　积分型单稳电路

图 13-41 为积分型单稳态触发器电路中各点电压的波形。

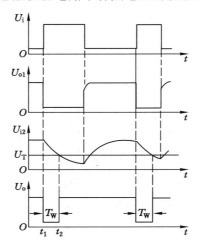

图 13-41　积分型单稳电路中各点电压的波形

初始状态：$U_i = 0$，门 1 和门 2 都关闭，输出均为高电平。此时，电容 C 被充电到高电平，

U_{o1}、U_{i2} 和 U_o 均为高电平,这是触发器的稳定状态。

当 $t=t_1$ 时,输入触发信号 U_i 上跳变为高电平,门 1 开启,U_{o1} 为低电平。因为 U_{i2} 是电容 C 上电压不能突变,所以仍保持高电平,这样门 2 的两输入端都是高电平,门 2 开启输出低电平,电路进入暂稳状态。

在暂稳状态期间,电容 C 通过 R 经门 1 的输出端开始放电,U_{i2} 按指数曲线下降。当 U_{i2} 下降到 U_T 时($t=t_2$),门 2 开始关闭,U_o 为高电平。待触发信号 U_i 下跳为低电平以后,门 1 又关闭。电容 C 从门 1 输出的高电平,经 R 开始充电,使 U_{i2} 恢复到稳态值(高电平),电路回到稳定状态。

显然,暂稳态持续时间就是单稳态触发器输出脉冲宽度 $T_w(=t_1 \sim t_2)$,它取决于电容 C 的放电时间。

上述积分型单稳态电路中触发脉冲宽度必须大于输出脉冲宽度。如果触发信号是窄脉冲,则应采用图 13-42 所示的改进电路。

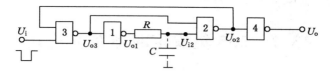

图 13-42 窄脉冲触发的积分型单稳电路

当负触发脉冲信号加到门 3 输入端,门 3 输出高电平,门 2 输出低电平。U_{o2} 反馈到门 3 的输入端,此时即使是触发负脉冲已经消失了(U_i 又回到高电平),仍然能够维持门 3 输出高电平,使电路正常工作,直到 U_{i2} 按指数曲线下降(RC 电路放电)为 U_T,门 2 才关闭,输出高电平。

由上可见,此种单稳态触发器的输出脉冲宽度与输入脉冲宽度无关,只取决于 RC 电路的放电时间常数,图中门 4 作为整形用。

13.6.3 施密特双稳态触发器

施密特触发器可用来整形,做脉冲鉴幅器和电平比较器等。由 TTL 与非门组成的施密特触发器如图 13-43 所示。

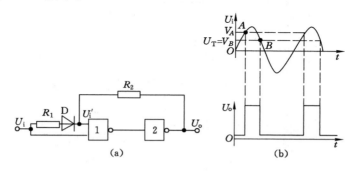

图 13-43 施密特触发器
(a) 电路;(b) 波形图

当输入电压 U_i 为负或零时(设 U_i 为正弦波),门 1 输出为高电平,门 2 输出电压 U_o 为低电平,这是一个稳定状态。

U_i 增加到一定值时,二极管 D 导通,此时加到门 1 输入端有两个电压 U_i 和 $U_i' \approx \dfrac{R_2}{R_1 + R_2}(U_i - U_D)$,$U_D$ 为二极管 D 导通管压降。

当输入电压 U_i 增加到门限电压 U_T 时,由于 $U_i' < U_T$,所以,门 1 仍然关闭,输出高电平;门 2 开启,输出低电平,第一个稳定状态不变。

当 U_i 继续升高到图 13-43(b)中 A 点电位 V_A 时,$U_i' = U_T$,门 1 开启,输出低电平。门 2 关闭,输出高电平,此时,电路翻转进入第二个稳定状态。

当 U_i 超过峰值又回降时,由于门 2 输出高电平,二极管 D 截止,这时门 1 输入端只有电压 U_i 起作用。当 U_i 下降到 U_T 之后,门 1 输出高电平,门 2 输出低电平。电路翻转,又返回到第一个稳定状态。

改变 R_1 和 R_2 的值即可改变 A 点位置。所以可以非常方便地调节电路的回差电压($V_A - V_B$)。R_1 愈大、R_2 愈小,回差电压愈小。

13.7　555 集成定时器及其应用

555 集成定时器是一种广泛应用的中规模集成电路,根据其内部组成的不同,可分为双极型(如 NE555)和 CMOS 型(如 C7555)两类。双极型定时器具有较大的驱动能力,其输出电流可达 200 mA,可直接驱动发光二极管、扬声器、继电器等负载;而 CMOS 型定时器的输入阻抗高、功耗低;555 集成定时器的电源电压范围很宽,双极型的定时器电源电压为 5～16 V,CMOS 型的为 3～18 V。555 集成定时器使用灵活、方便,只需在其外部连接少量的阻容元件就可以构成单稳态触发器、多谐振荡器和施密特触发器。因而常用于信号的产生、变换以及检测和控制等电路中。

13.7.1　555 集成定时器内部电路结构

图 13-44(a)所示的是 555 集成定时器的原理电路,图 13-44(b)所示的是其引脚排列图。

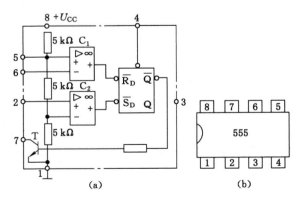

图 13-44　555 集成定时器内部原理电路及管脚图

555 集成定时器的基本组成包括:由三个电阻量组成的分压器,两个电压比较器 C_1 和 C_2,一个基本 RS 触发器,由三极管 T 组成的放大电路。

各引脚的作用如下：

① 引脚 1 为接地的端子；

② 引脚 2 为触发信号（脉冲或电平）输入端；

③ 引脚 3 为输出端；

④ 引脚 4 是直接清零端，不论其他引脚的状态如何，只要该引脚为低电平，输出就为低电平，正常工作时应将其接高电平；

⑤ 引脚 5 为电压控制端，可以在此端接与引脚 8 不同的电压，该端不用时一般通过 $0.01~\mu\text{F}$ 电容接地，以防止外部干扰；

⑥ 引脚 6 为高电平触发端；

⑦ 引脚 7 为放电端；

⑧ 引脚 8 为接外部电源的端子。

在分析 555 集成定时器的工作原理时，注意以下关系：

① 在引脚 5 没与外部电源连接的情况下，电压比较器 C_1 的基准电压是 $2/3U_{CC}$，电压比较器 C_2 的基准电压是 $1/3U_{CC}$。

② C_1 的输出接基本 RS 触发器的 R_D 端，C_2 的输出接基本 RS 触发器的 S_D 端，即用两个比较器的输出去控制基本 RS 触发器的状态。

③ 当比较器输出 $U_{C1}=1$，$U_{C2}=0$ 时，$Q=1$，$\overline{Q}=0$，T 不可能导通，当 $U_{C1}=0$，$U_{C2}=1$ 时，$Q=0$，$\overline{Q}=1$，此时 T 饱和导通。当 $U_{C1}=U_{C2}=1$ 时，Q 的状态保持不变。

13.7.2　用 555 集成定时器组成单稳态触发器

图 13-45 是由 555 定时器组成的单稳态触发器，R 和 C 是外接元件，触发脉冲由引脚 2 输入。下面对照波形图来说明它的工作原理。

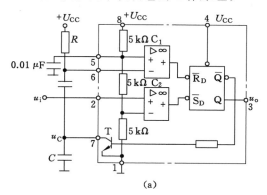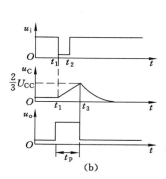

图 13-45　单稳态触发器

（a）电路图；（b）波形图

当触发脉冲尚未输入时，u_i 为"1"，其值大于 $\dfrac{1}{3}U_{CC}$，故比较器 C_2 的输出为"1"。在稳定状态时触发器究竟处于何种状态？这可从两种情况来分析得出结论。

若 $Q=0$，$\overline{Q}=1$，则晶体管 T 饱和导通，$u_C=U_{CES}$，其值远低于 $\dfrac{2}{3}U_{CC}$，故比较器 C_1 的输出也为"1"，触发器的状态保持不变。

若 $Q=1$，$\overline{Q}=0$，则晶体管截止，U_{CC} 通过 R 对电容 C 充电，当 u_C 上升略高于 $\frac{2}{3}U_{CC}$ 时，比较器 C_1 的输出为"0"，将触发器置"0"，翻转为 $Q=0$，$\overline{Q}=1$。

可见，在稳定状态时 $Q=0$，即输出电压 u_o 为"0"。

在 t_1 时刻，输入触发负脉冲，其幅度低于 $\frac{1}{3}U_{CC}$，故 C_2 的输出为"0"，将触发器置"1"，u_o 由"0"变为"1"，电路进入暂稳状态。这时因 $\overline{Q}=1$，晶体管截止，电源对电容 C 充电。虽然在 t_2 时刻触发脉冲已消失，C_2 的输出变为"1"，但充电继续进行，直到 u_C 上升略高于 $\frac{2}{3}U_{CC}$ 时（在 t_3 时刻）C_1 的输出为"0"，从而使触发器自动翻转到 $Q=0$，$\overline{Q}=1$ 的稳定状态。此后电容 C 迅速放电。

输出的是矩形脉冲，其宽度（暂稳状态持续时间）：

$$t_p = RC\ln 3 = 1.1\,RC$$

13.7.3 由 555 集成定时器组成的多谐振荡器

图 13-46 是由 555 定时器组成的多谐振荡器，R_1、R_2 和 C 是外接元件。

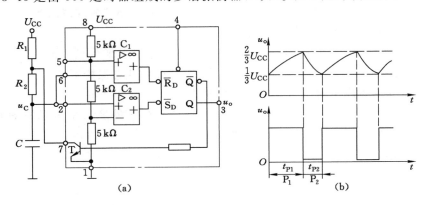

图 13-46 多谐振荡器
(a) 电路图；(b) 波形图

接通电源 U_{CC} 后，它经电阻量 R_1 和 R_2 对电容 C 充电，当 u_C 上升略高于 $\frac{2}{3}U_{CC}$ 时，比较器 C_1 的输出为"0"，将触发器置"0"，u_o 为"0"。这时 $\overline{Q}=1$，放电管 T 导通，电容 C 通过 R_2 和 T 放电，u_C 下降。当 u_C 下降略低于 $\frac{1}{3}U_{CC}$，比较器 C_2 的输出为"0"，将触发器置"1"，u_o 又由"0"变为"1"。由于 $\overline{Q}=0$，放电管 T 截止，U_{CC} 又经 R_1 和 R_2 对电容 C 充电。如此重复上述过程，u_o 为连续的矩形波。

第一个暂稳状态的脉冲宽度 t_{p1}，即 u_C 从 $\frac{1}{3}U_{CC}$ 充电上升到 $\frac{2}{3}U_{CC}$ 所需的时间

$$t_{p1} \approx (R_1 + R_2)C\ln 2 = 0.7(R_1 + R_2)C$$

第二个暂稳状态的脉冲宽度 t_{p2}，即 $\frac{2}{3}U_{CC}$ 放电下降到 $\frac{1}{3}U_{CC}$ 所需的时间

$$t_{p2} \approx R_2 C\ln 2 = 0.7\,R_2 C$$

振荡周期

$$T = t_{p1} + t_{p2} \approx 0.7(R_1 + 2R_2)C$$

至此,第 12 章和第 13 章将数字电路的基本器件和基本单元电路都做了介绍,利用这些器件和单元电路可以组成各种实用的数字系统。如图 13-47(a)所示是数字测速系统的原理框图。通过这张图,可以将模拟电路、组合逻辑电路和时序逻辑电路的内容形象地联系起来。图 13-47(a)中非电量转换电路的作用是将非电量转速信号转换成电信号(利用传感器),$u_1 \sim u_5$ 的波形如图 13-47(b)所示。下面对照波形图来说明该测速系统的工作原理。

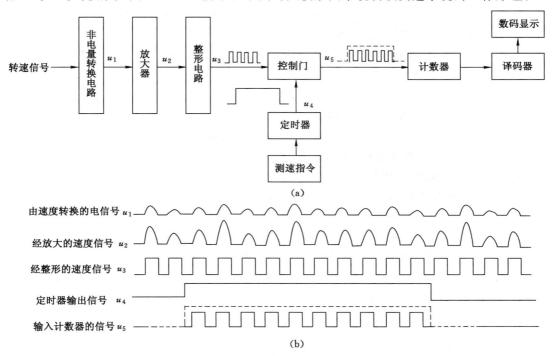

图 13-47　数字测速系统的原理

(a) 数字测速系统框图;(b) 测速系统各处的工作波形

① 转速信号是非电量,必须首先转换成电信号才能进一步利用电路去处理。在图 13-47(b)中 u_1 是由转速信号转换得来的电信号。

② 由于转换出来的电信号较弱,所以要经过放大器进行放大。

③ 由于放大器输出的电压 u_2 不是规则的矩形脉冲信号,数字电路不能识别它,必须经过整形电路进行处理。整形电路输出的信号 u_3 在脉冲宽度和幅度方面都必须满足要求。

④ 测量转速需要有一个标准时间,可由定时器来完成。图 13-47 中,由定时器产生的脉冲波形为 u_4,u_4 的脉冲宽度可以是 1 s 或 1 min。

⑤ 用 1 s 或 1 min 的脉冲作为控制门的控制信号,将整形电路输出的信号 u_3 作为控制门的输入信号。这样,控制门只在 1 s 或 1 min 的时间内允许信号通过。

⑥ 控制门输出的信号 u_5 再送到计数器中进行计数,计数器所记录的脉冲个数就表示 1 s 或 1 min 的转速。

⑦ 将计数器输出的 8421BCD 码送到显示译码器中,译码器的输出再接入数码显示器,

数码显示器显示的就是被测量的转速。

习题

13-1 D 触发器的特征方程是（   ）

A. $Q^{n+1}=D$ B. $Q^{n+1}=DQ^n$ C. $Q^{n+1}=D\oplus\overline{Q^n}$

13-2 K 触发器的特性方程是（   ）。

A. $Q^{n+1}=K\overline{Q^n}+\overline{J}Q^n$ B. $Q^{n+1}=\overline{J}\,\overline{Q^n}+KQ^n$ C. $Q^{n+1}=J\overline{Q^n}+\overline{K}Q^n$

13-3 仅具有"置 0""置 1"功能的触发器叫（   ）。

A. JK 触发器 B. RS 触发器 C. D 触发器

13-4 接成计数状态存在空翻问题的触发器是（   ）

A. D 触发器 B. 钟控 RS 触发器 C. 主从 RS 触发器

13-5 时序电路可以由（   ）组成。

A. 门电路 B. 触发器或门电路

C. 触发器或触发器和门电路的组合

13-6 时序电路输出状态的改变（   ）

A. 仅与该时刻输入信号的状态有关 B. 仅与时序电路的原状态有关

C. 与 A、B 皆有关

13-7 通过基本 RS 触发器的置 1 和置 0 过程说明，在置 1 和置 0 负脉冲消失之后，触发器为什么能够保持 1 或 0 状态不变？ 如何理解触发器具有"记忆"功能？

13-8 对应于图 13-48(a)逻辑图，若输入波形如图 13-48(b)所示，试分别画出原态为 0 和原态为 1 对应时刻的 Q 和 $\overline{Q}$ 波形。

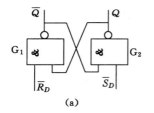
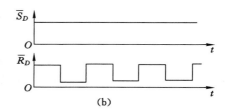

图 13-48 习题 13-8 图

13-9 已知同步 RS 触发器 R、S 和 CP 的波形如图 13-49 所示，试画出 Q 和 $\overline{Q}$ 的波形图，设初始状态 $Q=0$。

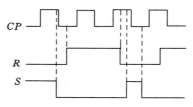

图 13-49 习题 13-9 的波形图

13-10　已知一电平触发的 D 锁存器和一正边沿触发的 D 触发器的输入波形如图 13-50所示,试分别画出输出的波形图。

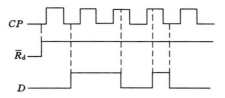

图 13-50　习题 13-10 的波形图

13-11　已知负边沿触发的 JK 触发器的 J、K 和 CP 波形如图 13-51 所示,试画出输出 Q 的波形图,设初始状态 $Q=1$。

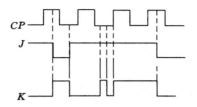

图 13-51　习题 13-11 的波形图

13-12　图 13-52(a)是一个 JK 触发器和一个非门组成的逻辑电路,其输入 K 和 CP 的波形如图 13-52(b)所示,试画出 Q 的波形图。设初始状态 $Q=0$。

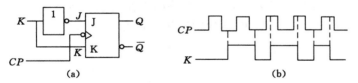

图 13-52　习题 13-12 的逻辑图和波形图

13-13　图 13-53 所示的逻辑图能将 D 触发器转换成 JK 触发器,试证明之。

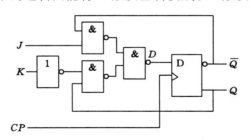

图 13-53　习题 13-13 的逻辑图

13-14　图 13-54 是 D 触发器转换成 T 触发器的逻辑图,试写出 Q^{n+1} 的逻辑函数表达式,并列出逻辑状态转换表。

13-15　试用置数法和置零法设置七进制计数器(要求用 74160 计数器完成)。

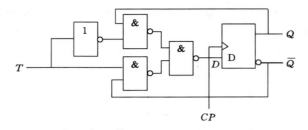

图 13-54　习题 13-14 的逻辑图

13-16　计数器可以分哪几类？同步与异步计数器的区别是哪些？

13-17　寄存器的功能是什么？寄存器由哪些触发器构成。

13-18　图 13-55 是由 D 触发器组成的时序逻辑电路。试写出该电路的驱动方程、状态方程和状态转换表，画出波形图。设初始状态为 $Q_1 Q_0 = 00$。

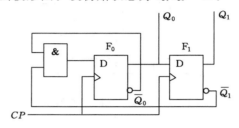

图 13-55　习题 13-18 的逻辑图

13-19　试分析图 13-56 所示时序逻辑电路的工作情况，(包括驱动方程、状态方程、状态转换表和波形图)，设触发器 F_1 和 F_0 的初始状态 $Q_1 Q_0 = 00$。

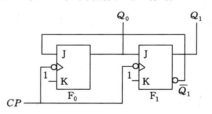

图 13-56　习题 13-19 的逻辑图

13-20　试用负边沿 JK 触发器构成一个四位数码寄存器。

13-21　图 13-57(a)是一个能进行循环移位的三位移位寄存器，工作时先在预置端加一个负脉冲，然后输入移位脉冲(即 CP)，如图 13-57(b)所示。试写出各触发器的驱动方程和电路的状态方程，画出 6 个 CP 作用下 Q_A、Q_B 和 Q_C 的波形图。

13-22　已知一计数器的逻辑图如图 13-58 所示，试写出其驱动方程、状态方程、状态转换表，画出状态转换图(包括有效状态和无效状态)，并指出是几进制计数器。

13-23　分析图 13-59 是几进制计数器(包括驱动方程、状态方程、状态转换表和状态转换图)。设计数器的初始状态为 $Q_3 Q_2 Q_1 Q_0 = 1000$。

13-24　用 555 定时器组成的单稳态触发器，当输入信号 U_i 波形如图 13-60 所示时，试定性画出其输出电压 U_o 的波形。

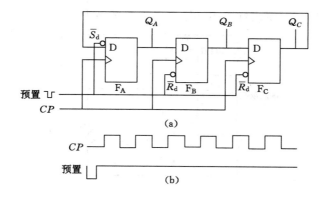

图 13-57　习题 13-21 的逻辑图和波形图

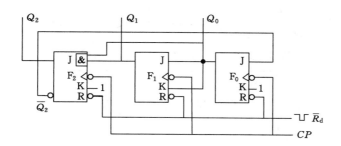

图 13-58　习题 13-22 的逻辑图

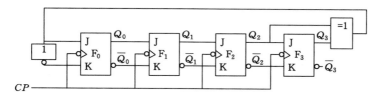

图 13-59　习题 13-23 的逻辑图

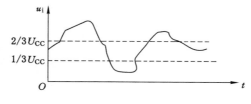

图 13-60　习题 13-24 的图

13-25　图 13-61 所示电路是用 555 定时器组成的触摸式控制开关的电路。当用手触摸按钮时,相当于向触发器输入一个负脉冲。试计算自触动按钮开始,灯能亮多长时间。

13-26　用 555 定时器组成的多谐振荡器,已知电阻 $R_1 = 100\ \text{k}\Omega$,$R_2 = 10\ \text{k}\Omega$,电容 $C = 10\ \mu\text{F}$,试计算其输出波形的周期。

13-27　用 555 定时器组成的施密特触发器,电压控制端 $C = 0.01\ \mu\text{F}$ 的电容。当输入

u_i 为图 13-62 所示波形时,试定性画出其输出电压 u_o 的波形。

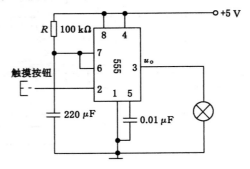

图 13-61 习题 13-25 的逻辑图

图 13-62 习题 13-27 的图

第 14 章　半导体存储器和可编程逻辑器件

　　半导体存储器(Memory)是现代信息技术中用于保存信息的记忆设备。其概念很广,有许多种说法:在数字系统中,只要能保存二进制数据的都可以是存储器;在集成电路中,一个没有实物形式的具有存储功能的电路也叫存储器,如 RAM、FIFO 等;在系统中,具有实物形式的存储设备也叫存储器,如内存条、TF 卡等。按读写功能来分,存储器分为:只读存储器(ROM,存储的内容是固定不变的,只能读出而不能写入)和随机读写存储器(RAM,既能读出又能写入的)。本章首先介绍这两类半导体存储器,在此基础上还介绍了可编程逻辑器件的相关知识。

14.1　只读存储器(ROM)

　　只读存储器,亦称为固件,英文简称 ROM(Read-Only Memory),是一种在生产时用特定数据进行过编程的集成电路,大部分由金属—氧化物—半导体(MOS)场效应管制成。只读存储器具有所存数据稳定、结构较简单、读出方便等特点,常用于存储各种固定程序和数据。

14.1.1　只读存储器概述

　　大部分只读存储器用金属—氧化物—半导体(MOS)场效应管制成,是一种只能读出事先所存数据的固态半导体存储器。只读存储器所存数据一般是装入整机前事先写好的,整机工作过程中只能读出,而不像随机存储器那样能快速地、方便地加以改写。只读存储器所存数据稳定,断电后所存数据也不会改变;其结构较简单,读出较方便,因而常用于存储各种固定程序和数据。除少数品种的只读存储器(如字符发生器)可以通用之外,不同用户所需只读存储器的内容不同。

　　为便于使用和大批量生产,进一步发展了可编程只读存储器(PROM)、可擦可编程序只读存储器(EPROM)和电可擦可编程只读存储器(EEPROM)。EPROM 需用紫外光长时间照射才能擦除,使用很不方便。20 世纪 80 年代制出的 EEPROM,克服了 EPROM 的不足,但集成度不高、价格较贵。于是又开发出一种新型的存储单元结构同 EPROM 相似的快闪存储器,其集成度高、功耗低、体积小,又能在线快速擦除,因而获得飞速发展,并逐渐取代硬盘和软盘成为主要的大容量存储媒体。

14.1.2 只读存储器的结构

在数字系统中,向存储器中存入信息常称为写入,从存储器中取出信息常称为读出。在用专用装置向 ROM 写入数据后,即使 ROM 掉电数据也不会丢失。ROM 只能读出而不能写入信息,所以一般用它来存储固定不变的信息。ROM 的基本结构如图 14-1 所示。它是由存储矩阵、地址译码器和输出缓冲器三部分组成的。

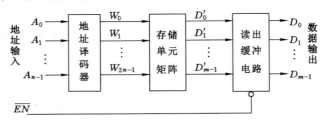

图 14-1 ROM 的基本结构框图

存储矩阵是存放信息的主体,它由许多存储单元排列组成。每个存储单元存放一位二值代码(0 或 1),若干个存储单元组成一个"字"(也称一个信息单元)。地址译码器有 n 条地址输入线 $A_0 \sim A_{n-1}$,$2n$ 条译码输出线 $W_0 \sim W_{2n-1}$,每一条译码输出线 W_i 称为"字线",它与存储矩阵中的一个"字"相对应。因此,每当给定一组输入地址时,译码器只有一条输出字线 W_i 被选中,该字线可以在存储矩阵中找到一个相应的"字",并将字中的 m 位信息 $D_{m-1} \sim D_0$ 送至输出缓冲器。读出 $D_{m-1} \sim D_0$ 的每条数据输出线 D_i 也称为"位线",每个字中信息的位数称为"字长"。

ROM 的存储单元可以用二极管构成,也可以用双极型三极管或 MOS 管构成。存储器的容量用存储单元的数目来表示,写成"字数乘位数"的形式。对于上图的存储矩阵有 $2n$ 个字,每个字的字长为 m,因此整个存储器的存储容量为 $2n \times m$ 位。存储容量也习惯用 K(1 K＝1 024 字节)为单位来表示,例如 1 K×4、2 K×8 和 64 K×1 的存储器,其容量分别是 1 024×4 位、2 048×8 位和 65 536×1 位。

地址译码器的作用是将输入的地址代码译成相应的控制信号,利用这个控制信号从存储矩阵中把指定的单元选出,并把其中的数据送到输出缓冲器。

输出缓冲器的作用有两个,一是能提高存储器的带负载能力,二是实现对输出状态的三态控制,以便与系统的总线连接。

14.1.3 只读存储器工作原理

如图 14-2 所示的是一个由二极管构成的容量为 4×4 的 ROM。将地址译码器部分和二极管与门对照,可知地址译码器就是一个由二极管与门构成的阵列,称为与阵列。将存储矩阵部分和二极管或门对照,可以发现存储矩阵就是一个由二极管或门构成的阵列,称为或阵列。

由此可以画出如图 14-3 所示的 ROM 逻辑图。由图 14-3 可知,该 ROM 的地址译码器部分由四个与门组成,存储矩阵部分由四个或门组成。两个输入地址代码 $A_1 A_0$ 经译码器译码后产生四个字单元的字线 $W_0 W_1 W_2 W_3$,地址译码器所接的四个或门构成四位输出数据 $D_3 D_2 D_1 D_0$。

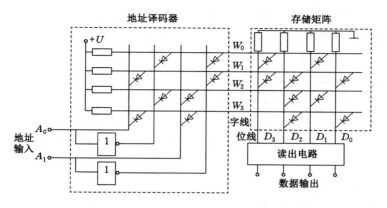

图 14-2　二极管构成的 ROM 图

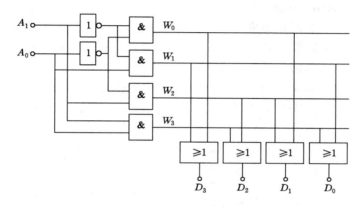

图 14-3　ROM 的逻辑图

由图 14-3 可得地址译码器的输出为：

$$W_0 = \overline{A_1}\,\overline{A_0}$$

$$W_1 = \overline{A_1}\,A_0$$

$$W_2 = \overline{A_1}\,\overline{A_0} \qquad W_3 = A_1 A_0$$

存储矩阵的输出为：

$$D_3 = W_0 + W_1 = \overline{A_1}\,\overline{A_0} + \overline{A_1}\,A_0$$

$$D_2 = W_1 + W_2 + W_3 = \overline{A_1}\,A_0 + A_1\,\overline{A_0} + A_1 A_0$$

$$D_1 = W_0 + W_2 = \overline{A_1}\,\overline{A_0} + A_1\,\overline{A_0}$$

$$D_0 = W_1 + W_3 = \overline{A_1}\,A_0 + A_1 A_0$$

由这些表达式可求出如图 14-2 所示的 ROM 存储内容，如表 14-1 所示。

结合图 14-2 及表 14-1 可以看出，图 14-2 中的存储矩阵有四条字线和四条位线，共有 16 个交叉点（注意，不是结点），每个交叉点都可以看作是一个存储单元。交叉点处接有二极管时相当于存 1，没有接二极管时相当于存 0。例如，字线 W_0 与位线有四个交叉点，其中只有两处接有二极管。当 W_0 为高电平（其余字线均为低电平）时，两个二极管导通，使位线 D_3 和 D_1 为 1，这相当于接有二极管的交叉点存 1。而另两个交叉点处由于没有接二极管，位线 D_2 和 D_0 为 0，这相当于未接二极管的交叉点存 0。存储单元是存 1 还是存 0 完全取决于只读存储器的存储需要,这在设计和制造时已完全确定,不能改变;而且信息存入后,即使断开电源,所存储信息也不会消失。所以,只读存储器又被称为固定存储器。

表 14-1   ROM 存储内容

地址代码		字线译码结果				存储内容			
A_1	A_0	W_3	W_2	W_1	W_0	D_3	D_2	D_1	D_0
0	0	0	0	0	1	1	0	1	0
0	1	0	0	1	0	1	1	0	1
1	0	0	1	0	0	0	1	1	0
1	1	1	0	0	0	0	1	0	1

图 14-2 所示的 ROM 可以画成如图 14-4 所示的阵列图。在阵列图中,每个交叉点表示一个存储单元。有二极管的存储单元用一个黑点表示,意味着在该存储单元中存储的数据是 1。没有二极管的存储单元不用黑点表示,意味着在该存储单元中存储的数据是 0。例如,若地址代码为 $A_1A_0 = 01$,则 $W_1 = 1$,字线 W_1 被选中,在 W_1 这行上有三个黑点(存 1),一个交叉点上无黑点(存 0),此时,字单元 W_1 中的数据被输出,即只读存储器输出的数据为 $D_3D_2D_1D_0 = 1101$。当然,只读存储器也可以从 $D_0 \sim D_3$ 各位线中单线输出信息,例如位线 D_2 的输出为 $D_2 = W_1 + W_2 + W_3$。

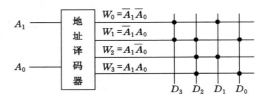

图 14-4 ROM 的阵列图

14.1.4 只读存储器类型

一般称向 ROM 写入数据的过程为对 ROM 进行编程,根据编程方法的不同,ROM 通常可以分为几类。

(1)掩模式 MROM

MROM 的内容是由半导体制造厂按用户提出的要求在芯片的生产过程中直接写入的,写入之后无法改变其内容。

MROM 的优点是可靠性高、集成度高,形成批量之后价格便宜;缺点是用户对制造厂商的依赖性过大,灵活性差。

(2)一次可编程 PROM

PROM 允许用户利用专门的设备(编程器)进行一次写入操作,但有且仅有一次。一旦写入后,其内容将无法改变。

(3)可擦除可编程 EPROM

EPROM 中的内容既可以读出,也可以写入。但是在一次写操作之前必须用紫外线照射 15~20 min 以擦去所有信息,然后再写入,可以写多次。

EPROM 又可分为两种,分别是紫外线擦除(UVEPROM)和电擦除(E2PROM)。

UVEPROM 需用紫外线灯制作的擦抹器照射存储器芯片上的透明窗口,使芯片中原存内容被擦除。由于是用紫外线灯进行擦除,所以只能对整个芯片擦除,而不能对芯片中个别需要改写的存储单元单独擦除。

E2PROM 是采用电气方法来进行擦除的,在联机条件下既可以用字擦除方式擦除,也可以用数据块擦除方式擦除。以字擦除方式操作时,只能够擦除被选中的那个存储单元的内容;在数据块擦除方式操作时,可擦除数据块内所有单元的内容。

虽然 EPROM 是可读写的 ROM,但由于它寿命有限,写入时间过长等因素,仍不能取代 RAM。

(4) 闪速存储器

闪速存储器(FlashMemory,闪存)是 20 世纪 80 年代中期出现的一种快擦写型存储器,其性能介于 EPROM 与 E2PROM 之间。与 E2PROM 相似,可使用电信号进行删除操作。整块闪速存储器可以在数秒内删除,速度远快于 EPROM,而且可以选择删除某一块而非整块芯片的内容,但还不能进行字节级别的删除操作。集成度与 EPROM 相当,高于E2PROM。

目前,大多数微型计算机的主板采用闪速存储器来存储 BIOS 程序。因为闪速存储器除了具有 ROM 的一般特性外,还有低电压改写的特点,便于用户自动升级 BIOS。

14.1.5　只读存储器的应用

在数字系统中,只读存储器的应用十分广泛,如用于实现组合逻辑函数、进行波形变换、构成字符发生器以及存储计算机的数据和程序等。

(1) 用 ROM 实现组合逻辑函数

从上面的分析可知,ROM 中的地址译码器实现了对输入变量的"与"运算;存储矩阵实现了有关字线变量的"或"运算。因此,ROM 实际上是由与阵列和或阵列构成的组合逻辑电路。从原则上讲,利用 ROM 可以实现任何组合逻辑函数。

用 ROM 来实现组合逻辑函数的本质就是将待实现函数的真值表存入 ROM 中,即将输入变量的值对应存入 ROM 的地址译码器(与阵列)中,将输出函数的值对应存入 ROM 的存储单元(或阵列)中。电路工作时,根据输入信号(即 ROM 的地址信号)从 ROM 中将所存函数值再读出来,这种方法称为查表法。

(2) 用 ROM 作函数运算表电路

数学运算是数控装置和数字系统中需要经常进行的运算。如果事先把要用到的基本函数变量在一定范围内的取值和相应的函数值列成表格写入 ROM 中,则在需要时只要给出规定的地址就可快速地得到相应的函数值。这种只读存储器实际上已经成为函数运算表电路。函数运算表电路的实现方法与用 ROM 实现组合逻辑函数的方法相同。

(3) 用 ROM 作字符发生器电路

字符发生器也是利用 ROM 实现代码转换的一种组合逻辑电路,常用于各种显示设备、打印机及其他一些数字装置中。被显示的字符以点阵的形式存储在 ROM 中,每个字符由 7×5(或 7×9)点阵组成。数据经输出缓冲器接至光栅矩阵,当地址码 $A_2A_1A_0$ 选中某行时,该行的内容即以光点的形式反映在光栅矩阵上。单元内容为 1,相应于光栅上就出现亮点。若地址码周期性地循环变化,则各行的内容就会相继地反映在光栅上,从而显示出所存储的字符。

14.2 随机存取存储器(RAM)

14.2.1 随机存取存储器概述

随机存取存储器,简称随机存储器,英文为 RAM(Random Access Memory),是一种在计算机中用来暂时保存数据的元件。随机存取存储器工作时可以随时从任何一个指定的地址写入(存入)或读出(取出)信息。按照电路结构和工作原理的不同,随机存取存储器可以分成静态随机存取存储器和动态随机存取存储器两种。

与只读存储器(ROM)相比,随机存取存储器最大的优点是存取方便、使用灵活,既能不破坏地读出所存信息,又能随时写入新的内容。它可以在任意时刻,对任意选中的存储单元进行信息的存入(写入)或取出(读出)操作。如遇停电,所存内容便全部丢失。

14.2.2 随机存取存储器的结构

随机存取存储器由存储矩阵、地址译码器、读/写控制电路、输入/输出电路和片选控制电路等组成,其结构示意图如图 14-5 所示:

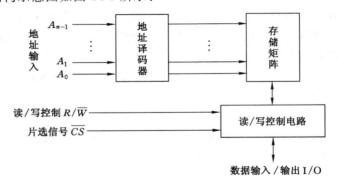

图 14-5 RAM 基本结构

① 存储矩阵:由存储单元构成,一个存储单元存储一位二进制数码"1"或"0"。与 ROM 不同的是 RAM 存储单元的数据不是预先固定的,而是取决于外部的输入信息,其存储单元必须由具有记忆功能的电路构成。

② 地址译码器:也是 N 取一译码器。

③ 读/写控制电路:当 $R/\overline{W}=1$ 时,执行读操作,$R/\overline{W}=0$ 时,执行写操作。

④ 片选控制:当 $\overline{CS}=0$ 时,选中该片 RAM 工作,$\overline{CS}=1$ 时该片 RAM 不工作。

14.2.3 随机存取存储器的特点

(1)随机存取

所谓"随机存取",指的是当存储器中的消息被读取或写入时,所需要的时间与这段信息所在的位置无关。相对的,读取或写入顺序访问(Sequential Access)存储设备中的信息时,其所需要的时间与位置就会有关系(如磁带)。

(2)易失性

当电源关闭时 RAM 不能保留数据。如果需要保存数据,就必须把它们写入静态随机存取存储器。

（3）高访问速度

具有极高的访问速度是随机存取存储器的优点之一。

（4）需要刷新

现代的随机存取存储器依赖电容器存储数据，电容器充满电后代表 1（二进制），未充电的代表 0。由于电容器或多或少有漏电的情况，若不作特别处理，数据会渐渐随时间流失。刷新是指定期读取电容器的状态，然后按照原来的状态重新为电容器充电，弥补流失了的电荷，需要刷新正好解释了随机存取存储器的易失性。

（5）对静电敏感

随机存取存储器对环境的静电荷非常敏感。静电会干扰存储器内电容器的电荷，引致数据流失，甚至烧坏电路。故触碰随机存取存储器前，应先用手触摸金属接地。

14.2.4　随机存取存储器的类型

（1）静态随机存取存储器 SRAM

静态随机存取存储器是随机存取存储器的一种，所谓的"静态"，是指这种存储器只要保持通电，里面储存的数据就可以恒常保持。静态随机存取存储器采取多重晶体管设计，通常每个存储单元使用 4～6 只晶体管，但没有电容器。SRAM 主要用于缓存。

在同样的运作频率下，由于 SRAM 对称的电路结构设计，使得每个记忆单元内所储存的数值都能以比动态随机存取存储器（DRAM）更快的速率被读取。除此之外，由于 SRAM 通常都被设计成一次就读取所有的资料位元（Bit），比起高低位址的资料交互读取的 DRAM，在读取效率上也快很多。因此虽然 SRAM 的生产成本比较高，但在需要高速读写资料的时候，还是会使用 SRAM，而非 DRAM。

（2）动态随机存取存储器 DRAM

动态随机存取存储器是一种使用场效应管栅极、电容作存储元件的 MOS 存储器，输入数据以动态形式予以存储。DRAM 只能将数据保持很短的时间，为了保持数据，DRAM 必须隔一段时间刷新一次。如果存储单元没有被刷新，数据就会丢失。

最初，DRAM 多使用于关键的存储器中。由于在现实中电容会有漏电的现象，导致电位差不足而使记忆消失，因此除非电容经常周期性地充电，否则无法确保记忆长存。由于这种需要定时刷新的特性，因此被称为"动态"存储器。

与 SRAM 相比，DRAM 的优势在于结构简单。每一位的数据都只需一个电容跟一个晶体管来处理，相比之下在 SRAM 上一位数据通常需要六个晶体管。因此，DRAM 拥有非常高的密度，单位体积的容量较高，所以成本较低。但相反的，DRAM 也有访问速度较慢、耗电量较大的缺点。

与大部分的随机存取存储器（RAM）一样，由于存在 DRAM 中的数据会在电力切断以后立刻消失，因此它属于一种易失性存储器设备。

（3）快速页面模式动态随机存取存储器 FPMDRAM

快速页面模式的动态随机存取存储器（Fast Page Mode DRAM，FPM DRAM）是在个人电脑中最常见的一种动态随机存取存储器。其优先于动态随机存取存储器（DRAM）的新形式，可以直接访问 RAM 的某一行而不必频繁地指定这一行。当列地址控制器（CAS）信号变为要读取一系列邻近记忆单元时，行地址控制器（RAS）信号仍然保持有效，这样减少了访问时间并且降低了电能需求。

（4）扩展数据输出动态随机存取存储器 EDODRAM

扩展数据输出动态随机存取存储器在处理前一位数据的过程中无须全程等待，就可以开始处理下一位数据。只要前一位数据的地址定位成功，EDODRAM 就开始为下一位数据寻址。它比 FPM 快 5% 左右，向二级缓存的最高传输速率约为 264 MB/s。

（5）同步动态随机存取存储器 SDRAM

同步动态随机存取存储器利用了爆发模式的概念，大大提升了性能。这种模式在读取数据时首先锁定一个记忆行，然后迅速扫过各记忆列，与此同时读取列上的位元数据。之所以有这种设计思想，是因为多数时候 CPU 请求的数据在内存中的位置是相邻的。SDRAM 比 EDORAM 快 5% 左右，已成为当今台式机内存中应用最广的一种。向二级缓存的最高传输速率约为 528 MB/s。

（6）双倍速率同步动态随机存储器 DDRSDRAM

双倍速率同步动态随机存储器（Double Data Rate SDRAM）被习惯称为 DDR，DDR 是在 SDRAM 存储器基础上发展而来的，仍然沿用 SDRAM 结构体系，SDRAM 在一个时钟周期内只传输一次数据，上开沿触发；而 DDR 内存则是一个时钟周期内传输两次数据，上开和下降沿各触发一次，因此称为双倍速率同步动态随机存储器。DDR 内存可以在与 SDRAM 相同的总线频率下达到更高的数据传输率。例如：二级缓存的最高传输速率约为 1 064 MB/s（133 兆赫兹 DDRSDRAM）。

（7）Rambus 动态随机存取存储器 RDRAM

Rambus 动态随机存取存储器与 DRAM 体系有着根本性的区别。由 Rambus 公司设计的 RDRAM 采用了 Rambus 直插式内存模组（RIMM），在外形尺寸和引脚构造方面类似于标准的 DIMM。RDRAM 与众不同之处在于它采取一种特殊的高速数据总线设计，称为 Rambus 信道。RDRAM 内存芯片在并行模式下工作频率可达 800 兆赫（数据速率 1 600 兆字节）。由于操作速率很高，RDRAM 产生的热量要大大多于其他类型的芯片。为了驱散多余的热量，Rambus 芯片配有散热器，这种散热器看上去就像是又长又薄的圆片。正如 DIMM 有其小外形版本一样，生产商还为笔记本电脑设计了小外形 RIMM。

（8）CMOSRAM

CMOSRAM 这一术语是指用于电脑和其他设备中的一种小容量存储器，用来存储硬盘设置等信息，有关详细信息，请查见《为什么计算机需要电池》一文。这种内存需要一个小型电池来供电，以维持存储器的内容。

（9）VRAM

视频 RAM，亦称多端口动态随机存取存储器（MPDRAM），为显示适配器和 3D 加速卡所专用。所谓"多端口"是指 VRAM 通常会有两个独立的访问端口，而非单一端口，允许 CPU 和图形处理器同时访问 RAM。VRAM 位于图形卡上，且种类繁多，其中很多享有专利权。VRAM 的大小往往能决定显示器的分辨率和色深度，VRAM 还可以用来保存一些图形专用信息，例如 3D 几何数据和质素图。真正的多端口 VRAM 往往价格不菲，因而当今的图形卡使用 SGRAM（同步图形 RAM）作为替代品。两种显存性能相差无几，而 SGRAM 价格更为便宜。

14.2.5　随机存取存储器容量的扩展

在数字系统或计算机中,单个存储器芯片往往不能满足存储容量的要求,因此必须把若干个存储芯片连在一起,以扩展存储容量。扩展的方法可以通过增加位数或字数来实现。

（1）位数的扩展

通常 RAM 芯片的字长大多设计成一位、四位、八位等。当存储芯片的字数已够用,而每个字的位数不够时,可采用位扩展连接方式解决。如图 14-6 所示就是用 8 片 $1\,024\times1$ 位 RAM 构成的 $1\,024\times8$ 位 RAM。

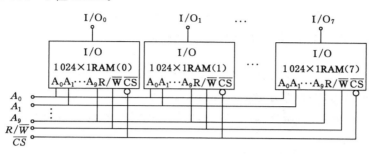

图 14-6　$1\,024\times1$ 位 RAM 构成的 $1\,024\times8$RAM

由图 14-6 可知,位扩展是利用芯片的并联方式实现的,即将 RAM 芯片的地址线、读/写控制线和片选控制线对应地并联在一起,而各片的输入/输出（I/O）线分开使用作为字的各条位线。

（2）字数的扩展

当存储芯片的位数已够用但字数不够时,可以采用字扩展连接方式解决。字扩展是利用外加译码器控制芯片的片选输入端来实现的。如图 14-7 所示是利用 3/8 线译码器将八片 $1\,KB\times4$ 位 RAM 扩展成的 $8\,KB\times4$ 位 RAM。

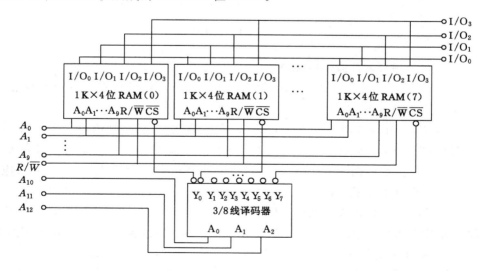

图 14-7　$1\,KB\times4$ 位 RAM 构成 $8\,KB\times4$ 位 RAM

在图 14-7 中,存储器扩展所要增加的地址线 $A_{10}\sim A_{12}$ 与译码器的输入端相连,译码器的输出端分别接至 8 片 RAM 的片选控制端。这样，当输入一组地址时，尽管 $A_9 \sim A_0$ 并接至各个 RAM 芯片上，但由于译码器的作用，只有一个芯片被选中，从而实现了字的扩展。

在实际应用中，常将两种方法相互结合，以达到预期要求。

14.3 可编程逻辑器件（PLD）

所谓可编程逻辑器件，是可以由用户自定义其功能的一类大规模集成逻辑器件的总称。与使用小规模集成器件相比，使用 PLD 器件不仅简化了设计过程，而且所设计的系统具有性能好、可靠性高、成本低、体积小的优点。所以可编程逻辑器件在数字系统的设计中得到了广泛的应用。

PLD 的种类很多，如可编程只读存储器 PROM、可编程逻辑阵列 PLA（Programmable Logic Array）、可编程阵列逻辑 PAL（Programmable Array Logic）、通用阵列逻辑 GAL（General Array Logic）等。限于篇幅，本节只对几种 PLD 器件的结构和使用方法进行简单介绍。

PLD 的基本结构可由图 14-8 所示的框图表示。PLD 器件的核心部分是由一个与阵列和一个或阵列组成的。输入数据通过输入电路送到与阵列并完成与运算，生成乘积项（即与项）；乘积项又送到或阵列中，在或阵列中对各乘积项进行组合，从而产生与或逻辑（即生成与或逻辑函数）。用户可以对其中的一个阵列编程，也可以同时对两个阵列编程。PLD 器件最终的逻辑功能是由用户编程决定的。

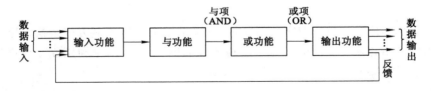

图 14-8　PLD 的结构框图

14.3.1　可编程只读存储器（PROM）

PROM 属于一种只读存储器，与 ROM 不同的是，用户可以对它进行一次编程，所以PROM 也属于可编程逻辑器件。

上一节介绍的只读存储器（ROM），也是由"与阵列"和"或阵列"组成的。在图 14-2 的 4×8 ROM 电路中，地址译码器中的与门构成与阵列，存储矩阵中的二极管或门构成或阵列，因此可将 ROM 电路画成图 14-9 所示的阵列图。其中 G_0、G_1 是输入缓冲门，其对应的输入、输出关系见图 14-10。图 14-11、图 14-12 则分别表示了与门、或门的阵列表示法。ROM 的与阵列是不可编程的，若或阵列即存储器内容由厂家根据用户的要求完全固定，不能编程，则称其为固定 ROM。因为固定 ROM 在使用中不能再修改存储内容，使用者感到不便，所以产生了一种可编程序的 ROM，简称 PROM，它的或阵列是可编程的。

PROM 在出厂时，存储单元全是 1（或全是 0），使用时用户可根据需要，将某些单元改写成 0（或 1）。图 14-13 是由二极管和熔断丝组成的 PROM 存储单元。出厂时，熔断丝都是通的，即存储单元全部存 1。使用时，如需要使某些单元改写为 0，则只要给这些单元通过足够大的电流,将熔断丝熔断即可。但是 PROM 的内容只能写一次,于是又产生了一种可擦写的 ROM,简称 EPROM。

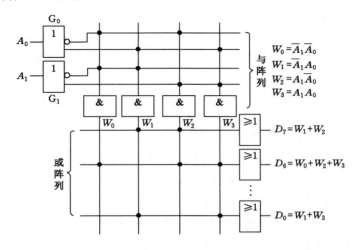

图 14-9 4×8ROM 阵列图

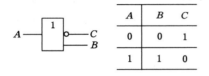

图 14-10 输入缓冲门

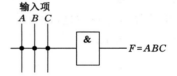

图 14-11 与门的阵列表示

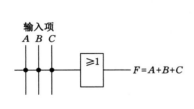

图 14-12 或门的阵列表示

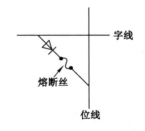

图 14-13 PROM 存储单元

EPROM 采用 N 沟道叠栅 MOS 管(SIMOS)作为存储单元。SIMOS 有两个栅极:控制栅和浮置栅。当浮置栅没有积累电子时,控制栅加电压后 MOS 管导通(表示所存信息为 1);当浮置栅上有积累电子时,控制栅加电压后 MOS 管不能导通(表示所存信息为 0),所以 SIMOS 实质上是以浮置栅有否积累电子来表示信息的。在 EPROM 刚出厂时,SIMOS 管的浮置栅极都不带电子,所存信息为 1。若要将某一单元的信息改写成 0,可以通过编程器使该单元的 SIMOS 管的浮置栅极注入电子。若要实现二次编程,可以通过紫外线或 X 射线照射 EPROM,将浮置栅极的电子释放,然后重新写入新的内容。为了增加可擦写的次数、减少擦写时间,近年来又研制了电擦写的可编程只读存储器(E^2PROM),它允许擦写上百甚至上万次,编程一次(先擦后写)大约只需 20 ms。

由于 PROM 由一个与阵列和一个或阵列组成,因此利用 PROM 可以方便地实现组合逻辑函数。

14.3.2 可编程阵列逻辑(PAL)

PAL(Programmable Array Logic)与 PROM 一样,也由与阵列和或阵列组成,但它的与阵列可编程而或阵列不可编程。因此在用 PAL 实现逻辑函数时,每个输出是若干个与项之和,而与项的数目是固定的。

在 PAL 产品中,一个输出的最多与项可达 8 个,而且有多种输出结构,下面仅以 PAL16R8 为例介绍具有反馈的寄存器输出结构。图 14-14 是 PAL16R8 的引脚图,其中 CLK 为时钟,$I_1 \sim I_8$ 为 8 个输入端,$O_1 \sim O_8$ 为 8 个输出端,$\overline{OE}$ 为输出控制(使能)端,当 $\overline{OE} = 0$ 时,$O_1 \sim O_8$ 输出数据;而 $\overline{OE} = 1$ 时,$O_1 \sim O_8$ 为高阻态。图 14-15 是 PAL16R8 的电路结构示意图。图中输入 I_1 和 I_8 经缓冲门形成 I_1、$\overline{I_1}$ 和 I_8、$\overline{I_8}$,作为与门的外部输入项,$I_2 \sim I_7$ 的电路结构和 I_1、I_8 相同,故在图中省略。输出 O_1 和 O_8 来自三态门 G_{14} 和 G_{84},G_{14} 和 G_{84} 的输入来自触发器 F_1 和 F_8,F_1 和 F_8 的输入来自或门 G_{12} 和 G_{82}。同时 F_1 和 F_8 的 $\overline{Q_1}$ 和 $\overline{Q_8}$ 经缓冲门 G_{13} 和 G_{83} 形成 Q_1、$\overline{Q_1}$ 和 Q_8、$\overline{Q_8}$,作为与门的反馈输入项。$O_2 \sim O_7$ 的电路结构与 O_1 和 O_8 相同,故也省略。PAL16R8 中每个或门的输入来自 8 个与门,即有 8 个固定的与输入项,故或阵列是不可编程的。每个与门可以通过编程来确定输入项(在 I_1、$\overline{I_1} \sim I_8$、$\overline{I_8}$ 和 Q_1、$\overline{Q_1} \sim Q_8$、$\overline{Q_8}$ 之中选择),与阵列是可编程的。由于电路中含有触发器并引入反馈,故 PAL16R8 可用来构成时序逻辑电路。

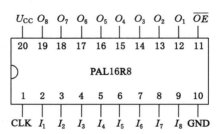

图 14-14　PAL16R8 的引脚图

14.3.3 通用阵列逻辑(GAL)

通用阵列逻辑(Generic ArrayLogic,GAL)是 20 世纪 80 年代发展起来的一种 PLD 产品,由于采用了 E^2COMS 制造工艺,能够电擦写,因而可重复编程。GAL 中与阵列是可编程的,而或阵列是固定的(不可编程),但它的每个输出都有一个输出宏单元,为逻辑设计提供了高度灵活性,每个宏单元可由用户编程进行组态,即输出完全由用户定义,因而利用软、硬件开发工具对 GAL 进行编程写入后,可方便地实现所需的组合电路或时序电路。

下面以 GAL18V8 为例简单介绍一下 GAL 的功能。GAL18V8 共有 20 个引脚,如图 14-16 所示,其中引脚 10 为接地端 GND,引脚 20 为电源端 U_{cc},引脚 $2 \sim 9$(共 8 个)固定作为输入端,还可以将其他 8 个脚配置成输入模式,使输入端达到 16 个。引脚 $12 \sim 19$(共 8 个)的功能由编程情况决定,GAL 内部含有 8 个输出宏单元,可以由用户根据所设计的逻辑电路的需要,通过编程规定输出模式或输入模式。工作于输出模式既可以规定为寄存器输出(时序逻辑输出),也可以规定为组合输出。引脚 1 是时钟信号输入端 CLK,引脚 11 是输出控制(使能)端 $\overline{OE}$,如果 GAL 内部的 8 个输出宏单元全部定义为组合输出,则引脚 1 和引脚 11 可以作为输入端。正是由于 GAL 内部具有用户可编程的输出宏单元,从而使 GAL 器件具有较高的通用性和灵活性,这是 GAL 器件的一个重要特点。

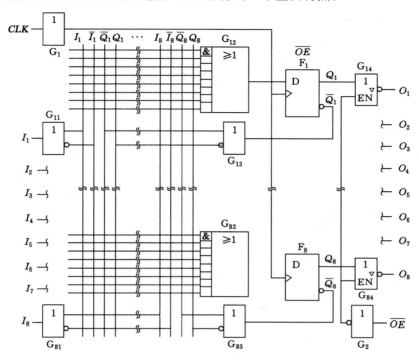

图 14-15　PAL16R8 的电路结构示意图

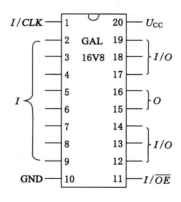

图 14-16　GAL18V8 引脚

14.4　数字电路应用举例

图 14-17 所示是自动数字式打铃机的原理图。自动数字式打铃机能根据冬、夏两季作息时间的不同,对学校的广播、打铃和照明进行自动控制。

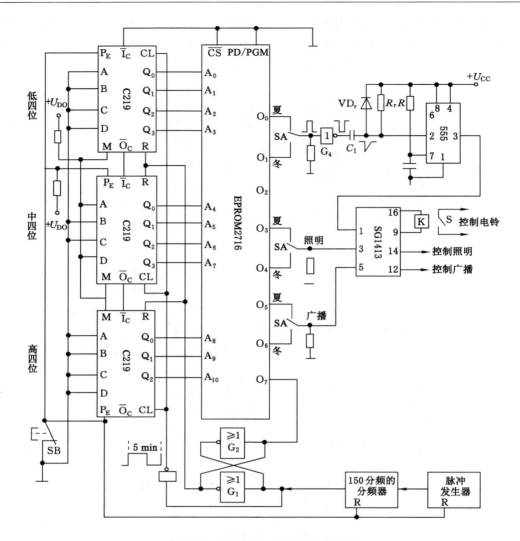

图 14-17　自动数字式打铃机的原理图

14.4.1　数字式打铃机电路的组成和作用

（1）地址译码器

由三片可逆集成计数器 C219 组成 12 位的二进制计数器,计数器的输出为 EPROM 提供了地址信号。集成计数器 C219 是个可逆计数器,其功能参见表 14-2。

图 14-17 中由三片 C219 组成计数器,其低 4 位的 $\overline{O}_C$ 与中 4 位的 $\overline{I}_C$ 连接。当低 4 位的状态不全为 1 时,$\overline{O}_C = 1$,中 4 位的计数器不计数;当低 4 位全 1 时,$\overline{O}_C = 0$,此时允许中 4 位计数器计数,所以下一个计数脉冲到来时中 4 位计数器状态加 1 计数,同时低 4 位计数器回零。高 4 位与中 4 位计数器之间也是同样处理。

表 14-2					C219 的功能表							
输　入									输　出			
CL	$\bar{I}_C$	M	P_E	R	A	B	C	D	Q_0	Q_1	Q_2	Q_3
×	×	×	1	0	A	B	C	D	A	B	C	D
×	×	×	×	1	×	×	×	×	0	0	0	0
×	1	×	0	0	×	×	×	×	不计数			
↑	0	1	0	0	×	×	×	×	加法计数			
↑	0	0	0	0	×	×	×	×	减法计数			

注:表中 CL 是计数脉冲输入端,$\bar{I}_C$ 是进位/借位端,M 是加法/减法计数控制端,P_E 是置数控制端,R 是清零端,A、B,C,D 是置数输入端,$Q_0 \sim Q_3$ 是输出端。另外,C219 还有一个进位控制端 $\overline{O}_C$,当 $Q_0 \sim Q_3$ 全为 1 时,$\overline{O}_C$ 为 0。

（2）分频器

分频系数为 150 的分频器,可将脉冲发生器输出的周期为 2 s 的脉冲变成周期为 5 min 的脉冲。这个脉冲信号作为计数脉冲,每 5 min 向三个 C219 组成的计数器提供一个计数脉冲。

当时间为 24 点时,O_7 输出 1,此信号经 G_1 和 G_2 组成的 RS 触发器向三个 C219 发出清零脉冲,令计数器复位,即让 EPROM2716 的 $A_0 \sim A_{10}$ 恢复全 0。从下一个计数脉冲起将开始进入新一天的循环。

由于 C219 是前沿触发,而分频器是由后沿触发的计数器构成的,所以分频器输出的脉冲需经过非门 G_3 倒相才能供 C219 使用。

（3）555 定时器控制打铃时间

555 定时器起定时作用,控制打铃时间持续在 10 s 左右。

（4）集成接口电路

驱动电路 5G1413 是一种集成接口电路。对于不同类型的器件,它们的输入、输出电压和电流不同,因此不能直接连接使用,需要加一个接口电路进行电平转换,使之能满足后面被驱动电路的输入电平和输入电流的需要。5G1413 就是起这种作用的。

（5）只读存储器 EPROM2716

可改写的只读存储器 EPROM2716 是数字式打铃机电路的核心部件,其地址译码器的输入信号是由三个 C219 组成的计数器的输出提供的。EPROM2716 按照写入的内容输出相应的信号,以控制打铃、照明和广播。

14.4.2　数字式打铃机的工作原理

设某学校的夏季作息时间为:

6:00	起床
6:15	早操
6:45	早餐
7:20	预备铃
7:30	第一节上课
⋮	⋮
21:50	预备熄灯

22:00　　　　　　　　　　熄灯

　　　　⋮　　　　　　　　　　　⋮

　　打铃、照明和广播分别受 EPROM2716 的输出端 O_0/O_1，O_3/O_4，O_5/O_6 的状态控制。当这些端子输出为 1 时，通过接口电路 5G1413 控制打铃、照明和广播。夏季和冬季作息时间的转换是用开关 SA 实现的。

　　表 14-3 是 2716 存储的夏季作息时间的部分内容，下面对照表来分析该电路的控制功能。例如，当 21:50 时，2716 输出为 00001001，则 O_3 和 O_0 为 1，打铃预备熄灯（由 555 的定时响铃 10 秒），照明正常供电；当 21:55 时，2716 输出为 00001000，则 O_3 为 1，O_0 为 0，照明灯正常供电；22:00 时，2716 输出为 00000001，则 O_0 为 1，O_3 为 0，打熄灯铃，同时照明灯灭。

　　图 14-17 中的数字式打铃机，还设置了与北京时间 12 点对时的功能。12 点对应的二进制地址，也就是 $A_0 \sim A_{10}$ 的输入状态应是 00010010000，其低 4 位和高 4 位都是 0，中 4 位是 1001。利用 C219 的置数功能，将低 4 位和高 4 位都置 0，中 4 位置 9。具体操作是，12 点时，迅速按一下 SB，此时 $P_E = 1$，C219 处于置数状态，于是按图示的 A，B，C，D 接线状态将计数器置成 00010010000，同时也将脉冲发生器和分频器复位。

表 14-3　　　　　　　　　**EPROM 2716 中储存的部分内容**

时间	十进制地址码	2716 地址译码器的输入											2716 输出数据							
		A_{10}	A_9	A_8	A_7	A_6	A_5	A_4	A_3	A_2	A_1	A_0	O_7	O_6	O_5	O_4	O_3	O_2	O_1	O_0
0:00	0	0	0	0	0	0	0	0	0	0	0	0	0	0	0	0	0	0	0	0
0:05	1	0	0	0	0	0	0	0	0	0	0	1	0	0	0	0	0	0	0	0
0:10	2	0	0	0	0	0	0	0	0	0	1	0	0	0	0	0	0	0	0	0
⋮	⋮						⋮										⋮			
6:00	72	0	0	0	0	1	0	0	1	0	0	0	0	0	1	0	1	0	0	1
6:05	73	0	0	0	0	1	0	0	1	0	0	1	0	0	1	0	1	0	0	1
⋮	⋮						⋮										⋮			
7:20	88	0	0	0	0	1	0	1	1	0	0	0	0	0	0	0	0	0	0	1
7:25	89	0	0	0	0	1	0	1	1	0	0	1	0	0	0	0	0	0	0	0
7:30	90	0	0	0	0	1	0	1	1	0	1	0	0	0	0	0	0	0	0	1
⋮	⋮						⋮										⋮			
12:00	144	0	0	0	1	0	0	1	0	0	0	0	0	1	1	0	0	0	0	0
⋮	⋮						⋮										⋮			
21:50	262	0	0	1	0	0	0	0	0	1	1	0	0	0	0	0	1	0	0	1
21:55	263	0	0	1	0	0	0	0	0	1	1	1	0	0	0	0	1	0	0	0
22:00	264	0	0	1	0	0	0	0	1	0	0	0	0	0	0	0	0	0	0	1
⋮	⋮						⋮										⋮			
24:00	288	0	0	1	0	0	1	0	0	0	0	0	1	0	0	0	0	0	0	0

习 题

14-1 只读存储器是由哪几个主要部分组成的,各部分的主要作用是什么?

14-2 什么叫存储器的字和字长,怎样表示存储器的容量?

14-3 存储器的字线数与地址译码器的输入端个数有何关系?

14-4 只读存储器有哪些类型,各有什么特点?

14-5 RAM 主要是由哪几个部分组成的,各部分的作用是什么?

14-6 ROM 和 RAM 在功能上有何主要区别?

14-7 指出下列容量的存储器各具有多少个存储单元? 至少需要多少条地址线和数据线?

(1) 64 K×4 位 (2) 128 K×8 位

14-8 若存储器的容量为 1 K×4 位,其起始地址全为 0,试计算其最高地址是多少?

14-9 用 ROM 产生逻辑函数 $F=A+\overline{B}$,试将该函数式进行必要的变换。

14-10 用 ROM 实现将 8 位二进制数转换成 BCD 码。

(1) 选择 ROM 的容量至少为多少?

(2) ROM 的地址译码器至少需要几根地址线? ROM 的存储矩阵至少需要几根数据线?

14-11 用 ROM 构成全加器。设输入量为:1 位二进制数 A_n 和 B_n,低位进位为 C_{n-1}。输出量为:本位和 S_n,本位进位 C_n。

(1) 写出 S_n 和 C_n 的与或表达式;

(2) ROM 的地址译码器至少需要几根地址线?

(3) 画出由 ROM 构成的阵列图。

14-12 用 RAM2114 构成 1 024×16 位的存储器,需要几片 2114 芯片? 试画出电路的连线图。

14-13 用 RAM2114 构成 2 048×4 位的存储器,需要几片 2114 芯片? 试画出电路的连线图。

14-14 PLD 器件的多输入端与门和或门用什么符号表示? 什么是与门的默认状态和悬浮状态? 各用什么符号表示?

14-15 什么是可编程逻辑器件,为什么只读存储器 PROM 也属于可编程逻辑器件?

部分习题答案

第1章 电路的基本定律与分析方法

1-1　B, 1-2　A, 1-3　A, 1-4　C,1-5　B, 1-6　C, 1-7　B

1-8　$I_3 = 0.31 \ \mu A$, $I_4 = 9.30 \ \mu A$, $I_6 = 9.60 \ \mu A$

1-9　$I_4 = -1.8 \ A$

1-10　$I_2 = 5 \ A$、$I_3 = -1 \ A$、$U_4 = 16 \ V$

1-11　$V_A = -39V$、$V_B = -36V$、$V_C = -111.5 \ V$、$U_R = -72.5 \ V$、$R = 9.67 \ \Omega$

1-12　$V_A = 5 \ V$

1-13　$I_5 = \dfrac{1}{3} \ A$

1-14　如将 A、B 两点直接连接或接一电阻,对电路工作不会有影响,因为这两点电位相等,不能产生电压,所以也就没有电流通过。

1-17　应采用图 1-52(a)电路。

1-18　(1) 并联前 $I' = 21.15 \ A$、并联后 $I'' = 50 \ A$

　　(2) 电源端电压:并联前 $U_1' = 215.7 \ V$、并联后 $U_1'' = 210 \ V$

　　　　　　负载端电压:并联前 $U_2' = 211.5 \ V$、并联后 $U_2'' = 200 \ V$

　　(3) 负载功率:并联前 $P' = 4.47 \ kW$、并联后 $P'' = 10 \ kW$

由以上计算结果可见,负载电阻并联以后,总的负载电阻减小,线路中电流增大,负载功率增大,电源端和负载端电压减小。

1-19　(1) $I_1 = \dfrac{U}{R} = \dfrac{4}{2.5} = 1.6 \ A$、$I_2 = 0.8 \ A$、$I_3 = 0.4 \ A$

　　(2) $P_{3\Omega} = 1.92 \ W$

　　(3) $P_{4V} = -6.4 \ W$

1-20　(a) $I_a = -\dfrac{3}{5} \ A$、$I_b = -\dfrac{7}{5} \ A$、$I_1 = \dfrac{3}{5} \ A$、$I_3 = -\dfrac{7}{5} \ A$

　　(b) $I_a = \dfrac{1}{11} \ A$、$I_b = -\dfrac{4}{11} \ A$、$I_1 = \dfrac{1}{11} \ A$、$I_3 = -I_b = \dfrac{4}{11} \ A$

1-21　(1) $I_a = -\dfrac{17}{11} \ A$、$I_b = -\dfrac{9}{11} \ A$

　　(2) $P_{2\Omega} = \dfrac{128}{121} \ W$

1-22　$I_3 = 0.6 \ A$

1-23　(1) $U_A = \dfrac{2}{3}$ V、$U_B = 4$ V

　　　(2) $U_{AB} = -\dfrac{10}{3}$ V

　　　(3) 3 A 电流源发出功率 12 W，1 A 电流源和 3 个电阻取用功率，总和也为 12 W，功率平衡。

1-24　(1) $U_A = -2$ V、$U_B = \dfrac{4}{3}$ V

　　　(2) $I = -\dfrac{5}{3}$ A

1-25　(1) $U_A = 0.5$ V、$U_B = 1.5$ V

　　　(2) $U_{AB} = -1$ V

　　　(3) $I = -1.5$ A

1-30　(1) $E = U_0 = 8$ V

　　　(2) $R_0 = 80//80 = 40$ Ω

　　　(3) $I = 0.1$ A

1-31　$E = 18$ V、$R_0 = 1$ Ω

1-32　(1) $I = 1.8$ A

　　　(2) $I = 0.9$ A

1-33　(1) 当开关断开时，电阻 R_5 不能组成电流回路，所以电流 I_5 和电压 U_5 均为零。

　　　(2) $I_5 = 1.09$ A

1-34　图 1-69(a)：

　　　(1) $I_S = 2.7$ A

　　　(2) $R_0 = 120$ Ω

　　　图 1-69(b)：

　　　(1) $I_S = -3.8$ mA

　　　(2) $R_0 = 1\,933$ Ω

1-35 (1) $U = \dfrac{12}{7}$ V

　　　(2) $P_{1A} = -\dfrac{12}{7}$ W

1-36　(1) $I = 2$ A

　　　(2) $P_{5A} = -95$ W，负值，为发出功率。

1-37　(1) $I_L = \dfrac{1}{3}$ A

　　　(2) $I_L = \dfrac{1}{3}$ A

1-38　$I = 2$ mA

第 2 章　正弦交流电路

2-10　(1) $\varphi = 60°$

（2）角频率不同，比较无意义。

（3）$\varphi = 75°$

2-14　$\dot{U} = 10\angle 30°$ V、$\dot{I} = 10^{-3}\angle -60°$ A、$i = 10^{-3}\sqrt[3]{2}\sin(10^6 t - 60°)$ A

2-15　$\dot{U} = 10\angle 30°$ V、$\dot{I} = 0.5\angle 120°$ A、$i = \dfrac{\sqrt{2}}{2}\sin(10^6 t + 120°)$ A

2-17　$\cos\varphi = \dfrac{\sqrt{2}}{2}$

2-18　A_0 读数为 10 A、U_0 读数为 $100\sqrt{2}$ V

2-19　设参考相量 $\dot{U} = 380\angle 0°$ V

　　　则 $\dot{I} = 27.6\times 10^{-3}\angle -\arctan 6.8$ A、$\varphi = \arctan 6.8$、$\cos\varphi = 0.15$

2-20　$Z = R + jX = 25\sqrt{2} + j(25\sqrt{2} + 25)$ Ω、Z 是感性的。

2-23　$U_{L0} = 100$ V

2-24　$C = 2.247\times 10^{-10}$ F

2-25　$R = 15.7$ Ω

2-29　$X_C = 15$ Ω、$R_2 = X_L = 7.5$ Ω

2-30　$R = 6$ Ω、$L = 15.89$ mH

2-31　$R = 1\,000$ Ω、$C \approx 0.1\ \mu\text{F}$

2-32　$3.2\ \mu\text{F}$

2-33　$5 + j5$ Ω

2-36　$Z = 10 \pm j10$ Ω

2-37　（1）$C \approx 71\ \mu\text{F}$；

　　　（2）$I = 6.25$ A、$P = 1\,100$ W

2-38　（1）$U_S = 236.4$ V，$\Delta P_1 = 118.6$ W

　　　（2）$C = 127.5\ \mu\text{F}$，$U'_S = 227.8$ V，$\Delta P_2 = 60.5$ W

　　　（3）$\Delta W \approx 170$ kW·h，用户用电量无任何变化。

2-39　$U_{ab} = 5$ V，$P = 5$ W，$Q = 0$，$\cos\varphi = 1$

2-40　524 Ω，1.7 H，$\cos\varphi = 0.5$，$C = 2.58\ \mu\text{F}$，

第 3 章　三相交流电路

3-6　B，　3-7　A，　3-8　C，　3-9　B　3-10　C，　3-11　B，　3-12　C，　3-13　A

3-14　C，　3-15　C，　3-16　B，　3-17　C

3-26　$\dot{I}_A = 11\angle 30°$ A，$\dot{I}_B = 11\sqrt{3}\angle -120°$ A，$\dot{I}_C = 11\angle 90°$ A

3-28　$Z_Y = 44\angle 35°$ Ω

3-30　$\dot{I}_A = 0.273\angle 0°$ A、$\dot{I}_B = 0.273\angle -120°$ A，

　　　$\dot{I}_C = 0.553\angle 85.3°$ A、$\dot{I}_N = 0.364\angle 60°$ A

第4章 电路的暂态分析

4-7 C, 4-8 B, 4-9 A, 4-10 C, 4-11 C, 4-12 C, 4-13 A
4-14 B, 4-15 A

第5章 铁芯线圈与变压器

5-1 B, 5-2 C, 5-3 B, 5-4 B, 5-5 C, 5-6 C, 5-7 A, 5-8 A
5-9 C, 5-10 A, 5-11 B, 5-12 B, 5-13 C, 5-14 B, 5-15 B

第6章 异步电动机

6-6 B, 6-7 C, 6-8 D, 6-9 A, 6-10 C, 6-11 C, 6-12 B, 6-13 B
6-14 C, 6-15 C

第7章 继电接触器控制系统

7-1 B, 7-2 B, 7-3 A, 7-4 A, 7-5 C, 7-6 B, 7-7 C, 7-8 B
7-9 C, 7-10 A, 7-11 B

第8章 常用半导体器件

8-1 ACDE, 8-2 D, 8-3 B, 8-4 A, 8-5 C

8-6 答:不能。因为不论是 N 型半导体还是 P 型半导体,虽然它们都有一种载流子占多数,整个晶体仍然不带电。但原子核外层电子和空穴的总带电量总是与原子核电量相等,极性相反,所以不能这样说。

8-11 解:(a)二极管导通,$u_o = -3$ V
　　　　(b) 二极管截止,$u_o = -6$ V
　　　　(c) 二极管 V_1 导通,二极管 V_2 截止,$u_o = 0$
　　　　(d) 二极管 V_1 截止,二极管 V_2 导通,$u_o = -3$ V

8-14 解:(1)二极管 V_A 导通,二极管 V_B 截止。

$$U_Y = U_A \times \frac{9}{1+9} = 10 \times \frac{9}{10} = 9 \ (V)$$

$$I_A = I_R = \frac{U_A}{(1+9) \times 10^3} = \frac{10}{10 \times 10^3} = 1 \times 10^{-3} (A)$$

$$I_B = 0$$

(2)二极管 V_A,V_B 都导通。等效电路为题解图 8-1。

$$U_Y = 5.9 \times \frac{9}{9+0.5} = 5.59 \ (V)$$

$$I_R = \frac{5.59}{9 \times 10^3} = 0.62 \ (\text{mA})$$

$$I_A = \frac{6 - 5.59}{1 \times 10^3} = 0.41 \ (\text{mA})$$

$$I_B = \frac{5.8 - 5.59}{1 \times 10^3} = 0.21 \ (\text{mA})$$

（3）二极管 V_A，V_B 都导通。等效电路为题解图 8-2。

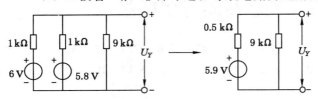 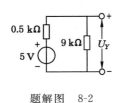

题解图　8-1　　　　　　　　题解图　8-2

$$U_Y = 5 \times \frac{9}{9 + 0.5} = 4.74 \ (\text{V})$$

$$I_R = \frac{4.74}{9 \times 10^3} = 0.53 \ (\text{mA})$$

$$I_A = I_B = \frac{5 - 4.74}{1 \times 10^3} = 0.26 \ (\text{mA})$$

第9章　基本放大电路

9-1　C，　9-2　A，　9-3　C，　9-4　B、A

9-9　解：

（1）U_{CC} 和 C_1，C_2 的极性如题解图 9-1 所示。

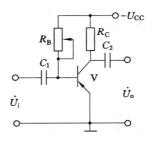

题解图 9-1

（2）$U_{BQ} = 12 - 0.7 = 11.3 \ (\text{V})$

$$I_{BQ} = \frac{I_{CQ}}{\beta} = \frac{1.5}{75} = 0.02 \ (\text{mA})$$

则有 $R_B = \frac{U_B}{I_B} = \frac{11.3}{0.02} = 565 \ (\text{k}\Omega)$

（3）在调整静态工作点时，如果不慎将 R_B 调到零，根据 $I_{BQ} = \frac{U_{CC} - U_{BE}}{R_B}$ 可知，

I_{BQ}变得很大,三极管饱和;基极电压高于集电极电压,造成集电结正偏,三极管失去放大功能。通常在R_B支路上再串联一固定电阻来防止这种情况发生。

(4) 温度升高$|U_{BE}|\downarrow\rightarrow I_{BQ}\uparrow\rightarrow I_{CQ}\uparrow\rightarrow U_{CE}\downarrow$,该电路不能稳定静态工作点。

9-10　解:

(1) $U_{BQ}=\dfrac{R_{B1}}{R_{B1}+R_{B2}}U_{CC}=\dfrac{2}{2+8}\times12=2.4\ (V)$

$I_{CQ}=I_{EQ}=\dfrac{U_{BQ}-U_{BE}}{R_E}=\dfrac{2.4-0.7}{0.85}=2\ (mA)$

$I_{BQ}=\dfrac{I_{CQ}}{\beta}=\dfrac{2}{50}=0.04\ (mA)$

$U_{CEQ}=U_{CC}-I_{CQ}(R_C+R_E)=12-2\times2.85=6.3\ (V)$

(2) $r_{be}=r'_{bb}+(1+\beta)\dfrac{26}{I_{EQ}}=100+51\times\dfrac{26}{2}=0.763\ (k\Omega)$

$R'_L=R_C//R_L=\dfrac{2\times3}{2+3}=1.2\ (k\Omega)$

电压放大倍数 $\dot{A}_u=-\beta\dfrac{R'_L}{r_{be}}=-50\times\dfrac{1.2}{0.763}\approx-78$

输入电阻 $R_i=R_{B1}//R_{B2}//r_{be}=2//8//0.763\approx0.52\ (k\Omega)$

输出电阻 $R_o=R_C=2\ (k\Omega)$

源电压放大倍数 $\dot{A}_{us}=\dfrac{R_i}{R_s+R_i}\dot{A}_u=\dfrac{0.52}{0.52+0.25}\times(-78)\approx-52$

(3) 若将图(a)中晶体管射极电路改为图(b)所示,则该电路微变等效电路如题解图9-2所示。

$\dot{U}_i=\dot{I}_B r_{be}+(1+\beta)\dot{I}_b R_F$

$\dot{U}_o=-\beta I_b(R_C//R_L)$

所以 $\dot{A}_u=-\beta\dfrac{(R_C//R_L)}{r_{be}+(1+\beta)R_F}=-50\times\dfrac{1.2}{0.763+51\times0.05}\approx-18$

输入电阻 $R_i=R_{B1}//R_{B2}//[r_{be}+(1+\beta)R_F]=8//2//3.313=1.08\ (k\Omega)$

源电压放大倍数 $A_{us}=\dfrac{R_i}{R_s+R_i}\dot{A}_u=\dfrac{1.08}{0.52+1.08}\times(-18)\approx-12$

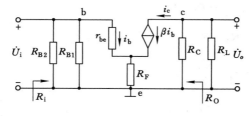

题解图 9-2

9-11　解:

(1) $R_i=R_{B1}//R_{B2}//[r_{be}+(1+\beta)R_E]=39//120//7.9=6.23\ (k\Omega)$

$$R_o = R_C = 39 \ (k\Omega)$$

$$\dot{A}_u = -\beta \frac{R_C /\!/ R_L}{r_{be} + (1+\beta)R_E} = -60 \times \frac{1.95}{7.9} = -14.8$$

（2）$R_s = 0$

不带负载时 $\dot{A}_{u0} = -\beta \dfrac{R_C}{r_{be} + (1+\beta)R_E} = -60 \dfrac{3.9}{7.9} = -29.6$

$$\dot{U}_{o0} = \dot{U}_s \dot{A}_{u0} = 15 \times (-29.6) = -444 \ (mV)$$

带负载时 $\dot{U}_o = \dot{U}_s \dot{A}_u = 15 \times (-14.8) = -222 \ (mV)$

（3）$R_s = 0.85 \ (k\Omega)$

带负载时 $\dot{U}_o = \dot{U}_s \dfrac{R_i}{R_s + R_i} \dot{A}_u = 15 \times \dfrac{6.23}{6.23 + 0.85} \times (-14.8) = -195 \ mV$

9-12　解：

（1）直流通路如题解图 9-3 所示。

$$I_{BQ} = \frac{U_{CC} - U_{BE}}{R_B + (1+\beta)R_E}$$

$$= \frac{12 - 0.7}{220 + 81 \times 2.7} = 0.026 \ (mA)$$

$$I_{CQ} = \beta I_{BQ} = 80 \times 0.026 = 2.08 \ (mA)$$

$$U_{CEQ} = U_{CC} - I_{EQ}R_E = 6.384 \ (V)$$

（2）微变等效电路如题解图 9-4 所示。

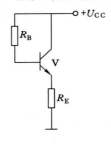

题解图 9-3

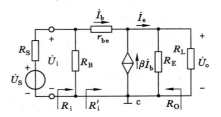

题解图 9-4

（3）由微变等效电路可知

$$\dot{U}_i = \dot{I}_b [r_{be} + (1+\beta)(R_E /\!/ R_L)]$$

$$\dot{U}_o = (1+\beta)\dot{I}_b(R_E /\!/ R_L)$$

$$\dot{A}_u = \frac{\dot{U}_o}{\dot{U}_i} = \frac{(1+\beta)R'_L}{r_{be} + (1+\beta)R'_L}$$

其中 $R'_L = R_E /\!/ R_L = 1.15 \ k\Omega$

所以 $\dot{A}_u = 0.98$

$$R'_i = \frac{\dot{U}_i}{\dot{I}_b} = \frac{\dot{I}_b r_{be} + (1+\beta)\dot{I}_b(R_E /\!/ R_L)}{\dot{I}_b}$$

从而有输入电阻

$$R_i = R_B // R'_i = R_B // [r_{be} + (1+\beta)R'_L] = 220//94.65 = 66.18 \ (k\Omega)$$

$$R'_o = \frac{\dot{U}_o}{\dot{I}_e} = \frac{r_{be} + R_s // R_B}{1+\beta} = 0.025 \ (k\Omega)$$

从而可以得到输出电阻

$$R_o = R_E // R'_o = 2.7//0.025 = 0.024 \ (k\Omega)$$

源电压放大倍数 $\dot{A}_{us} = \frac{\dot{U}_o}{\dot{U}_i} = \frac{R_i}{R_s + R_i}\dot{A}_u = \frac{66.18}{0.5 + 66.18} \times 0.98 = 0.97$

9-13 解：

$$U_{B1Q} = \frac{R_2}{R_2 + R_1}U_{CC} = \frac{24}{24 + 100} \times 20 = 3.87 \ (V)$$

$$I_{E1Q} = I_{C1Q} = \frac{U_{B1Q} - U_{BE}}{R_{E1}} = \frac{3.87 - 0.7}{5.1} = 0.62 \ (mA)$$

$$r_{be1} = 300 + (1+\beta)\frac{26}{I_{E1Q}} = 300 + 101 \times \frac{26}{0.62} = 4.535 \ (k\Omega)$$

$$U_{B2Q} = \frac{R_4}{R_3 + R_4}U_{CC} = \frac{6.8}{6.8 + 33} \times 20 = 3.42 \ (V)$$

$$I_{E2Q} = I_{C2Q} = \frac{U_{B2Q} - U_{BE}}{R_{E2}} = \frac{3.42 - 0.7}{2} = 1.36 \ (mA)$$

$$r_{be2} = 300 \ \Omega + (1+\beta)\frac{26V}{I_{E2Q}} = 300 + 101 \times \frac{26}{1.36} = 2.23 \ (k\Omega)$$

输入电阻 $R_i = R_{i1} = R_1 // R_2 // r_{be1} = 3.67 \ (k\Omega)$

输出电阻 $R_o = R_{C2} = 7.5 \ (k\Omega)$

$R_{i2} = R_3 // R_4 // r_{be2} = 1.59 \ (k\Omega)$

9-14 解：

(1) $I_{BQ} = \dfrac{U_{EE} - U_{BE}}{R_B + 2R_E(1+\beta) + \dfrac{R_P}{2}(1+\beta)} = 0.018 \ (mA)$

$$I_{CQ} = \beta I_{BQ} = 60 \times 0.018 = 1.08 \ (mA)$$

$$U_{CEQ} = U_{CC} + U_{EE} - I_{CQ}(R_C + 2R_E + \frac{R_P}{2}) = 2.13 \ (V)$$

(2) $A_{d0} = -\beta \dfrac{R_C // \dfrac{R_L}{2}}{R_{B1} + r_{be} + (1+\beta)\dfrac{R_P}{2}} = -50$

(3) $R_o = 2R_C = 20 \ (k\Omega)$

$$R_i = 2\{R_{B1} + [r_{be} + (1+\beta)\frac{R_P}{2}]\} = 12.1 \ (k\Omega)$$

$$\dot{A}_{u1} = -\beta \frac{R_{C1} // R_{i2}}{r_{be1}} = -100 \frac{15//1.59}{4.535} = -31.7$$

$$\dot{A}_{u2} = -\beta \frac{R_{C2} // R_L}{r_{be2}} = -100 \frac{7.5//5}{2.23} = -134.5$$

总电压放大倍数 $\dot{A}_u = \dot{A}_{u1}\dot{A}_{u2} = 4\,263.65$

等效电路如题解图 9-5 所示。

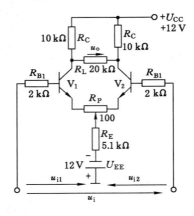

题解图 9-5

9-15 解：

(1) $P_{om} = \dfrac{U_{CC}^2}{8R_L} = \dfrac{24^2}{8\times 8} = 9$ （W）

(2) OTC 电路中，信号电压的输出幅度为：

$$U_{om} = \dfrac{U_{CC}}{2} - U_{CES}$$

而 $P_{om} = \dfrac{1}{2}U_{om}I_{om} = \dfrac{U_{om}^2}{2R_L}$

从而有 $U_{CC} = 2(\sqrt{2R_L P_{om}} + U_{CES}) = 24.6$ （V）

(3) 电路改为 OCL 功放时，忽略 U_{CES} 有

$U_{om} = U_{CEm} = U_{CC} = 24$ （V）

$P_{om} = \dfrac{1}{2}U_{om}I_{om} = \dfrac{U_{om}^2}{2R_L} = \dfrac{24^2}{2\times 8} = 36$ （W）

第 10 章　集成运算放大器及应用

10-1　AAB，　10-2　C，　10-3　A，　10-4　BA，　10-5　CB

10-6　解：由"虚断""虚短"得

$$\begin{cases} u_{o1} = u_i \\ \dfrac{u_{o1}}{R_1} = \dfrac{-u_o - u_{o1}}{R_F} \end{cases}$$

$u_o = -(1 + \dfrac{R_F}{R_1})u_{o1} = -3u_i = -3\times(-2) = 6$ （V）

10-7　解：由"虚短""虚断"可得，

$$\begin{cases} \dfrac{u_{i1}}{1} = \dfrac{-u_{o1}}{10} \\[2mm] \dfrac{u_{o1}}{10} + \dfrac{u_{i2}}{5} + \dfrac{u_{i3}}{2} = \dfrac{-u_o}{10} \end{cases}$$

化简为

$$u_o = 10u_{i1} - 2u_{i2} - 5u_{i3}$$

10-8 解：由"虚短""虚断"可得

$$u_- = u_+ = 0$$

$$u_o \approx -u_c = -\frac{1}{C_F}\int i_f\,\mathrm{d}t \approx -\frac{1}{C_F}\int\left(\frac{u_{i1}}{R_1} + \frac{u_{i2}}{R_2}\right)\mathrm{d}t$$

当 $R_1 = R_2 = R$ 时，

$$u_o = -\frac{1}{RC_F}\int(u_{i1} + u_{i2})\,\mathrm{d}t$$

10-9 解：由图可得：

$$\frac{u_{i1}}{R_1} + \frac{u_{i2}}{R_2} = -\frac{u_o}{R_F}$$

又因为

$$R_1 = R_2 = R_F$$

所以 $u_o = -(u_{i1} + u_{i2})$

10-10 输出电压波形如题解图 10-1 所示。

10-11 解：设电路的初始状态为 $u_o = U_{0+}$，放大器同相输入端电位为：

$$u'_+ = \frac{R_2}{R_2 + R_F}U_{0+} + \frac{R_F}{R_2 + R_F}U_{REF} = U_{T1}$$

当 u_i 略大于 U_{T1} 时，输出电压由 U_{0+} 转换为 $-U_{0+}$，则放大器同相输入端电位为：

$$u''_+ = \frac{R_2}{R_2 + R_F}(-U_{0+}) + \frac{R_F}{R_2 + R_F}U_{REF} = U_{T2}$$

输入输出传输特性见题解图 10-2。

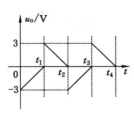

题解图 10-1

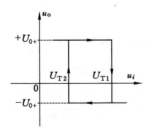

题解图 10-2

第 11 章　电力电子技术

11-6　解：

（1）直流电流表 A 的读数 $I_A = \dfrac{U_2}{R_L} = \dfrac{90}{100} = 0.9$（A）

（2）交流电压表 V_1 的读数 $U_1 = \dfrac{U_2}{0.45} = \dfrac{90}{0.45} = 200$（V）

（3）变压器二次侧电流有效值 $I = \dfrac{I_A}{0.45} = 2$（A）

11-7　解：

（2）无滤波电容和有滤波电容两种情况下 u_o 的波形分别如题解图 11-1 和题解图 11-2 所示。

无滤波电容时 $U_o = 0.9U$

有滤波电容时 $U_o = 1.2U$

（3）有无滤波电容两种情况下，二极管上所承受的最高反向电压皆为 $U_{DRM} = 2\sqrt{2}U$。

（4）二极管 V_2 虚焊时相当于开路，电路变为单相半波整流电路，输出电压将降为原来的一半。极性接反和过载损坏造成短路时，在输入电压正半周，V_1、V_2 通路导通，由于二极管正向电阻很小，产生很大电流，将造成电源、变压器和二极管烧毁。

（5）变压器二次侧中心抽头虚焊时相当于断路，无论是 u 的正半周还是 u 的负半周都不会构成电流的通路，因此负载电阻没有电压输出。输出端短路时，由于二极管电阻很小，会产生很大电流，使电源、变压器和二极管烧毁。

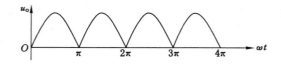

题解图 11-1　　　　　　　　　　　　　　　　题解图 11-2

11-8　解：输出电压

$U_o = 0.9U = 0.9 \times 100 = 90$（V）

输出电流平均值

$I_o = \dfrac{U_o}{R_L} = \dfrac{90}{1} = 90$（mA）

流过整流二极管电流的平均值

$I_{DF} = \dfrac{1}{2}I_o = 45$（mA）

整流二极管承受最高反向电压

$U_{DRM} = \sqrt{2} \times 100 = 141$（V）

考虑留有充分余量

$$I_{oM} \geqslant 2I_V = 90 \text{ (mA)}$$

$$U_{RM} \geqslant 2U_{DRM} = 282 \text{ (V)}$$

整流二极管型号可选择 2CZ11C。

11-11 解

$$U_o = 0.45 \frac{1 + \cos \alpha}{2} U = 0.45 \times \frac{1 + 0.5}{2} \times 220 = 74.25 \text{ (V)}$$

$$I_o = \frac{U_o}{R_L} = \frac{74.25}{10} = 7.425 \text{ (A)}$$

流过晶体管电流的平均值 $I_{DF} = \frac{1}{2} I_o = 3.7 \text{ (A)}$

晶体管承受正反向电压峰值

$$U_{FM} = U_{RM} = \sqrt{2} \times 220 = 310 \text{ (V)}$$

考虑留有充分余量

$$I_F \geqslant 2I_{DF} = 7.4 \text{ (A)}$$

$$U_{DRM} \geqslant 2U_{RM} = 620 \text{ (V)}$$

$$U_{DFM} \geqslant 2U_{FM} = 620 \text{ (V)}$$

晶体管可选择为 KP10。

11-22 解：设晶闸管导通角 $\theta = 180°(\alpha = 0°)$ 时，$U_o = 180 \text{ V}$，$I_o = 6 \text{ A}$。

交流电压有效值

$$U = \frac{U_o}{0.9} = \frac{60}{0.9} = 67 \text{ V}$$

实际上还应考虑电网电压的波动，管压降以及导通角一般达不到 $180°$（一般只是 $160° \sim 170°$）等因素，交流电压要比计算值适当加大 10% 左右，实际选 $U = 74$ V。

晶闸管承受的最高正、反向电压和二极管承受的最高反向电压都为

$$U_{FM} = U_{RM} = \sqrt{2} U = 1.41 \times 74 = 104 \text{ (V)}$$

考虑留有充分余量，通常根据下式选取晶闸管的 U_{FRM} 和 U_{RRM}

$$U_{FRM} \geqslant 2U_{FM}$$

$$U_{RRM} \geqslant 2U_{RM}$$

本题 $U_{FRM} = U_{RRM} = 2 \times 104 = 208 \text{ (V)}$

流过晶闸管和二极管的平均电流

$$I_{oT} = \frac{1}{2} I_o = \frac{10}{2} = 5 \text{ (A)}$$

考虑留有充分余量应选晶闸管的正向平均电流

$$I_F \geqslant 2I_{oT} = 10 \text{ (A)}$$

根据以上计算选用晶闸管 KP10 两只，二极管 2CZ11C 两只。

输入接 220 V 交流电网，此时晶闸管承受的最高正、反向电压和二极管承受的最高反向电压都为

$$U_{FM} = U_{RM} = \sqrt{2} U = 1.41 \times 220 = 310 \text{ (V)}$$

$$U_{FRM} = U_{RRM} = 2 \times 310 = 620 \text{ (V)}$$

所以可选用晶闸管 KP10 两只,二极管 2CZ11G 两只。

第 12 章　门电路与组合逻辑电路

12-1　C，　12-2　C，　12-3　A

12-9　解:各电路的输出波形如题解图 12-1 所示。

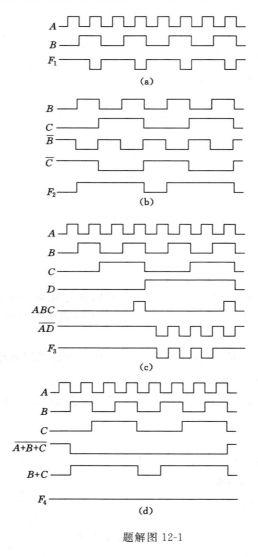

题解图 12-1

12-12　解:(1) 设三个变量为 A、B、C,根据题意列出逻辑真值表如题解表 12-1。

题解表 12-1

A	B	C	F
0	0	0	0
0	0	1	0
0	1	0	0
0	1	1	1
1	0	0	0
1	0	1	1
1	1	0	1
1	1	1	1

$$F = \overline{A}BC + A\overline{B}C + AB\overline{C} + ABC$$

利用卡诺图化简上式,得

$$F = \overline{A}BC + A\overline{B}C + AB\overline{C} + ABC = AB + BC + CA$$
$$= \overline{\overline{AB + BC + CA}} = \overline{\overline{AB} \cdot \overline{BC} \cdot \overline{CA}}$$

由逻辑表达式画出卡诺图如题图 12-2 所示及逻辑电路图如题解图 12-3 所示。

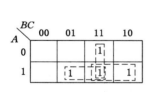

题解图 12-2

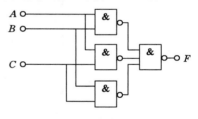

题解图 12-3

(2) 设三个变量为 A、B、C,据题意列出逻辑真值表如题解表 12-2 所示。

由真值表写出逻辑表达式:

$$F = \overline{A}\,\overline{B}C + \overline{A}B\overline{C} + A\overline{B}\,\overline{C} + ABC$$

题解表 12-2

A	B	C	F	A	B	C	F
0	0	0	0	1	0	0	1
0	0	1	1	1	0	1	0
0	1	0	1	1	1	0	0
0	1	1	0	1	1	1	1

采用卡诺图法化简该逻辑表达式,如题解图 12-4 所示,可见上述逻辑表达式已经是最简的。

画出逻辑电路图。要求只用与非门实现,对上述逻辑表达式用摩根律进行变换:

$$F = \overline{A}\,\overline{BC} + \overline{A}B\overline{C} + A\overline{BC} + ABC = \overline{\overline{\overline{A}\,\overline{BC}} \cdot \overline{\overline{A}B\overline{C}} \cdot \overline{A\overline{B}\,\overline{C}} \cdot \overline{ABC}}$$

相应的电路如题解图 12-5 所示。

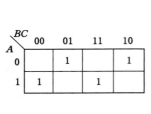

题解图 12-4

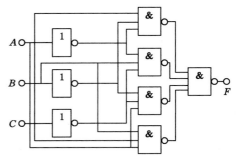

题解图 12-5

（3）设四个变量为 A、B、C、D,根据题意列出逻辑真值表如题解表 12-3 所示。

题解表 12-3

A	B	C	D	F	A	B	C	D	F
0	0	0	0	1	1	0	0	0	0
0	0	0	1	0	1	0	0	1	1
0	0	1	0	0	1	0	1	0	1
0	0	1	1	1	1	0	1	1	0
0	1	0	0	0	1	1	0	0	1
0	1	0	1	1	1	1	0	1	0
0	1	1	0	1	1	1	1	0	0
0	1	1	1	0	1	1	1	1	1

由真值表写出逻辑表达式:

$$F = \overline{A}\,\overline{B}\,\overline{C}\,\overline{D} + \overline{A}\,\overline{B}CD + \overline{A}B\overline{C}D + \overline{A}BC\overline{D} + A\overline{B}\,\overline{C}D + A\overline{B}C\overline{D} + AB\overline{C}\,\overline{D} + ABCD$$

采用卡诺图法化简该逻辑表达式。如题解图 12-6 所示,可见上述逻辑表达式已经是最简的。

要用与非门实现逻辑电路,对上式进行变换:

$$F = \overline{\overline{\overline{A}\,\overline{B}\,\overline{C}\,\overline{D}} \cdot \overline{\overline{A}\,\overline{B}CD} \cdot \overline{\overline{A}B\overline{C}D} \cdot \overline{\overline{A}BC\overline{D}} \cdot \overline{A\overline{B}\,\overline{C}D} \cdot \overline{A\overline{B}C\overline{D}} \cdot \overline{AB\overline{C}\,\overline{D}} \cdot \overline{ABCD}}$$

相应的电路如题解图 12-7 所示。

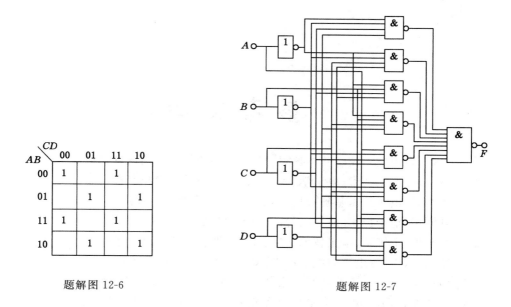

题解图 12-6

题解图 12-7

第 13 章　触发器与时序逻辑电路

13-1　A，　13-2　C，　13-3　C，　13-4　B，　13-5　C，　13-6　C

13-8　解得到的波形如题解图 13-1 所示。

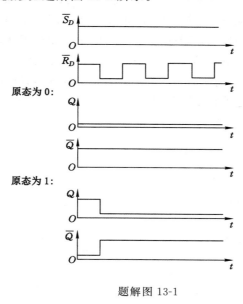

题解图 13-1

参 考 文 献

[1] 付扬.电工电子技术基本教程[M].北京:机械工业出版社,2017.

[2] 贾贵玺.电工技术(电工学Ⅰ)[M].北京:高等教育出版社,2017.

[3] 康花光.电子技术基础[M].4版.北京:高等教育出版社,2000.

[4] 刘润华.电子技术[M].东营:石油大学出版社,1999.

[5] 秦曾煌.电工学(电工技术)[M].7版.北京:高等教育出版社,2009.

[6] 荣西林,肖军.电工与电子技术[M].北京:冶金工业出版社,2008.

[7] 申凤琴.电工电子技术及应用[M].3版.北京:机械工业出版社,2016.

[8] 史仪凯,刘雁.电工技术典型题解析及自测试题[M].西安:西北工业大学出版社,2001.

[9] 孙骆生.电工学基本教程[M].4版.北京:高等教育出版社,2018.

[10] 唐介,刘蕴红.电工学(少学时)[M].4版.北京:高等教育出版社,2014.

[11] 田葳.电工技术(电工学Ⅰ)[M].2版.北京:高等教育出版社,2015.

[12] 王桂琴.电工学Ⅰ(电工技术)[M].1版.北京:机械工业出版社,2004.

[13] 魏佩瑜.电工学(电工技术)[M].2版.北京:机械工业出版社,2011.

[14] 徐淑华.电工电子技术实验教程[M].北京:电子工业出版社,2012.

[15] 叶挺秀,张伯尧.电工电子学[M].北京:高等教育出版社,1999.

[16] 曾建唐.电工电子技术简明教程[M].北京:高等教育出版社,2009.

[17] 曾令琴,申伟.电工电子技术[M].4版.北京:人民邮电出版社,2016.